普通高等教育“十四五”规划教材
应用型本科食品科学与工程类专业系列教材

食品添加剂

郝贵增　张　雪　主编
陈复生　主审

中国农业大学出版社
·北京·

内 容 简 介

本教材共16章，不仅对食品添加剂的概念、作用、意义、安全性评价及各国对食品添加剂的管理进行了说明与介绍，还根据食品添加剂的种类，对各类食品添加剂的作用原理、性能性状、使用范围、使用剂量、注意事项以及目前研究发展状况进行了阐述与介绍。教材利用信息技术扩展了相关法规、标准及思考题参考答案。为突出重视实践教学、强化应用型人才培养，使学生能够掌握添加剂的实际应用，单独编写实验，以强化学生的实践技能。本教材重点突出、内容简洁、通俗易懂，可作为高等学校食品科学与工程、食品质量与安全等专业的教材，也可作为食品生产企业、食品科研机构有关人员的参考用书。

图书在版编目(CIP)数据

食品添加剂 / 郝贵增，张雪主编. —北京：中国农业大学出版社，2020.8(2024.8 重印)
ISBN 978-7-5655-2411-0

Ⅰ.①食… Ⅱ.①郝… ②张… Ⅲ.①食品添加剂－高等学校－教材 Ⅳ.①TS202.3

中国版本图书馆 CIP 数据核字(2020)第150770号

书　名 食品添加剂
Shipin Tianjiaji
作　者 郝贵增　张　雪　主编

策划编辑 张　程　李卫峰　　**责任编辑** 韩元凤
封面设计 郑　川
出版发行 中国农业大学出版社
社　址 北京市海淀区圆明园西路2号　　**邮政编码** 100193
电　话 发行部 010-62733489,1190　　读者服务部 010-62732336
编辑部 010-62732617,2618　　出　版　部 010-62733440
网　址 http://www.caupress.cn　　**E-mail** cbsszs @ cau.edu.cn
经　销 新华书店
印　刷 涿州市星河印刷有限公司
版　次 2020年8月第1版　2024年8月第2次印刷
规　格 787×1 092　16开本　19.5印张　460千字
定　价 57.00元

应用型本科食品科学与工程类专业系列教材
编审指导委员会委员

（按姓氏拼音排序）

编审人员

主　编　郝贵增（安阳工学院）
　　　　　张　雪（河南牧业经济学院）

副主编　赵秋艳（河南农业大学）
　　　　　郭卫芸（许昌学院）
　　　　　高　维（武昌工学院）
　　　　　田给林（菏泽学院）

参　编　吴金松（河南牧业经济学院）
　　　　　何　乐（周口师范学院）
　　　　　李　帅（吉林农业科技学院）
　　　　　朱涵彬（河南牧业经济学院）
　　　　　孙思胜（遵义职业技术学院）
　　　　　张　丹（晋中信息学院）
　　　　　朱　静（信阳农林学院）
　　　　　高雪丽（许昌学院）
　　　　　李光辉（许昌学院）
　　　　　王　清（焦作特味龙生物科技有限公司）

主　审　陈复生（河南工业大学）

出版说明

随着世界人口增长、社会经济发展、生存环境改变，人类对食品供给、营养、健康、安全、美味、方便的关注不断加深。食品消费在现代社会早已成为经济发展、文明程度提高的主要标志。从全球看，食品工业已经超过了汽车、航空、信息等行业成为世界上的第一大产业。预计未来20年里，世界人口每年将增加超过7 300万人，对食品的需求量势必剧增。食品产业已经成为民生产业、健康产业、国民经济支柱产业，在可预期的未来更是朝阳产业。

在我国，食品消费是人生存权的最根本保障，食品工业的发展直接关系到人民生活、社会稳定和国家安全，在国民经济中的地位和作用日益突出。食品工业在发展我国经济、保障人们健康、提高人民生活水平方面发挥着越来越重要的作用。随着新时代我国工业化、城镇化建设和发展特别是全面建成小康社会带来的巨大的消费市场需求，食品产业的发展潜力巨大。

展望未来食品科学技术和相关产业的发展，有专家指出，食品营养健康的突破，将成为食品发展的新引擎；食品物性科学的进展，将成为食品制造的新源泉；食品危害物发现与控制的成果，将成为安全主动保障的新支撑；绿色制造技术的突破，将成为食品工业可持续发展的新驱动；食品加工智能化装备的革命，将成为食品工业升级的新动能；食品全链条技术的融合，将成为食品产业的新模式。

随着工农业的快速发展，环境污染的加剧，食品中各种化学性、生物性、物理性危害的风险不同程度地存在或增大，影响着人民群众的身体健康与生命安全以及国家的经济发展与社会稳定；同时，不断增长的各种与食物有关的慢性疾病对食品的营养、品质和安全提出了更高的要求。

鉴于以上食品科学与行业的发展状况，我国对食品科学与工程类的人才需求量必将不断增加，对食品类人才素质、知识、能力结构的要求必将不断提高，对食品类人才培养的层次与类型必将发生相应变化。

2015年教育部 国家发展改革委 财政部发布《关于引导部分地方普通本科高校向应用型转变的指导意见》(教育部 国家发展改革委 财政部 2015年10月21日 教发〔2015〕7号。以下简称《转型指导意见》)。《转型指导意见》提出，培养应用型人才，确立应用型的类型定位和培养应用型技术技能型人才的职责使命，根据所服务区域、行业的发展需求，找准切入点、创新点、增长点。抓住新产业、新业态和新技术发展机遇，以服务新产业、新业态、新技术为突破口，形成一批服务产业转型升级和先进技术转移应用特色鲜明的应用技术大学、学院。建立紧密对接产业链、创新链的专业体系。按需重组人才培养结构和流程，围绕产业链、创新链调整专业设置，形成特色专业集群。通过改造传统专业、设立复合型新专业、建立课程超市等方式，大幅度提高复合型技术技能人才培养比重。创新应用型技术技能型人才培养模式，建立以提高实践能力为引领的人才培养流程和产教融合、协同育人的人才培养模式，实现专业链与产业链、课程内容与职业标准、教学过程与生产过程对接。

为了贯彻落实《转型指导意见》精神，更好地推动应用型高校建设进程，充分发挥教材在教育教学中的基础性作用，近年来，中国农业大学出版社就全国高等教育食品科学类专业教材出版和使用情况深入相关院校和教学一线调查研究，先后3次召开教学研讨会，总计有400余人次近200名食品院校专家和老师参加。在深入学习《转型指导意见》《普通高等学校本科专业类教学质量国家标准》(以下简称《标准》)和《工程教育认证标准》(包括《通用标准》和食品科学与工程类专业《补充标准》)的基础上，出版社和相关院校达成高度共识，决定建设一套服务于全国应用型本科院校教学的食品科学与工程类专业系列教材，并拟定了具体建设计划。

历时4年，“应用型本科食品科学与工程类专业系列教材”终于与大家见面了。本系列教材具有以下几个特点：

1. 充分体现《转型指导意见》精神。坚持应用型的准确类型定位和培养应用型技术技能型人才的职责使命。教材的编写坚持以“四个转变”为指导，即把办学思路真正转到服务地方经济社会发展上来，转到产教融合、校企合作上来，转到培养应用型技术技能型人才上来，转到增强学生就业创业能力上来。强化“一个认识”，即知识是基础、能力是根本、思维是关键。坚持“三个对接”，即专业链与产业链对接、课程内容与职业标准对接、教学过程与生产过程对接，实现教材内容由学科学术体系向生产实际需要的突破和从“重理论、轻实践”向以提高实践能力为主转变。教材出版创新，要做到“两个突破”，即编写队伍突破清一色院校教师的格局，教材形态突破清一色的文本形式。

2. 以《普通高等学校本科专业类教学教学质量国家标准》为依据。2018年1月《普通高等学校本科专业类教学质量国家标准》正式公布(以下简称《标准》)。此套教材编写团队认真对照《标准》，以教材内容和要求不少于和低于《标准》规定为基本要求，全面体现《标准》提出的“专业培养目标”和“知识体系”，教学学时数适当高于《标准》规定，并在教材中以“学习目的和要求”“学习重点”“学习难点”等专栏标注细化体现《标准》各项要求。

3. 充分体现《工程教育认证标准》有关精神和要求。整套教材编写融入以学生为中心的理念、教学反向设计的理念、教学质量持续改进的理念，体现以学生为中心，以培养目标和毕业要求为导向，以保证课程教学效果为目标，审核确定每一门课程在整个教学体系中的地位与作用，细化教材内容和教学要求。

4. 整套教材遵循专业教学与思政教学同向同行。坚持以立德树人贯穿教学全过程，结合食品专业特点和课程重点将思想政治教育功能有机融合，通过专业课程教学培养学生树立正确的人生观、世界观和价值观，达到合力培养社会主义事业建设者和接班人的目的。

5. 在新形态教材建设上努力做出探索。按课程内容教学需要，按有益于学生学习、有益于教师教学的要求，将纸质主教材、教学资源、教学形式、在线课程等统筹规划，制定新形态教材建设工作计划，有力推动信息技术与教育教学深度融合，实现从形式的改变转变为方法的变革，从技术辅助手段转变为交织交融，从简单结合物理变化转变为发生化学反应。

6. 系列教材编写体例坚持因课制宜的原则，不做统一要求。与生产实际关系比较密切的课程教材倡导以项目式、案例式为主，坚持问题导向、生产导向、流程导向；基础理论课程教材，提倡紧密联系生产实践并为后续应用型课程打基础。各类教材均在引导式、讨论式教学方面做出新的尝试。

希望"应用型本科食品科学与工程类专业系列教材"的推出对推进全国本科院校应用型转型工作起到积极作用。毕竟是"转型"实践的初次探索，此套系列教材一定会存在许多缺点和不足，恳请广大师生在教材使用过程中及时将有关意见和建议反馈给我们，以便及时修正，并在修订时进一步提高质量。

中国农业大学出版社

2020 年 2 月

前　言

党的二十大报告指出，推进国家安全体系和能力现代化，加强重点领域安全能力建设，确保粮食、能源资源、重要产业链供应链安全，强化食品药品安全监管，健全生物安全监管预警防控体系。

“民以食为天，食以安为先”，食品工业被誉为人类的朝阳产业。近30年，我国食品工业蓬勃发展，食品工业产值稳居工业总产值之首。在食品工业的发展过程中，食品添加剂发挥着十分重要的作用。随着我国人民生活水平的不断提高，生活节奏显著加快，人们对食品的口感、风味、质量、营养、安全等有了更新、更高的要求，对于食品添加剂的使用也有了进一步的认识。食品添加剂指“为改善食品品质和色、香、味，以及为防腐、保鲜和加工工艺的需要而加入食品中的人工合成或者天然物质，包括营养强化剂”。在食品加工制造过程中，合理使用食品添加剂，既可以使加工食品色、香、味、形及组织结构俱佳，还能保持和增加食品营养成分，防止食品腐败变质，延长食品保存期，便于食品加工和改进食品加工工艺，提高食品生产效率。

随着现代化、工业化的发展与人民生活水平日益提高，人们在温饱之后就更加关注食品安全。由于少数企业道德与诚信的缺失、非法添加物的使用，使得食品安全事件频频发生，加之公众对于食品添加剂的认知存在着误区，使食品添加剂成了非法添加物的替罪羊。《中华人民共和国食品安全法》(2018.12)、《食品安全国家标准　食品添加剂使用标准》(GB 2760—2014)的出台，对食品添加剂提出了更新、更高、更加科学合理和严格的要求。

为了普及食品添加剂的相关知识，提高公众对于食品添加剂的认知水平，保证食品添加剂课程教学质量，使食品添加剂在我国食品工业发展与保证食品安全中发挥积极的作用，在中国农业大学出版社的支持下，参照《中华人民共和国食品安全法》(2018.12)、《食品安全国家标准　食品添加剂使用标准》(GB 2760—2014)及《食品安全国家标准　食品营养强化剂使用标准》(GB 14880—2012)等最新的法规标准，结合食品工业、食品添加剂工业的发展及国内外最新研究成果与发展动态，并根据编者参与应用型本科教育教学的亲身体会和感受，以《普通高校向应用型本科转型指导意见》为依据，以《教学质量国家标准》和《工程教育认证标准》为参照，以“教、学、做一体化”为思路，由高校教师和行业专家共同编写了这本符合产教融合教学要求的应用型本科教材。

本教材规范了食品添加剂的定义，较为详细地介绍了食品添加剂的作用机理、性状、性能与毒性，按照新的标准明确阐述了食品添加剂使用范围、使用剂量、使用方法，提出了食品添加剂使用注意事项，介绍了食品添加剂的国内外发展动态。

本教材利用信息技术扩展了相关法规、标准及思考题参考答案，便于学习者查阅，使教材的内容更加丰富，信息量更大，形式更多样。

本教材由10所高校和1家行业企业合作编写完成。全书共有16章，由郝贵增、张雪任主编，赵秋艳、郭卫芸、高维、田给林任副主编，编写分工（按编写章节顺序）如下：郝贵增第1章，吴金松第2章，赵秋艳第3章，张雪第4章、实验二和实验三，何乐第5章，李帅第6章，朱涵彬第7章、实验五和实验六，郭卫芸第8章，高维第9章，孙思胜第10章，张丹第11章，朱静第12章、实验四、实验七和实验八，田给林第13章，高雪丽第14章，李光辉第15章，王清实验一。全书由河南工业大学副校长陈复生教授审稿。

由于食品添加剂种类繁多、性状各异，并且新的食品添加剂的研究与应用日新月异，读者在食品添加剂的使用过程中，应结合本教材的基本知识，随时关注食品添加剂的新发展、新动态、新标准，科学、准确、合理地使用食品添加剂。

本书的编写和出版，得到了中国农业大学出版社、编写者、相关高等院校及专业领域同仁的大力支持和帮助，在编写和审稿过程中，也承蒙同行学者的悉心指导并提出宝贵意见，谨此表示衷心感谢。由于时间和编者的水平有限，书中难免有错漏等不当之处，敬请读者批评指正。

编者

2024年7月

目　录

第 1 章
绪　　论

【学习目的和要求】

掌握食品添加剂的定义、分类及其在食品工业中的地位和作用，了解食品添加剂的现状及其发展趋势。

【学习重点】

食品添加剂的定义、分类及其在食品工业中的作用。

【学习难点】

食品添加剂的安全性。

食品是人类赖以生存和发展的物质基础，食品工业是国民经济的支柱产业和保障民生的基础产业。食品工业的发展对于带动农业产业化、解决“三农”问题发挥了巨大的作用，对于改善人们的食物结构，方便人们的生活，提高人们的饮食水平、生活质量及身体素质具有重要的意义。在食品工业的发展中食品添加剂起着十分重要的作用，有人说：“没有食品添加剂，就没有现代食品工业”“食品添加剂是现代食品工业的催化剂和基础”。由于食品添加剂在改善食品的色、香、味、形，调整食品营养结构，提高食品质量和档次，改善食品加工条件，延长食品的保存期等方面发挥着极其重要的作用。所以，食品添加剂被广泛应用于食品加工的各个领域，包括粮油加工，畜禽生产加工，水产品加工，果蔬保鲜与加工、酿造，以及饮料、烟、酒、茶、糖果、糕点、冷冻食品、调味品等的加工和烹饪行业。

随着我国经济持续快速的发展，人们生活水平的提高，在巨大的市场需求拉动下，食品工业成为工业发展中发展最快的行业之一。近 20 余年，食品工业发展速度很快，2016 年中国食品工业（扣除烟草业）的总产值达 11.1 万亿元，同比增长 8.9%，与之配套的食品添加剂制造业也保持了较快的增长态势。

“民以食为天，食以安为先”，随着现代化、工业化的发展，人民生活水平日益提高，人们在温饱之后就更加关注食品安全，但是由于道德与诚信的缺失、非法添加物的使用，使得食品安全事件频频发生，加之公众对于食品添加剂的认知存在一定的误区，使得食品添加剂成了非法添加物的替罪羊。因此，我们要提高公众对于食品添加剂的认知水平，加强食品添加剂监管力度，严格按照《中华人民共和国食品安全法》《食品安全国家标准　食品添加剂使用标准》等相应的法律法规来规范食品生产和食品添加剂的使用，使食品添加剂在我国食品工业发展与保证食品安全中发挥其积极的作用。

1.1　食品添加剂的定义

1.1.1　食品添加剂的定义

由于世界各国对食品添加剂的理解不同，因此其定义也不尽相同。联合国粮农组织与世界卫生组织（FAO/WHO）下设的食品添加剂法典委员会（CCFA）对食品添加剂定义：“有意识地加入食品中，以改善食品的外观、风味、组织结构和储藏性能的非营养物质。”也就是说食品添加剂不以食用为目的，也不作为食品的主要原料，并不一定有营养价值，而是在食品的制造、加工、准备、处理、包装、储藏和运输时，因工艺技术（包括感官方面）的需要，直接或间接加入食品中以达到预期目的，其衍生物可成为食品的一部分，也可对食品的特性产生影响的物质。食品添加剂不包括“污染物质”，也不包括为保持或改进食品营养价值而加入的物质。

按照《中华人民共和国食品安全法》（2018.12）第十章附则第一百五十条，食品的定义：“各种供人食用或者饮用的成品和原料以及按照传统既是食品又是中药材的物品，但是不包括以治疗为目的的物品。”食品添加剂的定义：“为改善食品品质和色、香、味，以及为防腐、保鲜和加工工艺的需要而加入食品中的人工合成或者天然物质。包括营养强化剂。”《食品安

全国家标准　食品添加剂使用标准》(GB 2760—2014)对食品添加剂的定义:食品添加剂指“为改善食品品质和色、香、味,以及为防腐、保鲜和加工工艺的需要而加入食品中的人工合成或者天然物质。食品用香料、胶基糖果中基础剂物质、食品工业用加工助剂也包括在内”。

中国台湾《食品卫生管理法》中对食品添加剂的定义:在制造、加工、调理、包装、运输和储藏过程中,以着色、调味、防腐、漂白、乳化、增香、稳定品质、促进发酵、增加浓度、强化营养、防止氧化,或其他用途添加在食品中或与食品相接触的物质。

欧洲联盟(EU)规定,食品添加剂是指在食品的生产、加工、制备、处理、包装、运输或存储过程中,由于技术性目的而人为添加到食品中的任何物质。而这些添加物质通常并不作为食品来消费,而且也不作为食品的特征成分来使用,无论其是否具有营养价值,这些添加物质本身或其副产物直接或间接地成为食品的组分。欧盟的食品添加剂一般不包括加工助剂、香料物质和作为营养素加入食品中的物质等。

美国食品与营养委员会规定“食品添加剂是由于生产、加工、储存或包装而存在于食品中的物质或物质的混合物,而不是食品的成分。”美国把食品添加剂分为直接食品添加剂和间接食品添加剂。直接食品添加剂:有意向食品中添加,以达到某种作用的食品添加剂,又称有意食品添加剂。间接添加剂:在食品生产、加工、储存或包装中少量存在于食品中的物质(如残留农药、微量包装溶出物、来自设备等的物质),又称无意食品添加剂。

日本《食品卫生法》规定,食品添加剂是指“在食品制造过程,即食品加工中为了保存目的而加入食品,使之混合、浸润及其他目的所用的物质”。按此定义,食品营养强化剂也属于食品添加剂的范畴。另外,日本将食品添加剂分为天然物质和非天然物质两大类,后者对质量指标、使用限量等均有严格规定,而前者则均以“按正常需要为限”,不作明确的各种限制性规定。

1.1.2　与食品添加剂相关的定义

食品污染物:不是有意加入食品中,而是在生产(包括谷物栽培、动物饲养和兽药使用)、制造、加工、调制、处理、充填、包装、运输和保藏等过程中,或是由于环境污染带入食品中的任何物质。但不包括昆虫碎体、动物毛发和其他外来物质。残留农药和残留兽药均是污染物。

《食品安全国家标准　食品营养强化剂使用标准》(GB 14880—2012)中营养强化剂的定义:为了增加食品的营养成分(价值)而加入食品中的天然或人工合成的营养素和其他营养成分。

《食品安全国家标准　食品添加剂使用标准》(GB 2760—2014)中对食品工业用加工助剂的定义:保证食品加工能顺利进行的各种物质,与食品本身无关。如助滤、澄清、吸附、脱模、脱色、脱皮、提取溶剂、发酵用营养物质等。

1.2　食品添加剂的分类

在现代食品工业中食品添加剂起着越来越重要的作用,各国使用的食品添加剂品种也越来越多。据不完全统计,目前全球开发的食品添加剂总数已达 1.4 万余种,其中直接使用的品种有 3 000 余种,常用的有 680 余种。食品添加剂有多种分类方法,如可按其来源、功能、安全性评价的不同进行分类。

1. 按食品添加剂的来源分类

食品添加剂按来源可分为天然食品添加剂和化学合成食品添加剂。前者指利用动、植物或微生物的代谢产物以及矿物等为原料，经提取所获得的天然物质。后者指利用化学反应得到的物质，其中又可分为一般化学合成物与人工合成天然等同物。如目前使用的β-胡萝卜素、叶绿素铜钠就是通过化学方法得到的天然等同物。

2. 按食品添加剂的功能分类

我国《食品安全国家标准　食品添加剂使用标准》(GB 2760—2014)将食品添加剂分为22类，分别为：①酸度调节剂；②抗结剂；③消泡剂；④抗氧化剂；⑤漂白剂；⑥膨松剂；⑦胶基糖果中基础剂物质；⑧着色剂；⑨护色剂；⑩乳化剂；⑪酶制剂；⑫增味剂；⑬面粉处理剂；⑭被膜剂；⑮水分保持剂；⑯防腐剂；⑰稳定和凝固剂；⑱甜味剂；⑲增稠剂；⑳食品用香料；㉑食品工业用加工助剂；㉒其他。每类添加剂中所包含的种类不同，少则几种(如护色剂只有5种)、多则达千种(如食用香料1 870种，其中包括允许使用的食品天然香料393种，食品用合成香料1 477种)。

美国在《食品、药品和化妆品法》中，将食品添加剂分成以下32类：①抗结剂和自由流动剂；②抗微生物剂；③抗氧剂；④着色剂和护色剂；⑤腌制和酸渍剂；⑥面团增强剂；⑦干燥剂；⑧乳化剂和乳化盐；⑨酶类；⑩固化剂；⑪风味增强剂；⑫香味料及其辅料；⑬小麦粉处理剂；⑭成型助剂；⑮熏蒸剂；⑯保湿剂；⑰膨化剂；⑱润滑和脱模剂；⑲非营养甜味剂；⑳营养增补剂；㉑营养性甜味剂；㉒氧化剂和还原剂；㉓pH调节剂；㉔加工助剂；㉕气雾推进剂、充气剂和气体；㉖螯合剂；㉗溶剂和助溶剂；㉘稳定剂和增稠剂；㉙表面活性剂；㉚表面光亮剂；㉛增效剂；㉜组织改进剂。

日本在《食品卫生法》中，将食品添加剂分为30类。依次为：①防腐剂；②杀菌剂；③防雾剂；④抗氧化剂；⑤漂白剂；⑥面粉改良剂；⑦增稠剂；⑧赋香剂；⑨防虫剂；⑩发色剂；⑪色调稳定剂；⑫着色剂；⑬调味剂；⑭酸味剂；⑮甜味剂；⑯乳化剂及乳化稳定剂；⑰消泡剂；⑱保水剂；⑲溶剂及溶剂品质保持剂；⑳疏松剂；㉑口香糖基础剂；㉒被膜剂；㉓营养剂；㉔抽提剂；㉕制造食品用助剂；㉖过滤助剂；㉗酿造用剂；㉘品质改良剂；㉙豆腐凝固剂及合成酒用剂；㉚防黏着剂。

我国台湾地区的食品添加剂按功能作用分为17类共计515种，这17类为：①防腐剂；②杀菌剂；③抗氧化剂；④漂白剂；⑤发色剂；⑥膨松剂；⑦品质改良剂；⑧营养强化剂；⑨着色剂；⑩香料；⑪调味料；⑫糊料；⑬黏结剂；⑭加工助剂；⑮溶剂；⑯乳化剂；⑰其他。

3. 按食品添加剂安全性评价分类

联合国粮农组织与世界卫生组织(FAO/WHO)食品添加剂法典委员会(CCFA)，曾在食品添加剂联合专家委员会(JECFA)讨论的基础上，将食品添加剂分为A、B、C三类，每类再细分为1、2两类。

A类——JECFA已制定人体每日允许摄入量(ADI)和暂定ADI者，其中，A1类：经JECFA评价认为毒理学资料清楚，已制定出ADI值或者认为毒性有限无须规定ADI值者；

A2 类:JECFA 已制定暂定 ADI 值,但毒理学资料不够完善,暂时许可用于食品者。

B 类——JECFA 曾进行过安全评价,但未建立 ADI 值,或未进行过安全性评价者。其中 B1 类:JECFA 曾进行过评价,因毒理学资料不足未指定 ADI 值者;B2 类:JECFA 未进行过安全评价者。

C 类——JECFA 认为在食品中使用不安全或应该严格限制在某些食品中作特殊用途者。其中,C1 类:JECFA 根据毒理学资料认为在食品中使用不安全者;C2 类:JECFA 认为应严格限制在某些食品中作特殊用途者。

1.3 食品添加剂在食品工业中的作用

随着社会的进步,人们的生活节奏在加快,对食品的方便化、多样化及营养安全性的要求越来越高,食品工业必须提供更多更好的食品来满足人们日益增长的需要。科学合理地使用食品添加剂对于食品的色泽、口感、组织结构、营养均衡、质量稳定、延长保存期、食品工艺的顺利进行、新产品的开发等诸多方面都发挥着极为重要的作用。

1. 防止食品败坏变质,提高食品安全性

由于食品是以采收之后的谷物、果蔬及屠宰后的畜禽等营养丰富的原料加工而成的,而这些生鲜食物原料若在采收或屠宰之后不能及时加工、加工不当或保存不当,就会造成败坏变质,给食品工业带来很大损失。而食品防腐剂可以防止由微生物引起的食品腐败变质、延长食品的保存期,防止由微生物污染引起的食物中毒作用;食品抗氧化剂可以阻止或推迟食品的氧化变质,防止食品的酶促褐变与非酶褐变,抑制油脂的自动氧化反应及油脂氧化过程中有害物质形成,以提高食品的稳定性、耐藏性及安全性。

2. 提高和改善食品的感官性状

食品的色、香、味、形、口感、质地等感官性状是人们判断和衡量食品质量的重要指标。而食品在储运、加工过程中或产品保存过程中经常出现褪色、变色,风味和质地等的变化,或者口感质地不能够满足消费者的需求。因此,在食品加工中适当使用食品着色剂、食品护色剂、食品漂白剂、食品用香料、食品乳化剂、食品增稠剂、食品水分保持剂等食品添加剂,可明显提高和改善食品的感官质量和商品价值。而感官品质良好的食品会刺激人的食欲,也就提高了人对食品营养的消化利用率,间接地提高了食品的营养价值。

3. 保持或提高食品的营养价值

食品及食物从本质上讲是一类为人类提供维持生命活动、维持生长发育、调节基本生理功能的富含营养的物质。食品防腐剂和抗氧化剂的应用,在防止食品败坏变质的同时,对保持食品的营养价值具有重要作用。由于单一的食品营养素不均衡,以及在食品加工、储运过程中,往往会造成一些营养素损失,所以,在食品加工时适当地添加某些食品营养强化剂,对于提高食品的营养价值,防止营养不良和营养缺乏、促进营养平衡、提高人们的健康水平具有重要意义。另外,在食品加工中我们还可以使用一些食品酶制剂,通过对食物原料成分的改善来提高食品的可消化利用率,提高食品的营养价值。

4. 增加食品的品种，提高食品的方便性

随着人们消费水平的提高，对于食品品种及方便性的需求也大幅度增加。由于食品工业的发展，新的食品加工技术、加工工艺及产品配方的应用使得目前市场上食品种类繁多、琳琅满目。而食品添加剂通过在配方中的科学合理使用对增加食品花色品种方面发挥着积极的作用。在方便食品与即食食品中，食品添加剂不仅在防腐、抗氧化、乳化、增稠、着色、增香、调味等方面发挥着作用，而且在改进其速煮、速溶等提高食用的方便性方面也发挥着重要作用。

5. 有利于食品加工操作，适应生产的机械化和连续化

21 世纪我国食品工业进一步向着机械化、自动化、规格化、规模化的方向发展，食品添加剂中的消泡剂、助滤剂、稳定和凝固剂、食品工业用加工助剂等，则有利于食品的加工操作。例如葡萄糖酸-δ-内酯作为豆腐凝固剂的利用，使得豆腐生产实现了机械化、自动化、规格化和规模化。果蔬汁生产过程中添加酶制剂，可以提高出汁率、缩短澄清时间、有利于过滤。

6. 满足不同人群的饮食需要

在针对不同生长阶段、不同职业岗位以及一些常见病、多发病等特定人群食用的保健食品开发中，很多时候需要借助或依靠食品添加剂。比如，糖尿病人不能吃蔗糖，则可用低热能甜味剂，如用三氯蔗糖、天门冬酰苯丙氨酸甲酯、甜菊糖等生产无糖的甜味食品，满足糖尿病人的需求；为了防止龋齿，利用木糖醇等来代替糖类物质生产口香糖等。食品营养强化剂则可以在现代营养科学的指导下，根据不同地区、不同人群的营养缺乏状况和营养需要，以及为弥补食品在正常加工、贮存时造成的营养素损失，在食品中选择性地加入一种或者多种微量营养素或其他营养物质，以增加人群对某些营养素的摄入量，从而达到纠正或预防人群微量营养素缺乏的目的。如对缺碘人群供给碘强化食盐预防缺碘性甲状腺肿；钙、铁、维生素等营养强化剂加入食品可以制造出适合不同人群需要的，如老年食品、婴幼儿食品等保健食品。

针对目前许多天然植物被重新评价认定的情况，野生植物资源亟待开发。据统计，自然界中的可食性植物约有 80 000 种，仅我国的蔬菜品种就有 17 000 种，还有大量的动物、海产品、矿物及可食用的昆虫等。要对这些资源进行开发利用，就必然需要使用各种食品添加剂，以开发新型的色、香、味、形俱佳的食品，满足人类发展的需要。

1.4 食品添加剂与食品安全

科学合理地按照《中华人民共和国食品安全法》(2018)、《食品安全国家标准　食品添加剂使用标准》(GB 2760—2014)使用食品添加剂应该是有益无害的，但是不允许超剂量或超范围使用。

国内外食品专家一致认为由食物引起的危害人体健康的因素应该包括：第一是由微生物污染引起的食源性疾病或食物中毒；第二是由于营养缺乏和营养过剩带来的健康问题；第

三是由于环境污染、农资(农兽药、化肥、激素等)滥用带来的食品污染问题;第四是由天然毒物的误食造成的伤害;第五是食品添加剂的滥用。

而目前我国出现的食品安全问题由于"违法添加的非食用物质"事件多、影响大(如"三聚氰胺奶粉"),加之公众对食品添加剂与"违法添加的非食用物质"的认知存在着误区,在一定程度上扩大了食品添加剂所产生的负面作用。

1.4.1 食品添加剂有可能造成食品安全问题

在我国目前存在的相关"添加剂"引起的安全质量问题主要有:①滥用食品添加剂即超范围、超限量使用食品添加剂。这些都是违法行为。超范围是指超出强制性国家标准所规定的食品中可以使用的食品添加剂的种类和范围。如国家标准要求发酵葡萄酒中不允许添加食品着色剂,但一些企业将勾兑的"三精水"冠以葡萄酒名称销售,从而牟取暴利。超限量使用是指超出强制性国家标准所规定的食品中可以使用的食品添加剂最大使用量。如食品防腐剂的超量使用,虽然可以延长食品保质期、降低企业的生产成本,但超量使用会对人体造成严重危害。因此,我们需要加强食品加工企业的法律、法规教育,要按照《中华人民共和国食品安全法》(2018)、《食品安全国家标准 食品添加剂使用标准》(GB 2760—2014)合法、合理地使用食品添加剂,发挥食品添加剂的积极作用。②使用劣质、过期及被污染的食品添加剂。劣质食品添加剂主要来源于不法的食品添加剂生产企业,其生产的"食品添加剂"不符合食品添加剂强制性国家标准。如汞、铅、砷等有害物质超标,这样的劣质添加剂会对消费者的健康造成严重危害。过期及被污染的食品添加剂,主要是因为企业生产管理不当造成的。过了保质期或被污染的食品添加剂,往往会因为其污染物或其质量下降对产品的质量和消费者的健康产生危害。因此,我们可以通过加强经营管理,杜绝使用劣质、过期及被污染的食品添加剂。

1.4.2 违法添加非食用物质造成食品安全问题

违法添加非食用物质造成食品安全问题可以说是食品行业的毒瘤。这些违法添加的非食用物质其产品性状、使用的方法与作用特点与食品添加剂类似,但是其毒性是无法判定的。如"三聚氰胺奶粉""苏丹红鸭蛋""吊白块粉丝""激素肉"等,加之公众对于食品添加剂与"违法添加的非食用物质"的认知误区,一定程度上扩大了食品添加剂所产生的负面作用。违法添加非食用物质不属于食品添加剂,但其造成的食品安全问题可以说是最严重的。这些违法行为不但给人们身体健康带来巨大威胁,也损害了食品添加剂在消费者心中的形象。这些违法添加,可以说就是为了掩盖食品腐败变质或不良品质,用于作假或伪造产品,或者是为了牟取暴利,是严重的违法行为。因此,我们必须依法使用食品添加剂,加大力度严厉打击在食品中使用非食用物质。

1.5 食品添加剂的发展历史与现状

1.5.1 食品添加剂的发展历史

食品添加剂这一名词始于西方工业革命，但是食品添加剂的使用历史可以追溯到 1 万年以前。我国在周朝时就已开始使用肉桂增香；在 25—220 年的东汉时期就有使用凝固剂盐卤制豆腐的应用，并一直流传使用至今；从南宋开始就有“一矾二碱三盐”的炸油条配方记载；6 世纪北魏末年农业科学家贾思勰所著《齐民要术》中就曾记载从植物中提取天然色素予以应用的方法；作为肉制品防腐和护色用的亚硝酸盐，大约在 800 年前的南宋时期就用于腊肉生产，并于 13 世纪传入欧洲。在国外，公元前 1 500 年埃及墓碑上就描绘有糖果的着色；葡萄酒也已在公元前 4 世纪进行了人工着色。这些都是天然物的应用。

19 世纪工业革命以来，食品工业向工业化、机械化和规模化方向发展，人们对食品的种类和质量有了更高的要求，其中包括对改善食品色、香、味等的要求。科学技术的发展及化学工业特别是合成化学工业的发展，促进了对食品添加剂的认知，使食品添加剂进入一个新的快速发展阶段，使许多人工合成的化学品如着色剂、防腐剂、抗氧化剂等广泛应用于食品加工。

正是由于人工化学合成食品添加剂在食品中的大量应用，有的甚至滥用，人们很快意识到它可能会给人类健康带来危害，再加上毒理学和化学分析技术的发展，到 20 世纪初相继发现不少食品添加剂对人体有害。随后还发现有的甚至可使动物致癌，20 世纪 50—60 年代发现不少食品添加剂，如某些食用合成色素等具有致癌、致畸作用。在某些国家和地区也曾出现“食品安全化运动”和“消费者运动”等，提出禁止使用食品添加剂，恢复天然食品和使用天然食品添加剂等情况。与此同时，一些国家加强对食品添加剂的管理，国际上则于 1955 年和 1962 年先后组织成立了“FAO/WHO 食品添加剂联合专家委员会”(JECFA)和“食品添加剂法规委员会”(CCFA，1988 年改名为食品添加剂和污染物法规委员会 CCFAC)，集中研究食品添加剂的有关问题，特别是食品添加剂的安全性问题，并向各有关国家和组织提出推荐意见，从而使食品添加剂逐步走向健康发展的轨道。

我国食品添加剂工业起步较晚，对食品添加剂进行全面、系统的研究和管理起步也较晚。新中国成立后不久便对食品添加剂采取了管理措施。如 1953 年卫生部颁布了《清凉冷饮食物管理暂行办法》，规定清凉饮料的制造不得使用有危害的色素与香料，一般不得使用防腐剂，1954 年颁布了《关于食物中使用糖精含量的规定》，1957 年发布了《关于酱油中使用防腐剂的问题》的通知，1960 年颁布了《食用合成染料管理暂行办法》，1967 年由化工部、卫生部、商业部、轻工部联合颁布了《关于试行八种食品用化工产品(醋酸、苯甲酸、苯甲酸钠、碳酸钠、无水碳酸钠、碳酸氢钠、盐酸及糖精钠)标准及检验方法的联合通知》。但是直到 1973 年成立“全国食品添加剂卫生标准科研协作组”，才开始全面研究食品添加剂的有关问题。1977 年由国家颁布《食品添加剂使用卫生标准(试行)》及《食品添加剂卫生管理办法》，开始对食品添加剂进行全面管理。1980 年组织成立“全国食品添加剂标准化技术委员会”，

1981 年国家颁布了《食品添加剂使用卫生标准》(GB 2760—1981),以后分别于 1986 年、1996 年、2007 年经修订由卫生部颁布了新的卫生标准 GB 2760—1986、GB 2760—1996、GB 2760—2007,2011 年、2014 年修订为《食品安全国家标准 食品添加剂使用标准》(GB 2760—2011、GB 2760—2014),1986 年国家颁布了《食品营养强化剂使用卫生标准(试行)》,1994 年颁布了《食品营养强化剂使用卫生标准》(GB 14880—1994),2012 年修订《食品安全国家标准 食品营养强化剂使用标准》(GB 14880—2012)。1995 年颁布了《中华人民共和国食品卫生法》。2009 年颁布了《中华人民共和国食品安全法》。

2015 年为了适应新形势发展的需要,为了从制度上解决现实生活中存在的食品安全问题,更好地保证食品安全,在 2009 年《中华人民共和国食品安全法》的基础上,制定颁布了新的《中华人民共和国食品安全法》,其中确立了以食品安全风险监测和评估为基础的科学管理制度,明确食品安全风险评估结果作为制定、修订完善食品安全标准和对食品安全实施监督管理的科学依据,并且增加了“禁止将剧毒、高毒农药用于蔬菜、瓜果、茶叶和中草药材等国家规定的农作物;婴幼儿配方乳粉的产品配方应当经国务院食品药品监督管理部门注册;生产经营转基因食品应当按照规定进行标识”等内容。新的《食品安全法》包含总则、食品安全风险监测和评估、食品安全检测标准、食品生产经营等十章内容,共 154 条,比修订前的《食品安全法》增加了 50 条。

2018 年 3 月,根据第十三届全国人民代表大会第一次会议批准的国务院机构改革方案,将国家工商行政管理总局的职责,国家质量监督检验检疫总局的职责,国家食品药品监督管理总局的职责,国家发展和改革委员会的价格监督检查与反垄断执法职责,商务部的经营者集中反垄断执法以及国务院反垄断委员会办公室等职责整合,组建国家市场监督管理总局,作为国务院直属机构之一。食品安全监督管理的综合协调工作由新组建的国家市场监督管理总局负责,具体工作由食品安全协调司、食品生产安全监督管理司、食品经营安全监督管理司、特殊食品安全监督管理司及食品安全抽检监测司等内设机构负责。而药品安全的监督管理工作则由国家药品监督管理局承担。将食品与药品的监督管理分割开来,从而明确区分了食品与药品的不同性质,使食品与药品的监督管理步入科学的管理轨道,有助于实现食品安全的长治久安。因此,《中华人民共和国食品安全法》(2018 年修订版)为配合此次国务院机构改革在 2018 年 12 月 29 日进行了修正。文中凡是涉及“食品药品监督管理部门”的均修改为“食品安全监督管理部门”,删去“质量监督部门”,把“质量监督部门”修改为“食品安全监督管理部门”,把“食品药品监督管理、质量监督部门履行各自食品安全监督管理职责”修改为“食品安全监督管理部门履行食品安全监督管理职责”。对第四章“食品生产经营”内容进行了分类,更加明确了负责食品安全的监管部门。

1.5.2 我国食品添加剂工业的发展现状

食品添加剂工业已成为我国食品工业的重要组成部分,是食品工业新的增长点。我国有一些食品添加剂品种的产量,处于国际领先地位。如味精生产量占世界的 70%左右,柠檬酸占 60%,木糖醇占 50%,山梨醇占 40%,甜蜜素占 65%,乙基麦芽酚占 80%左右,分子蒸馏单甘酯占 50%,山梨酸钾占 40%左右;另外,营养强化剂中的牛磺酸占 65%左右。这些品种不仅产能和产量快速增长，产品在国际市场上占据主导地位，而且部分企业生产工艺与装置也居于世界领先地位。我国部分食品添加剂产品质量好，生产成本低，国际竞争力较强。许多原来依靠进口的高效高档食品添加剂中部分品种国内开发与生产发展也较快，如高效甜味剂阿斯巴甜、三氯蔗糖、卵磷脂、新型糖醇、β-胡萝卜素、番茄红素、叶酸、烟酸等产品，新型生物酶制剂国内已有多家企业生产。我国食品添加剂行业的技术水平和管理水平，近年来也有很大程度的提升。很多产品均能达到《美国食品化学品法典》(FCC)标准和FAO/WHO标准。

据报道，2014年我国食品添加剂全行业主要产品总产量980万t，同比增长8%以上。但食品添加剂工业总产值不足食品工业总产值的1%。这就说明目前我国食品添加剂工业实际上支撑不了中国食品工业的发展。与国外发达国家相比，食品添加剂工业仍存在较大差距，主要表现在：①食品企业普遍较小，布点分散，企业抗风险能力不强；②生产技术相对落后，尤其是环保压力较大，可持续发展能力薄弱；③部分产品产能严重过剩，有恶性竞争、价格走低的现象；④品种少、产品结构不合理；⑤企业管理不到位导致产品质量低下或者不稳定，容易被国外市场采取安全等非关税贸易壁垒拒之门外；⑥产品研发能力弱，高新技术和生物化工技术在食品添加剂行业应用较少。我们还有较多产品依赖进口。因此，我国的食品添加剂工业还需要在生产应用技术水平、产品质量、生产成本、品种及管理等方面向先进国家学习，使我国食品添加剂工业良性、可持续发展。

1.6 食品添加剂的发展趋势与新技术的应用

1.6.1 重视开发天然功能性的食品添加剂

天然提取物，相对化学合成品而言安全性高，且很多天然提取物具有一定的生理活性和健康功能。近年来，我国这类功能性食品添加剂和配料的品种和产量逐渐上升，不仅天然物提取的食品添加剂品种增加，而且原来用合成法生产的品种也转向从天然物提取。如天然着色剂中，姜黄有抗癌作用，红花黄有降压作用，辣椒红有抗氧化作用，红曲有降血脂作用，紫草红有抗炎症作用，茶绿素有降血脂作用，金盏花黄色素对眼睛退行性疾病有预防作用，等等。

加强对天然抗氧化剂物质的研究，以天然抗氧化剂逐步取代合成抗氧化剂也是今后的发展趋势。如从迷迭香中提取的迷迭香酚是一种天然、高效、无毒的抗氧化剂，抗氧化性能比BHA、BHT、PG、TBHQ强4倍以上。我国有上千年药食同源和食疗的历史，开发功能性食品添加剂有充分的文化和物质基础。我国一些具有生理活性的功能性食品添加剂及配料也具有走向国际市场的潜力。国际上一些著名的食品添加剂公司，如丹尼斯克、巴斯夫等公司近年来对天然抗氧化剂、膳食纤维、脂肪代用品、氨基酸、肽类、磷脂、低聚糖、维生素和矿物质、异黄酮类等功能性产品的开发力度也较大。

1.6.2 采用高新技术开发生产食品添加剂

很多传统的食品添加剂本身有很好的使用效果，但由于在制造过程中，采用传统的脱色、过滤、交换、蒸发、蒸馏、结晶等净化精制技术，已经不能满足现代食品工业级安全要求，从而造成产品成本高，产品价格昂贵，使应用受到了限制。因此，迫切需要采用一些高效节能的高新技术。

新型分离技术的应用能提高食品添加剂纯度和得率。如辣椒红采用超临界萃取技术、香精油采用分子蒸馏技术、木糖醇采用膜分离技术、柠檬酸采用色谱分离技术等，均能提高产品纯度和得率，起到提高产品档次、降低生产成本、改善生产环境等多重效益。

微胶囊技术的应用使食品添加剂可以更加方便、有效地被利用。如利用微胶囊技术开发天然红曲色素微胶囊产品可以增强其氧化稳定性，延长色素的保存期。最早使用微胶囊技术制备食品用香料与香精，可延缓香料挥发性物质的挥发，其产品已用于口香糖、汤粉食品、膨化食品、烟草制品等食品的加工生产中。

纳米技术的应用可以提高食品添加剂的使用效果与利用率。纳米材料是指在三维空间中至少有一维处于纳米尺度范围(1～100 nm)或由它们作为基本单元构成的材料。纳米材料具有良好的吸收性、超微性和分散性，可以提高食品的活性和生物利用度。纳米技术在添加剂中的应用，一方面可以减少添加剂的用量，提高添加剂的利用率；另一方面利用纳米粒子所具有的缓释作用可以用来使食品保持较长的功效，同时能提高食品的稳定性及安全性。

生物技术的应用，如将微生物生态学与酶工程有机结合的提取技术，已成功应用于制备天然乙偶姻、天然香兰素、天然苯乙醇等；酶催化技术中目前已知的酶多达 4 000 种，其中约 200 种实现了工业化生产，可用于立体选择性的有机合成和天然香料的制备；在植物细胞培养过程中，加入生物合成途径中的活性前体物质，可以提高香料的产量。

天然着色剂和香料对于光、热、氧、pH 等的稳定性不如合成着色剂好，其纯度都不高，只有采用高新技术才能得到更高纯度、性能更稳定的产品。这些高档次产品才具有国际竞争能力。

1.6.3 现代分析技术在食品添加剂检测中的应用

为了进一步保证食品安全，加强对食品添加剂检测技术的研究也是保证食品安全的重要手段。目前在食品添加剂的检测方面，现代分析技术被广泛使用。①分光光谱技术：分子光谱包括紫外可见、红外、拉曼和荧光光谱等，其作用原理为分子从一种能态改变到另一种能态时吸收或发射光谱。如桑宏庆等采用紫外分光光度法同时测得饮料中山梨酸钾和苯甲酸钠，样品中山梨酸钾最小检出限为 0.67 mg/L，回收率为 92%～94%，苯甲酸钠最小检出限为 1.4 mg/L，回收率为 94%～96%；Mauer 等分别用近红外、中红外结合偏最小二乘法(partial least squares，PLS)建立婴儿配方奶粉中三聚氰胺的定量分析方法，其检出限可达 1 mg/kg。②色谱技术：利用混合物中各组分在两相中分配系数不同，当流动相推动样品通过固定相时，在两相中进行连续反复、多次分配，从而形成差速移动，达到分离。利用高效液相色谱分析几乎可以测定食品中所有的非挥发性物质。曹淑瑞等采用高效液相色谱-二极管阵列检测器(HPLC-DAD)同时检测食品中 6 种对羟基苯甲酸酯的含量，结果表明，6 种对羟基苯甲酸酯在 1.0～500.0 mg/L 范围内线性关系良好($R \geqslant 0.9997$)，检出限为 0.001 6～0.008 1 mg/L($S/N=3$)。③液相色谱-质谱联用技术：结合了液相色谱对复杂基体化合物的高分离能力和质谱独特集选择性、灵敏度、相对分子质量及结构信息于一体的特点，为食品质量检测提供了有效的分析手段，在食品添加剂测定中有着广泛的应用。④离子色谱（IC）技术：是基于离子性化合物与固定相表面离子性功能基团之间的电荷互相作用实现离子性物质分离和分析的色谱方法。它可以在高基体浓度下检测低浓度的成分，减少或免除样品的提纯，可同时测定多组分及不同的价态。如 Kim 等用酸或碱提取，离子排阻色谱-电化学检测器检测了食品中游离态与总亚硫酸盐的含量，其检出限可达0.1 mg/kg。⑤生物传感器技术：因其能够模拟生物细胞识别技能，用特定的分子认识机能物质来识别化学物质，并将这种化学信息转变为电信号、光信号。如 Larsen 等研制了微型生物传感器测定硝酸盐和亚硝酸盐，传感器信号的大小与硝酸盐和亚硝酸盐的浓度成正比，响应时间小于30 s，最低检测限为 50 μg/mL。⑥流动注射化学发光分析（FIC）技术与毛细管电泳（CE）技术：流动注射化学发光分析是将化学发光分析和流动注射相结合的一种高灵敏度的微量及痕量分析技术。毛细管电泳是具有高效、快速、微量、高灵敏度等优点的分析技术。这两种技术在食品添加剂的成分，如防腐剂、甜味剂、色素、发色剂等的检测中具有广泛的应用前景。

1.6.4 调整结构，加强应用技术研究

为了适应食品工业迅猛发展的形势，我国食品添加剂行业，应根据市场发展需求做大做强，提高管理水平，保证产品质量稳定；紧密围绕我国食品工业的发展方向和国际市场，在食品添加剂的制备和使用方面，采用先进的科学技术，降低生产成本，提高档次，增加品种。大力开发天然、营养、多功能的食品添加剂。

加强食品添加剂的应用研究和推广工作，建设先进的食品添加剂研究中心和现代化中试生产线，可以对用户提供应用技术服务，帮助食品加工企业解决如何科学、合理使用食品添加剂问题。

思考题

1. 什么是食品添加剂？
2. 什么是食品污染物？
3. 简述食品添加剂在食品加工中的作用。
4. 试述食品添加剂的发展趋势。

第 1 章思考题答案

参考文献

[1] 曹雁平，肖俊松，王蓓. 食品添加剂安全应用技术[M]. 北京：化学工业出版社，2013.
[2] 郝利平，聂乾忠，周爱梅，等. 食品添加剂[M]. 北京：中国农业大学出版社，2016.
[3] 汤高奇，曹斌. 食品添加剂[M]. 北京：中国农业大学出版社，2009.
[4] 孙平. 食品添加剂[M]. 北京：中国轻工业出版社，2015.
[6] 高彦祥. 食品添加剂[M]. 北京：中国林业出版社，2013.

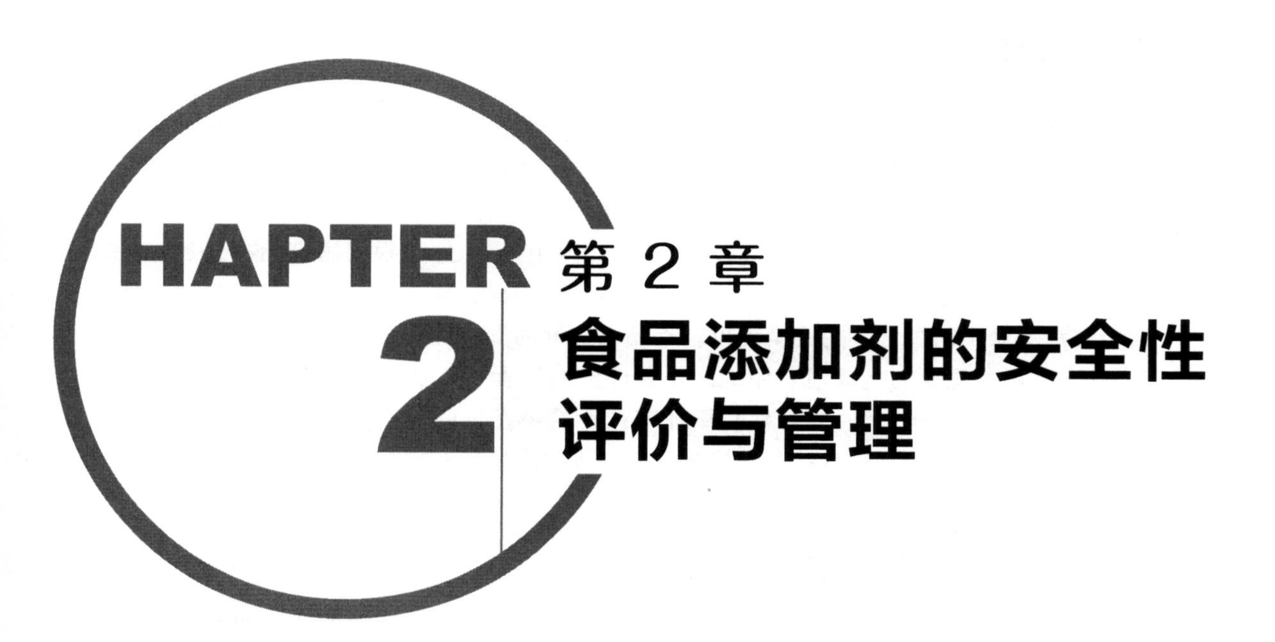

第2章 食品添加剂的安全性评价与管理

【学习目的和要求】

熟悉食品添加剂的安全使用，掌握食品添加剂的毒理学评价方法、每日允许摄入量（ADI）和最大使用量（E）的确定，熟悉食品添加剂的管理办法、选择原则。

【学习重点】

食品添加剂的毒理学评价方法、管理办法、选择原则。

【学习难点】

食品添加剂每日允许摄入量（ADI）和最大使用量（E）的确定。

2.1　食品添加剂的安全性评价

食品添加剂最重要的是安全和有效，其中安全性最为重要。食品添加剂的安全性是指食品添加剂在规定的使用方式和用量条件下，对人体不产生任何损害，即不引起急性、慢性中毒，亦不至于对接触者（包括老、弱、病、残、孕）及其后代产生潜在危害。

要保证食品添加剂使用安全，必须对其进行卫生评价，这是根据国家标准、卫生要求，以及食品添加剂的生产工艺、理化性质、质量标准、使用效果、使用范围、使用量、毒理学评价及检验方法等做出的综合性的安全评价。食品添加剂的安全性评价主要包括化学评价和毒理学评价，其中最重要的是毒理学评价。化学评价关注食品添加剂的纯度、杂质及其毒性、生产工艺以及成分分析方法，并对食品添加剂在食品中发生的化学评价进行评估。毒理学评价能够确定食品添加剂在食品中无害的最大限量，并对有害的物质提出禁用或者放弃的理由，以确保食品添加剂使用的安全性。

2.1.1　食品添加剂的毒理学评价

对食品添加剂的要求是安全和有效，显然安全性是限制条件。食品添加剂进行安全评价，是决定其使用安全的先决措施。安全性评价从食品添加剂的生产工艺、理化性质、质量标准、使用效果、范围、加入量等方面入手，采用毒理学评价及检验方法等做出综合性结论，其中最重要的是毒理学评价。毒理学评价将确定食品添加剂在食品中无害的最大限量，并对有害的物质提出禁用或放弃的理由，以确保食品添加剂使用的安全性。

因此，食品添加剂安全性评价的目的：一方面已将那些对人体有害，对动物致癌、致畸，并有可能危害人体健康的食品添加剂品种禁止使用；另一方面对那些有怀疑的品种则继续进行更严格的毒理学检验以确定其是否可用、许可使用时的使用范围、最大使用量与残留量，制定质量规格，确定分析检验方法等。毒理学评价是制订食品添加剂使用标准的重要依据。

毒理学评价需要进行一定的毒理学实验，毒理学实验通常分为四个阶段：①毒理学实验；②遗传毒性实验、传统致畸实验和短期喂养实验；③亚慢性毒性实验——90天喂养实验、繁殖实验、代谢实验；④慢性毒性实验（包括致癌实验）。

由于食品添加剂有数千种之多，有的沿用已久，有的已由FAO/WHO等国际组织做过大量同类的毒理学评价试验，并已得出结论。我国规定，除我国创新的新化学物质一般要经过四个阶段的全部实验外，对其他食品添加剂可视国际上的评价结果，分别进行不同阶段的试验。具体来说，食品添加剂的安全性毒理学试验的选择方法如下：

1. 香料

鉴于食品中使用的香料品种很多，化学结构很不相同，而用量则很少，在评价时可参考国际组织及国外的资料和规定，分别决定需要进行的试验。

（1）凡属世界卫生组织已建议批准使用或已制定日许量者，以及香料生产者协会（FEMA）、欧洲理事会（COE）和国际香料工业组织（IOFI）四个国际组织中的两个或两个以上允许使用的，在进行急性毒性实验后，参照国外资料或者规定进行评价。

(2)凡属资料不全或者只有一个国际组织批准的，先进行急性毒性实验和毒理学实验，经初步评价后，决定是否需进行进一步实验。

(3)凡属尚无资料可查、国际组织未允许使用的，先进行第一、第二阶段毒性试验，经初步评价后，决定是否需要进行进一步实验。

(4)从食用动植物可食部分提取的单一高纯度天然香料，其化学结构及有关资料并未提示具有不安全性的，一般不要求进行毒性试验。

2. 其他食品添加剂

(1)凡属毒理学资料比较完整，世界卫生组织已公布日许量或不需规定日许量者，要进行急性毒性试验和一项致突变试验，首选 Ames 试验或小鼠骨髓微核试验。

(2)凡属有一个国际组织或国家批准使用，但世界卫生组织未公布日许量，或资料不完整者，在进行第一、第二阶段毒性试验后作初步评价，以决定是否需要进行进一步的毒性试验。

(3)对于天然植物制取的单一组分、高纯度的添加剂，凡属新品种需先进行第一、第二和第三阶段毒性试验，凡属国外已批准使用的，则进行第一和第二阶段毒性试验。

3. 进口食品添加剂

要求进口单位提供毒理学资料和出口国批准使用的资料，由省、直辖市和自治区一级食品卫生监督检验机构提出意见报卫健委食品卫生监督检验所审查后决定是否需要进行毒性试验。所有《食品安全国家标准　食品添加剂使用标准》准许使用的食品添加剂都经过了规定的毒理学评价，并且符合食品级质量标准，因此只要使用范围、使用方法和使用量符合《食品安全国家标准　食品添加剂使用标准》，其使用的安全性是有保证的。以亚硝酸盐为例，亚硝酸盐长期以来一直被作为肉类制品的护色剂和发色剂，但是随着科学技术的发展，人们不但认识到它本身的毒性较大，而且还发现它可以和仲胺类物质作用生成对动物具有强烈致癌作用的亚硝胺。但是因为亚硝酸盐在除了可使肉制品呈现美好、鲜艳的亮红色外，还具有防腐作用，可抑制多种厌氧性梭状芽孢菌，尤其是肉毒状芽孢菌，防止肉类中毒，这些功能在目前使用的添加剂中还找不到理想的替代品，所以大多数国家仍然批准使用，只是严格规定其使用量，以保证使用的安全性。

2.1.2　食品添加剂的化学结构与毒性的关系

食品添加剂的安全使用是非常重要的。理想的食品添加剂最好是有益无害的物质。食品添加剂，特别是化学合成的食品添加剂大都有一定的毒性，所以使用时要严格控制使用量。食品添加剂的毒性是指其对机体造成损害的能力。毒性与物质本身的化学结构有着密切的关系。

FDA 在其发布的“Toxicological Principles for the Safety Assessment of Direct Food Additives and Color Additives Used in Food. Red book Ⅱ”(FDA，1993)中以分子结构与官

能团为基础对食品添加剂进行了分类。其分类概况如下：含有较高毒性官能团的物质被列入C类，毒性未定或中等毒性的物质被列入B类，那些有可能有低毒性的物质被列入A类。例如，简单饱和脂肪醇类中的戊醇被列入A类；一种物质如含有α-和β-不饱和羰基、环氧化合物、噻唑、咪唑基等被列入C类。食用合成色素是引起安全性争议最多的食品添加剂。合成色素作为食品添加剂已有相当长的历史，大多是由煤焦油合成的偶氮、联苯和三苯胺。这些染料大多都曾被用作纺织染料，本身就有毒性。

国际食品添加剂法典委员会(CCFA)曾在JECFA讨论的基础上按照食品添加剂的毒性与安全性将其分为A、B、C三类。由于食品添加剂的安全性随着毒理学及分析技术等的发展有可能发生变化，因此其所在的安全性评价类别也有可能发生变化。某些原已被JECFA评价过的物种，经再次评价时，其安全性评价分类可有变化。如环己基氨基磺酸盐(钠和钙盐)，曾因报告有致癌性而被列入C2类，后经再评价时制定ADI为每千克体重0～4 mg，从而将其列入A1类。又如糖精，原曾属A1类，后因报告可使大鼠致癌，经JECFA评价，暂定ADI为每千克体重0～2.5 mg，而归为A2类。直到1993年再次对其评价时，认为对人类无害，制定ADI为每千克体重0～5 mg，又转为A1类。因此，关于食品添加剂安全性评价分类情况，应随时注意新的变化。

2.1.3 食品添加剂使用标准的规定

食品添加剂的使用标准是提供安全使用食品添加剂的定量指标。食品添加剂使用标准是有关权威部门根据食品添加剂的毒理学试验结果与其在食品中使用情况的实际调查为依据而制定的。大多数国家的食品添加剂的使用标准与质量标准相配套，法规中也大多明确规定使用符合指定质量标准的食品添加剂。食品添加剂使用质量标准包括允许使用的食品添加剂品种、使用目的(用途)、使用范围(对象食品)、最大使用量(或残留量)，有的还需注明使用方法。最大使用量以g/kg为单位。对某一种或某一食品添加剂配方来说，其制定标准的一般程序如图2-1所示。

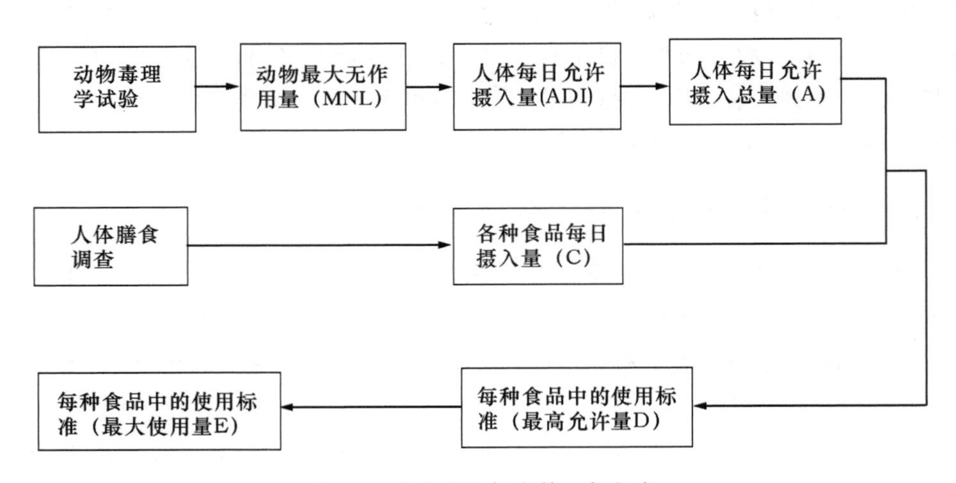

图2-1 制定使用标准的一般程序

1. 每日允许摄入量(ADI)

每日允许摄入量(ADI)是指以体重为基础来表示的人体每日允许摄入量,就是指能够从每日膳食中摄取的量,此量根据现有已知事实,即使终身持续摄入,也不会显示出导致值得重视的危害。每日允许摄入量以 mg/kg(体重)为单位。

人体每日允许摄入量可以由动物的最大无作用量推测而得。经过一系列的动物毒理学实验确定出动物的最大无作用量,把动物的最大无作用量(MNL)除以安全系数(100)即可求得人体每日允许摄入量(ADI)。

安全系数是考虑到人与动物在抵抗力和敏感度上的差异,以及人群中老弱病幼个体的差别等因素,不能将动物毒理学数据直接引用到人群,需要通过一个相对安全的转换而采用的数学系数。一般情况下安全系数定为 100 倍,但是也要按照实际情况适当变动。例如某种物质是食品的正常成分或是正常的中间代谢产物,又如当有足够资料证明在人体内某种物质因消化或代谢而转化成食品的正常成分或某种物质不被肠道吸收的情况,这些情况有可能提供一个较低的安全系数。反之,在动物毒性实验观察期较短毒理学资料不足等情况下,则要求增大安全系数,例如,采用 200 倍甚至更高的安全系数,因为每日允许摄入量是以人体每千克体重的摄入毫克数表示的,那么成人的每人每日允许摄入总量(A),就可用每日允许摄入量(ADI)乘以平均体重而求得。

2. 食品中最高允许量

人体每日允许摄入量,严格来说,应该包括某种物质从外界环境进入人体的总量,它进入的途径可能有食品、饮水和空气等。如果食品中某种物质进入人体仅仅通过饮食这个唯一途径,那么该物质的每日允许摄入总量(A)就应该相当于各种食品中该物质的每日摄食总量(B),大多数食品添加剂是属于这种情况。如果除食品外,该物质还有其他进入人体的来源时,则需确定来源于食品的该物质占人体对该物质总摄入量的比例。有了该物质的每日允许摄入总量(A)之后,还要根据人群的膳食调查,搞清膳食中含有该物质的各种食品的每日摄食量(C),就可以分别算出其中每种食品含有该物质的最高允许量(D)。

3. 各种食品中的使用标准

某种食品添加剂在每种食品中的最大使用量(E)是其使用标准的主要内容。最大使用量(E)是根据上述相应的食品中的最高允许量(D)制定的。在某些情况下,二者可以相同,但为了人体安全起见,原则上总是希望食品中的最大使用量标准略低于最高允许量,具体要按照其毒性及使用等实际情况确定。

以苯甲酸为例,简单计算如下。

最大无作用量(MNL):由大鼠试验判定 MNL＝ 500 mg/kg。

每日允许摄入量(ADI):根据 MNL,以安全系数为 100 推定于人,则 ADI＝ MNL×1/100＝500×1/100＝5(mg/kg)。

每日允许摄入总量(A):以平均体重 65 kg 的正常成人计算,苯甲酸的每人每日允许摄入总量为 5×65＝325[mg/(人·d)]。

最大使用量(E):若通过膳食调查,平均每人各种食品的每日摄食量(C)见表 2-1。

表 2-1　苯甲酸摄食总量计算表

食品种类	各种食品每日的摄食量/g	各种食品中的最大使用量/(g/kg)	苯甲酸每日摄食总量/[mg/(人·d)]
酱油	50	1	50
醋	20	1	20
汽水	250	0.2	50
果汁	100	1	100
合计			220

由于有使用调查，可简单地以反推计算。先按实际使用情况设定各种食品中的最大使用量(E)分别为：酱油 1 g/kg、醋 1 g/kg、汽水 0.2 g/kg、果汁 1 g/kg。则计算得出苯甲酸每日摄食总量(B)为 220 mg/(人·d)，此值低于每日允许摄入总量(A)325 mg/(人·d)的数值。所以，可知道设定的最大使用量(E)相应地低于最高允许量(D)。

假如上述计算结果每日摄食总量(B)高于每日允许摄入总量(A)，则设定的最大使用量就有重新考虑的必要，必要时则要通盘考虑使用标准，限制适用范围等。

2.1.4　食品添加剂的质量标准

FAO/WHO、FCC、日本食品添加物公定书，在公布食品添加剂允许使用品种和最大允许使用量的同时，都公布相应品种的质量指标及分析方法等有关要求。食品添加剂的质量指标体系，一般分为三个方面：外观、含量和纯度，有的还包括微生物指标和黄曲霉毒素等卫生指标。在纯度指标中一般均有铅、砷、重金属，乃至铬、铜、镉、汞、锌等有害金属指标。此外有干燥失重、灼烧残渣、不溶物、残存溶剂等指标。对各种质量指标的测定方法，在各国标准中均有规定。由于各种添加剂性状的不同，即使是同一指标，往往需要不同的测定方法以消除干扰，但绝大部分指标实际上往往是可以通用的。随着检测技术的进步和对安全性的考虑，许多产品的质量指标会不断提高。

食品添加剂的生产商必须严格控制产品的质量标准。食品添加剂的产品质量是食品添加剂能否使用和能否保证消费者健康安全的关键。国外曾发生过因添加剂中毒甚至死亡的事故，例如，日本的牛奶砷中毒事件，患者达 12 313 人，死亡人数 130 人。引起这一事件的原因是奶粉生产中使用的稳定剂磷酸氢二钠的含砷量过高(高达 30 mg/kg)。因此，牛奶砷中毒事件并不是该不该使用磷酸氢二钠的问题，而是由磷酸氢二钠的质量控制不严所致。国外多次对糖精等安全性争议也同样是因杂质超标所引起。

我国食品添加剂生产分散在各个行业之中，长期以来没有制定统一的国家标准(GB)。近 20 年来国家标准化管理委员会做了大量的工作，但一些产品仍然执行的是生产企业所属的行业标准，如化工行业标准(HG)、轻工行业标准(QB)、医药行业标准(YY)等。

对于我国食品添加剂质量标准，首选的应当是食品添加剂的国家标准或行业标准。尚未制定国家或行业标准的品种，可适当采用企业标准。对于这类尚未颁布标准的新产品必须先制定企业标准[QB(某地方的简称，如浙、粤、沪等)]，此标准的制定多以国际或发达国家标准为依据，如 FAO/WHO、FDA 和 FCC(美国食品用化学品法典)的相关标准等。当企业标准获得上级批准后才能正式生产。若上述标准均无时，也可适当采用某些其他标准，如中国药典或其他有参考价值的规格标准。2010 年卫生部制定发布了 95 项食品添加剂产品标准。对于尚无产品标准的食品添加剂，根据《关于加强食品添加剂监督管理工作的通知》(卫监督发〔2009〕89 号)规定，其产品质量要求、检验方法可以参照国际组织或相关国家的标准，由卫生部会同有关部门指定。

由于标准化、国际化的发展，致使各国食品添加剂的质量标准已很接近，但由于各自认识和某些情况的不同，不同国家之间仍然存在一定差别。近年来，我国许多食品添加剂品种的质量标准已与最新出版的美国食品用化学品法典(FCCIV)和日本食品添加物公定书(第 6 版)的标准一致。

2.2　食品添加剂的使用与申报原则

2.2.1　我国食品的分类系统

食品是维系人类生存和健康的基本要素，其涵盖范围广泛，种类繁多，产品属性和组成复杂，且有区域性和习惯名称差异，所以对食品进行分类是一项复杂的系统工程。不同的应用目的决定不同的分类方法，建立相对统一的食品分类系统对于建立食品安全标准体系及食品的分类生产和监管具有重要意义。

2.2.1.1　国外食品的主要分类系统

目前国际上及发达国家比较全面且划分较细的食品分类系统主要有国际食品法典委员会(CAC)《食品与饲料分类标准》《食品添加剂通用法典标准》(GSFA)中的食品分类系统和日本“肯定列表制度”中食品分类体系，因其服务对象不同，其分类原则和分类方法各不相同。

CAC 设置“食品和饲料分类系统”的主要作用是为农药残留限量标准的制修订服务，因此，在分类方法上是将具有相似农药残留特性和产品特征的食品进行归类，在名称上尽量采用国际贸易中通用的科学名称及描述。因农药在植物和动物中有显著差异，首先将食品和饲料分为基本植物来源和动物来源两大类，再将食品按相似产品特征和农药残留特性分为大类和亚类。其最终基本框架是将食品和饲料分为四个层次，第一个层次按原料来源及是否经过加工分为植物源初级产品、动物源初级产品、初级饲料、植物源加工产品和动物源加工产品五大类；第二个层次是根据产品特性，在大类的基础上划分亚类，如植物源初级产品中分出水果、蔬菜、坚果等类别；第三个层次是将亚类中农药残留相似的产品再分小类，如水果亚类中再细分柑橘类、仁果类等小类；第四个层次则分到小类中的具体品种，如柑橘小类中再分出品种。

《食品添加剂通用法典标准》(GSFA)中食品分类系统的主要作用是界定食品添加剂的使用范围和使用量，因此，在产品分类方法上主要依据产品加工工艺特点和产品特性进行归类，同时在产品范围上尽量涵盖所有食品(包括不允许使用食品添加剂的食品)。在食品类别名称上因其更多地从加工工艺出发，所以类别名称并不等同于产品名称，比如加工蔬菜类别下分为冷冻蔬菜、干制蔬菜、罐装蔬菜、发酵蔬菜等。GSFA 中的食品分类系统总体上也分为四个层次，第一个层次是将所有食品依据其产品属性和加工特性分为乳制品、脂肪、水果和蔬菜、谷物和谷物制品等 15 类；第二个层次是根据加工工艺分出亚类，如乳制品分为乳和乳基饮料、发酵乳和凝乳制品、炼乳及类似产品、稀奶油及类似产品、乳粉等 8 个亚类；第三个层次是将亚类再细分小类，乳和乳基饮料细分为乳和酪乳、调味或发酵乳基饮料 2 个小类；第四个层次具体到产品品种，如乳和酪乳小类下分为乳、酪乳 2 个品种。当然不是所有小类下面都有第四个层次的划分，主要依据生产工艺上对于食品添加剂的选择是否存在差异性。GSFA 的食品分类系统与其他分类系统最大的不同在于其对分类系统专门编制了食品分类描述，即从生产工艺角度对每一分类都进行了详细注解，相当于对分类系统进行实用解读，避免理解歧义，执行出现偏差。《食品中污染物和毒素通用法典标准》(GSCTF)也采取以上分类原则。

“肯定列表制度”是日本为加强食品中农业化学品(包括农药、兽药和饲料添加剂)残留管理而制定的一项制度。该制度要求食品中农业化学品含量不得超过最大残留限量标准；对于未制订最大残留限量标准的农业化学品，其在食品中的含量不得超过“一律标准”，即 0.01 mg/kg。日本“肯定列表制度”中的食品分类主要依据食品属性和农业化学品残留特性进行划分。其基本框架也是“种类—类型—分组—食品名”四个层次，种类中列出植物来源、动物来源、矿泉水和加工食品 4 大类；类型中分为谷物、豆类、蔬菜、水果、坚果等 14 个类型；类型中再分组，如蔬菜类下分为薯类、糖源蔬菜、十字花科蔬菜等；组别中再细分到具体食品名称，如薯类组中分为甘薯、马铃薯、山药等。除上述食品分类外，日本还制定了“日本特定食品的归类细则”作为补充。

2.2.1.2 我国食品的主要分类系统

随着我国食品安全法律法规和标准体系的不断健全完善，目前国内几个基础性的食品安全标准中的食品分类系统也日趋细化、合理和实用，比较全面的有《食品安全国家标准　食品添加剂使用标准》(GB 2760—2014)和《食品安全国家标准　食品中农药最大残留限量》(GB 2763—2019)的食品分类系统。

GB 2760—2014 是在借鉴 CAC 及美国等国家地区有关添加剂的“食品分类”基础上，以国内行业分类标准(或标准体系表)作为重要参考，针对食品添加剂使用的特点划分食物类别。比如饮料类的分类主要依据国家标准《饮料通则》(GB/T 10789—2015)，糖果的分类主要参考国家标准《糖果分类》(GB/T 23823—2009)。在产品名称表述上则主要依据国家相应的产品标准，没有标准的则以市场通用名称进行表述，同时对该类产品进行特征性描述。该分类系统在框架上也按 4 级构架，即大类、亚类、次亚类和小类，个别食品分到 5 级。现行 GB 2760—2014 分类系统将我国食品共分为 16 大类 300 多个小类，已成为我国目前制定行业标准、企业标准以及食品安全认证等的重要依据。

GB 2763—2019 中的食品类别因其服务对象是农药残留限量标准，所以食品类别主要针对农药的使用对象初级植物源农产品、少数植物源加工产品以及由饲料农药残留引入的初级动物源产品。同时为配合确定产品中残留限量，在分类中还进一步明确了产品的测定部位，比如坚果产品明确为去壳坚果。GB 2763—2019 的食品分类相对于其他分类系统比较粗，只有两级划分，第一级是按食品生物属性、农作特点及农药残留特性将食品分成 27 大类，并侧重初级农产品，如谷物、油料和油脂、蔬菜(鳞茎类)、蔬菜(芸薹属类)等；第二级主要在第一级基础上细分种类或种属，并列举具体产品。

2.2.2 我国食品添加剂使用标准的变化

2.2.2.1 我国食品添加剂定义和使用原则的变化

食品添加剂在食品的制作过程中经常运用到，但从当前食品添加剂的国际定义中能够发现，其对食品制作过程中的添加剂应用进行了政策性的强化改变，改变内容主要体现在 GB 2760—2014《食品添加剂使用标准》中。从定义来看，GB 2760—2014 中规定的食品添加剂是指用来加强食物的保鲜、防腐、加工工艺以及改善食物色香味的天然或人工合成的添加剂。营养强化剂是为了提升食物的营养含量而添加的天然或人工合成的营养物质。从使用原则与使用目的来看，食品添加剂的主要作用是用来改善食品的感官、质量、风味、品质等因素，在能保证食品预期效果的前提下，应尽量减少食品的添加剂含量。而营养强化剂的使用目的是用来强化以及补充营养，提高与维持人类的营养摄入量，在保持使用剂量合理的情况下，提倡使用营养强化剂来维持身体健康。在强化剂的应用中，借助营养剂共同组成氧化剂，这样才能在实际工作中提升食品的安全性，可以使营养强化剂的使用方式与自身立意相吻合，且能避免各个标准之间混乱使用的现象。

带入原则是食品添加剂使用过程中的原则之一，带入原则指的是食品添加剂不是直接添加到食品中，而是经由带有该种食品添加剂的原料间接带入食品中。带入原则会导致食品中添加剂泛滥，使食品安全监管工作难度加大。带入原则的初衷是杜绝某种添加剂的掺入，但在实际生产过程中，却出现一些矛盾问题。我国 GB 2760—2014 对带入原则进行了规范，以下情况可以将含有某种添加剂的原料带进食品中：根据生产要求，允许食品配料中含有该种添加剂；食品添加剂的用量不能超过使用上限；辅料所带入的添加剂含量不得高于食品添加剂量的最大限值。但是，在实际的生产过程中，还是会出现一些矛盾。为此，带入原则规范中修订了第二个条例：当某种辅料作为最终成品的一部分时，允许上述添加剂加入食品配料中，同时要保证剂量合理，并标明该食品添加剂的具体用途。

2.2.2.2 我国食品添加剂使用上的变化

以铝元素添加限制为例，铝是人体必需摄入的食品添加剂，但如果摄入过量，就会严重危害人体健康，可能出现记忆减退、骨质疏松等危害。据相关调查，居民铝元素的摄入主要来自食品添加剂。我国食品安全调查显示，我国居民总体的铝摄入水平偏高，为了避免铝元素摄入过量对居民造成危害，在修订中郑重对含铝添加剂进行了修订。在 GB 2760—2011 中，彻底禁用了硅铝酸钠、酸性磷酸铝钠、辛烯基琥珀酸铝淀粉这 3 种添加剂，规定硫酸铝铵与硫酸铝钾只能用于海蜇产品的腌制，对于儿童经常购买的膨化食品中禁止添加铝色淀。含铝添加剂新旧标准的对比，见表 2-2。另外，按生产需要适量添加食品添加剂使用变化，见表 2-3。

表 2-2　含铝添加剂新旧标准对比分析表

添加剂种类	GB 2760—2011	GB 2760—2014	对比分析
酸性磷酸铝钠	功能:膨松剂	无	从国标中删除禁止使用
硅铝酸钠	功能:抗结剂	无	
辛烯基琥珀酸铝淀粉	功能:增稠剂、抗结剂、乳化剂	无	
硫酸铝钾	水产品以及制品		缩小产品使用范围,仅限于海蜇水产品使用,但残留量相对增加
含铝着色剂铝色淀	16.06 膨化食品可使用赤藓红及其铝色淀、靛蓝及其铝色淀、亮蓝及其铝色淀、柠檬黄及其铝色淀、胭脂红及其铝色淀、诱惑红及其铝色淀		限制特殊产品中含铝制剂的使用,膨化食品中不能使用铝色淀

表 2-3　按生产需要适量添加食品添加剂使用变化表

添加剂种类	GB 2760—2011	GB 2760—2014	对比分析
焦糖色(加氨生产) 焦糖色(苛性硫酸盐) 焦糖色(亚硫酸铵法)	标准中表 1 中的酸性添加剂能够根据食品生产的需求进行添加	表 1 中,对应食品类别中明确具体限量	依然在表 1 中,最大使用量按生产需要适量使用限定为具体的数值
甜菊糖苷	表 1 中,所列食品类别均可按生产需要适量使用	表 1 中,所列食品类别均明确具体限量	表 1 中,所列食品类别均明确具体限量
纽甜、阿斯巴甜、β-胡萝卜素、β-环状糊精、双乙酰酒石酸单双甘油酯	表 2 中的添加剂要按照生产日期允许的范围进行专门的应用	在表 1 中,不同食品类别不同限定	由表 2 中调整到表 1 中,加强对其监管
酒石酸	表 2 中的苹果酸在实际使用过程中要根据食品的应用需求去改变	在表 1 中,*L*(+)-酒石酸、*DL*-酒石酸,最大使用量为具体限值	由表 2 中调整到表 1 中,加强对其监管,并将添加剂具体化
苹果酸	表 2 中,苹果酸	表 2 中,*L*-苹果酸,*DL*-苹果酸,*DL*-苹果酸钠	将添加剂具体化

除此之外,新的添加剂使用标准还限制无工艺必要性食品添加剂的使用,根据国家食品安全的相关规定,检验食品的安全性需要从工艺与安全两个角度进行评估,只有符合工艺必要性与安全标准才能列入食品添加剂的使用标准中。重新修订的评估认为在原有版本中存在的 28 种食品添加剂中,有高达 34 条没有必要的工艺要求,为了严格监控食品添加剂的使用,将这些没有工艺必要性的食品添加剂进行了删减,具体删减内容见表 2-4。

表 2-4　在食品中因无工艺必要性而删除的部分食品添加剂表

食品类别	因无工艺必要性删除的添加剂	功能
大米	双乙酸钠 脱乙酰甲壳素	防腐剂 被膜剂
糕点、面包、饼干、饮料类	亮蓝及其铝色淀 糖精钠	着色剂 甜味剂
人造黄油及其类似制品	姜黄素、辣椒红	着色剂
米粉制品;粉丝、粉条	二氧化硫、焦亚硫酸钠、焦亚硫酸钾、亚硫酸钠、亚硫酸氢钠、低亚硫酸钠、硫黄	漂白剂
酱及酱制品、酱油	辣椒橙、萝卜红、酸枣色	着色剂
氢化植物油	聚氧乙烯木糖醇 酐单硬质酸钠	乳化剂
基本不含水的脂肪和油;脂肪,油和乳化脂肪制品	硫代二丙酸二月桂酯双乙酸钠	抗氧化剂
浓缩果蔬汁	三氯蔗糖	防腐剂 甜味剂
粮食和粮食制品	淀粉磷酸酯钠	增稠剂
调制乳	刺梧桐胶	稳定剂
酒类	高锰酸钾、聚丙烯酸钠	着色剂 防腐剂
生湿面制品	聚丙烯酸钠	增稠剂
可乐型碳酸饮料	多穗柯棕	着色剂

现阶段,虽然我国食品添加剂系列国家安全标准体系已经初步建立,但为了更好地促进其不断发展,对加强食品添加剂系列国家安全标准制修订工作需要从以下几方面进行完善。①完善食品添加剂系列国家安全标准内容。随着社会经济不断发展,人们对食品安全问题也提出了更高的要求。对此,国家应对社会上已经发生的食品安全事故进行深入调查与分析,根据分析结果来判断其是否涉及食品添加剂问题,如果涉及,国家应尽快将其列入食品安全国家标准的制修订计划中,从而逐步完善标准。②制定食品添加剂风险评估原则。食品添加剂系列国家安全标准的制修订工作与人们的日常生活息息相关,要求从事此项工作的相关人员除了具备专业知识外,还要有强烈的社会责任意识,同时国家应尽快制定出风险评估原则,以此确保标准的制修订工作具有科学性和合理性。③加强食品添加剂系列国家安全标准制修订与监督管理的互通。标准的制修订工作完成之后,国家相关监督管理部门应对最新标准进行深入了解,并根据实际情况合理转变对食品添加剂的监管手段,进而确保

标准的切实落实。

2.2.3 我国食品添加剂的使用原则

按照我国《食品安全国家标准　食品添加剂使用标准》(GB 2760—2014)，食品添加剂的使用原则如下。

1. 食品添加剂使用时应符合的基本要求

(1)不应对人体产生任何健康危害。

(2)不应掩盖食品腐败变质。

(3)不应掩盖食品本身或加工过程中的质量缺陷或以掺杂、掺假、伪造为目的而使用食品添加剂。

(4)不应降低食品本身的营养价值。

(5)在达到预期效果的前提下尽可能降低在食品中的使用量。

2. 可使用食品添加剂的情况

(1)保持或提高食品本身的营养价值。

(2)作为某些特殊膳食用食品的必要配料或成分。

(3)提高食品的质量和稳定性，改进其感官特性。

(4)便于食品的生产、加工、包装运输或者储藏。

3. 食品添加剂质量标准

按照本标准使用的食品添加剂应当符合相应的质量规格要求。

4. 带入原则

(1)在下列情况下食品添加剂可以通过食品配料(含食品添加剂)带入食品中。

①根据本标准，食品配料中允许使用该食品添加剂。

②食品配料中该添加剂的用量不应超过允许的最大使用量。

③应在正常生产工艺条件下使用这些配料，并且食品中该添加剂的含量不应超过由配料带入的水平。

④由配料带入食品中的该添加剂的含量应明显低于直接将其添加到该食品中通常所需要的水平。

(2)当某食品配料作为特定终产品的原料时，批准用于上述特定终产品的添加剂允许添加到这些食品配料中，同时该添加剂在终产品中的量应符合本标准的要求。在所述特定食品配料的标签上应明确标示该食品配料用于上述特定食品的生产。

5. 食品用香料、香精的使用原则

(1)使用食品用香料、香精的目的是使食品产生、改变或提高风味。食品用香料一般配制成食品用香精后用于食品加香，部分也可直接用于食品加香。食品用香料、香精不包括只产生甜味、酸味或咸味的物质，也不包括增味剂。

(2)食品用香料、香精在各类食品中按生产需要适量使用，标准中规定没有加香的必要，不得添加食品用香料、香精。法律法规或国家食品安全标准另有明确规定者除外。除标准中所列可加香的食品外，其他食品是否可以加香应按相关食品产品标准规定执行。

(3)用于配制食品用香精的食品用香料品种应符合本标准的规定。用物理方法、酶法或微生物法(所用酶制剂应符合本标准的有关规定)从食品(可以是未加工过的，也可以是经过了适合人类消费的传统的食品制备工艺的加工过程的)制得的具有香味特性的物质或天然香味复合物可用于配制食品用香精。

注：天然香味复合物是一类含有食用香味物质的制剂。

(4)具有其他食品添加剂功能的食品用香料，在食品中发挥其他食品添加剂功能时，应符合本标准的规定。如苯甲酸、肉桂醛、瓜拉纳提取物、双乙酸钠(又名二醋酸钠)、琥珀酸二钠、磷酸三钙、氨基酸等。

(5)食品用香精可以含有对其生产、储存和应用等所必需的食品用香精辅料(包括食品添加剂和食品)。食品用香精辅料应符合以下要求。

①食品用香精中允许使用的辅料应符合相关标准的规定。在达到预期目的的前提下尽可能减少使用品种。

②作为辅料添加到食品用香精中的食品添加剂不应在最终食品中发挥功能作用，在达预期目的的前提下尽可能降低在食品中的使用量。

(6)食品用香精的标签应符合相关标准的规定。

(7)凡添加了食品用香料、香精的食品应按照国家相关标准进行标示。

6. 食品工业用加工助剂的使用原则

按照我国《食品安全国家标准　食品添加剂使用标准》(GB 2760—2014)，食品工业用加工助剂的使用原则如下。

(1)加工助剂应在食品加工过程中使用，使用时应具有工艺必要性，在达到预期目的的前提下应尽可能降低使用量。

(2)加工助剂一般应在制成最终正品之前除去，无法完全除去的，应尽可能降低其残留量，不应对健康产生危害，不应在最终食品中发挥功能作用。

(3)加工助剂应该符合相应的质量规格要求。

2.2.4　食品添加剂的审批程序

已列入食品添加剂使用标准的品种，根据《食品添加剂卫生管理办法》第五条，“列入食品添加剂使用标准的品种，在国家未颁发标准前，可制定地方(或企业)质量卫生标准，由生产厂提出，经省、自治区、直辖市主管部门及卫生主管部门进行审查后，报地方标准局批准，按生产管理办法的有关规定办理临时许可证”。但在国家质量标准颁发以后，应按国家质量标准重新办理申请生产许可证手续。

凡未列入《食品安全国家标准　食品添加剂使用标准》(GB 2760—2014)的食品添加剂新品种，应由生产、应用单位及其主管部门提出生产工艺理化性质、质量标准、毒理试验结果、应用效果(使用范围、最大使用量)等有关资料，由当地省、直辖市、自治区的主管和卫生部门提出初审意见，由全国食品添加剂卫生标准协作组预审，通过后再提交全国食品添加剂标准化技术委员会审查。通过后的品种报国家卫生和计划生育委员会和国家质量监督检验检疫总局审核批准发布。

第一步，根据上述规定提出下列三个方面资料，报省、直辖市、自治区的主管和卫生部门审查。

(1)生产单位提出生产工艺、理化性质、质量标准，同时列出国外同类产品标准以供比较，并列出近期的参考文献。

(2)使用部门提出使用效果报告：使用在什么食品上、最大使用量、使用效果。

(3)毒理试验报告：包括急性毒性试验、致突变试验、致畸试验、亚慢性毒性试验，必要时进行慢性毒性试验(包括致癌试验)。如该产品为FAO/WHO食品添加剂联合专家委员会(JECFA)已制定ADI的或ADI不需制定的品种，质量又能达到国家标准的，要求做急性毒性试验即可，要列出近期的ADI及参考文献。如JECFA未制定ADI的产品，要根据毒性试验结果提出ADI。

对于食品用香料，凡属WHO已批准使用或制定ADI以及美国食用香料和萃取物制造者协会(FEMA)、欧洲理事会(COE)和国际食用香料工业组织(IOFI)中的两个或两个以上组织允许使用的香料，我国可以使用。如需要证明，一般只要求进行急性毒性试验，然后参照国外资料或规定进行评价。

第二步，生产单位或使用单位的主管部门将上述三方面资料综合整理，并附上述三方面的资料作为申请报告，由当地省、直辖市、自治区的卫生主管部门进行初审。初审通过后，提出意见，报国家卫生和计划生育委员会及全国食品添加剂标准化技术委员会审查通过后，再由国家卫生和计划生育委员会批准，方可作为食品添加剂使用。

第三步，生产厂的产品质量稳定，符合质量标准，列入国家标准GB 2760—2014名单后，可提出申请生产该种食品添加剂的临时生产许可证，经省、直辖市、自治区的主管部门会同卫生主管部门、商业主管部门、工商行政部门共同审查，符合生产食品添加剂的条件，可以发给临时生产许可证先制定企业标准，待颁布国家标准后才能发给正式生产许可证。生产厂必须保证生产的食品添加剂经逐批检验合格后才可出厂。未经批准的工厂，不得生产食品添加剂。食品加工厂不得使用来自未经批准的工厂生产的产品作为食品添加剂，即使该产品符合国家标准也是非法的。

关于外国公司的产品，进入中国市场前必须按照我国的法规及审批程序办理，提供上述材料直接向全国食品添加剂标准化技术委员会申请办理批准手续。

2.3 食品添加剂的管理

2.3.1 FAO/WHO对食品添加剂的管理

1955年9月在日内瓦，联合国下属的世界粮农组织(FAO)和世界卫生组织(WHO)组织召开第一次国际食品添加剂会议，协商有关食品添加剂的管理和成立世界性国际机构等事宜。1956年FAO/WHO所属的食品添加剂专家委员会(JECFA)在罗马成立，由世界权威专家组织以个人身份参加、以纯科学的立场对世界各国使用的食品添加剂进行评议，并将评议结果在“FAO/WHO，Food and Nutrition Paper(FNP)”上不定期公布。会议基本上每年召开一次。1962 年 FAO/WHO 联合成立了国际食品法典委员会(Codex Alimentarius Commission，简称 CAC)，是协调各成员国食品法规、技术标准的唯一政府间国际机构。下设有食品添加剂法典委员会(CCFA)，CCFA 每年定期召开会议，制定统一的规格和标准，确定统一的试验和评价方法等，对 JECFA 通过的各种食品添加剂的标准、试验方法、安全性评价结果等进行审议和认可，再提交 CAC 复审后公布。CAC 标准分为通用标准(Codex General Standards) 和商品标准(Codex Commodity Standards)两大部分。关于食品卫生安全的内容主要在通用标准部分，包括食品添加剂的使用、污染物限量、食品卫生(食品的微生物污染及其控制)、食品的农药与兽药残留、食品进出口检验和出证系统以及食品标签。而 CAC 商品标准则主要规定了食品非安全性的质量要求。其制定的标准是世界贸易组织中卫生与植物卫生措施协定规定的解决国际食品贸易争端，协调各国食品卫生标准的重要依据，以克服由各国法规不同所造成的贸易上的障碍。1998 年食品添加剂法典委员会更名为食品添加剂和污染物法典委员会(CCFCA)，并于 2005 年 7 月将 CCFCA 拆分为食品添加剂法典委员会和食品污染物法典委员会。目前，CCFA 作为一种松散型的组织，联合国所属机构所通过的决议只能作为建议推荐给各国，作为其制定相关法律文件的参照或参考，而不直接对各国发挥指令性法规的作用。

2015 年 3 月 23 日至 27 日，第 47 届国际食品添加剂法典委员会(CCFA)会议在西安举行。来自 51 个成员国和 1 个成员组织(欧盟)及 31 个国际组织的 260 余名代表参加了本届会议。此次会议是中国担任国际食品添加剂法典委员会主持国以来的第 9 次会议。本次会议重点讨论了在现有的食品添加剂质量规格标准中增加用于婴幼儿配方食品的铅的限量要求、认可和/或修订法典标准中食品添加剂和加工助剂的最大限量、统一产品标准和 GSFA 中相关食品添加剂规定、食品添加剂国际编码系统修改和/或增补的建议等相关内容。但由于联合国是一种松散型的组织，因此其所属机构所通过的决议只能作为向各国推荐的建议，不具备直接对各国起到指令性法规的作用，因此，各国仍自行制定各自的相应法规标准，但可以作为世界贸易组织在国际贸易中的参照标准。

迄今为止，联合国为各国提供的主要法规或标准，包括以下几个方面。

(1)准许用于食品的各种食品添加剂的名单，以及他们的毒理学评价(ADI)(1996)。

(2)各种准用的食品添加剂的质量指标等规定(1993)。

(3)各种食品添加剂在食品中的允许使用范围和建议用量(1987)。

(4)各种食品添加剂质量指标的通用测定方法(1991)。

(5)建立新的食品添加剂和与食品接触物质审查其结构和毒性的电子数据库(2008)。

2.3.2 美国对食品添加剂的管理

美国是食品添加剂的主要生产和使用国，其食品添加剂的产值和种类在世界上都位居首位。美国规定，食品添加剂是“由于生产、加工、储存或包装而存在于食品中的物质或物质的混合物，而不是基本的食品成分。”因此，美国的食品添加剂包括食品营养强化剂。对于食品添加剂的生产、销售和使用，美国有一套完善的管理办法。

美国最早于1908年制定有关食品安全的《食品安全法》(Pure Food Act),于1938年增订成为至今仍有效的《食品、药物和化妆品法》。1959年颁布《食品添加剂法》,1967年颁布《肉品卫生法》(肉品中允许使用的食品添加剂按该法裁定),1968年颁布《禽类产品卫生法》,以上各法分别由美国食品与药品管理局(FDA)和美国农业部(USDA)贯彻实施。另一部分与食品有关的熏蒸剂和杀虫剂,则归美国环境保护局管理。这些联邦法规对食品添加剂(或称食品用化学品)的主要作用是建立和定期公布"允许使用范围、最大允许使用量和食品标签表示法",并于每年出版的《美国联邦法规》(CFR)上汇总修订。其中有关USDA所辖的肉禽制品,发表于《联邦法规编码》(title9,9CFR)上,FDA管辖的则发表于21CFR上。

食品添加剂的质量标准和各种指标的分析方法,由FDA所委任的食品用化学品法典委员会(Committee on Food Chemicals Codex)负责编写《食品用化学品法典》(FCC),定期出版,由FDA认可。至2014年已出版第7版,由美国国家科学院出版社出版。美国在1959年颁布的《食品添加剂法》中规定,出售食品添加剂之前需经毒理试验,食品添加剂的使用安全和效果的责任由制造商承担,但对已列入GRAS者除外。凡新的食品添加剂在得到FDA标准之前,绝对不能生产和使用。FDA将加入食品中的化学物质分为四类:

食品添加剂:需经两种以上的动物试验,证实没有毒性反应,对生育无不良影响,不会引起癌症等,用量不得超过动物试验最大无作用量的1%。

一般公认安全物质:如糖、盐、香辛料等,不需动物试验,列入FDA公布的GRAS名单,但如果发现已列入而有影响的,则从GRAS名单中删除。

凡需审批者,一旦有新的试验数据表明不安全时,应指令食品添加剂制造商重新进行研究,以确定其安全性。

凡食品着色剂上市前,需先经过全面安全测试。此外,对营养强化剂的标签标示,FDA在国标和教育法令(NLEA)中规定了新标示管理条件。其中要求维生素、矿物质、氨基酸及其他营养强化剂的制造商对其产品做有益健康的标示声明,其准确度达9~10级(10级制),于1994年5月8日生效,但目前批准的仅有钙强化剂和叶酸等营养强化剂。

2.3.3 欧盟对食品添加剂的管理

欧洲经济共同体(EEC)于1974年成立"欧共体食品科学委员会(Scientific Committee for Food of the Commission of the EEC)",负责EEC范畴内有关食品添加剂的管理,包括对ADI的确认(对FAO/WHO所公布ADI确认)、是否允许使用、允许使用范围及限量,据此编制各种准食品添加剂的EEC No.,并有各种不定期的出版物出版。

欧盟有专门机构和专项法规对食品添加剂进行管理。欧委会健康和消费者保护总理事会负责欧盟食品添加剂的管理,主要负责受理食品添加剂列入准许使用名单的申请、审批。欧盟食品科学委员会(SFC)主要负责食品添加剂的安全性评估,如果某类食品添加剂通过评估,则该委员会就会启动法规修正程序将其加入适当的指令中,允许其上市销售。欧盟对食品添加剂的立法采取"混合体系",即通过科学评价和协商,制定出能为全体成员国接受的食品添加剂法规,最终以肯定的形式公布允许使用的添加剂名单、使用特定条件及使用限量等。随着食品工业的发展和研究的深入,欧盟不断对食品添加剂的安全标准或管理法规进行修订和更新。2002 年 1 月 28 日，欧盟新食品法即欧洲议会与理事会 178/2002 法规正式生效，并于 2003 年进行了修订。新食品法是欧盟迄今出台的最重要的食品法，食品添加剂是其关注的重点领域之一，这一新法为欧盟保障食品添加剂的质量安全提供了重要指导原则。

欧盟为了避免各成员国的食品添加剂管理和使用条件的差异阻碍食品的自由流通，创建一个公平竞争环境以促进共同市场的建立和完善，通过立法实现所有成员国实施一致的食品添加剂批准、使用和监管制度。必须获得许可也是欧盟食品添加剂的立法原则，其基本框架以《食品添加剂通用要求指令》(89/107/EEC)为纲领性文件，以《着色剂指令》和《着色剂纯度指令》《甜味剂指令》和《甜味剂纯度指令》以及《其他添加剂指令》和《其他添加剂纯度指令》三组特定指令为基本构成。

欧盟有关食品添加剂的管理制度，具有如下实施特点。

(1)以欧盟理事会 89/107/EEC 作为"框架指令"，规定适用于食品添加剂的一般要求，同时针对各种不同的食品添加剂，通过作为实施细则的相应指令进行具体规范。

(2)以许可清单的方式列出食品添加剂，并且有相关的法规和规范限制其使用的范围、用量等使用条件，没有列入清单的添加剂均在禁止使用之列。

(3)食品添加剂必须是食品生产、储藏必需的，存在合理的工艺需求，具有其他物质不能实现的特定用途。

2.3.4 我国对食品添加剂的管理

目前，我国与国际食品法典委员会和其他发达国家的管理措施基本一致，建立了食品添加剂管理相关法规制度，规范食品添加剂的生产经营和使用管理。我国食品添加剂的使用原则：由各省、直辖市、自治区的主管和卫生部门，全国食品添加剂卫生标准协作组，全国食品添加剂标准化技术委员会，国家卫生和计划生育委员会，国家质量监督检验检疫总局根据有关法规与标准，对食品添加剂的生产、运输、销售、使用等各有关环节加强监督，进行严格的控制与管理。列入我国国家标准的食品添加剂，均进行了安全性评价，并经过食品安全国家标准审评委员会食品添加剂分委会严格审查，公开向社会及各有关部门征求意见，确保其技术必要性和安全性。

1. 食品添加剂监管职责分工

根据 2015 年《中华人民共和国食品安全法》及其实施条例的规定和部门职责分工，卫生部负责食品添加剂的安全性评价和制定食品安全国家标准；质量监督检验检疫总局负责食品添加剂生产和食品生产企业使用食品添加剂监管；工商部门负责依法加强流通环节食品添加剂质量监管；食品药品监督管理局负责餐饮服务环节使用食品添加剂监管；农业部门负责农产品生产环节监管工作；商务部门负责生猪屠宰监管工作；工信部门负责食品添加剂行业管理、制定产业政策和指导生产企业诚信体系建设。

2. 食品添加剂生产经营的主要监管制度

为贯彻落实《中华人民共和国食品安全法》及其实施条例，加强食品添加剂的监管，按照《关于加强食品添加剂监督管理工作的通知》(卫监督发〔2009〕89 号)和《关于切实加强食品调味料和食品添加剂监督管理的紧急通知》(卫监督发〔2011〕5 号)的要求,各部门积极完善食品添加剂相关监管制度。在安全性评价和标准方面,制定了《食品添加剂新品种管理办法》《食品添加剂新品种申报与受理规定》《食品安全国家标准　食品添加剂使用标准》(GB 2760—2014)、《食品安全国家标准　食品营养强化剂使用标准》(GB 14880—2012)以及食品添加剂质量标准,如《食品安全国家标准　食品添加剂　硫磺》(GB 3150—2010)等。在生产环节,制定了《食品添加剂生产监督管理规定》《食品添加剂生产许可审查通则》。在流通环节,制定了《关于进一步加强整顿流通环节违法添加非食用物质和滥用食品添加剂工作的通知》和《关于对流通环节食品用香精经营者进行市场检查的紧急通知》。在餐饮服务环节,出台了《餐饮服务食品安全监督管理办法》《餐饮服务食品安全监督抽检规范》和《餐饮服务食品安全责任人约谈制度》,严格规范餐饮服务环节食品添加剂使用行为。2014 年 12 月 31 日国家卫计委发布了《食品安全国家标准　食品添加剂使用标准》(GB 2760—2014),该标准将替代 2011 年版本并于 2015 年 5 月 24 日起实施。《食品安全国家标准　食品添加剂使用标准》(GB 2760—2014)规定了我国食品添加剂的定义、范畴、允许使用的食品添加剂品种、使用范围、使用量和使用原则等。此外,我国还制定了《食品安全国家标准　食品营养强化剂使用标准》(GB 14880—2012),对食品营养强化剂的定义、使用范围、用量等内容进行了规定。目前,允许使用的食品营养强化剂约 127 种。

2.3.5　食品添加剂管理的国际化

20 世纪以来,随着食品工业和化学工业的发展,出现了大量使用食品添加剂的状况,食品添加剂对食品工业有很大的作用。在发达国家,几乎所有食品中都直接或间接地加入了食品添加剂。而不少国家食品贸易在国际贸易中占很大比重,食品已超出本国范围而广泛地加工、交流,成为国际商品。因此,食品添加剂的滥用或误用会造成一些国际贸易问题。随着添加剂的安全问题逐渐引起各国的重视,很多国家加强了对食品添加剂的卫生管理,并相继制定出有关的法规来进行控制和监督。但是各国的食品添加剂法规大都从本国特点和饮食习惯出发,所以控制程度出入很大,有些国家准许使用的品种,另一些国家禁用,甚至对于食品添加剂的定义也不一样。这就给食品国际贸易及其他方面的交流合作带来了复杂的问题,也就是食品添加剂管理、使用的国际化问题。另外,关于食品添加剂的安全评价需要大量经费和时间,产品质量标准的制定也需要大量的数据和资料,并取得公认,在这方面亟须国际上广泛合作,发挥各国对某些物质在传统使用中所积累的大量可靠的科学数据的作用,特别是发挥有关国际组织的作用,制定出国际上普遍接受的国际评价标准,这也促使了食品添加剂管理走向国际化。

食品添加剂安全性管理的国际活动主要有以下几个方面:

1. 建立国际食品标准

FAO/WHO 国际食品法典委员会(CAC)推行国际食品标准规划,这将对世界各国食品添加剂的生产、贸易、使用、管理、科研和标准化均产生很大影响,受到了各方面的重视。

2. 食品添加剂的国际评价系统

该系统由 FAO/WHO 食品添加剂联合委员会(JECFA)将标准建议送交各成员国代

表,征求各国政府部门的意见。再由 FAO/WHO 联合食品添加剂和污染物法典委员会(CCFAC)调整各国的意见,委托 JECFA 讨论征得的意见。将 CCFAC 讨论的标准,经 CAC 采纳后交给各国政府作为国际食品添加剂标准,并根据此标准来制定、调整本国的食品政策法规。

3. 组织举行一系列食品添加剂国际交流活动

20 世纪 80 年代起,一些食品工业发达的国家在提出食品添加剂国际管理问题的同时,也积极参加了解决这方面问题的活动。他们不仅参加有关国际性组织,还积极组织国家与地区之间的双边活动,如定期举行会议,对食品添加剂进行统一编号,将本国食品添加剂安全评价方法与国际评价方法统一,并组成一些民间组织,协助政府部门工作等。

食品添加剂管理的国际化,大大促进了它自身的完善与发展,对提高整个人类的健康与生活水平都起着一定作用。

在统一的食品国际标准没有确立起来时,进口食品应按本国法规所允许的食品添加剂标准检验,出口食品必须选用销往国的法规所允许使用的食品添加剂。

2.3.6 食品添加剂的编码系统和缩略语

2.3.6.1 食品添加剂的编码系统

食品添加剂的统一编号有利于迅速检索,尤其是对于电子计算机检索来说尤为重要,统一编号也可弥补分类不足和名称不统一等所致的不必要重复和差错。

食品添加剂品种繁多,学名、俗名、地方名、商品名等名称众多,难以统一,因此需要一种在全球范围内统一的编码系统,以解决技术资料、生产、质量标准以及商品流通等领域中,快速、准确无误地确认、传递、储存和检索等需求,使之科学化、国际化、标准化和规范化。

最早采用编码系统的是欧洲经济共同体(EEC)。为适应信息时代的需要,FAO/WHO 曾两次制定食品添加剂的国际编号系统。

第一次是 1984 年,当时建议采用一种五位数字的编号系统,按食品添加剂英文名称的字母顺序排列。但这一方案未能为许多国家所接受,尤其是遭到欧洲经济共同体(EEC)各国的反对。因为由 EEC 所制定的食品添加剂编号系统(EEC No.)已使用多年,并在 1986 年 1 月 1 日实施的《商标法》中规定,在商标的配料一栏中可以不用食品添加剂的名称,而代之以 EEC No.。因此,原方案放弃。

第二次 FAO/WHO 在 1989 年 7 月国际食品法典委员会(CAC)第 18 次会议上通过了以 EEC No. 为基础的国际数据系统(International Numbering System,INS No.)。凡有 EEC No. 者,INS 编号绝大部分均与 E 编号相同,但对 E 编号中未细分的同类物做了补充。INS 的收取原则是:“包括至少一个 CAC 成员国正式允许使用的添加剂的名单,无论是否已由 JECFA 作过评价”。并规定以后每隔两年增补一次。为此,至 1996 年已做过 3 次补充。

现在 INS No. 不单为 EEC 各国所接受,在美国 FDA 的法定出版物(FCCIV,1996)中也采用,已成为国际上通用的一种编码系统。由于 INS No. 是在 EEC No. 基础上发展起来的,因此,INS 的编号绝大部分均与 E 编号相同,但对 E 编号中未细分的同类物,INS 做了补充。同时 INS No. 是各方妥协的结果,因此凡 EEC No. 中不包括的香料、营养强化剂等,

INS No. 中亦不包括。

2.3.6.2 中国的代码系统

中国于1990年公布《食品添加剂分类和代码》(GB 12493—90),按食品添加剂功能特征分类,并按其英文名称第一个字母的顺序列出,采用五位数字表示法。前两位数字码表示类目,小数点后的三位数字则表示该类目中的编号代码。这种编号代码有比INS或EEC系统大得多的容量,唯一遗憾的是该国家标准参照采用FAO/WHO国际食品法典委员会CAC/Vol XIV(1983年)文件,但实际上该文件因未能取得各国的认可而不得已在1989年的CAC会议上用INS No.所取代。因此,作为信息处理或情报交换,无法与国际上取得接轨。此外,该代码也未将香料(因另有GB/T 14156—93)和营养强化剂包括在内。目前,《食品安全国家标准　食品添加剂使用标准》(GB 2760—2014)采用国标和国际数据系统(International Numbering System,INS No.)相结合的方法,与国际进行接轨。

2.3.6.3 略缩语

ADI(acceptable daily intakes):每日允许摄入量

CAC(Codex Alimentarius Commission):国际食品法典委员会

CCFA(Codex Committee on Food Additives):国际食品添加剂法典委员会

CCFAC(Codex Committee on Food Additives and Contaminants):国际食品添加剂和污染物法典委员会(1988年由CCFA改为CCFAC)

CI(Color Index):染料索引

CE或COE(Council of Europe):欧洲理事会

CFR(Code of Federal Regulations):美国联邦法典

EU(European Union):欧盟

EC(European Community):欧洲共同体

E. C. (Enzyme Commission):国际酶委员会

EEC(European Economic Community):欧洲经济共同体

EOA(The Essential Oil Association of USA):美国精油协会

FAO(Food and Agriculture Organization of the United Nation):联合国粮农组织

FCC(Food Chemical Codex):美国食品用化学品法典

FDA(Food and Drug Administration):美国食品与药物管理局

F. D. &. C. (Food, Drug and Cosmetic Act):食品、药物和化妆品法

FEMA(Flavor Extract Manufactures, Association):美国食用香料和萃取物制造者协会

GMP(Good Manufacturing Practice):良好生产规范

GRAS(Generally Recognized as Safe):一般公认安全

HLB(hydrophilic-lipophilic balance):亲水亲油平衡

INS(International Numbering System):国际编码数据系统

IOFI(International Organization of the Flavor Industry):国际食用香料工业组织

ISO(International Standard Organization):国际标准组织

IU(International Units):国际单位

JECFA(Joint FAO/WHO Expert Committee on Food Additives):食品添加剂联合委员会

LD_{50}(50% lethal dose):半数致死量(亦称致死中量)

MNL(maximum no-effect level):最大无作用量(亦称最大耐受量)

MTDI(maximum tolerable daily intake):日最大耐受摄入量

NOEL(no-observable effect level):无作用量

PMTDI(provisional maximum tolerable daily intake):日暂定最大耐受量

思考题

1. 简述食品添加剂的安全性概念。
2. 食品添加剂的毒理学试验包括哪些内容?
3. 简述我国食品添加剂的一般审批程序。
4. 使用食品添加剂时应该注意哪些问题?并举例说明。

第 2 章思考题答案

参考文献

[1] 曹雁平,肖俊松,王蓓.食品添加剂安全应用技术[M].北京:化学工业出版社,2013.
[2] 郝利平,聂乾忠,周爱梅,等.食品添加剂[M].北京:中国农业大学出版社,2016.
[3] 孙宝国.食品添加剂[M].北京:化学工业出版社,2013.
[4] 高彦祥.食品添加剂[M].北京:中国轻工业出版社,2010.
[5] 张江华.食品添加剂原理与应用[M].北京:中国农业出版社,2014.
[6] 张霁月,于航宇,张俭波.第四十七届国际食品添加剂法典委员会(CCFA)会议进展[J].中国食品添加剂,2015,26(5):203-208.
[7] 骆鹏杰,张俭波.食品添加剂新品种管理申请与审批[J].中国食品添加剂,2014,25(6):45-48.
[8] 郜轩宇,臧英男,许静.最新食品添加剂系列国家安全标准的变化[J].现代食品,2017,33(6):18-20.
[9] 邢晓慧.GB 2760—2011《食品安全国家标准　食品添加剂使用标准》使用过程中的体会[J].中国

调味品,2013,38(1):5-6.

[10] 陈倩,张志华,滕锦程,等.国内外食品分类系统对绿色食品产品分类体系构建的借鉴[J].中国食物与营养,2017,23(10):11-14.

[11] 马汉军,田益玲.食品添加剂[M].北京:科学出版社,2014.

[12] 食品安全国家标准　食品添加剂使用标准:GB 2760—2014[S].北京:中国标准出版社,2014.

[13] GB 12493—1990.食品添加剂分类和代码[S].北京:中国标准出版社,1990.

[14] 陈倩.食品添加剂的安全性和管理[J].中国食物与营养,2011,17(6):5-9.

[15] 邹志飞,代汉慧.食品添加剂.欧盟食品添加剂法规标准指南[M].北京:中国标准出版社,2013.

[16] 李宏梁.食品添加剂安全与应用[M].2版.北京:化学工业出版社,2012.

第 3 章 食品防腐剂

【学习目的和要求】

了解食品防腐剂的定义和分类，熟悉常用防腐剂的品种和特性，掌握防腐剂的使用方法及使用注意事项。

【学习重点】

常用食品防腐剂的性状、防腐特性和使用方法。

【学习难点】

食品防腐剂的抑菌机理以及影响防腐剂作用效果的因素。

3.1 概述

自从人类生产的食物有了剩余，防止食品腐败就成了保藏食品的核心问题。引起食品腐败变质的原因有物理、化学及生物等诸多因素，其中微生物是造成食品腐败的主要原因之一。自古以来人们就常采用一些传统的保藏方法来保存食物，如晒干、盐渍、糖渍、酒泡、发酵等；现代食品工业的发展，人们采用了很多新技术来保藏食品，如采用罐藏、真空包装、充气调理包装等多种包装方法，同时也采用多种杀菌技术，如高压杀菌、辐照杀菌、电子束杀菌等，储藏一般采用冷藏、冻藏等方式。虽然防止食品腐败变质的方法很多，但这些方法，或要求一定的设备，或需要大量耗能，或者对食品的色香味、质感造成影响。且不管是采用哪类技术，都不能确保产品万无一失。并且，随着市场对食品低糖、低盐、柔软多水以提高口感等进一步的要求，食品变质的倾向也相应提高，因而对大多数食品而言，使用防腐剂作为第二道防线来确保食品的货架期显得尤为重要。使用防腐剂保藏食品即食品的化学保藏，是在食品中加入某些化学物质，来抑制或杀灭有害微生物，以此来保证食品质量。这种方法具有投资少、见效快、不需要特殊仪器设备、使用中一般不改变食品形态等优点而被广泛使用。

3.1.1 食品防腐剂的定义

食品防腐剂(Food preservatives)是指一类加入食品中能防止食品腐败性变质，延长食品储存期的食品添加剂，其本质为具有抑制微生物增殖或杀死微生物的一类化合物。它兼有防止微生物繁殖引起食物中毒的作用，故又称为抗微生物剂或抗菌剂(antimicrobalagents)。一般食品工业中使用的大部分防腐剂并不能在较短时间内(5～10 min)杀死微生物，主要起抑菌作用。

虽然食盐、糖、醋、酒、香辛料等，这些物质有史以来早就应用于食品防腐，也能起到抑制微生物的作用，但这些物质在正常情况下对人体无害，或毒性较小，通常被作为调味品对待。目前，我国食品法规中也不将其作为化学防腐剂加以控制。

3.1.2 食品防腐剂的种类和分类

目前世界各国用于食品防腐的防腐剂种类很多，全世界 60 多种，美国允许使用的约 50 种，日本 40 余种，我国约 30 种。食品防腐剂在我国食品添加剂使用标准(GB 2760—2014)中的功能类别码为 17。

按照防腐剂抗微生物的主要作用性质，可将其大致分为具有杀菌作用的杀菌剂和仅具抑菌作用的抑菌剂。广义的防腐剂是指具有杀死微生物或抑制其增殖作用的物质，既包括杀菌剂又包括抑菌剂。狭义的防腐剂仅指抑菌剂。但在实际应用过程中，二者常因浓度高低、作用时间长短和微生物种类等不同而很难严格区分。如低浓度时表现出抑菌作用，高浓度时表现出杀菌作用，作用时间长可杀菌，作用时间短则只能抑菌。另外，由于各种微生物性质的不同，同一物质对一种微生物具有杀菌作用，而对另一种微生物可能仅能起抑制作用。

防腐剂按来源可分为化学合成防腐剂和天然防腐剂。由于化学合成防腐剂使用方便、成本较低，传统的食品保藏主要使用化学合成防腐剂，主要包括苯甲酸及其盐类、山梨酸及其盐类、对羟基苯甲酸酯类、丙酸盐类、脱水醋酸及其盐类、双乙酸钠及其他防腐剂等。天然防腐剂主要有乳酸链球菌素、溶菌酶、纳他霉素、ε-聚赖氨酸及其盐酸盐等，一般都存在效价低、用量大等缺点，但其安全性较高。

3.2 食品防腐剂的作用机理

微生物引起的食品腐败一般可分为：细菌繁殖所造成的食品腐败，霉菌代谢导致的食品霉变以及酵母菌的氧化还原酶促使的食品发酵等。

微生物的代谢过程比较简单，一般各种物质都是直接通过细胞膜进入细胞内反应，任何对其生理代谢产生干扰的物质都可能干扰微生物的生长，抑制其繁殖。防腐剂抑制与杀死微生物的机理十分复杂，一般认为，防腐剂对微生物的抑制作用是通过影响细胞亚结构而实现的，这些亚结构包括细胞壁、细胞膜、与代谢有关的酶、蛋白质合成系统及遗传物质。由于每个亚结构对菌体而言都是必需的，因此食品防腐剂只要作用于其中的一个亚结构便能达到杀菌或抑菌的目的。

防腐剂的种类较多，作用方式不一，迄今为止对于其作用机理还有很多未明之处。且不同类微生物的结构特点不同，代谢方式也有差异，因而同一种防腐剂对不同微生物效果也可能会不一样。但概括起来，目前使用的防腐剂的作用机理主要有以下几个方面：

（1）作用于微生物的细胞壁和细胞膜系统。防腐剂通过破坏、损伤细胞壁，改变细胞膜的渗透性，导致结构受损或削弱，或能干扰细胞壁的合成，致使胞内物质外泄，微生物正常的生理平衡被破坏，从而使细胞失去活性，或影响与膜有关的呼吸链电子传递系统，从而具有抗微生物的作用。微生物细胞壁对维持微生物细胞生存是特有的和重要的结构，这些结构不出现在人体中，因此是引起微生物失活最理想的目标。如溶菌酶、乳酸链球菌素等。

（2）作用于微生物的遗传物质或遗传微粒结构，进而影响到遗传物质的复制、转录、蛋白质的翻译等，使遗传物质失去其功能。

（3）作用于微生物体内的酶系。防腐剂可通过抑制细胞活动必需的酶的活性或酶的合成，干扰其正常代谢。这些酶可以是基础代谢的酶，也可以是合成细胞重要成分的酶。如与酶的巯基作用，破坏多种含硫蛋白酶的活性，干扰微生物体的正常代谢，从而影响其生存和繁殖。一般防腐剂作用的酶主要是乙酰辅酶 A 缩合酶、脱氢酶、电子传递酶系等。

（4）作用于微生物的功能蛋白，使蛋白变性或凝固，从而干扰其生长和繁殖。

防腐剂可通过以上多种方式相互关联、相互制约对微生物起到抑制作用。

3.3 化学合成防腐剂

3.3.1 苯甲酸及其钠盐

苯甲酸（benzoic acid，CNS 号 17.001，INS 号 210）及其钠盐（sodium benzonate，CNS 号

17.002，INS 号 211）是我国最常用的防腐剂之一。苯甲酸，又名安息香酸，天然存在于蔓越橘、洋李和丁香等植物中。分子式为 $C_7H_6O_2$，相对分子质量为 122.12。其钠盐又名安息香酸钠，分子式 $C_7H_5O_2Na$，相对分子质量 144.11。

性状与性能：苯甲酸为白色针状或鳞片状结晶或粉末，无臭或微带安息香的气味，味微甜而有收敛性。相对密度为 1.265 9，沸点 249.2℃，熔点 121～123℃，在室温下的解离常数为 $K_a=6.46\times10^{-5}$，100℃开始升华，在热空气中或酸性条件下易随水蒸气蒸发。常温下难溶于水，微溶于热水，易溶于乙醇，可溶解于乙醚等脂溶剂中，其水溶液具有酸性，对 225 nm 紫外光有强烈的吸收作用。

苯甲酸钠为白色颗粒或结晶性粉末，几乎无臭。在空气中稳定，极易溶于水，微溶于乙醇，其水溶液呈弱碱性，在酸性条件下出现离析。苯甲酸及苯甲酸钠的溶解度见表 3-1。

表 3-1 苯甲酸及苯甲酸钠的溶解度

溶剂	温度/℃	苯甲酸/(g/100 mL 溶剂)	苯甲酸钠/(g/100 mL 溶剂)
水	25	0.34	50
水	50	0.95	54
水	95	6.8	76.3
乙醇	25	46.1	1.3

苯甲酸及其钠盐的抑菌机理主要表现在抑制微生物细胞呼吸酶系统的活性上。未离解的苯甲酸亲油性强，易透过细胞膜，进入细胞内，酸化细胞内的碱储，并能使微生物细胞的呼吸系统发生障碍，特别是对乙酰辅酶 A 缩合反应有很强的抑制作用；同时，对细胞膜的通透性也具有障碍作用。苯甲酸的抗菌有效性依赖于食品的 pH，在碱性介质中则失去杀菌、抑菌作用。如当 pH 由 7 降至 3.5 时，其防腐效力可提高 5～10 倍。在酸性条件下对多种微生物（酵母、霉菌、细菌）有明显的抑菌作用，但对产酸菌（如乳酸菌）作用较弱。须注意在酸性溶液中其溶解度降低，故不能单靠提高溶液的酸性来提高其抑菌活性。其在 pH 2.5～4.0 抑菌效果最好，pH>5.5 对多种霉菌和酵母没有什么效果，一般以低于 pH 4.5～5 为宜，此时它对一般微生物完全抑制的最小浓度为 0.05%～0.1%。

苯甲酸钠也是在食品中转化为苯甲酸分子起抑菌作用，只有在游离出苯甲酸的条件下才能发挥防腐作用。pH 为 3.5 时，0.05%的溶液能完全防止酵母生长，pH 为 6.5 时，溶液的浓度需提高至 2.5%方能有此效果。

安全性：苯甲酸的大鼠经口 LD_{50} 为 2.53 g/(kg·bw)，最大无作用剂量（MNL）为 0.5 g/(kg·bw)；苯甲酸钠的大鼠经口 LD_{50} 为 4.07 g/(kg·bw)。ADI 为 0～5 mg/(kg·bw)（FAO/WHO，1994，苯甲酸及其盐的总量，以苯甲酸计）。

苯甲酸及其钠盐是各国允许使用而且历史比较悠久的食品防腐剂，安全性较高。限量的苯甲酸类物质进入机体后，大部分在 9～15 h 内与甘氨酸化合成马尿酸而从尿中排出，剩余部分与葡萄糖醛酸合成糖苷，而不在体内蓄积。但近年来有报道，苯甲酸及其钠盐有叠加中毒现象，过量食用可引起过敏性反应、痉挛、尿失禁等。并且两种解毒作用都是在肝脏中进行，因此对肝功能衰弱的人可能是不适宜的。但按 GB 2760—2014 使用，以小剂量添加于食品中,未发现任何毒性作用。由于对其安全性上有争议,因此其应用有减少趋势,且应用范围越来越窄。如在日本、新加坡等进口食品中的应用受到限制,甚至部分禁用。

使用:GB 2760—2014 规定,苯甲酸及苯甲酸钠的使用范围与最大使用量如表 3-2 所示。苯甲酸和苯甲酸钠同时使用时,以苯甲酸计不得超过最大使用量。1 g 苯甲酸相当于 1.18 g 苯甲酸钠,1 g 苯甲酸钠相当于 0.847 g 苯甲酸。

表 3-2 苯甲酸及其钠盐的使用范围及最大使用量

使用范围	最大使用量(以苯甲酸计)/(g/kg)
风味冰、冰棍类、果酱(罐头除外)、腌渍的蔬菜、调味糖浆、醋、酱油、酱及酱制品、半固体复合调味料、液体复合调味料,果蔬汁(浆)类饮料、蛋白饮料类、风味饮料、茶、咖啡、植物(类)饮料	1.0
蜜饯凉果	0.5
胶基糖果	1.5
除胶基糖果以外的其他糖果、果酒	0.8
复合调味料	0.6
浓缩果蔬汁(浆)(仅限食品工业用)	2.0
碳酸饮料、特殊用途饮料	0.2
配制酒	0.4

由于苯甲酸难溶于水,使用不便,实际生产过程中多使用盐型防腐剂。使用苯甲酸时应根据食品的特点选用热水溶解或乙醇溶解,因苯甲酸易随水蒸气挥发,加热溶解时要戴口罩,避免操作工长期接触,对身体产生不良影响。忌钠盐的酱油,可考虑用乙醇为溶剂。另外,对不宜有酒味的食品不能用乙醇溶解,可加适量的碳酸钠或碳酸氢钠,用 90℃以上的热水溶解,使其转化成苯甲酸钠后再添加到食品中。某些情况下,单独使用苯甲酸有损食品风味,可与对羟基苯甲酸酯类、山梨酸及其盐类合用。

3.3.2 山梨酸及其钾盐

山梨酸(sorbic acid, CNS 号 17.003, INS 号 200)的化学名称为 2,4-己二烯酸,又名花楸酸。分子式 $C_6H_8O_2$,相对分子质量为 112.13,结构式为:$CH_3—CH═CH—CH═CH—COOH$。山梨酸钾(potassium sorbate,CNS 号 17.004, INS 号 202)分子式 $C_6H_7O_2K$,相对分子质量为 150.22,结构式为:$CH_3—CH═CH—CH═CH—COOK$。

性状与性能:山梨酸为无色针状结晶或白色结晶性粉末,无臭或稍带刺激性臭味。沸点 228℃(分解),熔点 133~135℃,饱和水溶液的 pH 为 3.6,水溶液加热时可随同水蒸气一起挥发。耐光、耐热性能好,在 140℃下加热 3 h 无明显变化。但在空气中不稳定,长期放置易被氧化变色而降低防腐效果。山梨酸难溶于冷水,易溶于乙醇和冰醋酸等多种有机溶剂。

山梨酸钾为无色至浅黄色鳞片状结晶或结晶性粉末,无臭或稍具臭味,在空气中露置能被氧化而着色,有吸湿性,约 270℃熔化并分解。易溶于水,溶于乙醇、丙二醇等。1 g 山梨酸钾约溶于 1.5 mL 水(20℃)、16.1 mL 95%乙醇和 1 000 mL 乙醚。1%山梨酸钾水溶液的

pH 为 7～8,所以在使用时有可能引起食品的碱度升高,需加以注意。山梨酸及山梨酸钾的溶解度见表 3-3。

表 3-3　山梨酸及山梨酸钾的溶解度

溶剂	温度/℃	山梨酸/(g/100 mL)	山梨酸钾/(g/100 mL)
水	20	0.16	67.6
水	100	3.8	—
乙醇(95%)	20	14.8	6.2
丙二醇	20	5.5	5.8
乙醚	20	6.2	0.1
植物油	20	0.52～0.95	—

山梨酸可透过细胞壁进入微生物体内,与微生物酶系统中的巯基结合,从而破坏许多重要酶的作用,使其失去活力,干扰微生物的新陈代谢。此外它还能干扰传递机能,如细胞色素 C 对氧的传递,以及细胞膜表面能量传递的功能,达到抑制微生物增殖及防腐的目的。山梨酸及其钾盐的防腐效果随 pH 升高而降低,但山梨酸适宜的 pH 范围比苯甲酸广。当溶液 pH 小于 4 时,抑菌活性强,而 pH 大于 6 时,抑菌活性降低。宜在 pH 5～6 以下的范围内使用,pH 为 8 时丧失防腐作用。山梨酸对霉菌、酵母菌和好气性菌均有抑制作用,但对嫌气性芽孢形成菌与嗜酸杆菌几乎无效。

安全性:山梨酸的毒性比苯甲酸小,大鼠经口 LD_{50} 为 10.5 g/(kg·bw), MNL 为 2.5 g/(kg·bw);山梨酸钾的大鼠经口 LD_{50} 为 4.92 g/(kg·bw),山梨酸及其钾盐的 ADI 为 0～25 mg/(kg·bw)(以山梨酸计,FAO/WHO,1994)。以添加 4%、8%山梨酸的饲料喂养大鼠经 90 d,4%剂量组未发现病态异常现象,8%剂量组肝脏微肿大,细胞轻微变性。以添加 0.1%、0.5%和 5%山梨酸的饲料喂养大鼠 100 d,对大鼠的生长、繁殖、存活率和消化均未发现不良影响。

山梨酸是一种不饱和脂肪酸,因为不饱和脂肪酸是饱和脂肪酸同化作用的中间产物,在机体内可正常地参加新陈代谢,据此,它基本上和天然不饱和脂肪酸一样可以在机体内分解产生二氧化碳和水。Fingerhut 等以 $1\text{-}^{14}C$-山梨酸进行实验,结果表明,约 85%以 $^{14}CO_2$ 的形式从呼气中排出。故山梨酸及其盐类可看成是食品的成分,按照目前的资料可以认为对人体是无害的,可用于婴幼儿、老年、肝脏弱人群食物的防腐。

使用:山梨酸是近年来各国普遍许可使用的安全性较高的防腐剂,可以说是迄今为止国际公认的最好的酸型防腐剂。其抑菌作用的适宜 pH 范围比苯甲酸广且无不良味道,使用方便灵活,可以直接添加,也可以喷洒或浸渍,故近年来发展很快。如在美国使用的防腐剂中,山梨酸及其钾盐约占一半。由于山梨酸难溶于水,在水中溶解度仅为 0.16%,故多使用其钾盐。1 g 山梨酸相当于 1.33 g 山梨酸钾,1 g 山梨酸钾相当于 0.746 g 山梨酸。

GB 2760—2014 规定,山梨酸及其钾盐在熟肉制品、预制水产品(半成品)中的最大使用量为 0.075 g/kg(以山梨酸计,下同);葡萄酒为 0.2 g/kg;配制酒为 0.4 g/kg;配制酒(仅限青稞干酒)为 0.6 g/L;风味冰、冰棍类、经表面处理的鲜水果、蜜饯凉果、经表面处理的新鲜蔬菜、加工食用菌和藻类、果冻、酱及酱制品、胶原蛋白肠衣、饮料类(包装饮用水类除外)等为0.5 g/kg;果酒为0.6 g/kg;干酪和再制干酪及其类似品、氢化植物油、人造黄油(人造奶油)及其类似制品(如黄油和人造黄油混合品)、果酱、腌渍的蔬菜、豆干再制品、新型豆制品(大豆蛋白膨化食品、大豆素肉等)、除胶基糖果以外的其他糖果、面包、糕点、焙烤食品馅料及表面用挂浆、调味糖浆、醋、酱油、熟制水产品(可直接食用)、其他水产品及其制品、复合调味料、乳酸菌饮料以及风干、烘干、压干等水产品为1.0 g/kg;胶基糖果、其他杂粮制品(仅限杂粮灌肠制品)、方便米面制品(仅限米面灌肠制品)、肉灌肠类、蛋制品(改变其物理性状)为1.5 g/kg;浓缩果蔬汁(浆)(仅限食品工业用)为2.0 g/kg。山梨酸和山梨酸钾同时使用时,以山梨酸计,不得超过最大使用量。

山梨酸对水的溶解度低,使用前要先将山梨酸溶解在乙醇、碳酸氢钠或碳酸钠的溶液里,随后再加入食品中。为防止氧化,溶解时注意不要使用铜、铁容器。使用时需要加入碳酸氢钠的量如表3-4所示。由于溶液呈碱性,不宜久放,应随用随配,并防止加碱过多而使溶液呈碱性,影响抑菌效果。

表3-4 1 000 mL溶液中需要加入的碳酸氢钠的质量

山梨酸浓度/%	1	2	3	4	5	6	7	8	9
山梨酸/g	10	20	30	40	50	60	70	80	90
碳酸氢钠/g	7.50	15.13	22.69	30.26	37.83	45.39	52.46	60.52	68.09

山梨酸与苯甲酸、丙酸、丙酸钙等防腐剂可产生协同作用,提高防腐效果。山梨酸阈值较大,对食品风味几乎无影响。使用时应注意:①山梨酸较易挥发,应尽可能避免加热,用于需要加热的产品中,为防止山梨酸受热挥发,应在加热过程的后期添加;②山梨酸能严重刺激眼睛,在使用山梨酸或其盐时,要注意勿使其溅入眼内,一旦进入眼内应立即用水冲洗;③应避免在有生物活性的动植物组织中使用,因为有些酶可将山梨酸分解为1,3-戊二烯,不仅使山梨酸丧失防腐性能,还使食品带有烃那样的气味;④山梨酸不宜长期与乙醇共存,因为乙醇与山梨酸作用生成2-乙氧基-3,5-己二烯,该物具有老鹳草气味,影响食品风味;⑤山梨酸具有吸湿性,在储存时应注意防湿、防热(温度以低于38℃为宜),并保持包装完整,防止氧化,被氧化的山梨酸的氧化中间产物,会产生异味,甚至损伤机体细胞,影响细胞膜的渗透性;⑥在有少量霉菌存在的介质中,山梨酸和山梨酸钾表现出抑菌作用,甚至还会表现出杀菌效力,但霉菌污染严重时,它们会被霉菌作为营养物摄取,不仅没有抑菌作用,相反,会促进食品的腐败变质,因此,山梨酸只适用于具有良好生长条件和微生物数量较低的食品的防腐。

3.3.3 对羟基苯甲酸酯类及其钠盐

GB 2760—2014允许使用的对羟基苯甲酸酯类及其钠盐为:对羟基苯甲酸甲酯钠、对羟基苯甲酸乙酯及其钠盐(sodium methyl p-hydroxybenzoate, ethyl p-hydroxybenzoate, sodium ethyl p-hydroxybenzoate;CNS号17.032,17.007,17.036;INS号219,214,215)。对羟基苯甲酸酯类又称尼泊金酯类,其钠盐也称为尼泊金酯钠。对羟基苯甲酸甲酯钠分子式$C_8H_7NaO_3$，相对分子质量为 174.15；对羟基苯甲酸乙酯又名羟苯乙酯、尼泊金乙酯，分子式 $C_9H_{10}O_3$，相对分子质量为 166.18；对羟基苯甲酸乙酯钠分子式 $C_9H_9NaO_3$，相对分子质量为 188.2。

性状与性能：对羟基苯甲酸甲酯钠为白色或类白色结晶性粉末，具有吸湿性，在水中易溶，呈碱性，在乙醇中微溶，在二氯甲烷中几乎不溶。对羟基苯甲酸乙酯为无色细小结晶或结晶状粉末，几乎无臭，稍有涩味。对光和热稳定，无吸湿性，熔点 116～118℃，沸点 297～298℃。在水中几乎不溶，易溶于乙醇、乙醚、丙酮或丙二醇等。1 g 对羟基苯甲酸乙酯约溶于 1 340 mL(25℃)的水、1.4 mL 丙二醇(室温)和 100 mL 花生油(室温)。对羟基苯甲酸乙酯钠为白色结晶性粉末，具有吸湿性，易溶于水，水溶液呈碱性。对羟基苯甲酸酯类的水溶性随着 R 基团的增大而减小(脂溶性增大)，为了改进其水溶性，有时使用其钠盐。

对羟基苯甲酸酯的作用机制基本类似苯酚，可破坏微生物的细胞膜，使细胞内蛋白质变性；并抑制微生物细胞的呼吸酶系与电子传递酶系的活性。对羟基苯甲酸酯类对霉菌、酵母与细菌有广泛的抗菌作用，其中对霉菌与酵母的作用较强，但对细菌特别是对革兰氏阴性杆菌及乳酸菌的作用较差。它的作用范围比苯甲酸和山梨酸广，一般在 pH 4～8 的范围内均有很好的效果。有些实验证明，在有淀粉存在时，对羟基苯甲酸酯类的抗菌力减弱。

安全性：对羟基苯甲酸酯类的毒性比苯甲酸低，在进入机体后的代谢途径与苯甲酸基本相同。对羟基苯甲酸酯类的性质与烃基有直接的相关性，随着 R 基团的增大，其毒性降低，抗菌性增高。对羟基苯甲酸乙酯的小鼠经口 LD_{50} 为 5.0 g/(kg·bw)，小鼠发生对羟基苯甲酸乙酯中毒后，呈现动作失调、麻痹等现象，但恢复很快，约 30 min 恢复正常。ADI 为 0～10 mg/(kg·bw)(以对羟基苯甲酸酯类总量计)。

使用：GB 2760—2014 规定，对羟基苯甲酸酯类在食品中的使用范围与最大使用量如表 3-5 所示。对羟基苯甲酸酯的水溶性较低，使其在食品防腐中的应用受到局限，但尼泊金酯钠的问世，解决了酯类物质添加时的载入问题；而其复合使用则能扩大防腐剂整体的广谱防腐性能。

表 3-5　对羟基苯甲酸酯类的使用范围及最大使用量

使用范围	最大使用量(以对羟基苯甲酸计)/(g/kg)
经表面处理的鲜水果、经表面处理的新鲜蔬菜	0.012
热凝固蛋制品(如蛋黄酪、松花蛋肠)、碳酸饮料	0.2
果酱(罐头除外)、醋、酱油、酱及酱制品、蚝油、虾油、鱼露等、果蔬汁(浆)类饮料、风味饮料(仅限果味饮料)	0.25
焙烤食品馅料及表面用挂浆(仅限糕点馅)	0.5

由于对羟基苯甲酸酯的水溶性较低，使用时通常先将它们溶于氢氧化钠、乙酸或乙醇溶液中。也可与苯甲酸等混合使用，取其协同作用，以提高防腐效果。

3.3.4　丙酸及其盐类

丙酸及其盐类也是国内外应用较广的防腐剂，在国外广泛用于面包及乳酪制品等。丙酸(propionic acid,CNS 号 17.029,INS 号 280)分子式 CH_3CH_2COOH,相对分子质量为74.08;丙酸钠(sodium propionate,CNS 号 17.006,INS 号 281)分子式 CH_3CH_2COONa,相对分子质量为96.06;丙酸钙(calcium propionate,CNS 号17.005,INS 号 282)分子式 $C_6H_{10}O_4Ca \cdot nH_2O$ (n=0,1),相对分子质量 204.24(单水物)、186.23(无水物),用作食品添加剂的丙酸钙为一水盐。

性状与性能:丙酸为无色油状液体,有与乙醇类似的刺激味,有挥发性。沸点为 141℃,熔点为−22℃。相对密度为 0.993~0.997。可与水、醇、醚等有机溶剂相混溶。

丙酸钙为白色颗粒或粉末,为单斜板状结晶,无臭或稍有特异臭,对光和热稳定。有吸湿性,易溶于水(1 g 约溶于 3 mL 水),微溶于甲醇、乙醇,不溶于苯及丙酮。10%水溶液 pH 为 7.4。

丙酸钠为无色或白色的结晶颗粒或结晶性粉末,无臭或微带丙酸臭味。易溶于水,溶解度大于丙酸钙,微溶于乙醇与丙酮,其他与丙酸钙相同。10%的丙酸钠水溶液 pH 为 8~10.5。

一般认为,丙酸通过以下途径发挥防腐防霉作用:①非解离的丙酸活性分子在霉菌或细菌等细胞外形成高渗透压,使霉菌细胞内脱水而失去繁殖能力;②丙酸活性分子可以穿透霉菌等的细胞壁,抑制细胞内的酶活性,阻碍微生物合成 β-丙氨酸,进而阻止霉菌的繁殖。丙酸钠与丙酸钙一般适合于 pH 5 以下的食品的防腐保鲜。其抑菌作用较弱,但对霉菌和需氧芽孢杆菌或革兰氏阴性菌有效,特别对抑制引起食品发黏的菌类如枯草杆菌有效,pH 5.0 以下对霉菌的抑菌作用最佳。丙酸及其盐最小抑菌浓度在 pH 5.0 时为 0.01%,pH 6.5 时为 0.5%,但对酵母基本无效,故丙酸盐常用于面包和糕点的防霉。另外,对防止黄曲霉素的产生特别有效。

丙酸钙的防腐性能与丙酸钠相同,丙酸钙抑制霉菌的有效剂量较丙酸钠小。面包中加入 0.3%丙酸钙,可延长 2~4 d 不长霉。

安全性:丙酸是食品中的正常成分,也是人体代谢的中间产物,丙酸易被消化系统吸收,无积累性,不随尿排出,它可与 CoA 结合形成琥珀酸盐(或酯)而参加三羧酸循环代谢,生成二氧化碳和水。安全性高,据 FAO/WHO 报道,丙酸盐不存在毒性作用,ADI“不需要规定”(FAO/WHO,1994)。丙酸大鼠经口 LD_{50} 为 5.6 g/(kg·bw)。用添加 1%~3%丙酸钠的饲料喂养大鼠 4 周,用添加 3.7%丙酸钠的饲料喂养大鼠 1 年,未发现对大鼠的生长、繁殖、主要内脏器官有任何影响。丙酸钠与丙酸钙的 ADI 均不做限制性规定,丙酸钠大鼠经口 LD_{50} 为 6.3 g/(kg·bw)。丙酸钙大鼠经口 LD_{50} 为 5.16 g/(kg·bw),小鼠经口 LD_{50} 为 3.34 g/(kg·bw)。

使用:GB 2760—2014 规定,丙酸及其盐类用于生湿面制品(如面条、饺子皮、馄饨皮、烧卖皮),最大使用量为 0.25 g/kg(以丙酸计,下同);用于原粮,最大使用量为 1.8 g/kg;用于豆类制品、面包、糕点、醋、酱油,最大使用量为 2.5 g/kg ;杨梅罐头加工工艺用,最大使用量为 50.0 g/kg。

目前,丙酸盐的最大用量在于面包和糕点中,一般面包中使用钙盐,西点中使用钠盐。面包中如使用钠盐,其造成的碱性会延缓面团的发酵,而使用钙盐还有强化钙的作用。如在西点中使用钙盐,则与膨松剂的碳酸氢钠反应生成不溶性的丙酸钙,降低产生二氧化碳的能力。在实际使用中,丙酸盐一般在和面时添加,或在出炉时作表面喷涂防腐。其添加浓度根据产品的种类和各种焙烤食品所需的贮存时间而定。

3.3.5 脱氢乙酸

脱氢乙酸(dehydroaceticacid,CNS 号 17.009(i),INS 号 265),又名脱氢醋酸,简称 DHA,分子式 $C_8H_8O_4$,相对分子质量 168.15。

性状与性能:脱氢乙酸为无色至白色针状或片状结晶或白色结晶性粉末,无臭,略带酸味。熔点 109~112℃,沸点 269.9℃。难溶于水(< 0.1%),饱和溶液 pH=4,pH 7~8 时溶解度较大,易溶于苛性碱溶液、乙醇等有机溶剂。对热稳定,无吸湿性,能随水蒸气挥发,在光的直射下微变黄。

DHA 作为一种广谱类防腐剂,有较强的抗细菌能力,对霉菌和酵母菌的抑制能力尤强。0.1%的脱氢乙酸即可有效地抑制霉菌,而抑制酵母的有效浓度为 0.4%。DHA 属酸型防腐剂,但其抑菌作用基本上不受食品酸碱度的影响,酸性强则抑菌效果更好。大量实验证明,DHA 的抑菌作用显著,与传统使用的苯甲酸相比,对于霉菌的抑制作用比苯甲酸强 40~50 倍,对于细菌的抑制作用比苯甲酸强 15~20 倍,对乳酸杆菌的抑制作用两者接近。

安全性:脱氢乙酸大鼠经口 LD_{50} 1.0 g/(kg·bw),ADI 为 70 mg/(kg·bw)。在大鼠的饲料中加入 0.02%、0.05%和 0.1%的脱氢乙酸,连续喂养 2 年,未发现大鼠有任何变化。但也有学者认为脱氢乙酸对动物机体有较大的毒副作用,其在动物体内能很快地被吸收,分布在血浆和各器官中,同时抑制酶的氧化作用。其由尿排泄的速度非常慢,是由于脱氢乙酸分子中乙酰基侧链上的羰基可与氨基酸链反应,因而有一定的急性毒性,但没有积累性。

使用:GB 2760—2014 规定,脱氢乙酸可用于黄油和浓缩黄油、腌渍的食用菌和藻类、发酵豆制品、果蔬汁(浆),最大使用量为 0.3 g/kg;用于面包、糕点、焙烤食品馅料及表面用挂浆、预制肉制品、熟肉制品、复合调味料,最大使用量为 0.5 g/kg;用于淀粉制品、腌渍的蔬菜,最大使用量为 1.0 g/kg(以脱氢乙酸计)。

3.3.6 脱氢乙酸钠

脱氢乙酸钠(sodium dehydroacetate,CNS 号 17.009(ii),INS 号 266),别名脱氢醋酸钠,分子式 $C_8H_7NaO_4 \cdot H_2O$,相对分子质量为 208.15。

性状与性能:脱氢乙酸钠为白色结晶性粉末,几乎无臭,微有特殊味,易溶于水、丙二醇及甘油,微溶于乙醇及丙酮等有机溶剂。1 g 脱氢乙酸钠溶于约 3 mL 水、2 mL 丙二醇及7 mL 甘油。其水溶液呈中性或微碱性,在 120℃高温下 2 h 仍保持稳定。脱氢乙酸钠的耐光耐热性好,在食品加工过程中不会分解和随水蒸气蒸发,在食品中也不产生不正常的异味。

脱氢乙酸钠作用同脱氢乙酸,具有广谱的抑菌作用,在酸性、中性、碱性的环境下均有很好的抗菌效果,对霉菌的抑制力最强,有效浓度为 0.05%~0.1%,抑制细菌的浓度为 0.1%~0.4%。对厌氧性乳酸菌及梭菌属无效,而对霉菌、酵母、厌氧性革兰氏阳性菌,在同一浓度中几乎有相同的效果。

安全性:大鼠经口 LD_{50} 570 mg/(kg·bw),小鼠经口 LD_{50} 为 1 175 mg/(kg·bw)。脱氢乙

酸钠在新陈代谢过程中逐渐降解为乙酸，对人体无毒，长期接触也不会对皮肤造成刺激性伤害。

使用：脱氢乙酸钠的使用范围与最大使用量同脱氢乙酸，其使用量以脱氢乙酸计。使用时可直接加入料馅或原料中，也可用水稀释后添加，搅拌均匀即可。用于表面防霉时，可用水稀释后喷洒在产品表面，发酵类产品需发酵后添加。

3.3.7 双乙酸钠

双乙酸钠（sodium diacetate，CNS 号 17.013，INS 号 262(ii)）为乙酸钠和乙酸的分子复合物，又名二醋酸钠，简称 SDA。分子式 $C_4H_7NaO_4 \cdot nH_2O$，无水物的相对分子质量为 142.09。

性状与性能：双乙酸钠为白色吸湿性结晶状固体，晶体结构为正六面体，略有乙酸气味。熔点为 96～97℃，加热至 150℃以上分解，可燃。易溶于水和油，1 g 可溶于约 1 mL 水中。10%溶液的 pH 为 4.5～5.0。

研究表明，双乙酸钠的抗菌作用来源于乙酸，其溶于水时释放出 42.25%的乙酸而达到抑菌作用。乙酸可以降低产品的 pH，其与类脂化合物的相溶性较好，可有效渗透入霉菌的细胞壁而干扰酶的相互作用，使细胞内蛋白质变性，从而起到抗菌作用。双乙酸钠对黄曲霉菌、微小根毛菌、伞枝梨头菌、足样根毛菌、假丝酵母菌 5 种真菌以及所属细菌链菌均有抑制作用；对大肠杆菌、李斯特菌、革兰氏阴性菌也有一定作用；而对乳酸菌、面包酵母无破坏，可抑制有害菌、保护有益菌。其对黑曲霉、黑根霉、黄曲霉、绿色木霉的抑制效果优于山梨酸钾，防霉防腐效果优于苯甲酸盐类，较少受食品本身 pH 的影响。

安全性：大鼠经口 LD_{50} 为 4.96 g/(kg·bw)，小鼠经口 LD_{50} 为 3.31 g/(kg·bw)，ADI 为 0～15 mg/(kg·bw)（FAO/WHO，1994）。其致畸、致癌及致突变性试验均为阴性，蓄积试验也表明其无明显临床中毒症状，病理组织学检查未发现有意义的病理形态学改变。双乙酸钠参与人体的新陈代谢，产生 CO_2 和 H_2O，可看成食品的一部分，不影响食品原有的色香味和营养成分。

使用：我国早在 1989 年将其列为粮食及食品防霉防腐剂之一，GB 2760—2014 规定：双乙酸钠用于豆干类、豆干再制品、原粮、膨化食品、熟制水产品（可直接食用），最大使用量为 1.0 g/kg；用于调味品，最大使用量为 2.5 g/kg；用于预制肉制品、熟肉制品，最大使用量为 3.0 g/kg；用于粉圆、糕点，最大使用量为 4.0 g/kg；用于复合调味料，最大使用量为 10.0 g/kg。

使用时，双乙酸钠可直接添加也可喷洒或浸渍。但应注意，双乙酸钠具有吸湿性，150℃以上会分解，因此，宜保存在干燥、阴凉处，温度不高于 40℃。并且在食品添加过程中，应避免高温，以防止双乙酸钠分解，降低其使用效果。双乙酸钠与山梨酸等合用时，有较好的协同作用。

3.3.8 稳定态二氧化氯

稳定态二氧化氯（stabilized chlorine dioxide，CNS 号 17.028，INS 号 926），别名过氧化

氯，分子式为 ClO_2，相对分子质量为 67.45。

性状与性能：常温常压下二氧化氯为具有刺激性、腐蚀性的黄绿色至黄红色气体，空气中体积浓度超过 10%时有爆炸性。冷却压缩后可成为液体，沸点 9.9℃，熔点 −59.5℃。对光、热不稳定，需避光、低温保存。易溶于水，在 20℃、40 kPa 压力下每升水可溶 2.9 g，约比氯在水中的溶解度大 5 倍。二氧化氯溶于水不起任何化学反应，将溶液曝光，它即可由水中逸出。二氧化氯可被紫外光照射而分解。

稳定态二氧化氯是将二氧化氯稳定在水溶液或浆状物中，在常温下可保持数年不失效。使用时加酸活化，可立即释放出 ClO_2 气体，达到消毒杀菌的目的。活化后的二氧化氯溶液可在暗处或棕色瓶中保持 2 周左右。

二氧化氯依靠释放次氯酸分子和新生态氧（即氧原子）实现双重氧化作用，使微生物机体内部组成蛋白质的氨基酸断链，破坏微生物的酶系统，从而杀灭病原微生物，如致病菌、非致病菌、病毒、芽孢、各种异养菌、真菌、铁细菌、硫酸盐还原菌、藻类、原生动物、浮游生物等。对高等动物细胞结构基本无影响。二氧化氯用于食品保鲜，既可将具有臭味的含硫、含氮化合物氧化，又可消除产生臭气的根源。通常所说的臭气主要是硫化物如硫醇（R—SH）、硫醚（R—S—R′）、硫化氢（H_2S）、硫化铵[$(NH_4)_2S$]等；含氮化合物如甲胺（CH_3NH_2）、二甲胺[$(CH_3)_2NH$]、三甲胺[$(CH_3)_3N$]、乙胺（$C_2H_5NH_2$）等。它们均可被二氧化氯氧化成无臭味的化合物，如它可将硫化氢、二氧化硫氧化成 SO_4^{2-}；将硫醇氧化成磺酸；将三甲胺氧化成二甲胺等。

安全性：二氧化氯 LD_{50} 大鼠口服大于 2.5 g/(kg·bw)（2 g/100 mL 稳定态二氧化氯），小鼠口服 8.4 mL/(kg·bw)（雄性），小鼠口服 6.8 mL/(kg·bw)（雌性），ADI 为 0～30 mg/(kg·bw)（FAO/WHO，1994），对高等动物细胞结构基本无影响，无致癌、致畸、致突变作用。因此，作为防腐剂二氧化氯具有高度的安全性，被世界卫生组织列为 A1 级广谱、安全、高效的杀菌消毒剂，被推崇为第四代消毒剂。

使用：目前，二氧化氯只被允许用于鲜活类的生物材料作暂时的防腐或漂白处理。如果它像一般的防腐剂、漂白剂来使用，即加入后至食用前都存在于食品中的话，对食物中的营养成分破坏太大。因此，其使用受到限制。GB 2760—2014 规定，稳定态二氧化氯仅限用于果蔬、鱼类保鲜加工。其最大使用量为：经表面处理的新鲜水果、新鲜蔬菜为 0.01 g/kg；水产品及其制品（包括鱼类、甲壳类、贝类、软体类、棘皮类等水产品及其加工制品）（仅限鱼类加工）为 0.05 g/kg。对于水产品可浸泡使用，如使用 40～50 mg/kg 的二氧化氯浸泡刚捕获的对虾 10～20 min，再加 20 mg/kg 二氧化氯的水冰冻，可使对虾在 7～10 d 内保持原有的色、香、味。

使用时应注意二氧化氯可被日光照射分解，故应贮于棕色瓶中，保存于低温暗处并尽快用完。

3.3.9 单辛酸甘油酯

单辛酸甘油酯（capryl monoglyceride，CNS 号 17.031，INS 号 233），又名甘油单辛酸酯，化学式为 $C_{11}H_{22}O_4$，化学结构式为：$CH_3(CH_2)_6COOCH_2(OH)CH_2OH$，相对分子质量为

218,由 8 个碳的支链饱和脂肪酸辛酸和甘油酯化合而成。

性状与性能:单辛酸甘油酯常温下为固态,稍有芳香味,熔点 40℃。难溶于冷水,加热后易溶,水溶液为不透明的乳状液;易溶于乙醇、丙二醇等有机溶剂。

单辛酸甘油酯的抑菌机理目前仍未明了。脂肪酸或酯与微生物膜的关系假设认为,脂肪酸或酯首先接近微生物细胞膜的表面,然后其亲油部分的脂肪酸或酯在细胞膜中多数呈刺入状态。这种状态下细胞膜的脂质机能低下,结果使细胞机能终止。只有用一些方法使刺入的脂肪酸及其酯离开,细胞才能恢复机能。

单辛酸甘油酯对霉菌、细菌、酵母菌都有较好抑制作用,相比之下,对革兰氏阴性菌的效果差。其防腐效果优于苯甲酸钠和山梨酸钾,不受 pH 影响,在生切面中使用 0.04%时,保质期比对照组从 2 d 增至 4 d;在内酯豆腐中使用有同样效果;在肉制品中添加浓度 0.05%～0.06%时,对细菌、霉菌、酵母菌完全抑制。

安全性:单辛酸甘油酯是一种新型、高效、低毒、广谱的食品防腐剂,在体内和脂肪一样能分解代谢,并且其代谢产物均为人体内脂肪代谢的中间产物,分解产生的辛酸可经 *β*-氧化途径彻底分解为二氧化碳和水,甘油可经三羧酸循环分解,无任何积蓄和不良反应,是安全性很高的化合物。大白鼠经口 LD_{50} 为 26.1 g/(kg•bw),大鼠分别用 150 mg/kg、750 mg/kg、3 750 mg/kg 喂 90 d,对动物无有害反应。20 世纪 80 年代首先由日本开发成功投放市场,规定为不需限量的食品防腐剂,JECFA 亦对其 ADI 值不作限量(FAO/WHO,1994)。

使用:GB 2760—2014 规定,单辛酸甘油酯的使用范围与最大使用量为:用于生湿面制品(如面条、饺子皮、馄饨皮、烧卖皮)、糕点、焙烤食品馅料及表面用挂浆(仅限豆馅),最大使用量为 1.0 g/kg;用于肉灌肠类,最大使用量为 0.5 g/kg。单辛酸甘油酯在水中溶解度低,使用时应先用热水分散和乙醇溶解。

3.3.10 二甲基二碳酸盐

二甲基二碳酸盐(dimethyl dicarbonate,CNS 号 17.033,INS 号 242),又名维果灵,简称 DMDC,分子式为 $C_4H_6O_5$,相对分子质量为 134.10。

性状与性能:DMDC 为无色、有轻微刺激性气味的液体,沸点 172℃,低于 17℃时凝固。20℃时相对密度为 1.25 g/cm^3,折光指数 1.391 5～1.392 5。水中溶解度为 3.65%,目前商品纯度在 99.8%以上,在正确的储存条件下(储存温度 20～30℃)如果不继续吸水,可以在原装密闭容器中保存一年。

DMDC 的作用机理可能是抑制醋酸盐激酶和 *L*-谷氨酸脱羧酶的活性,也可能使乙醇脱氢酶和甘油醛-3-磷酸脱氢酶的组氨酸部分的甲氧羰基化。

DMDC 用于饮料,可有效消灭促使饮料变质的一些典型微生物,如发酵酵母、产膜酵母及发酵细菌。如提高剂量,还能杀死大量不同的细菌、野生酵母和霉菌。其对淀粉酵母、拜利接合酵母、药用酵母、球酵母、克鲁泽氏念珠菌的最小致死浓度分别为 50～200 mg/L、50～150 mg/L、25～100 mg/L、25～50 mg/L、100～200 mg/L;对褐衣霉、灰绿青霉、出芽短梗霉的最小致死浓度分别为 100～150 mg/L、150～200 mg/L、150～250 mg/L ;对巴氏醋杆菌、短乳杆菌的最小致死浓度分别为50～100 mg/L、150～200 mg/L。

安全性：近年来，FDA（美国食品与药物管理局）、SCF（欧盟食品科学委员会）以及WHO/FAO的JECFA（联合国粮食与农业组织/世界卫生组织食品添加剂联合专家委员会）对DMDC的应用进行了多次评估，证实了DMDC用于各种饮料时，经水解后对健康无害。加入饮料中后，DMDC在很短时间内便被分解为二氧化碳和甲醇。如当饮料温度为20℃时，DMDC在汽水中约4 h内分解，二氧化碳和甲醇是以水果或果汁为基础的饮料的天然组成部分。这就意味着DMDC本身与水反应后就不再存在于饮料中，水解完毕后，饮用经DMDC处理过的饮料对人体不会造成危害。

使用：DMDC用于各种饮料的冷杀菌以及防腐处理，对饮料的味道、气味或颜色没有影响。GB 2760—2014规定，二甲基二碳酸盐可用于果蔬汁（浆）类饮料、碳酸饮料、风味饮料（仅限果味饮料）、茶（类）饮料、麦芽汁发酵的非酒精饮料等，其最大使用量为0.25 g/kg，使用时，固体饮料可按稀释倍数增加使用量。

3.4 天然防腐剂

天然防腐剂是由生物体分泌或者体内存在的具有抑菌作用的物质，经人工提取或者加工而成为食品防腐剂。此类防腐剂为天然物质，有的本身就是食品的组分，故对人体无毒害，并能增进食品的风味品质，因而是一类有发展前景的食品防腐剂。如酒精、有机酸、甲壳素和壳聚糖、某些细菌分泌的抗生素等都能对食品起到一定的防腐保藏作用。天然防腐剂的主要来源包括：

（1）植物性天然防腐剂　如一些植物芳香精油。近年来人们发现大蒜、洋葱、生姜汁液中的辛辣组分可抗青、绿霉菌，不含辛辣成分的白菜汁液在酸性条件下对乳酸菌有一定抑制作用，此外，还有苹果中的已稀醛，腰果中的漆树酸，绿茶中的nerolidol等。还有一些天然食用香料植物，不仅可增香调味，又具有抑菌作用，一举两得。如人们发现紫苏叶洗净晾干后浸渍于装有酱油的容器中，具有很好的防腐效果，还可增加酱油的醇香味。月桂树干叶加到猪肉罐头内，不仅能起到防腐作用，还能使猪肉增加特殊的香味。

（2）动物性天然防腐剂　经细菌、疫苗、某些化学物质及超声波诱导处理后，昆虫体液内可产生一些杀菌物质，其中有一类由数十个氨基酸残基组成，称为抗菌多肽，如鱼精蛋白、壳聚糖、蜂胶等。

（3）微生物防腐剂　如乳酸链球菌肽、纳他霉素等，这些抗菌肽中含有的稀有氨基酸及环肽结构是抗菌活性的原因所在。

3.4.1 乳酸链球菌素

乳酸链球菌素（nisin，CNS号17.019，INS号234）别名尼生素、乳酸菌素、乳球菌肽，是从乳酸链球菌发酵产物中提制的一种多肽抗生素类物质，是目前唯一在食品中作为防腐剂广泛使用的细菌素。1983年，Nisin被美国食品和药物管理局FDA批准使用，1990年我国将其列入GB 2760—86增补食品防腐剂系列中。

乳酸链球菌素的分子式为 $C_{143}H_{228}N_{42}O_{37}S_7$，相对分子质量为3 348，分子结构中含有34个氨基酸，活性分子常是二聚体或四聚体。人们目前已经发现Nisin有6种类型，分别为A、B、C、D、E和Z。其中对Nisin A和Nisin Z两种类型的研究最活跃，Nisin A与Nisin Z的差异仅在于氨基酸顺序上第27位氨基酸的种类不同。Nisin A是组氨酸(His)，而Nisin Z是天门冬酰胺(Asn)。资料表明，同样浓度下Nisin Z的溶解度和抗菌能力都比Nisin A强。

性状与性能：Nisin为白色或略带黄色的结晶粉末或颗粒，使用时需溶于水或液体中。其溶解度和稳定性与溶液的pH有关，pH越低，稳定性越高，溶解度也越高。pH 5.0时溶解度为4.0%，pH 2.5时溶解度为12%，碱性条件下几乎不溶解。在酸性介质中热稳定性增强，pH 2.0或更低的稀盐酸中可以经115.6℃灭菌而不失活，当pH>4时，特别是在加热条件下，它在水溶液中的分解速度加快，活力降低。如pH 5.0灭菌时失活40%，pH 6.8时将丧失90%的活力。但加入食品中，由于食品中(如牛奶、肉汤等)的大分子、小分子物质(介质)对Nisin有保护作用，因此，稳定性会大大提高。Nisin对蛋白水解酶如胰蛋白酶、胰酶、唾液酶和消化酶特别敏感，但对粗制凝乳酶不敏感。

商品制剂乳酸链球菌素常用国际单位(IU)表示，其标准品纯度为2.5%，并定为 1×10^6 IU/g，即1g纯品相当于 40×10^6 IU，1 IU相当于0.025 μg纯的Nisin。

关于Nisin的抑菌机理仍在研究中，目前普遍认为Nisin的抑菌机理类似于阳离子表面活性剂，其抑菌作用主要是杀菌，而非抑菌或溶菌。Nisin对革兰氏阳性菌营养细胞和芽孢有不同的抗菌机理，对营养细胞的抗菌机理有不同的看法。"孔道形成"理论认为Nisin可吸附于细胞膜上，抑制细胞壁中肽聚糖的生物合成，使细胞膜和磷脂化合物的合成受阻，破坏细胞壁的完整性，使细胞内小分子和离子通过孔道流失，更严重时导致细胞溶解，以达到抑菌目的。另一观点认为Nisin的抗菌机理与其结构中的DHA和DHB密切相关，因为Nisin中的DHA和DHB能够与敏感菌株细胞膜中某些酶的巯基发生作用，释放细胞质，造成敏感细胞裂解。Nisin对芽孢的作用是在其萌发前期及膨胀期破坏其膜，以抑制其发芽过程。

Nisin的抗菌谱相当窄，早期的研究认为，Nisin主要抑制大部分革兰氏阳性菌的生长，特别是细菌的芽孢。如乳酸杆菌、链球菌、芽孢杆菌、梭状芽孢杆菌或其他厌氧性形成芽孢的细菌等，一般对霉菌、酵母菌和革兰氏阴性菌无效。因此若与山梨酸(主要抑制霉菌、酵母菌及需氧细菌)或辐射处理等配合使用，则可使抗菌谱扩大。但近期也有研究表明，在一定条件下(如冷冻、加热、降低pH和EDTA处理)，一些革兰氏阴性菌如沙门氏菌、大肠杆菌、假单胞菌等对Nisin敏感。

安全性：Nisin为天然多肽物质，食用后可被人体消化道中的一些蛋白酶快速降解为氨基酸，不会在人体内蓄积而引起不良反应。如人体在摄入10 min后，在唾液中就检测不到Nisin的活性，也不会改变肠道正常菌群，是一种比较安全的防腐剂。目前，对Nisin已进行的毒性和生物学研究包括致癌性、存活性、再生性、血液化学、肾功能、脑功能等，都证明Nisin对人体无毒。并且，其在食品中使用，不影响食品的色香味、口感。Nisin的小鼠经口 LD_{50} 为9.26 g/(kg·bw)(雄性)、6.81 g/(kg·bw)(雌性)，大鼠经口 LD_{50} 为14.7 g/(kg·bw)(雄性)、6.81 g/(kg·bw)(雌性)。ADI为0～33 000 IU/(kg·bw)(FAO/WHO，1994)。

使用：Nisin作为优良的天然防腐剂，目前主要应用于乳制品、肉制品、罐装食品、酒精饮料、酱菜、巧克力等蛋白质含量高的食品的防腐，应用于蛋白质含量低的食品中时反而被微生物作为氮源使用。GB 2760—2014 规定：Nisin 用于醋，最大使用量为 0.15 g/kg；用于食用菌和菌类罐头、杂粮罐头、饮料类（包装饮用水除外）、酱油、酱及酱制品、复合调味品，最大使用量为 0.2 g/kg；用于杂粮灌肠制品、方便湿面制品、米面灌肠制品、蛋制品（改变其物理性状），最大使用量为 0.25 g/kg；用于乳及乳制品（巴氏杀菌乳、灭菌乳、特殊膳食用食品除外）、熟肉制品、熟制水产品（可直接食用）、预制肉制品，最大使用量为 0.5 g/kg。

Nisin 在中性和碱性条件下几乎不溶解，所以在应用时，一般先用 0.02 mol/L 盐酸溶解，再加入食品中，也可以用蒸馏水溶解后使用。影响其防腐效果的因素包括：①在货架期内，源于食品原材料中的蛋白酶或许会导致其降解；②食品的 pH，酸性条件下 Nisin 的热稳定性很高，但在中性或碱性条件下热稳定性较差；③Nisin 是一个疏水性多肽，食品中的脂肪物质会干扰其在食品中的均匀分布，从而影响其防腐效果，因此，应用于液体和均一性的食品中防腐效果较好，在固体和异质性食品中的效果相对要差；④焦亚硫酸钠、二氧化硫等食品添加剂会影响其活性或导致其降解；⑤在货架期内，应用效果与残留量有直接关系，而残留量取决于贮藏温度、贮藏时间和贮藏食品的 pH。

Nisin 用于食品防腐，还可起到改善食品品质的作用。Nisin 可降低食品灭菌的温度和缩短食品灭菌时间，使食品较好地保持原有的营养成分、风味和色泽。如对罐装食品能降低杀菌温度，改善罐装食品的品质和口感，因而也是罐装食品高温熟肉制品的品质改良剂。

3.4.2 溶菌酶

溶菌酶（lysozyme，CNS 号 17.035，INS 号 1105），又称胞壁质酶（muramidase）或 N-乙酰胞壁质聚糖水解酶（N-acetylmuramide glycanohydrlase），广泛存在于鸟类、家禽的蛋清和哺乳动物的组织和分泌液中，以及某些植物组织、微生物中。其中以鸡蛋清中含量居多，约含 0.3%，我国生产的溶菌酶制剂是以鸡蛋清为原料生产的。其分子由 129 个氨基酸组成，相对分子质量为145 000。

性状与性能：溶菌酶为白色粉状结晶，无臭，微甜。商品制剂为白色至淡黄色粉末，或浅黄色至深褐色液体。易溶于水，不溶于丙酮、乙醚。作用适宜温度为 45～50℃，热稳定性不太高，受热易变性而失活。但在酸性条件下，对热的稳定性却有大幅度提高。如在 pH 3 时能耐 100℃加热 40 min，在中性和碱性条件下耐热性较差，pH 7 时 100℃处理 10 min 就失去活性。

溶菌酶是一种专门作用于微生物细胞壁的糖苷水解酶，主要对革兰氏阳性菌起作用而对革兰氏阴性菌作用不大。细菌细胞壁的主要成分是肽聚糖，肽聚糖以直链形式存在，是由 N-乙酰氨基葡萄糖（N-acetylglucosamine）和 N-乙酰胞壁酸（N-acetylmuramic acid）两种氨基糖以 β-1，4 糖苷键连接间隔排列形成的多糖支架。在 N-乙酰胞壁酸分子上有四肽侧链，相邻聚糖纤维之间的短肽通过肽桥（革兰氏阳性菌）或肽键（革兰氏阴性菌）连接起来。溶菌酶可专一性地作用于肽聚糖分子的 N-乙酰胞壁酸（NAM）与乙酰葡萄糖氨（NAG）之间的 β-1，4 糖苷键（图 3-1），结果使细菌细胞壁变得松弛，失去对细胞的保护作用，最后细菌溶解死亡，而对没有细胞壁的人体细胞不会产生不利的影响。因为革兰氏阳性菌细胞壁几乎全部由肽聚糖组成（可占胞壁干重的 50%～80%），而革兰氏阴性菌只有内壁层为肽聚糖（只占胞壁干重的10%～20%)，因此溶菌酶主要对革兰氏阳性菌起作用而对革兰氏阴性菌作用不大。

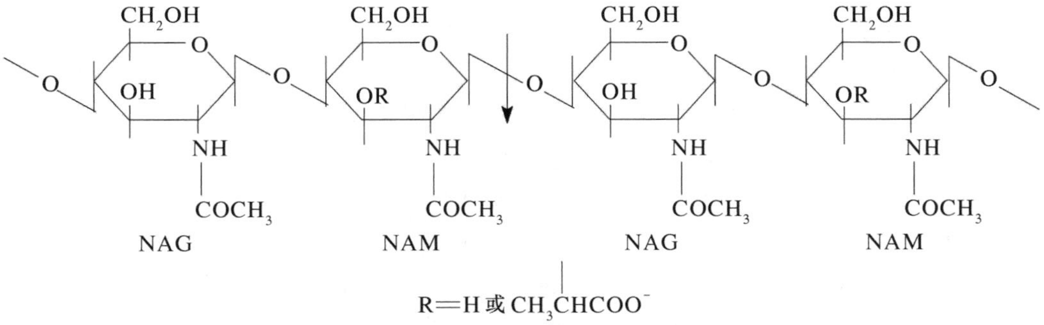

R＝H或CH_3CHCOO^-

图 3-1 溶菌酶的作用位点

安全性：溶菌酶是一种碱性蛋白质，作为一种存在于人体正常体液及组织中的非特异性免疫因素，溶菌酶对人体完全无毒、无副作用，且具有多种药理作用，它具有抗菌、抗病毒、抗肿瘤的功效。因此，将溶菌酶作为食品贮藏过程中的杀菌剂和防腐剂，代替化学合成的食品防腐剂具有一定的潜在应用价值。其 LD_{50} 为大鼠经口 20 g/(kg·bw)。

使用：溶菌酶是近年来备受关注的一种安全性很高的天然抗菌物质。目前已被许多国家和组织(美国、日本、FAO/WHO、中国等)批准作为食品防腐剂或保鲜剂使用。由于溶菌酶抗菌谱较窄，另外，食品中的巯基和酸会影响溶菌酶的活性，为了加强其溶菌作用，常将溶菌酶与甘氨酸、植酸、聚合磷酸盐、乙醇等物质配合使用，以增强对G(-)细菌的溶菌作用。

GB 2760—2014 规定，溶菌酶用于干酪和再制干酪及其类似品，其用量可按生产需要适量使用；用于发酵酒，最大使用量为0.5 g/kg。

3.4.3 纳他霉素

纳他霉素(natamycin，CNS号17.030，INS号235)也称游链霉素、匹马菌素。商品名称有霉克(Natamaxin TM)、Myprozine、Delvocid、Natafucin、Pimafucin 等。其分子式为 $C_{33}H_{47}NO_{13}$，相对分子质量665.73，为多烯烃大环内酯类化合物，具有一个26元的内酯环，环外有一个糖苷键连接的碳水化合物基团，即氨基二脱氧甘露糖，分子中还含有4个共轭双键的多烯发色团。

性状与性能：纳他霉素为白色至乳白色粉末，含3个以上的结晶水，几乎无臭无味。为两性物质，分子中有一个碱性基团和一个酸性基团，等电点为6.5，熔点280℃。微溶于水、甲醇，溶于稀酸、冰醋酸及二甲苯甲酰胺，难溶于大部分有机溶剂。在大多数pH范围内非常稳定，具有一定的抗热处理能力。pH高于或低于3时，其溶解度会有所提高。在干燥状态下相对稳定，能耐受短暂高温(100℃)。在pH 3～9中具有活性，其活性受pH、温度、光照强度和氧化剂及重金属的影响。所以产品应避免与氧化物与硫氢化合物等接触。

纳他霉素的抑菌机理在于其能与真菌的细胞壁及细胞质膜反应，即与甾醇化合物反应，引发细胞膜结构改变而破裂，导致细胞内容物的渗漏，使细胞死亡。而细菌的细胞壁及细胞质膜不存在这些类甾醇化合物，故对细菌没有作用。

纳他霉素是一种很强的抗真菌试剂，能有效地抑制酵母菌和霉菌的生长，阻止丝状真菌中黄曲霉毒素的形成，对细菌和病毒不产生作用。其对酵母菌和霉菌的抑菌作用比山梨酸钾强 50～100 倍。研究表明，大多数霉菌被质量浓度为$(1.0\sim6.0)\times10^{-3}$ mg/L 的纳他霉素所抑制，极个别的霉菌在质量浓度$(1.0\sim2.5)\times10^{-2}$ mg/L 的纳他霉素浓度下抑制，大多数酵母菌在质量浓度$(1.0\sim5.0)\times10^{-3}$ mg/L 的纳他霉素浓度下被抑制。

安全性：纳他霉素是一种高效、安全的新型生物防腐剂。据报道，人体口服 500 mg 纳他霉素后，在血液中的含量少于 1 mg/mL，即说明纳他霉素很难被动物或人体的肠胃吸收。因其难溶于水和油脂，大部分会随粪便排出。经降解处理后的纳他霉素在急性毒性、短期毒性试验中均无对动物的损害。小鼠经口 LD_{50} 为 1.5～2.5 g/(kg·bw)，大鼠经口 LD_{50} 为 2.7～4.7 g/(kg·bw)，ADI 为 0～0.3 mg/(kg·bw)(FAO/WHO，1994)。

使用：纳他霉素是目前唯一的抗真菌微生物防腐剂，目前已在 30 多个国家广泛使用。因为其溶解度很低等特点，通常用于食品的表面防腐。用纳他霉素进行食品防腐时，其防腐效果的优越性在于 pH 适用范围广，用量低，成本增加少，对食品的发酵和熟化等工艺没有影响，且使用方便、不影响食品的原有风味。

我国食品添加剂使用标准 GB 2760—2014 规定：纳他霉素可用于干酪和再制干酪及其类似品、糕点、酱卤肉制品类、油炸肉类、果蔬汁(浆)、西式火腿(熏烤、烟熏、蒸煮火腿)类、肉灌肠类、发酵肉制品类以及熏、烧、烤肉类，最大使用量为 0.3 g/kg，使用方法为用于产品表面防腐，以混悬液喷雾或浸泡，要求残留量＜10 mg/kg；用于蛋黄酱、沙拉酱，最大使用量为 0.02 g/kg，残留量≤10 mg/kg；用于发酵酒，最大使用量为 0.01 g/L。

3.4.4　ε-聚赖氨酸

ε-聚赖氨酸(ε-polylysine，CNS 号 17.037)是 20 世纪 80 年代由日本人首先发现的一种新型、安全、高效的防腐保鲜剂，为白色链霉菌的分泌产物，是由 25～30 赖氨酸单体在 α-羟基和 ε-氨基之间形成酰胺键连接而成的均聚氨基酸。结构式为 $H-[NH-(CH_2)_4-CHNH_2-CO-]_n-OH$。分子量在 3 600～4 300 之间的聚赖氨酸抑菌效果最好，当分子量低于 1 300 时，聚赖氨酸失去抑菌活性。

性状与性能：聚赖氨酸纯品为淡黄色粉末，吸湿性强，水溶性好，微溶于乙醇，略有苦味。其理化性质稳定，对热(120℃，20 min 或 100℃，30 min)稳定，热处理后聚合物长度不变。$n=25\sim30$ 的聚赖氨酸其等电点为 9 左右。

ε-聚赖氨酸是阳离子表面活性物质，分子中有氨基，在水中带正电；分子内部有疏水性的亚甲基，外部有亲水的羧基和氨基。正电荷有利于聚赖氨酸与靶细胞表面带负电的位点结合，而双性特征对膜结构的破坏效应是必需的。聚赖氨酸能破坏微生物的细胞膜结构，引起细胞的物质、能量和信息传递中断，所有合成代谢受阻，活性的动态膜结构不能维持，代谢方向趋于水解，从而导致细胞自溶。其还能与胞内的核糖体结合，影响生物大分子的合成，最终导致细胞死亡。

聚赖氨酸在广泛的 pH 范围内有抑菌作用，其对微生物抑制浓度为 32～100 mg/L。在中性和偏酸性条件下对革兰氏阳性和阴性菌、细菌、霉菌、酵母、耐热性芽孢杆菌、病毒等都有较强的抑制作用，尤其对其他天然防腐剂不易抑制的大肠杆菌、沙门氏菌效果非常好，具有抗菌谱广等特性，但在酸性和碱性条件下抑菌效果不明显。

安全性：聚赖氨酸在肠道内可自动解聚为赖氨酸，赖氨酸是一种必需氨基酸，故安全性高。聚赖氨酸已于 2003 年 10 月被 FDA 批准为安全食品保鲜剂。在老鼠的膳食中加入 20 000 mg/kg 的聚赖氨酸长期喂养老鼠，没有显著的副作用发生。慢性毒性和致癌性联合试验表明，每日摄取食物的聚赖氨酸含量在 6 500 mg/kg，属极安全的水平；在 20 000 mg/kg，无明显的组织病理变化，也观察不到可能的致癌性。

使用：聚赖氨酸可与食品中的蛋白质或酸性多糖发生相互作用，导致抗菌能力的丧失；并且聚赖氨酸有弱的乳化能力，因此聚赖氨酸被限制于淀粉质食品。在日本，聚赖氨酸广泛用于面条、炒面、汤、什锦米饭等食品。例如，将聚赖氨酸以 1 000～5 000 mg/kg 的浓度喷雾或浸泡鱼片、寿司，在许多传统日本食品中聚赖氨酸用量达 500 mg/kg 的浓度。另外，日常消费的食品如米饭、面条原汤、其他汤料、面条和炒菜通常含聚赖氨酸 10～500 mg/kg。聚赖氨酸还用于 Sukiyaki（日本牛排）、土豆沙拉、蒸蛋糕、卡士达酱的防腐。商品聚赖氨酸按不同用途，有固态和液态之分。用于米饭、盒饭、面条、糕点的为聚赖氨酸和麦芽糊精各 50%的粉剂；用于家常菜、酱油、酱料、调料、饺子用调料、蔬菜洗涤液等为含酒精液体。在美国建议把聚赖氨酸作为防腐剂用于米饭和寿司中，使用量为 5～50 mg/kg。我国 GB 2760—2014 规定，聚赖氨酸用于焙烤食品，最大使用量为 0.15 g/kg；用于熟肉制品，最大使用量为0.25 g/kg；用于果蔬汁类及其饮料，最大使用量为 0.2 g/L（固体饮料按稀释倍数增加使用量）。

3.5 食品防腐剂的合理使用及注意事项

防腐剂的使用效果与食品中的微生物种类、数量，食品的 pH、成分、保存条件，以及添加时的温度、方法等均有关系。适合于食品的防腐剂，其理想条件为：

(1)抑菌谱广，抑菌力强，对所有可能使食品腐败变质的微生物，包括酵母、霉菌、细菌均有效；

(2)无毒性或毒性极微；

(3)能在较广的 pH 范围内发挥抑菌效果，添加后可使食品长期保存而不易腐败变质；

(4)防腐剂本身的理化性质和抗微生物性质稳定，无色、无味、无臭、无刺激性，不因添加于食品而有变化；

(5)使用方便，具有水溶性兼有耐热性，不易受 pH 变化的影响，对食品无副作用。

能同时满足以上条件的防腐剂很难找到，但是通过合理使用能够保证食品安全。

3.5.1 影响防腐剂作用效果的因素

1. pH 与水分活度

在水中，某些防腐剂处于电离平衡状态，如酸型防腐剂，其发挥防腐作用的微粒除 H^+ 离子外，主要靠未电离分子起作用。如果溶液中 H^+ 离子浓度增加，电离被抑制，未电离分子比例就增大，所以低 pH 时防腐作用较强。此外，在低 pH 的食品中，细菌也不易生长。

水分活度高，有利于细菌和霉菌的生长。一般细菌生长的水分活度在 0.9 以上，霉菌在 0.7 以上。降低水分活度有利于防腐剂防腐效果的发挥。在水中加入电解质，或加入其他可溶性物质，当达到一定浓度时，可降低水分活度，对防腐剂起增效作用。

因此，若能在不影响食品风味的前提下，适当增加食品的酸度，降低食品的水分活度，有利于防腐，可减少防腐剂的用量。

2. 食品的染菌情况

防腐剂一般杀菌作用很小，只有抑菌的作用，如果食品带菌过多，添加防腐剂是不起任何作用的。因为食品中的微生物基数大，尽管其生长受到一定程度的抑制，微生物增殖的绝对量仍然很大，最终通过其代谢分解产物使防腐剂失效。因此不管是否使用防腐剂，加工过程中严格的卫生管理都是十分重要的，都应减少原料染菌的机会。食品加工用的原料应保持新鲜、干净，所用容器、设备等应彻底消毒。在添加防腐剂之前，应保证食品灭菌完全，不应有大量的微生物存在，否则防腐剂的加入将不会起到理想的效果。如山梨酸钾，不但不会起到防腐作用，反而会成为微生物繁殖的营养源。原料中菌数越少，所加防腐剂的防腐效果越好。

3. 食品原料和成分的影响

防腐剂的作用受食品原料和成分的影响。食品中有些成分本身具有抗菌作用，如香辛料、调味料、乳化剂等具有抗菌作用；食盐、糖、酒精可降低水分活度，有助于防腐。食盐可以干扰微生物中酶的活性，但会改变防腐剂的分配系数，使其分布不均。

食品中的某些成分会与防腐剂产生化学、物理作用，可能使防腐剂部分或全部失效或产生副作用。如食品中的醛、酮、糖类会与 SO_2、亚硫酸盐反应。防腐剂还会被食品中的微生物分解，如山梨酸能被乳酸菌还原成山梨糖醇，可能成为微生物的碳源。

4. 防腐剂的分配系数

分配系数指食品防腐剂在脂肪和水相中溶解度的比值，对于高脂肪食品的保藏有实际的意义。在食品乳化体系中，微生物会被吸附在相的界面，并在水相中自由活动，水相中富集的营养物质会影响微生物的生长与繁殖。因此，防腐剂在水相和油相的溶解度及其在两相的分配系数，对防腐剂的防腐作用有很重要的影响。一般来说，防腐剂应有较高的水溶解度和较低的油溶解度，即有较适宜的油-水分配系数。

3.5.2 防腐剂的合理使用

1. 有针对性地使用

一种防腐剂往往只对一类或某几种微生物有较强抑制作用，由于不同的食品染菌情况不一样，需要的防腐剂也不一样。如水果以真菌为主，肉类以细菌为主。使用时应了解防腐剂的抑菌范围与特性，有针对性的选用。如醋酸抗酵母菌和细菌的效果好，用于蛋黄酱、醋泡蔬菜、面包食品；苯甲酸抗酵母和霉菌能力强，用于酸性食品、饮料及水果制品；丙酸对酵母菌基本无效，对其他菌有一定抑菌能力，用于焙烤食品。选用时还必须注意防腐剂的风味与理化性质要与食品相容才可用。

2. 复配使用

各种防腐剂均有一定的作用范围，没有一种防腐剂能够抑制一切腐败性微生物，而且许多微生物还可能产生抗药性。防腐剂配合使用，存在以下三种效应：①增效（协同）效应，即使用混合防腐剂的抑菌效果远远优于单一物质的抑菌效果，如有机酸异丁酸、葡萄糖酸、抗坏血酸等对防腐剂有增效效应；②增加（相加）作用，即各单一物质的效果简单地加在一起；③对抗（拮抗）作用，即使用混合防腐剂的抑菌浓度要高于各单一物质的浓度，有些金属盐对防腐剂有拮抗作用，如氧化钙能轻微地削弱山梨酸、苯甲酸的抗菌效果。以上三种效应对不同微生物可能不同，例如硼酸与一些防腐剂共同使用可使其对真菌的抑制具有协同作用，而对大肠埃希氏杆菌的作用反而明显减弱。

防腐剂的合理复配可以起到协同或相加作用，抑制一种防腐剂不能抑制的、或者需要在较高浓度下才能抑制的微生物，比单独作用更为有效。不同种类的防腐剂之间的协同作用通常应遵循以下规律：①针对不同微生物有抑制作用的防腐剂之间的复配。如苯甲酸钠和山梨酸钾是两种常用的食品防腐剂，苯甲酸钠对产酸性细菌的抑制作用较弱，而山梨酸钾则对厌气菌和嗜酸乳杆菌无抑制作用。单独使用其中之一，往往不能完全抑制微生物的生长，将两者复配使用，能起到良好的抑菌效果。②不同抑菌机理的防腐剂之间的复配。微生物的代谢途径有多种，如糖代谢的 EMP 途径、TCA 途径和 HMS 途径，每一种代谢途径都需要不同的酶参与。若两种防腐剂分别抑制微生物代谢的不同途径，则它们之间就可能存在着显著的增效作用。③有助于保持主要防腐剂作用的种类之间的复配。如苯甲酸及其盐、山梨酸及其盐只有在分子状态时才有抑菌活性，当它们分别与有机酸复配时，能够保持有效抑菌形式，增强抑菌效果。④拓宽防腐剂抑菌谱物质间的复配。如 nisin 主要抑制大部分革兰氏阳性菌，特别是细菌的芽孢，对于酵母、革兰氏阴性菌等无抑制能力。而当 nisin 与 EDTA 二钠合用时，则能完全抑制醋酸杆菌，对沙门氏菌和其他革兰氏阴性菌也有抑制作用。

3. 与其他方法结合使用

防腐剂与其他物理方法，如热处理、冷冻、辐射等结合使用，可以起到更好的效果。

一般情况下，食品的热处理可增强防腐剂的防腐效果。在加热杀菌时加入防腐剂，杀菌时间可缩短。例如在 56℃时，使酵母营养细胞数减少到 1/10 需要 180 min，若加入对羟基苯甲酸丁酯 0.01%，则缩短为 48 min，若加入 0.5%，则只需要 4 min。

冷冻可以抑制微生物增殖，在室温条件下不足以防止食品腐败变质的防腐剂用量对冷冻食品防腐就可能是足够的，一般都能延长食品的冷藏保存期。

防腐剂与辐射结合具有增效作用，可降低辐射保鲜处理时的辐射剂量，从而减少或防止辐射的副作用，节约能源和材料。

另外，使用时还应了解各类防腐剂的毒性和使用范围，根据国家标准按照安全使用量和使用范围进行添加。

3.6 食品防腐剂的研究进展与展望

近年来，随着人们生活水平的提高和对身体健康的关注，食品加工的需求也越来越向“绿色”和“天然”等方向转变，因此，天然、安全、高效的功能性食品防腐剂的开发就成为必要。

世界各国都在致力于广谱、安全、高效的食品防腐剂的研发，目前主要是从动植物或微生物及其代谢产物中分离制得。国内外对植物源食品天然防腐剂的研究异常活跃，如从蒜、生姜、花椒、丁香、黑胡椒等许多香辛料和传统中草药等植物中提取有效抑菌成分。研究内容包括抑菌活性成分的提取方法、抗菌效果的评价、作用机制及应用技术。我国众多学者研究了大蒜、生姜、丁香等 50 多种香辛料植物及大黄、甘草、银杏叶等 200 多种中草药及其他植物如竹叶等提取物的抗菌效果，发现有 150 多种具有广谱的抑菌活性，各提取物之间也存在抗菌性的协同增效作用，并对其在某些类食品中的应用做了研究。目前开发的动物源天然防腐剂有鱼精蛋白、蜂胶、壳聚糖、溶菌酶等，并且已经在食品中得到广泛使用。如日本已将蜂胶用于果冻、糖果和口香糖等食品的防腐保鲜；鱼精蛋白已被用于水产品、肉及肉制品、乳及乳制品、面食和蔬菜等食品的防腐保鲜。而微生物型防腐剂是近年来开发的一个热点。目前已广泛使用的有乳酸链球菌素、纳他霉素、ε-聚赖氨酸等。

虽然研究报道的具有防腐效果的天然防腐剂种类很多，但天然防腐剂在使用中还存在价格偏高、抑菌谱窄、抑菌机理不明等缺陷。随着抗菌物质分子结构与作用机理的揭示，防腐剂复配技术和应用研究的加强，更多的天然防腐剂将被开发应用，并研发出大规模生产的途径，进一步提高其产量，降低成本。天然防腐剂将会以其安全性、无毒副作用的特点越来越受到食品工业的青睐，必将为食品的安全防腐以及人类健康发挥其巨大的作用。

思考题

1. 常用的化学合成、天然防腐剂品种各有哪些？
2. 食品防腐剂的作用机理有哪些？
3. 比较防腐剂苯甲酸、山梨酸、对羟基苯甲酸酯类的作用特点、安全性及其使用效果。
4. 为什么实际生产中常用苯甲酸的钠盐，而少用苯甲酸？
5. 苯甲酸和山梨酸的防腐效果为什么受 pH 的影响？
6. 溶菌酶对革兰氏阳性菌起作用而对革兰氏阴性菌作用不大，为什么？

第 3 章思考题答案

参考文献

[1] 食品安全国家标准　食品添加剂使用标准:GB 2760—2014[S]. 北京:中国标准出版社,2014.
[2] 孙宝国,等. 食品添加剂[M]. 北京:化学工业出版社,2008.
[3] 刘树兴,李宏梁,黄峻榕. 食品添加剂[M]. 北京:中国石化出版社,2001.
[4] 郝利平,聂乾忠,陈永泉,等. 食品添加剂[M]. 2 版. 北京:中国农业大学出版社,2008.
[5] 刘钟栋,艾志录,李学红,等. 食品添加剂[M]. 南京:东南大学出版社,2006.
[6] 黄文,蒋予箭,汪志君,等. 食品添加剂[M]. 北京:中国计量出版社,2006.
[7] 秦卫东. 食品添加剂学[M]. 北京:中国纺织出版社,2014.
[8] 陈正行,狄济乐. 食品添加剂新产品与新技术[M]. 南京:江苏科学技术出版社,2002.
[9] 温辉梁,黄绍华,刘崇波,等. 食品添加剂生产技术与应用配方[M]. 南昌:江西科学技术出版社,2002.
[10] 郝素娥,庞满坤,钟耀广,等. 食品添加剂制备与应用技术[M]. 北京:化学工业出版社,2003.
[11] 王丽,张毓,陈翠岚. 我国食品防腐剂的应用及发展趋势[J]. 食品安全质量检测学报, 2011,2(2):83-87.
[12] 姜新杰,姜震,姜新娜. 乳酸链球菌素在食品中的应用[J]. 农产品加工, 2011,10:64-65,68.
[13] 杨寿清. 食品杀菌和保鲜技术[M]. 北京:化学工业出版社,2005.
[14] 迟玉杰. 食品添加剂[M]. 北京:中国轻工业出版社,2013.
[15] 李宏梁. 食品添加剂安全与应用[M]. 2 版. 北京:化学工业出版社, 2012.
[16] Sonia Barberis,Héctor G Quiroga,Cristina Barcia, et al. Food Safety and Preservation[M]. Academic Press,2018.
[17] Fletcher N. Food additives: preservatives[J]. Encyclopedia of Food Safety,2014, 2: 471-473.

第4章 食品抗氧化剂

【学习目的和要求】

熟悉食品抗氧化剂的概念、食品抗氧化剂的作用机理，掌握油溶性抗氧化剂、水溶性抗氧化剂、天然抗氧化剂的特性与应用，掌握食品抗氧化剂使用注意事项，了解食品抗氧化剂的研究进展。

【学习重点】

常用食品抗氧化剂的性状、抗氧化特性和使用方法。

【学习难点】

食品抗氧化剂的作用机理以及影响抗氧化剂作用效果的因素。

食品抗氧化剂(food antioxidants)是防止或延缓食品氧化,提高食品稳定性和延长食品贮藏期的食品添加剂。

食品在贮藏运输过程中除了由微生物作用发生腐败变质外,氧化是导致食品品质变劣的又一重要因素。如油脂氧化不仅会使油脂或含油脂食品酸败(哈败)变味,氧化酸败严重时甚至产生有毒物质,进入人体会对机体造成伤害,诱发各种病变,危及人体健康;其他食品成分氧化则会引起食品发生褪色、褐变、维生素破坏,降低食品的质量和营养价值。因此,防止食品氧化变质就显得十分重要。防止食品氧化变质,一方面可以在食品的加工和贮运环节中,采取低温、避光、隔绝氧气以及充氮密封包装等物理的方法;另一方面需要配合使用一些安全性高、效果显著的食品抗氧化剂。

4.1 食品抗氧化剂的作用机理

食品抗氧化剂的种类很多,抗氧化作用的机理也不尽相同,但多数是以其还原作用为依据的。一种类型的抗氧化剂是靠提供氢原子来阻断食品油脂自动氧化的连锁反应,从而防止食品氧化变质;另一种类型的抗氧化剂是靠消耗食品内部和环境中的氧气从而使食品不被氧化;还有一些抗氧化剂是通过抑制氧化酶的活性来防止食品氧化变质的。

4.1.1 油脂酸败及脂肪氧化的机理

油脂的氧化变质是食品氧化变质的主要形式。油脂暴露在空气中会自发地发生氧化反应,氧化产物分解生成低级脂肪酸、醛、酮等,产生恶劣的酸臭气味并使其口味变坏,这一现象被称为油脂的自动氧化酸败。油脂的氧化酸败是油脂及含油食品败坏变质的主要原因。油脂的氧化过程可分为空气氧化和酶或细菌介入的氧化,其中空气氧化又分为光氧化和自动氧化。

油脂的氧化是一个十分复杂的化学变化过程,属于链式反应,它遵循游离基反应机制。油脂的氧化过程可以分为以下3个阶段:

(1)自由基形成的诱导阶段

$$\mathrm{RH}+\mathrm{O_2}\xrightarrow[\text{能量}]{\text{催化剂}}\mathrm{R\cdot}+\ \mathrm{\cdot OH}$$

$$\mathrm{RH}\xrightarrow[\text{能量}]{\text{催化剂}}\mathrm{R\cdot}+\mathrm{\cdot H}$$

这个阶段主要是产生自由基,即油脂或脂肪酸(RH)在催化剂的作用下,脱去氢(H)生成自由基(R·,·OH,·H),其反应较缓慢,但如果有光、热、金属离子或水存在时可以加速此过程。油脂刚刚产生自由基时,感官无明显变化。自由基不稳定,遇到氧等很易反应。

(2)波及阶段　自由基不稳定,遇到氧、油脂等很易反应,产生新的自由基。

$$\mathrm{R\cdot}+\mathrm{O_2}\longrightarrow\mathrm{ROO\cdot}\text{(过氧化自由基)}$$

$$\mathrm{ROO\cdot}+\mathrm{RH}\longrightarrow\mathrm{R\cdot}+\mathrm{ROOH}\ \text{(过氧化物)}$$

自由基(R·)与氧作用生成过氧化自由基(ROO·);过氧化自由基(ROO·)很活泼,它可以夺取其他不饱和脂肪酸(RH)的氢(H)生成过氧化物(ROOH),而失去氢(H)的不饱和脂肪酸又形成新的自由基(R·),这样就构成了油脂的自动氧化的链式反应,直至食品油脂中的不饱和脂肪酸全部氧化成过氧化物(ROOH)。由于过氧化自由基(ROO·)很活泼,可以使油脂中的不饱和键(C═C)变得更为不稳定,甚至发生断裂分解成为许多小分子物质,如醛、酮、羧酸等,产生令人不愉快的刺激性气味,即哈喇味。此阶段氧化反应速度很快,油脂的感官变化逐渐明显。

(3)终结阶段

$$R\cdot + \cdot R \longrightarrow RR$$

$$R\cdot + ROO\cdot \longrightarrow ROOR$$

$$ROO\cdot + ROO\cdot \longrightarrow ROOR + O_2$$

终结阶段主要是被分解的自由基相互作用,产生相对稳定的聚合物。这大多是在油脂酸败后产生的。

油脂氧化中产生氢过氧化物,同时发生氧化分解、氧化聚合等,导致其组成成分、理化性质发生改变。根据油脂的这些特性变化,可以通过测定酸价、过氧化值等来判断油脂的氧化酸败程度。

4.1.2 油溶性抗氧化剂的作用机理

油溶性抗氧化剂的作用机理比较复杂,被认为最主要的是终止油脂自动氧化链式反应的传递。例如,油溶性抗氧化剂丁基羟基茴香醚(BHA)、二丁基羟基甲苯(BHT)、没食子酸丙酯(PG)及维生素 E 均属于酚类化合物(AOH),能够提供氢原子与油脂自动氧化产生的自由基结合,形成相对稳定的结构,阻断油脂的链式自动氧化过程。反应如下:

$$R\cdot + AOH \longrightarrow AO\cdot + RH\text{(稳定产物)}$$

$$ROO\cdot + AOH \longrightarrow AO\cdot + ROOH\text{(稳定产物)}$$

通常认为,抗氧化剂产生的醌式自由基(AO·),可通过分子内部的电子共振而重新排列,呈现出比较稳定的新构型,这种醌式自由基不再具备夺取油脂分子中氢原子所需要的能量,故也属稳定产物。此类提供氢原子的抗氧化剂不能永久起抗氧化作用,而且不能使已酸败的油脂恢复原状,必须是在油脂未发生自动氧化或刚刚开始氧化时添加才有效。

酚类抗氧化剂使用时常常需要配合使用增效剂(SH),如柠檬酸、磷酸等。增效剂本身没有抗氧化作用,它们可以增强抗氧化剂的作用效果。这是由于增效剂能对催化油脂氧化金属离子起钝化作用,同时增效剂产生的氢离子又可以使抗氧化剂再生。

$$SH + AO\cdot \longrightarrow S\cdot + AOH$$

4.1.3 水溶型抗氧化剂的作用机理

水溶性抗氧化剂的作用机理被认为最主要的是通过还原作用,降低食品体系中的氧含量;或将能催化及引起氧化反应的物质封闭,如螯合能催化氧化反应的金属离子以消除其催化活性;或抑制、破坏、减弱多酚氧化酶的活性,使其不能催化氧化反应的进行。

4.2 油溶性抗氧化剂

油溶性抗氧化剂是指能溶于油脂,对油脂和含油脂的食品起到良好抗氧化作用的物质。常用的有丁基羟基茴香醚、二丁基羟基甲苯、没食子酸丙酯等。天然的有愈疮树脂、生育酚混合浓缩物等。

4.2.1 丁基羟基茴香醚

丁基羟基茴香醚(butyl hydroxy anisol,butylated hydroxyanisole,BHA),亦称叔丁基-4-羟基茴香醚、丁基大茴香醚。分子式 $C_{11}H_{16}O_2$,有 2 种同分异构体:3-叔丁基-4-羟基茴香醚、2-叔丁基-4-羟基茴香醚,市场通常出售的 BHA 是以 3-BHA 为主(占 95%～98%)与少量 2-BHA(占 5%～2%)的混合物。

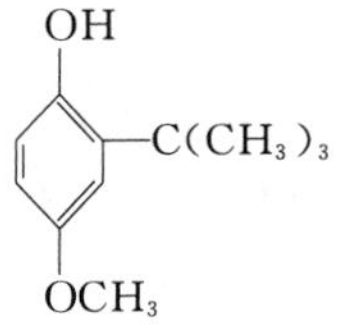

3-HBA

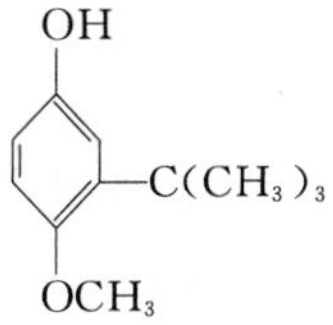

2-HBA

性状及性能:丁基羟基茴香醚为无色至微黄色蜡样结晶粉末;具有酚类的特异臭和刺激性味道;熔点 57～65℃,随 3-BHA、2-BHA 混合比不同而异,如 3-BHA 占 95%时,熔点为 62℃,沸点 264～270℃。BHA 不溶于水,可溶于油脂和有机溶剂,在几种溶剂和油脂中的溶解度(25℃)为:乙醇 25%、丙二醇 50%、丙酮 60%,猪油 30%、花生油 40%、棉籽油 42%。BHA 对热稳定性高,在弱碱性条件下不容易破坏,这可能是其在焙烤食品中有效的原因之一。

BHA 与其他抗氧化剂比,它不像 PG 会与金属离子作用而着色;BHT 不溶于丙二醇,而 BHA 溶于丙二醇,成为乳化态,具有使用方便的特点,但价格较 BHT 高。BHA 具有单酚的挥发性,如在猪油中保持 61℃时稍有挥发,在日光长期照射下,色泽会变深。3-BHA 的抗氧化效果是 2-BHA 的 1.5～2 倍,两者混合使用会有协同效果。

BHA 与其他抗氧化剂或增效剂复配使用,可以大大提高其抗氧化作用。BHA 除了抗氧化作用之外,还具有相当的抗菌作用,有报道用 0.015%的 BHA 可抑制金黄色葡萄球菌;0.028%的 BHA 可阻止寄生曲霉孢子的生长,并能阻碍黄曲霉毒素的生成。

安全性:BHA 比较安全,大鼠经口 LD_{50} 为 2.2～5 g/kg。按 FAO/WHO(1994)规定,ADI 为 0～0.5 mg/kg。

使用:我国食品添加剂使用卫生标准(GB 2760—2014)规定:BHA 可用于脂肪、油、乳化脂肪制品,基本不含水的脂肪和油,坚果与籽类罐头,熟制坚果与籽类(仅限油炸坚果与籽类),即食谷物包括碾轧燕麦(片),杂粮粉,方便米面制品,饼干,腌腊肉制品类(如咸肉、腊肉、板鸭、中式火腿、腊肠等),风干、烘干、压干等水产品,油炸食品,固体复合调味料(仅限鸡肉粉),膨化食品,最大使用量为 0.2 g/kg。胶基糖果,最大使用量为 0.4 g/kg(以脂肪计)。

在油脂和含油脂食品中使用时，可以采用直接加入法，即将油脂加热到60～70℃加入BHA，充分搅拌，使其充分溶解和分布均匀。用于鱼肉制品时，可以采用浸渍法和拌盐法。浸渍法抗氧化效果较好，它是将BHA预先配成1%的乳化液，然后再按比例加入浸渍液中。

有实验证明，BHA的抗氧化效果以用量0.01%～0.02%为好。0.02%比0.01%的抗氧化效果约提高10%，但超过0.02%时抗氧化效果反而下降。在使用时要严格控制添加量，过多一则效果不好，二则是对人体有害。

4.2.2 二丁基羟基甲苯

二丁基羟基甲苯(aibutyl hydroxy toluene，BHT)亦称2,6-二丁基对甲酚，分子式$C_{15}H_{24}O$，相对分子质量220.36，结构式如右：

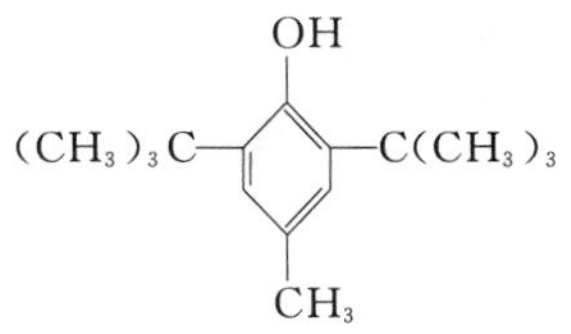

OH
$(CH_3)_3C$—⟨苯环⟩—$C(CH_3)_3$
CH_3

性状及性能：二丁基羟基甲苯为无色晶体或白色结晶粉末，无臭、无味，熔点69.5～70.5℃(纯品为69.7℃)，沸点265℃。它不溶于水与甘油，溶于乙醇和各种油脂，其溶解度为：乙醇25%(120℃)、棉籽油20%(25℃)、大豆油30%(25℃)、猪油40%(25℃)。二丁基羟基甲苯化学稳定性好，对热相当稳定，抗氧化效果好，与金属反应不着色，具有单酚型特征的升华性，加热时有与水蒸气一起挥发的性质。它与其他抗氧化剂相比，稳定性较高，抗氧化作用较强，没有没食子酸丙酯那样遇金属离子反应着色的缺点，也没有BHA的特异臭，并且价格低廉。但是它的毒性相对较高。

安全性：大鼠经口LD_{50}为2.0 g/kg。BHT的急性毒性比BHA稍大，但无致癌性。按FAO/WHO(1995)暂定，ADI为0～0.125 mg/kg。

使用：按照我国食品添加剂使用卫生标准(GB 2760—2014)规定，BHT的使用范围和最大使用剂量与BHA相同。

BHT经常与BHA混合使用，混合使用时，二者的总量不得超过0.2 g/kg。以柠檬酸为增效剂与BHA复配使用时，复配比例为：m(BHT)∶m(BHA)∶m(柠檬酸)=2∶2∶1。BHT也可用在包装食品的材料中，其用量为0.2～1 kg/t(包装材料)。

BHT用于精炼油时，应该在碱炼、脱色、脱臭后，在真空下油品冷却到12℃时添加，才可以充分发挥BHT的抗氧化作用。此外还应保持设备和容器清洁，在添加时应先用少量油脂溶解，柠檬酸用水或乙醇溶解后再借真空吸入油中搅拌均匀。

4.2.3 没食子酸丙酯

没食子酸丙酯(propyl gallate，PG)亦称棓酸丙酯，分子式$C_{10}H_{12}O_5$，相对分子质量212.21，结构式如右：

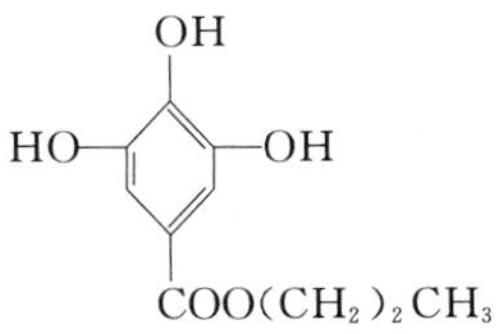

OH
HO—⟨苯环⟩—OH
$COO(CH_2)_2CH_3$

性状及性能：没食子酸丙酯为白色至浅黄褐色晶体粉末，或乳白色针状结晶，无臭、微有苦味，水溶液无味。由水或含水乙醇可得到带一分子结晶水的盐，在105℃失去结晶水成为无水物。熔点146～150℃，它易溶于乙醇等有机溶剂，微溶于油脂和水，其溶解度

(25℃)为：乙醇 103 g/100 mL、丙二醇 67.5 g/100 mL、甘油 25 g/100 mL、猪脂 10 g/100 mL、棉籽油 1.2 g/100 mL、花生油 0.5 g/100 mL、水 0.35 g/100 mL。PG 0.25%的水溶液的 pH 为 5.5 左右。PG 对热比较稳定，抗氧化效果好，易与铜、铁离子发生呈色反应，变为紫色或暗绿色。具有吸湿性，对光不稳定易分解。PG 对油脂的抗氧化能力很强，与增效剂柠檬酸或与 BHA、BHT 复配使用抗氧化能力更强。PG 对猪油的抗氧化作用较 BHA、BHT 强，但是它的毒性相对较高。

安全性：大鼠经口 LD_{50} 为 2.6 g/kg。按 FAO/WHO(1994)规定，ADI 为 0～1.4 mg/kg。PG 在体内可被水解，大部分聚成 4-O-甲基没食子酸或内聚葡萄糖醛酸，由尿液排出。

使用：我国食品添加剂使用卫生标准(GB 2760—2014)规定：没食子酸丙酯可用于脂肪、油和乳化脂肪制品，基本不含水的脂肪和油，熟制坚果与籽类(仅限油炸坚果与籽类)，坚果与籽类罐头，油炸面制品，方便米面制品，饼干，腌腊肉制品如咸肉、腊肉、板鸭、中式火腿、腊肠等，风干、烘干、压干等水产品，固体复合调味料(仅限鸡肉粉)，膨化食品，最大使用量为 0.1 g/kg(以油脂中的含量计)。胶基糖果中，最大使用量为 0.4 g/kg(以脂肪总量计)。与其他抗氧化剂复配使用时，PG 不得超过 0.05 g/kg(以脂肪总量计)。

没食子酸丙酯使用量达 0.01%时即能着色，故一般不单独使用，而与 BHA、BHT，或与柠檬酸、异抗坏血酸等增效剂复配使用。复配使用时 BHA、BHT 的总量不超过 0.18 g/kg，PG 不超过 0.05 g/kg。PG 用量约为 0.05 g/kg 即能起到良好的抗氧化效果。

没食子酸丙酯使用时，应先取少部分油脂，将 PG 加入，使其加热充分溶解后，再与全部油脂混合。一般是在油脂精炼后立即添加。或者以 PG、柠檬酸、95%的乙醇按质量 1∶0.5∶3 的比例混合均匀后，再徐徐加入油脂中搅拌均匀。

另外，因没食子酸丙酯有与铜、铁等金属离子反应变色的特性，所以在使用时应避免使用铜、铁等金属容器。具有螯合作用的柠檬酸、酒石酸与 PG 复配使用，不仅起增效作用，而且可以防止金属离子的呈色作用。

4.2.4 特丁基对苯二酚

特丁基对苯二酚(tertiary butyl hydroquinone，TBHQ)亦称叔丁基对苯二酚，分子式 $C_{10}H_{14}O_2$，相对分子质量 166.22，结构式如右：

OH
$-C(CH_3)_3$
OH

性状及性能：特丁基对苯二酚为白色结晶粉末，有极轻微的特异臭。溶于乙醇、乙酸、乙酯、异丙醇、乙醚及植物油、猪油等，几乎不溶于水(25℃，<1%；95℃，5%)。沸点 300℃，熔点 126.5～128.5℃。具有良好的热稳定性，应用于高温加工的食品中，如煎炸煮食品等。对大多数油脂均有防止氧化酸败作用，尤其是植物油。遇铁、铜不变色，但如有碱存在可转为粉红色。

TBHQ 的抗氧化性能优于 BHA、BHT、PG。被认为对于植物油，它们的抗氧化能力顺序为：TBHQ>PG>BHT>BHA；对于动物性油脂，它们的抗氧化能力顺序为：TBHQ>PG>BHA>BHT。

TBHQ 还能有效抑制细菌和霉菌的产生，并且对黄曲霉素 B_1 的产生也有明显抑制作用。

安全性：大鼠经口 LD_{50} 为 0.7～1.0 g/kg。ADI 暂定 0～0.2 mg/kg(FAO/WHO，1994)。FAO/WHO 食品添加剂联合专家委员会在多次会议上对此均进行了评价，认为 TBHQ 无致突变性，在 5 000 mg/kg 剂量下对大、小白鼠无致癌作用，TBHQ 与其他抗氧化剂相比，具有更高的安全性。

使用：我国食品添加剂使用卫生标准(GB 2760—2014)规定：TBHQ 可用于脂肪、油和乳化脂肪制品，基本不含水的脂肪和油，熟制坚果与籽类，坚果与籽类罐头，油炸面制品，方便米面制品，饼干，月饼，焙烤食品馅料及表面用挂浆，腌腊肉制品如咸肉、腊肉、板鸭、中式火腿、腊肠等，风干、烘干、压干等水产品，膨化食品，最大使用量为 0.2 g/kg。

一般可将油脂加热 60℃以上，待油脂完全成为液状后加入 TBHQ 充分搅动直至完全溶解。大批量产品使用时可以把 TBHQ 溶解在少量温度在 93～121℃油脂中，制成 TBHQ 浓溶液，再加入油脂中搅拌均匀。对于果仁类食品，可按所需剂量调整 TBHQ 溶液直接喷射产品表面，但要确保喷射均匀。

TBHQ 可以与 BHA、BHT 及柠檬酸、维生素 C 合用，但不得与 PG 混合使用，避免在强碱条件下使用。

4.2.5　抗坏血酸棕榈酸酯

抗坏血酸棕榈酸酯是由抗坏血酸和脂肪酸或脂肪酸酯通过化学合成的方法制取的，其分子式为 $C_{22}H_{38}O_7$，是一种高效的氧清除剂和增效剂，被世界卫生组织(WHO)食品添加剂委员会评定为具有营养性、无毒、高效、使用安全的食品添加剂，是我国唯一可用于婴幼儿食品的抗氧化剂，用于食品可起到抗氧化、食品(油脂)护色、营养强化等功效。主要的合成方法有直接酯化法和酯交换法。前者采用 *L*-抗坏血酸和脂肪酸为原料直接酯化得到产品；后者则以 *L*-抗坏血酸和脂肪酸甲酯或乙酯为原料，通过酯交换得到产品。

性状与性能：抗坏血酸棕榈酸酯为白色至微黄色粉末，几乎无臭，难溶于水，易溶于乙醇，可溶于油脂。保存时应该避光、热、潮湿，隔绝氧气。

抗坏血酸棕榈酸酯与自由基反应能阻止油脂中过氧化物形成，与 O_2 反应能保证抗氧化活性，与维生素 E 配合使用具有增效抗氧化作用。这类化合物不仅保持了 *L*-抗坏血酸抗氧化的特性，而且在动物油、植物油中具有相当的溶解度，被广泛应用于食品、化妆品及医药卫生等领域。

抗坏血酸脂肪酸酯属于最强的抗氧化剂之列，可以防止油脂过氧化物形成，延缓动物油、植物油、鱼类、人造黄油、牛奶以及类胡萝卜素等氧化变质，效果优于 BHA、BHT。若和维生素 E 等其他抗氧化剂配合使用，抗氧化效果更加显著。

安全性：抗坏血酸棕榈酸酯的水解产物 *L*-抗坏血酸及脂肪酸都是天然产物，毒性很小，一般认为对人体是安全的。按 FAO/WHO(1994)规定，ADI 为 0～0.06 g/kg。

使用：我国食品添加剂使用卫生标准(GB 2760—2014)规定：乳粉(包括加糖乳粉)和奶油粉及其调制产品(以脂肪中抗坏血酸计)，脂肪，油和乳化脂肪制品，基本不含水的脂肪和油，即食谷物，包括碾轧燕麦(片)，方便米面制品，面包，0.2 g/kg；婴幼儿配方食品，婴幼儿辅助食品(以脂肪中抗坏血酸计),0.05 g/kg。

4.2.6 茶多酚棕榈酸酯

茶多酚棕榈酸酯是茶多酚的衍生物,是以绿茶为原料提取的茶多酚经过与棕榈酰氯酯化,过滤、水洗、脱溶、结晶、离心、冻干、包装等步骤加工生产的油溶性抗氧化剂。

性状与性能:呈淡黄色粉末状,无结块现象,10 g 植物油溶解度≥25 g。

安全性:急性毒理试验表明,其最大耐受量 8 000 mg/kg,属无毒级。

使用:我国食品添加剂使用卫生标准(GB 2760—2014)规定:茶多酚棕榈酸酯用于基本不含水的脂肪和油中,最大用量不超过 0.6 g/kg。

4.2.7 4-己基间苯二酚

4-己基间苯二酚是由己酸与间苯二酚缩合,经锌汞齐还原蒸馏精制而成的抗氧化剂,分子式 $C_{12}H_{18}O_2$,相对分子质量 194.27,结构式如右:

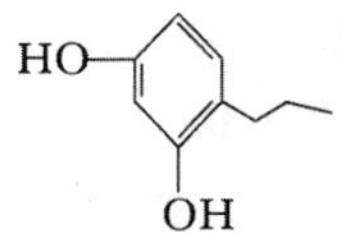

主要用于虾、蟹类水产品的加工中,其目的是防止产品的储存过程中,由于多酚氧化酶的催化而发生的氧化褐变或色泽变黑的现象出现。

性状与性能:4-己基间苯二酚为白色、黄白色针状结晶,有弱臭,强涩味,对舌头产生麻木感。遇光、空气变淡棕粉红色。微溶于水(1+2 000)、乙醇、甲醇、甘油醚、氯仿、苯和植物油中。作为虾类加工助剂,可保持虾、蟹等甲壳水产品在贮存过程中色泽良好,不变黑(虾类黑变主要是机体存在的多酚氧化酶催化反应所致)。

安全性:大鼠经口 LD_{50} 为 550 mg/(kg·bw);ADI 为 0~0.11 mg/(kg·bw)。

使用:我国食品添加剂使用卫生标准(GB 2760—2014)规定:4-己基间苯二酚用于鲜水产(仅限虾类),防止虾类褐变,按生产需要适量使用,残留量≤1 mg/kg。

4.2.8 羟基硬脂精

羟基硬脂精,又名氧化硬脂精,为部分氧化的硬脂酸和其他脂肪酸的甘油酯的混合物,分子式 $C_{21}H_{42}O_5$,相对分子质量 374.555 18,结构式为:

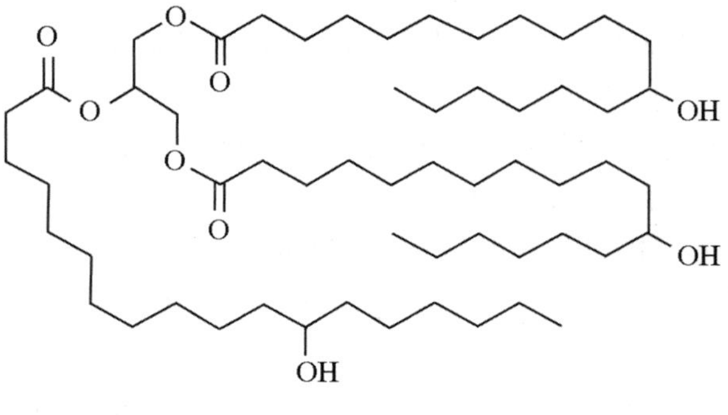

性状与性能:棕黄至浅棕色脂状或蜡状物质。口味醇和。溶于乙醚、己烷和氯仿。

使用:我国食品添加剂使用卫生标准(GB 2760—2014)规定:羟基硬脂精可用于基本不

含水的脂肪和油，最大使用量 0.5 g/kg。

4.2.9 硫代二丙酸二月桂酯

硫代二丙酸二月桂酯(dilaurylthiodipropionate，DLTP)，分子式 $C_{10}H_{58}O_4S$，相对分子质量 514.85。在我国允许用于食品的硫醚类抗氧化剂仅有硫代二丙酸二月桂酯(DLTP)一种，作为一种过氧化物分解剂，它能有效地分解油脂自动氧化链反应中的氢过氧化物(ROOH)，达到中断链反应的目的。从而延长油脂及富脂食品的保存期。作为一种油溶性抗氧化剂，它不仅毒性小，而且具有很好的抗氧化性能和稳定性能。

性状与性能：白色絮状结晶固体，具特殊的甜香气息和类脂气味的硫醚类物质。熔点38℃以上，相对密度(20℃/4℃)0.975。不溶于水，溶于丙酮、四氯化碳、苯、石油醚等有机溶剂。DLTP 与 BHA 和 BHT 等酚类抗氧化剂有协同作用，在生产中加以利用既可提高抗氧化性能，又能降低毒性和成本。DLTP 具有极好的热稳定性，200℃下 30 min 损失率只有 0.7%，更适合于焙烤及油炸食品，同时还具有极好的时间稳定性。

使用：我国食品添加剂使用卫生标准(GB 2760—2014)规定：硫代二丙酸二月桂酯可用于经表面处理的鲜水果和新鲜蔬菜，熟制坚果与籽类(仅限油炸坚果与籽类)，油炸面制品，膨化食品，最大使用量 0.2 g/kg。

4.3 水溶性抗氧化剂

水溶性抗氧化剂能够溶于水，主要用于防止食品氧化变色，常用的有抗坏血酸、异抗坏血酸及其盐、植酸、乙二胺四乙酸二钠以及氨基酸类、肽类、香辛料和糖醇类等。

4.3.1 *L*-抗坏血酸

L-抗坏血酸(*L*-ascorbic acid)亦称维生素 C，分子式 $C_6H_8O_6$，相对分子质量 176.13，结构式为：

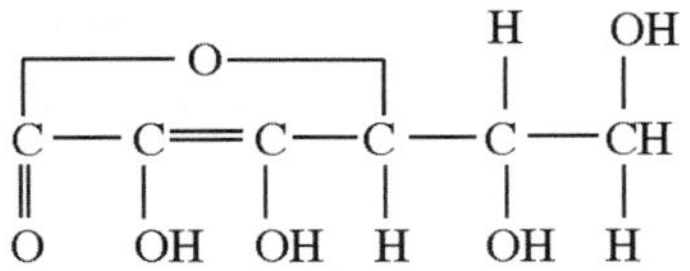

```
  ┌──────O──────┐          H     OH
  │             │          │     │
  C ── C ══ C ── C ── C ── CH
  ‖    │    │    │    │     │
  O    OH   OH   H    OH    H
```

L-抗坏血酸多是以葡萄糖为原料，经过氢化、发酵氧化等过程制得。

性状与性能：*L*-抗坏血酸为白色或略带淡黄色的结晶或粉末，无臭，味酸，遇光颜色逐渐变深，干燥状态比较稳定。但其水溶液很快被氧化分解，在中性或碱性溶液中尤甚。易溶于水，不溶于苯、乙醚等溶剂。抗坏血酸的水溶液由于易被热、光等显著破坏，特别是在碱性及金属存在时更促进其破坏，因此在使用时必须注意避免在水及容器中混入金属或与空气接触。

安全性：正常剂量的抗坏血酸对人无毒性作用。ADI 为 0～15 mg/kg。

L-抗坏血酸能与氧结合而除氧。可以抑制对氧敏感的食物成分的氧化；能还原高价金

属离子，对螯合剂起增效作用；另外还具有治疗维生素 C 缺乏病、解毒及维护毛细血管通透性等作用。

使用：我国食品添加剂使用卫生标准（GB 2760—2014）规定：维生素 C 作为抗氧化剂可用于啤酒和麦芽饮料，0.04 g/kg；发酵面制品、小麦粉，0.2 g/kg；果蔬汁（肉）饮料、植物蛋白饮料、碳酸饮料、茶饮料，0.5 g/kg；可可制品、巧克力和巧克力制品（包括代巧克力、类巧克力）及糖果，1.5 g/kg；去皮或预切的鲜水果，去皮、切块或切丝的蔬菜，5.0 g/kg；浓缩果蔬汁（浆），按生产需要适量使用（固体饮料按稀释倍数增加使用量）。

在实际使用中，*L*-抗坏血酸可以应用于许多食品中：①果汁及碳酸饮料。防止氧化变质，理论上每 3.3 mg 抗坏血酸与 1 mL 空气反应，若容器的顶隙中空气含量平均为 5 mL，则添加 15～16 mg 的抗坏血酸，就可以使空气中的氧气含量降低到临界水平以下，从而防止产品因氧化而引起的变色、变味。②水果、蔬菜罐头。水果罐头的氧化可以引起变味和褪色，添加了抗坏血酸则可消耗氧而保持罐头的品质，用量 0.025%～0.06%。蔬菜罐头大多数不添加抗坏血酸，只有花椰菜和蘑菇罐头为了防止加热过程中褐变或变黑，可以添加0.1% 的抗坏血酸。③冷冻食品。为了防止冷冻果品发生酶褐变与风味变劣，防止肉类水溶性色素的氧化变色，可以添加抗坏血酸来保持冷冻食品的风味、色泽和品质。方法是用0.1%～0.5% 的抗坏血酸溶液浸渍物料 5～10 min。④酒类。添加抗坏血酸有助于保持葡萄酒的原有风味；在啤酒过滤时按 0.01～0.02 g/kg 的量添加抗坏血酸可以防止氧化褐变。

4.3.2 *L*-抗坏血酸钠

L-抗坏血酸钠（sodium *L*-ascorbic acid ），分子式 $C_6H_7O_6Na$，相对分子质量 198.11，结构式为：

```
  ┌──────O───────┐      H     OH
  │              │      |     |
  C ── C ══ C ── C ──── C ──── CH
  ‖    |    |    |      |     |
  O    OH   ONa  H      OH    H
```

性状与性能：*L*-抗坏血酸钠为白色或略带黄白色结晶或结晶性粉末，无臭，稍咸；干燥状态下稳定，吸湿性强；较 *L*-抗坏血酸易溶于水，其溶解度为：62%（25℃），78%（75℃）；极难溶于乙醇；遇光颜色逐渐变深。2%的水溶液 pH 6.5～8.0。其抗氧化作用与 *L*-抗坏血酸相同。1 g *L*-抗坏血酸钠相当于 0.9 g *L*-抗坏血酸。

安全性：与 *L*-抗坏血酸相同。

使用：与 *L*-抗坏血酸相同。因 *L*-抗坏血酸呈酸性，在不适宜添加酸性物质的食品中可使用本品，例如牛乳等制品。浓缩果蔬汁（浆），按生产需要适量使用（固体饮料按稀释倍数增加使用量）。另外，对于肉制品还可以作为发色助剂，同时可以保持肉的风味、增加肉制品的弹性。据一些研究证明，抗坏血酸、抗坏血酸钠对阻止亚硝酸盐在肉制品中产生有致癌作用的二甲基亚硝胺，具有很大意义。其添加量为 0.5%左右。

4.3.3 *L*-抗坏血酸钙

L-抗坏血酸钙是 *L*-抗坏血酸的钙盐，由抗坏血酸与碱性钙盐中和而制得。分子式 $C_{12}H_{14}CaO_{12}$，相对分子质量 390.31，结构式为：

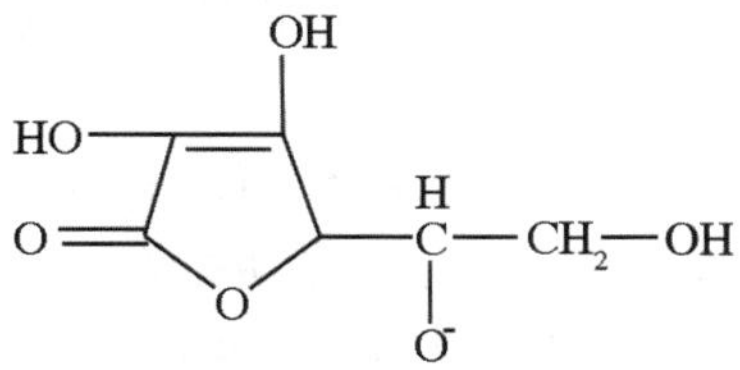

其自身不易被氧化，比维生素 C 稳定，而且吸收效果好，在体内具有维生素 C 的全部作用，抗氧化作用优于维生素 C，而且由于钙的引入，也增强了它的营养强化作用。近年来，*L*-抗坏血酸钙的研究不断取得进展，应用领域相继拓宽。

性状与性能：*L*-抗坏血酸钙为白色或淡黄色结晶粉末，无臭，溶于水，微溶于乙醇，不溶于乙醚。10％水溶液的 pH 为 6.8～7.4。

安全性：ADI 无须规定(FAO/WHO，1994)。

使用：与 *L*-抗坏血酸相同。去皮或预切的鲜水果，去皮、切块或切丝的蔬菜，1.0 g/kg(以水果、蔬菜中抗坏血酸钙残留量计)。浓缩果蔬汁(浆)，按生产需要适量使用(固体饮料按稀释倍数增加使用量)。

4.3.4 *D*-异抗坏血酸

D-异抗坏血酸(erythorbic acid)，分子式 $C_6H_8O_6$，相对分子质量 176.13，结构式为：

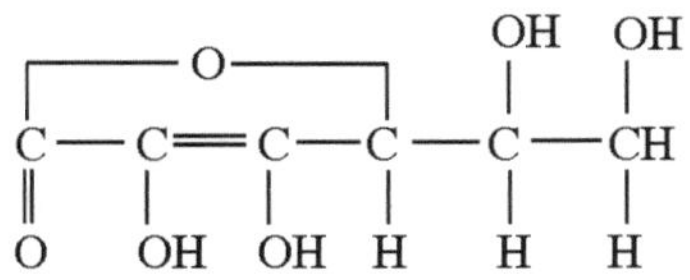

性状与性能：*D*-异抗坏血酸，亦称赤藻糖酸、异维生素 C，是维生素 C 的一种立体异构体，在化学性质上与维生素 C 相似，属于水溶性抗氧化剂。*D*-异抗坏血酸是以葡萄糖等为原料，经发酵制得的 2-酮基-*D*-葡萄糖酸，再经酯化、酸化、精制等步骤生产的食品添加剂。*D*-异抗坏血酸为白色至浅黄色的结晶或结晶性粉末，无臭，有酸味；遇光颜色逐渐变黑；干燥状态下在空气中相当稳定，而在溶液中暴露于大气时则迅速变质。异抗坏血酸极易溶于水，溶解度为 40 g/100 mL；溶于乙醇，溶解度为 5 g/100 mL；难溶于甘油；不溶于苯、乙醚。1％的水溶液 pH 2.8。*D*-异抗坏血酸几乎无抗坏血酸的生理功效。*D*-异抗坏血酸的耐热性差，还原性强，金属离子能促进其分解。但其抗氧化性能优于抗坏血酸，并且价格便宜。虽然无抗坏血酸的生理作用，但是也不会阻碍人体对抗坏血酸的吸收。在肉制品中 *D*-异抗坏血酸与亚硝酸盐配合使用，既可以防止肉氧化变色，又可以提高肉制品的发色效果，还能加强亚硝酸盐抗肉毒杆菌的能力，且可减少亚硝胺的产生。

安全性：大鼠经口 LD_{50} 为 18 g/kg。ADI 无须规定(FAO/WHO，1994)，FDA 对其鉴定

为“公认为安全”(GRAS)。

使用:我国食品添加剂使用卫生标准(GB 2760—2014)规定:异抗坏血酸可用于啤酒和麦芽饮料,最大使用量 0.04 g/kg;果蔬汁(肉)饮料、葡萄酒,0.15 g/kg(以抗坏血酸计);预制肉制品、熟肉制品,0.5 g/kg;水果罐头、蔬菜罐头、八宝粥罐头、肉罐头类、果酱、冷冻水产品及其制品,1.0 g/kg。浓缩果蔬汁(浆),按生产需要适量使用(固体饮料按稀释倍数增加使用量)。

在日本,异抗坏血酸被广泛应用于肉制品、鱼肉制品、鱼贝腌制品及冷冻制品的抗氧化作用。异抗坏血酸还具有防止鱼贝类的不饱和脂肪酸发异臭的作用。对肉制品,异抗坏血酸的添加量为 0.5～0.8 g/kg;对鱼贝冷冻制品,在冷冻前用 0.1%～0.6%的异抗坏血酸水溶液进行浸渍处理。对果汁等饮料的使用量为 0.01%～0.025%。并且已经逐渐用于水果、蔬菜罐头以及奶油和奶酪的抗氧化。

4.3.5 *D*-异抗坏血酸钠

D-异抗坏血酸钠(sodium erythorbic acid),分子式 $C_6H_7O_6Na \cdot H_2O$,相对分子质量 216.13,结构式为:

```
                              OH    OH
 ┌──────O──────┐              |     |
 C ── C ══ C ── C ──── C ──── CH·H2O
 ‖    |     |    |      |      |
 O    OH   ONa   H      H      H
```

性状与性能:*D*-异抗坏血酸钠为白色至黄白色的结晶或晶体粉末,无臭,微有咸味;干燥状态下在空气中相当稳定,但在水溶液中,当遇空气、金属、热、光时,则易氧化。它易溶于水,55 g/100 mL,几乎不溶于乙醇,1%的水溶液 pH 为 7.4。异抗坏血酸钠的抗氧化性能与异抗坏血酸相同。

安全性:大鼠经口 LD_{50} 为 15 g/kg。小鼠经口 LD_{50} 为 9.4 g/kg。ADI 无限制性规定(FAO/WHO,1994)。

使用:我国食品添加剂使用卫生标准(GB 2760—2014)规定:*D*-异抗坏血酸钠的使用同 *D*-异抗坏血酸,以 *D*-异抗坏血酸计。

4.3.6 乙二胺四乙酸二钠

乙二胺四乙酸二钠(EDTA-2Na),分子式 $C_{10}H_{14}N_2NaO_3 \cdot 2H_2O$,结构式为:

```
┌ NaOOCCH2              CH2COONa ┐
│    |                     |      │
│    |    CH2CH2           |      │
│    | ╱          ╲        |      │
│    N               N            │
│  ╱   ╲           ╱   ╲          │ ·2H2O
│ CH2    ╲       ╱      CH2       │
│  |        Ca           |        │
│  |      ╱     ╲        |        │
│ COO           OOC               │
└                                 ┘
```

性状与性能：乙二胺四乙酸二钠为白色结晶颗粒或粉末，无臭、无味。它易溶于水，极难溶于乙醇。它是一种重要的螯合剂，能螯合溶液中的金属离子。生产中常利用其螯合作用保持食品的色、香、味，防止食品氧化变质。

安全性：按 FAO/WHO(1994)规定，ADI 为 0～2.5 mg/kg。

使用：我国食品添加剂使用卫生标准(GB 2760—2014)规定：乙二胺四乙酸二钠可用于果酱、蔬菜泥(酱)，最大使用量为 0.07 g/kg；复合调味料，0.075 g/kg；蔬菜罐头，盐渍蔬菜，酱渍蔬菜，八宝粥罐头，坚果及籽类罐头，0.25 g/kg。

对于蟹、虾等水产罐头，添加乙二胺四乙酸二钠可以防止玻璃样结晶——鸟粪石(struvite)的析出，以保证加工品的质量。

4.3.7 乙二胺四乙酸二钠钙

乙二胺四乙酸二钠钙，别名依地酸钙钠，分子式 $C_{10}H_{12}CaN_2Na_2O_8$，相对分子质量 374.268 4。

性状与性能：乙二胺四乙酸二钠钙为白色结晶性或颗粒性粉末；无臭、无味；易潮解。在水中易溶，在乙醇或乙醚中不溶。能与多种金属结合成为稳定而可溶的络合物，由尿中排泄，故用于一些金属的中毒，尤其对无机铅中毒效果好(但对四乙基铅中毒无效)，对钴、铜、铬、镉、锰及放射性元素(如镭、铀、钍等)均有解毒作用，但对锶无效。

安全性：按 FAO/WHO(1994)规定，ADI 为 0～2.5 mg/kg。

使用：我国食品添加剂使用卫生标准(GB 2760—2014)规定：乙二胺四乙酸二钠钙可用于复合调味料，最大使用量为 0.075 g/kg。

4.4 天然抗氧化剂

早期应用的合成抗氧化剂如 BHT(二丁基羟基甲苯)、BHA 和 TBHQ(叔丁基对苯二酚)等由于具有产量大、价格低、抗氧化较强的优点，长期以来一直垄断着食品抗氧化剂的市场。然而，不断有人对人工合成的抗氧化剂的安全性提出质疑，并对其可能存在的毒性进行了一系列的研究，结果表明，人工合成的抗氧化剂具有一定的毒性和致癌作用，因此食品科学家将研究的重心转移到天然抗氧化剂的研究上来。

天然抗氧化剂是从天然动、植物体或其代谢物中提取出来的具有抗氧化活性的物质，如从植物中提取的多酚类、黄酮类化合物，植酸等。自 1956 年 Harman 提出衰老的自由基学说以来，越来越多的研究证实机体内过多的自由基会引发各种病变如：动脉粥样硬化、心血管疾病及肿瘤等，而适当补充外源性抗氧化剂可改善这一状况。因此，以天然抗氧化剂取代合成抗氧化剂是今后食品抗氧化剂发展的趋势；同时寻找清除体内自由基的天然物质也是现代医药、保健行业的发展趋势。

4.4.1 生育酚(维生素 E)

生育酚即维生素 E(tocopherol，vitamine E)，天然维生素 E 广泛存在于高等动植物组织中，它具有防止动植物组织内脂溶性成分氧化变质的功能。已知天然生育酚有 α-、β-、γ-、δ-、ε-、ζ-、η-、θ- 8 种同分异构体。作为抗氧化剂使用的生育酚混合浓缩物（tocopherol conentrate）是天然维生素 E 的 8 种异构体的混合物。

性状与性能：生育酚混合浓缩物为黄至褐色透明黏稠状液体；几乎无臭；密度 0.932～0.955 kg/m^3；不溶于水，溶于乙醇，可与丙酮、乙醚、油脂自由混合；对热稳定，在无氧条件下，即使加热至 200℃也不被破坏；具有耐酸性，但是不耐碱；对氧气十分敏感，在空气中及光照下，会缓慢地氧化变黑。

生育酚混合浓缩物因所用原料油和加工方法不同，成品的总浓度和同分异构体的组成也不一样。品质较纯的生育酚混合浓缩物中生育酚的含量可达 80%以上。以大豆为原料的制品，其同分异构体的比例约为：α-型 10%～20%、γ-型 40%～60%、δ-型 25%～40%。

生育酚的抗氧化性主要来自苯环上 6 位的羟基，与氧化物、过氧化物结合成酯后失去抗氧化性。其同分异构体的抗氧化性能：α-型＜β-型＜γ-型＜δ-型，*d*-δ-型抗氧化性能最强。生育酚的生物活性，依次为：α-型最强，即 α-型＞β-型＞γ-型＞δ-型。

一般来说，生育酚的抗氧化效果不如 BHA、BHT。生育酚对动物油脂的抗氧化效果比对植物油脂的效果好。这是由于动物油脂中天然存在的生育酚比植物油少。有实验表明生育酚对猪油的抗氧化效果大致与 BHA 相同。在较高的温度下，生育酚仍有较好的抗氧化性能，例如在猪油中，BHA 在 200℃加热 2 h 则 100%挥发，而生育酚在 220℃加热 3 h 仅损失 50%。特别是天然生育酚比合成的 α-型生育酚的热稳定性还大。

生育酚的耐光、耐紫外线、耐放射性也较强，而 BHA、BHT 则较差。这对于利用透明薄膜包装材料包装食品是很有意义的。因为太阳光、荧光灯等产生的光能是促进食品氧化变质的因素。生育酚对光的作用机制目前尚未阐明，仅知生育酚有防止在 γ 射线照射下维生素 A 的分解作用，有防止在紫外线照射下 β-胡萝卜素分解的作用，有防止饼干和速煮面条在日光照射下的氧化作用。

近年的一些研究结果表明，生育酚还有阻止咸肉制品中产生致癌物——亚硝胺的作用。

安全性：大鼠经口 LD_{50} 为 5 g/kg。FAO/WHO（1994）规定，ADI 为 0.15～2 mg/kg（*dl*-α-型生育酚和 *d*-α-型生育酚二者组成的浓缩物）。

美国对生育酚的安全评价认为：①毒性非常低；②关于高含量服用后血清脂肪增加的说法不一，但不是重要因素；③人的双盲试验表明，即使每日服用 3.2 g/d 高用量，也不产生副作用；④最大摄入量 1 g/d，完全安全，无副作用。

使用：我国食品添加剂使用卫生标准（GB 2760—2014）规定：*dl*-α-生育酚可用于基本不含水的脂肪和油，复合调味料，按生产需要适量使用；调制乳，熟制坚果与籽类（仅限油炸坚果与籽类），油炸面食品，方便米面制品，蛋白饮料，蛋白固体饮料，膨化食品，最大使用量 0.2 g/kg（以油脂中的含量计）；果蔬汁（浆）类饮料，其他型碳酸饮料，茶、咖啡、植物（类）饮料，特殊用途饮料，风味饮料，最大使用量 0.2 g/kg（固体饮料按稀释倍数增加使用量）。

目前许多国家除使用天然生育酚浓缩物外，还使用人工合成的 *dl*-α-型生育酚，后者的抗氧化效果基本与天然生育酚浓缩物相同。生育酚添加到食品中不仅具有抗氧化作用，而且还具有营养强化作用。许多国家对其使用量无限制。它适宜作为婴儿食品、疗效食品及乳制品的抗氧化剂和营养强化剂使用。国外还将本品用于油炸食品、全脂奶粉、奶油和人造奶油、粉末汤料等的抗氧化。

对全脂奶粉、奶油和人造奶油等添加量为0.005%～0.05%；动物脂肪添加0.001%～0.05%；植物油添加0.03%～0.07%；香肠中添加0.007%～0.01%；在其他农产、畜产、水产制品中用量为0.01%～0.05%；在焙烤食品用油和油炸食品用油中添加0.01%～0.1%，即有良好的抗氧化效果；在油炸方便面的猪油中添加0.05%抗氧化效果很好，若与BHA复配使用效果尤佳。

我国目前生育酚浓缩物价格还较高，主要供药用，也作为油溶性维生素的稳定剂，随着我国国民经济的发展，生育酚在食品中的应用亦将得到发展。

4.4.2 植酸（又名肌醇六磷酸），植酸钠

植酸(phyticacid)亦称肌醇六磷酸，简称PH，分子式$C_6H_{18}O_{24}P_6$，相对分子质量660.08，结构式为：

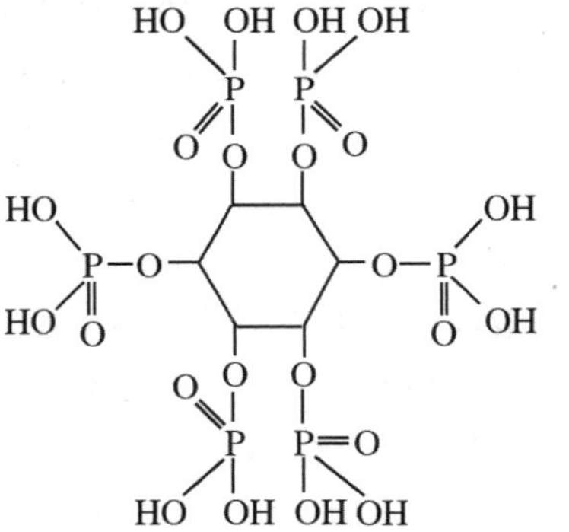

性状与性能：植酸为浅黄色或褐色黏稠状液体；植酸广泛分布于高等植物内，植酸易溶于水、95%乙醇、丙二醇和甘油，微溶于无水乙醇、苯、乙烷和氯仿；对热较稳定。植酸分子有12个羟基，能与金属螯合成白色不溶性金属化合物，1 g植酸可以螯合铁离子500 mg。其水溶液的pH：浓度1.3%时为0.40，0.7%时为1.70，0.13%时为2.26，0.013%时为3.20，具有调节pH及缓冲作用。植酸国外已广泛用于水产品、酒类、果汁、油脂食品，作为抗氧化剂、稳定剂和保鲜剂。它可以延缓含油脂食品的酸败；可以防止水产品的变色、变黑；可以清除饮料中的铜、铁、钙、镁等离子；延长鱼、肉、速煮面、面包、蛋糕、色拉等的贮藏期。

安全性：小鼠经口LD_{50}为4.192 g/kg。

使用：我国食品添加剂使用卫生标准(GB 2760—2014)规定：植酸可用于基本不含水的脂肪和油，加工水果，加工蔬菜，装饰糖果（如加工艺造型，或用于蛋糕装饰）、顶饰（非水果材料）和甜汁，腌腊肉制品类（如咸肉、腊肉、板鸭、中式火腿、腊肠等），酱卤肉制品类，熏、烧、烤肉类，油炸肉类，西式火腿（熏烤、烟熏、蒸煮火腿）类，肉灌肠类，发酵肉制品类，调味糖浆，果蔬汁（浆）类饮料，最大使用量0.2 g/kg。鲜水产（仅限虾类），按生产需要适量使用，残留量≤20 mg/kg。

植酸在食品加工中应用主要有两个方面：一方面是油脂的抗氧化剂，在植物油中添加

0.01%,即可以明显地防止植物油的酸败。其抗氧化效果因植物油的种类不同而异,对于花生油效果最好,大豆油次之,棉籽油较差。另一方面是用于水产品:①防止磷酸铵镁的生成。在大马哈鱼、鳟鱼、虾、金枪鱼、墨斗鱼等罐头中,经常发现有玻璃状结晶的磷酸铵镁($Mg \cdot NH_4 \cdot PO_4 \cdot 6H_2O$),添加0.1%~0.2%的植酸以后就不再产生玻璃状结晶。②防止贝类罐头变黑。贝类罐头加热杀菌时可产生硫化氢等,与肉中的铁、铜以及金属罐表面溶出的铁、锡等结合产生硫化而变黑,添加0.1%~0.5%的植酸可以防止变黑。③防止蟹肉罐头出现蓝斑。蟹是足节动物,其血液中含有一种含铜的血蓝蛋白,在加热杀菌时所产生的硫化氢与铜反应,容易发生蓝变现象,添加0.1%的植酸和1%的柠檬酸钠可以防止出现蓝斑。④防止鲜虾变黑。为了防止鲜虾变黑使用0.7%亚硫酸钠很有效,但是二氧化硫的残留量过高,若添加0.01%~0.05%的植酸与0.3%亚硫酸钠效果甚好,并且可以避免二氧化硫的残留量过高。我国规定:植酸可用于对虾保鲜,使用时控制残留量在20 mg/kg以下。

4.4.3 茶多酚

茶多酚(pyrocatechin)亦称维多酚。是一类多酚化合物的总称,主要包括:儿茶素(表没食子儿茶素、表没食子儿茶素没食子酸酯、表儿茶素没食子酸酯以及儿茶素)、黄酮、花青素、酚酸等化合物,其中儿茶素占茶多酚总量的60%~80%。茶多酚是利用绿茶为原料经过萃取法、沉淀法制取的。

性状与性能:茶多酚是由茶提取的抗氧化剂,为浅黄色或浅绿色的粉末,有茶叶味,易溶于水、乙醇、醋酸乙酯;在酸性和中性条件下稳定,最适宜pH范围4~8。茶多酚类物质是一些含有2个以上羟基的多元酚,具有很强的供氢能力,能与脂肪酸自由基结合,使自由基转化为惰性化合物,终止自由基的连锁反应。茶多酚抗氧化作用的主要成分是儿茶素。儿茶素抗氧化能力最强的有以下4种:表儿茶素(EC)、表没食子儿茶素(EGC)、表儿茶没食子酸酯(ECG)和表没食子儿茶素没食子酸酯(EGCG)。它们的抗氧化能力的(浓度以摩尔计)顺序为:EGCG>EGC>ECG>EC。

茶多酚与柠檬酸、苹果酸、酒石酸有良好的协同效应,与柠檬酸的协同效应最好。与抗坏血酸、生育酚也有很好的协同效应。茶多酚对猪油的抗氧化性能优于生育酚混合浓缩物和BHA、BHT;由于植物油中含有生育酚,所以茶多酚用于植物油中可以更加显示出其很强的抗氧化能力。茶多酚作为食用油脂抗氧化剂使用时,有在高温下炒、煎、炸过程中不变化、不析出、不破乳等优点。

茶多酚不仅具有抗氧化能力,它还可以防止食品褪色。并且能杀菌消炎,强心降压,还具有与维生素P相类似的作用,能增强人体血管的抗压能力。茶多酚对促进人体维生素C的积累也有积极作用,对尼古丁、吗啡等有害生物碱还有解毒作用。

安全性:茶多酚无毒,对人体无害。

使用:我国食品添加剂使用卫生标准(GB 2760—2014)规定:茶多酚可以用于基本不含水的脂肪和油,糕点,含油脂的糕点馅料,腌腊肉制品(如咸肉、腊肉、板鸭、中式火腿、腊肠等),最大用量为0.4 g/kg;酱卤肉制品类,熏、烧、烤肉类,油炸肉类,西式火腿(熏烤、烟熏、蒸煮火腿)类,肉灌肠类,发酵肉制品类,预制水产品(半成品),熟制水产品(可直接食用),水产品罐头,0.3 g/kg;油炸食品,方便米面制品,膨化食品,0.2 g/kg;复合调味料,植物蛋白饮料,0.1 g/kg(以油脂中儿茶素计);即食谷物,包括碾轧燕麦(片)0.2 g/kg;蛋白固体饮料0.80 g/kg。

使用方法是先将茶多酚溶于乙醇,加入一定量的柠檬酸配制成溶液,然后以喷涂或添加的形式用于食品。

4.4.4 甘草抗氧化物

甘草抗氧化物(licorice root antioxidant)的主要成分是黄酮类、类黄酮类物质。是将甘草植物的根、茎的水提物用乙醇或有机溶剂提取而制得。

性质与性状:甘草抗氧化物为一种粉末状脂溶性物质,熔点范围在70～90℃。对于油脂有良好的抗氧化作用,据报道其抗氧化效果比PG更好。

安全性:甘草抗氧化物为无毒性物质,安全性高。

使用:我国食品添加剂使用卫生标准(GB 2760—2014)规定:甘草抗氧化物可以用于基本不含水的脂肪和油,熟制坚果与籽类(仅限油炸坚果与籽类),油炸面制品,方便米面制品,饼干,腌腊肉制品类(如咸肉、腊肉、板鸭、中式火腿、腊肠等),酱卤肉制品类,熏、烧、烤肉类,油炸肉类,西式火腿(熏烤、烟熏、蒸煮火腿)类,肉灌肠类,发酵肉制品类,腌制水产品,膨化食品,最大使用量为0.2 g/kg(以甘草酸计)。

4.4.5 迷迭香提取物

迷迭香提取物(rosemaryextract)含有多种有效的抗氧化成分,主要为:迷迭香酚(rosmanol)、鼠尾草酚(carnosol)、迷迭香双醛(rosmadail)、熊果酸(ursolicacid)和黄酮等化合物。

迷迭香提取物是从迷迭香的叶和嫩茎中分离出的抗氧化剂。

安全性:迷迭香提取物的毒性:小鼠经口LD_{50}为12 g/kg。具有高效无毒,结构稳定,耐高温的特点。

使用:我国食品添加剂使用卫生标准(GB 2760—2014)规定:迷迭香提取物可以用于植物油脂,最大使用量为0.7 g/kg;动物油脂(猪油、牛油、鱼油和其他动物脂肪),熟制坚果与籽类(仅限油炸坚果与籽类),预制肉制品,酱卤肉制品类,熏、烧、烤肉类,油炸肉类,西式火腿(熏烤、烟熏、蒸煮火腿)类,肉灌肠类,发酵肉制品,膨化食品,最大使用量为0.3 g/kg。

有实验证明在大豆油、花生油、棕榈油和猪油中迷迭香抗氧化剂具有很强的抗氧化作用,特别是在大豆油、猪油中,其抗氧化能力是BTA的2～4倍。

4.4.6 迷迭香提取物(超临界二氧化碳萃取法)

使用:我国食品添加剂使用卫生标准(GB 2760—2014)规定:迷迭香提取物(超临界二氧化碳萃取法)的使用同4.4.5所述迷迭香提取物。此外,还可用于蛋黄酱、沙拉酱,浓缩汤(罐装、瓶装),最大使用量为0.3 g/kg。

4.4.7 竹叶抗氧化物（竹叶黄酮）

竹叶抗氧化物是由南方毛竹（淡叶竹）的叶子提取的抗氧化性成分，有效成分包括黄酮类、内酯类和酚酸类化合物，是一组复杂的，而又相互协同增效作用的混合物。其中黄酮类化合物主要是碳苷黄酮，四种代表化合物为：荭草苷、异荭草苷、牡荆苷和异牡荆苷。内酯类化合物主要是羟基香豆素及其糖苷。酚酸类化合物主要是肉桂酸的衍生物，包括绿原酸、咖啡酸、阿魏酸等。其抗氧化作用可替代银杏提取物、茶叶提取物和葡萄籽提取物，已列入国标 GB 2760—2014，被卫计委批准作为天然食品抗氧化剂使用。

性质与性状：竹叶抗氧化物为黄色或棕黄色的粉末或颗粒，无异味。可溶于水和一定浓度的乙醇。略有吸湿性，在干燥状态时相当稳定。具有平和的风味和口感，无药味、苦味和刺激性气味。品质稳定，能有效抵御酸解、热解和酶解，在某种情况下竹叶抗氧化物还表现出一定的着色、增香、矫味和除臭等作用。

竹叶抗氧化物的作用特点：具有阻断脂肪自动氧化的作用；能螯合过渡态金属离子；对沙门氏菌、金黄色葡萄球菌、肉毒梭状芽孢杆菌有一定的抑菌作用；并且还是一种天然的功能性保健品，动物试验证明，可以显著抑制脂质过氧化，具有降低甘油三酯、总胆固醇和低密度脂蛋白的作用。

安全性：竹叶抗氧化物的日允许最大摄入量（ADI 值）为 43 mg/kg 体重，一个标准体重（60 kg）的人允许的每日摄入量为 2 580 mg。

使用：我国食品添加剂使用卫生标准（GB 2760—2014）规定：竹叶抗氧化物可以用于基本不含水的脂肪和油，熟制坚果与籽类（仅限油炸坚果与籽类），油炸面制品，即食谷物，包括碾轧燕麦（片），焙烤食品，腌腊肉制品类（如咸肉、腊肉、板鸭、中式火腿、腊肠），酱卤肉制品类，熏、烧、烤肉类，油炸肉类，西式火腿（熏烤、烟熏、蒸煮火腿）类，肉灌肠类，发酵肉制品类，水产品及其制品（包括鱼类、甲壳类、贝类、软体类、棘皮类等水产品及其加工制品）和膨化食品，最大使用量为 0.5 g/kg。还可用于果蔬汁（浆）类饮料，茶（类）饮料，最大使用量为 0.5 g/kg（固体饮料按稀释倍数增加使用量）。

4.4.8 栎精

栎精（quercetin）为栎树皮中含有的物质，又称槲皮黄素，分子式 $C_{15}H_{10}O_7$，相对分子质量 302。

性状与性能：栎精为一种含有 2 分子结晶水的黄色晶体，加热至 95～97℃失去水分成为无水物。在 314℃发生分解。栎精溶于水、无水乙醇和冰醋酸，其乙醇溶液呈苦味。栎精为五羟黄酮，其分子中 2、3 位间有双键，3′、4′位处有 2 个羟基，故具有能作为金属螯合作用或油脂等抗氧化过程中产生游离基团接受体的功能。可作为油脂、抗坏血酸的抗氧化剂。

安全性：对每日允许量未作规定。

使用：除了用于食品抗氧化外，还可用作食品黄色素。

4.4.9 愈疮树脂

愈疮树脂（guaiac）是原产于拉丁美洲的愈疮树的树脂，其主要成分是 α-愈疮木脂酸、

β-愈疮木脂酸、愈疮木酸以及少量胶质、精油等。

性状与性能：愈疮树脂为绿褐色至红褐色玻璃样块状物。其粉末在空气中逐渐变成暗绿色。有香脂的气味，稍有辛辣味，熔点85～90℃，易溶于乙醇、乙醚、氯仿和碱性溶液，难溶于二氧化碳和苯，不溶于水。它对油脂具有良好的抗氧化作用。

安全性：大鼠经口 LD_{50} 为7.5 g/kg。按FAO/WHO(1994)规定，ADI为0～2.5 mg/kg。

使用：愈疮树脂是最早使用的天然抗氧化剂之一，也是公认安全性高的抗氧化剂。我国虽然对愈疮树脂早已有研究，但由于愈疮树脂本身具有红棕色，在油脂中的溶解度小，成本高，所以目前还未列入食品添加剂。国外用于牛油、奶油等易酸败食品的抗氧化，一般只需添加0.005%即有效。愈疮树脂在油脂中用量为1 g/kg以下。愈疮树脂还具有防腐作用。

4.4.10 米糠素

米糠素(γ-oryzanal)又称谷维素，是以三萜(烯)醇为主体的阿魏酸酯的几种混合物。

性状与性能：米糠素为白色至浅黄色粉末或结晶性粉末；无臭；溶解于乙醇和丙酮，不溶于水。油溶性好，对于油脂有良好的抗氧化作用。

安全性：米糠素属于无毒性物质。

使用：可以用作油溶性抗氧化剂之外，主要用于制药。

4.5 抗氧化剂使用注意事项

各种抗氧化剂都有其特殊的化学结构和理化性质，不同的食品也具有不同的性质，所以在使用时必须综合进行分析和考虑。

1. 充分了解抗氧化剂的性能

由于不同的抗氧化剂对食品的抗氧化效果不同，当我们确定需要添加抗氧化剂时，应该在充分了解抗氧化剂性能的基础上，选择适宜的抗氧化剂品种。最好是通过试验来确定。

2. 正确掌握抗氧化剂的添加时机

抗氧化剂只能阻碍氧化作用，延缓食品开始氧化败坏的时间，并不能改变已经败坏的后果，因此，在使用抗氧化剂时，应当在食品处于新鲜状态和未发生氧化变质之前使用，才能充分发挥抗氧化剂的作用。这一点对于油脂尤其重要。

油脂的氧化酸败是一种自发的链式反应，在链式反应的诱发期之前添加抗氧化剂，即能阻断过氧化物的产生，切断反应链，发挥抗氧化剂的功效，达到阻止氧化的目的。否则，抗氧化剂添加过迟，在油脂已经发生氧化反应生成过氧化物后添加，即使添加较多量的抗氧化剂，也不能有效地阻断油脂的氧化链式反应，而且可能发生相反的作用。因为抗氧化剂本身极易被氧化，被氧化了的抗氧化剂反而可能促进油脂的氧化。

3. 抗氧化剂及增效剂的复配使用

在油溶性抗氧化剂使用时，往往是2种或2种以上的抗氧化剂复配使用，或者是抗氧化剂与柠檬酸、抗坏血酸等增效剂复配使用，这样会大大增加抗氧化效果。

在使用酚类抗氧化剂的同时复配使用某酸性物质，能够显著提高抗氧化剂的作用效果，是因为这些酸性物质对金属离子有螯合作用，使能够促进油脂氧化的金属离子钝化，从而降低了氧化作用。也有一种理论认为，酸性增效剂(SH)能够与抗氧化剂产物基团(A·)发生作用，使抗氧化剂(AH)获得再生。一般酚型抗氧化剂，可以使用抗氧化剂用量的1/4～1/2的柠檬酸、抗坏血酸或其他有机酸作为增效剂。

另外，使用抗氧化剂时若能与食品稳定剂同时使用也会取得良好的效果。含脂率低的食品使用油溶性抗氧化剂时，配合使用必要的乳化剂，也是发挥其抗氧化作用的一种措施。

国外销售的抗氧化剂多为复配品，如Tenox(2)为BHA、PG、CA的复配品，Tenox(6)为BHA、BHT、PG和CA的复配品，不同的复配品对某种食品有特殊的抗氧化效果，使用时应注意说明。

4. 选择合适的添加量

使用抗氧化剂的浓度要适当。虽然抗氧化剂浓度较大时，抗氧化效果较好，但它们之间并不成正比。由于抗氧化剂的溶解度、毒性等问题，油溶性抗氧化剂的使用浓度一般不超过0.02%，如果浓度过大除了造成使用困难外，还会引起不良作用。水溶性抗氧化剂的使用浓度相对较高，一般不超过0.1%。

5. 控制影响抗氧化剂作用效果的因素

要使抗氧化剂充分发挥作用，就要控制影响抗氧化剂作用效果的因素。影响抗氧化剂作用效果的因素主要有光、热、氧、金属离子及抗氧化剂在食品中的分散性。

光(紫外光)、热能促进抗氧化剂分解挥发而失效。如油溶性抗氧化剂BHA、BHT和PG经加热，特别是在油炸等高温下很容易分解，它们在大豆油中加热至170℃，其完全分解的时间分别是BHA 90 min，BHT 60 min，PG 30 min。BHA在70℃、BHT在100℃以上加热会迅速升华挥发。

氧气是导致食品氧化变质的最主要因素，也是导致抗氧化剂失效的主要因素。在食品内部或食品周围氧浓度大，就会使抗氧化剂迅速氧化而失去作用。因此，在使用抗氧化剂的同时，还应采取充氮或真空密封包装，以降低氧的浓度和隔绝环境中的氧，使抗氧化剂更好地发挥作用。

铜、铁等重金属离子是促进氧化的催化剂，它们的存在会促进抗氧化剂迅速被氧化而失去作用。另外，某些油溶性抗氧化剂BHA、BHT、PG等遇到金属离子，特别是在高温下，颜色会变深。所以，在食品加工中应尽量避免这些金属离子混入食品，或同时使用螯合金属离子的增效剂。

抗氧化剂使用的剂量一般都很少。所以，在使用时必须使之十分均匀地分散在食品中，才能充分发挥其抗氧化作用。

4.6 食品抗氧化剂的研究动态

目前，国内外研究抗氧化剂，主要是天然的、功能性抗氧化剂。许多实验证实，除了食用油脂和含油食品的氧化变质与脂质过氧化有关外，很多成人病的发生、人体的衰老都与体内脂质过氧化有关。由于体内脂质过氧化产生的自由基与DNA反应，会引起DNA断裂、蛋白DNA交联和DNA的氧化变性。抗氧化剂的使用既可以防止食品氧化变质，又会在一定程度上防止人的衰老和成人病的发生。化学合成的油溶性抗氧化剂虽然抗氧化效果好，但是毒性较大，因此，人们致力于研究开发天然的性能优良的抗氧化剂，来满足消费者对食品质量和对自身健康的要求。

多数天然抗氧化剂中的有效抗氧化成分是类黄酮类化合物和酚类物质。这两类物质已经被许多研究表明，除了具有抗氧化作用外，还具有清除体内自由基、预防和治疗心脑血管疾病，舒张血管，抗癌、抗病毒、抗菌消炎、抗过敏，产生癌细胞阻断素，刺激免疫系统产生抗体，抑制磷脂酶 A_2、脂肪氧化酶、环加氧酶、黄嘌呤氧化酶等酶的活性作用。

4.6.1 类胡萝卜素类物质的抗氧化作用

类胡萝卜素是一类重要的植物色素，广泛存在于自然界的各种植物中，在动物及微生物中也发现有许多种类的类胡萝卜素存在。具有抗氧化功效的类胡萝卜素有：番茄红素（lycopene）、β-胡萝卜素（beta-carotene）、α-胡萝卜素（alpha-carotene）、玉米黄质（zeaxanthin）等。许多研究表明，类胡萝卜素是通过淬灭 O_2 来减少光敏氧化物的生成。

邱伟芬等通过研究番茄红素对食用油脂抗氧化作用的结果可知，随着番茄红素添加量的增加，菜籽油（0～0.005 0%范围内）和猪油（0～0.002 5%范围内）的氧化稳定指数值增大，且番茄红素对猪油具有较好的抗氧化效果。与化学合成抗氧化剂相比，在菜籽油中番茄红素抗氧化能力优于BHA、BHT，在猪油中优于BHT；与天然抗氧化剂相比，番茄红素在两种食用油中的抗氧化能力与茶多酚相当，在菜籽油中抗氧化能力优于生育酚。

许飒等对类胡萝卜素抑制油脂的抗光敏氧化的研究也表明，类胡萝卜素——玉米黄素双棕榈酸酯、玉米黄素和 β-胡萝卜素对豆油和菜籽油的光敏氧化有抑制作用，并且抗氧化效果随着类胡萝卜素浓度的升高而增强。类胡萝卜素的抗光敏氧化作用被认为主要来自其结构中的烯链，特别是共轭双键的数目。

赵萍对枸杞色素的提取及总抗氧化作用的研究结果可知，枸杞色素主要组分为 β-胡萝卜素、玉米黄素、叶黄素，枸杞色素有一定的还原力，对DPPH·、O_2^-·自由基、·OH有很好的清除作用，抗油脂氧化的效果也比较好，它的抗氧化作用随着浓度的增大逐渐增强。

朱元龙对紫苏叶抗氧化物的提取分离及其在油脂中抗氧化应用研究的结果也表明，紫苏叶中含有丰富的黄酮类物质，其抗氧化提取物对大豆油和花生油都有明显的抗氧化作用，提取物对花生油的抗氧化能力（PF＝2.14）优于大豆油（PF＝2.03）。0.2%添加量的提取物对大豆油的抗氧化作用强于BHT，与维生素E相当，而对花生油的抗氧化作用均强于BHT和维生素E。

4.6.2 生物类黄酮物质的抗氧化作用

生物类黄酮对猪油及其他油脂具有抗氧化作用，被认为主要是由于类黄酮能够螯合催化油脂自动氧化的微量金属离子。另外，生物类黄酮在油脂中还有清除自由基的作用，预防脂质过氧化的产生和阻断脂质过氧化的链式反应。

据报道，利用大豆异黄酮对大豆油、棉籽油和葵花籽油进行抗氧化实验，实验结果表明，大豆异黄酮的抗氧化效果明显优于TBHQ等合成抗氧化剂，并且由于大豆异黄酮来源于天然的大豆，安全性高。

无锡轻工业大学李丹等报道，苦荞中黄酮类化合物均由槲皮素-3-葡萄糖云香糖苷、槲皮素-3-云香糖苷(芦丁)、山萘酚-3-云香糖苷和槲皮素4种主要成分组成。其中芦丁含量最高，它们的抗氧化作用主要通过酚羟基与氧自由基反应，阻断油脂自动氧化的链式反应。苦荞黄酮对猪油和亚油酸所起的抗氧化效果不同，在猪油体系中含槲皮素较多的苦荞黄酮抗氧化作用强，在亚油酸体系中苦荞黄酮各组分协同抗氧化效果好。

据西北林学院马希汉介绍，由于银杏叶提取物中含有黄酮类、酚类物质，可以消除自由基，对食用油脂有较强的抗氧化作用。该报道采用水回流提取法、80%乙醇回流法、石油醚-乙醇提取法3种方法得到银杏叶提取物，比较它们的抗氧化效果，可与BHT媲美。银杏叶提取物无毒、无副作用，且有较好的保健功能。银杏叶提取物中含有的黄酮类、萜类、生物碱、酚类及氨基酸等属于生物活性物质，还具有防治高血压、心脏病、老年性痴呆、糖尿病等多种疾病的作用。

塔里木大学张春兰等报道，以蔷薇果为原料，研究黄酮类提取物对菜籽油和猪油的抗氧化性。结果表明，蔷薇果黄酮类提取物对菜籽油及猪油均有一定的抗氧化作用，随添加量的增加，其抗氧化作用逐渐增强，在试验剂量范围内呈正相关。

张蕾等以豆油和猪油作为抗氧化实验的基质，用70%的乙醇超声波法提取荷叶中的黄酮类物质，研究荷叶黄酮对油脂基质的抗氧化性质。结果表明，荷叶黄酮提取液对动物油脂和植物性油脂均有明显的抗氧化作用，与其他几种抗氧化剂(柠檬酸、BHT、维生素C)相比，抗氧化活性在不同的基质中效果不同。在豆油基质中，柠檬酸与BHT的抗氧化作用较好，在猪油基质中，荷叶黄酮与BHT的抗氧化作用较好，同时柠檬酸对荷叶黄酮在油脂体系中的抗氧化活性具有较好的增效作用，能够有效清除过氧化自由基。

4.6.3 单宁类物质的抗氧化作用

单宁即鞣质，有较强的抗氧化能力。陈荟芸等以肉桂为原料，对肉桂单宁粗提物、乙酸乙酯萃取物及肉桂单宁大孔树脂纯化物进行了抗氧化活性的研究，结果指出，3种肉桂单宁样品对·OH和DPPH·均具有较强的清除作用，且清除率在一定的浓度范围与浓度成正相关，随着浓度增加而逐渐升高。达到一定浓度后，清除率基本保持不变。其中对DPPH·的清除能力较强，3种样品在浓度为0.04 mg/mL时清除率为90%左右，强于抗坏血酸清除能力，当浓度小于等于0.03 mg/mL时，3种样品对DPPH·清除率为抗坏血酸2倍以上。张纵圆等对紫花苜蓿中单宁的体外抗氧化作用进行了研究，结果表明：紫花苜蓿中单宁对邻苯三酚自氧化有抑制作用，对羟基自由基有良好的清除作用。

4.6.4 其他

日本学者的研究原花色素化合物(矢车菊素)在油脂或水相体系中都显示较强的抗氧化性，其抗氧化机制被认为是原花色素化合物有对自由基的捕捉作用、消除单旋态氧作用以及金属离子螯合作用等。葡萄酒所含的色素具有这种抗氧化作用。

Reveankar 发现在沙丁鱼油中添加 0.02%的脯氨酸与添加 0.1%的 BHA 具有同样的抗氧化效果，并且脯氨酸的抗氧化能力随添加量的增加而增加。

超氧化物歧化酶（SOD）可以通过清除超氧化物自由基而达到抗氧化效果，可以防止超氧化物自由基再参与金属催化的氧化连锁反应。

糖醇类化合物，由于如山梨糖醇、木糖醇等具有螯合金属离子的作用，也表现具有较强的抗氧化能力和抗氧化增效作用。

氨基酸和二肽类氨基酸如蛋氨酸、色氨酸、苯丙氨酸、脯氨酸等都能与金属离子螯合，所以它们为良好的辅助抗氧化剂。近年来，食品科学工作者发现，丙氨酸末端为氮的 9 种二肽比任何一种氨基酸的抗氧化能力都强，其中尤以丙氨酸-组氨酸、丙氨酸-酪氨酸、丙氨酸-色氨酸 3 种二肽抗氧化能力最强，值得大力开发。

植物多酚是一类具有抗氧化和清除自由基作用的活性物质，可作为天然食品添加剂中的抗氧化剂和保鲜剂。有关实验及流行病学研究已证实，植物中的多酚是主要的抗氧化物质。多酚类化合物的抗氧化作用原理主要包括两方面：一是多酚中大量酚羟基能够参与氧化还原反应，降低环境中氧含量的同时减缓脂质过氧化水平；二是酚羟基可释放氢离子与环境中的自由基结合，从而清除自由基。易运红等以乌龙茶与葡萄皮总多酚为研究对象，结果表明：精制乌龙茶与葡萄皮总多酚的还原力和羟自由基消除能力均优于同浓度的抗坏血酸，总多酚对·OH 的消除率达50%时的浓度 IC_{50} 为 17.60 μg/mL，抗氧化活性较好。潘俊娴以杨梅叶原花色素为研究对象，将其加入猪油中，结果表明：杨梅叶原花色素能明显延长猪油氧化诱导期，而且随着杨梅叶原花色素添加量的增加，猪油的氧化诱导期增加。杨梅叶原花色素添加量 0.1%的猪油其氧化诱导期介于 BHT 与 TBHQ 之间，且与 BHT 无显著性差异（$P>0.05$），说明杨梅叶原花色素对猪油具有良好的抗氧化作用。

多糖是传统食品的主要活性成分，其在生物体内的功能不仅是提供能量和参与结构组织，同时还具有多种生物活性功能，如抗氧化、清除自由基、调节代谢等作用，是一种良好的天然抗氧化剂。李湘利等对芡实多糖的抗氧化性及抑菌特性进行了研究，结果表明，芡实多糖对猪油和芝麻油均有一定的抗氧化效果，在油脂氧化初期，其抗氧化效果与维生素 C 相近。江南大学张溢等通过芡实多糖的提取、抗氧化活性及对质粒 DNA 氧化损伤防护作用的研究，结果显示，芡实多糖清除 DPPH·、羟基自由基的能力较好，IC_{50} 分别为 1.78、6.96 mg/mL。敖光辉等对油樟叶多糖抗油脂氧化作用进行了研究，结果表明，油樟叶粗多糖对猪油和菜籽油均具有较好抗氧化作用，且呈浓度依赖性；0.20%添加量的油樟叶粗多糖对猪油的抗氧化作用与 0.02% BHT 相当；0.50%添加量的油樟叶多糖对菜籽油抗氧化作用相当 0.02%BHT；BHT 对油樟叶多糖抗猪油和菜籽油氧化作用均有协同增效作用；油樟叶多糖抗猪油氧化作用强于抗菜籽油氧化作用。

蛋白质水解物、氨基酸和美拉德反应产物也引起人们兴趣。山口直彦等用 9 种蛋白酶将大豆蛋白进行不同程度水解后，发现水解度为 177%组分具有较强抗氧化作用。其他学者对蛋白质水解物和氨基酸抗氧化性能进行研究，发现脯氨酸、色氨酸、组氨酸、酪氨酸、蛋氨酸等抗氧化性能较强，氨基酸的组成及分子量大小会影响抗氧化能力，分子量在 500～3 000

内的肽抗氧化性能最佳。刘成梅等利用分光光度法检测了超滤分离后所得罗非鱼鱼皮蛋白酶解多肽粉(TSP-Ⅱ)对超氧阴离子自由基(O_2^-·)、羟基自由基(·OH)、二苯代苦味酰自由基(DPPH·)及过氧化氢(H_2O_2)的清除能力。结果发现:超滤处理所得多肽具有一定的抗氧化能力,TSP-Ⅱ对4种自由基的清除作用顺序为:H_2O_2>·OH>O_2·>DPPH·。以清除H_2O_2的能力为代表相比较,0.80 mg/mL TSP-Ⅱ和0.03 mg/ml抗坏血酸清除H_2O_2的能力相当。朱艳华等对玉米多肽体外抗氧化作用的研究发现,玉米多肽能抑制自由基诱导的大鼠肝线粒体肿胀,使大鼠肝线粒体肿胀度低于对照组,且剂量关系明显,表明其具有保护大鼠肝线粒体氧化损伤的作用。玉米多肽对H_2O_2诱导的大鼠红细胞氧化溶血有抑制作用,表明其对大鼠红细胞的氧化损伤具有保护作用。

总之,目前食品抗氧化剂的研究,主要是在寻找高效、安全的天然抗氧化剂,弄清其抗氧化物质的成分、作用机理,以便合理利用。这些天然抗氧化剂多数还具有抗衰老、抗癌、抗心血管等疾病的作用。所以从一些作食品原料或食品辅料的天然植物中提取开发研究实用、高效、安全、成本低廉的天然抗氧化剂,是食品抗氧化剂研究的方向。

思考题

1. 什么是食品抗氧化剂?
2. 抗氧化剂主要依据哪些作用机理起作用?
3. 简述油溶性抗氧化剂的作用机理。
4. 抗氧化剂主要有哪些类型?各有何使用特点?
5. 抗氧化剂使用时应该注意哪些问题?
6. 简述开发研究抗氧化剂的意义。

第4章思考题答案

参考文献

[1] 胡爱军,郑捷. 食品原料手册[M]. 北京:化学工业出版社,2012.

[2] 韩长日,宋小平. 精细有机化工产品生产技术手册(下卷)[M]. 北京:中国石化出版社,2010.

[3] 邱伟芬,陶婷婷,汪海峰. 番茄红素对食用油脂的抗氧化作用[J]. 中国油脂,2010,35(7):42-45.

[4] 易运红,张敏娟,吕君亮,等. 茶与葡萄皮总多酚的提取、纯化及抗氧化活性[J]. 食品工业科技,2015,36(9):229-238.

[5] 赵萍,吴灿军,赵瑛,等. 枸杞色素总抗氧化能力的研究[J]. 食品与发酵工业,2010,36(3):60-64.

[6] 朱元龙. 紫苏叶抗氧化物的提取分离及其在油脂中抗氧化应用研究[D]. 福建农林大学硕士学位论

文，2010.
[7] 张春兰，叶林，吴晓军，等. 蔷薇果黄酮类物质对油脂的抗氧化作用[J]. 中国油脂，2010，35(1)：44-46.
[8] 张蕾，乔旭光. 荷叶黄酮对油脂抗氧化作用的研究[J]. 现代食品科技，2010，25(10)：1180-1182.
[9] 张溢，孙培冬，陈桂冰，等. 芡实多糖的提取、抗氧化活性及对质粒 DNA 氧化损伤防护作用的研究[J]. 食品工业科技，2015，36(11)：122-126.
[10] 敖光辉，杜永华，魏琴，等. 油樟叶多糖抗油脂氧化作用的研究[J]. 食品研究与开发，2015，36(7)：14-17.
[11] 李湘利，刘静，燕伟，等. 芡实多糖的抗氧化性及抑菌特性[J]. 食品与发酵工业，2014，40(11)：104-108.
[12] LI R，CHEN W C，WANG W P，et al. Antioxidant activity of Astragalus polysaccharides and antitumour activity of the polysaccharides and siRNA[J]. Carbohydrate Polymers，2010，82(2)：240-244.
[13] 陈荟芸. 肉桂单宁提取分离纯化及抗氧化活性研究[D]. 广西大学硕士学位论文，2014.
[14] 张纵圆，张玲，彭秧. 紫花苜蓿中单宁的提取工艺优化及体外抗氧化作用研究[J]. 食品工业科技，2011，32(01)：198-200.
[15] 刘成梅，梁汉萦，刘伟，等. 罗非鱼鱼皮多肽的超滤分离及其抗氧化活性研究[J]. 食品科学，2008，29(5)：227-230.
[16] 朱艳华，谭军. 玉米多肽对大鼠体外抗氧化作用的研究[J]. 食品科学，2008，29(3)：463-465.
[17] 曹向宇，刘剑利，侯萧，等. 麦麸多肽的分离纯化及体外抗氧化功能研究[J]. 食品科学，2009，30(5)：257-259.
[18] 钱颢冰，黄菲，张涛，等. 鹰嘴豆抗氧化肽与其他抗氧化剂的协同效应[J]. 苏州大学学报：自科版，2010，26(4)：66-71.
[19] 曹荣，李冬燕，刘淇，等. 刺参肠、性腺酶解多肽体外抗氧化作用研究[J]. 南方水产科学，2013，9(06)：47-51.
[20] 潘俊娴，李昕，陈士国，等. 杨梅叶原花色素对猪油抗氧化作用的研究[J]. 食品工业科技，2015，36(20)：111-115.

第5章 食品着色剂

【学习目的和要求】

掌握食品着色剂的定义，熟悉食品着色剂的作用机理，掌握食品着色剂的功效与使用中的注意事项。

【学习重点】

食品着色剂的作用及使用注意事项。

【学习难点】

食品着色剂的合理使用。

食品着色剂又称为食用色素，是指以食品着色为目的的一类食品添加剂。食品的颜色是食品感官质量的重要指标之一，食品具有鲜艳的色泽不仅可以提高食品的感官质量，给人以美的享受，还可以增进食欲。在自然界中很多天然食品都具有很好的色泽，但在加工过程中由于加热、氧化等各种原因，食品容易发生褪色甚至变色，严重影响食品的感官质量。因此在食品加工中为了更好地保持或改善食品的色泽，需要向食品中添加一些食品着色剂。

5.1 食品着色剂的生色机理与分类

5.1.1 食品着色剂的生色机理

在生活中食品的色彩，给人以味道的联想，一种食品，尤其是一种新型食品，在色彩上能否吸引人，给人以美味感，在一定程度上就决定了该产品的销路和评价。常见的颜色对感官起的作用大致如下：

1. 红色

可以给人以味浓成熟、好吃的感觉，而且它比较鲜艳，引人注目，是人们所喜欢的一种色彩，能刺激人的购买欲，许多糖果、糕点、饮料都采用它。

2. 黄色

给人以芳香成熟、可口、食欲大增的感觉。黄色不像红色那么显眼。焙烤食品、水果罐头、人造奶油等食品常采用它。黄色还可给人以味道清淡的感觉，有人曾做过这样一个实验，把一杯黄色的西瓜汁一分为二。其中一份中加入红色素，后将两份西瓜汁给实验者品尝，结果均认为是红色的甜。这个实验说明了颜色对于味道感觉的作用，也说明了红、黄两色的区别。另外黄色有时会使食品缺乏新鲜感。以上几点在使用时需注意。

3. 橙色

橙色是黄色和红色的混合色，兼有红、黄两色的优点，可以给人以强烈的甘甜成熟、醇美的感觉，饮料、罐头等许多食品都采用它。

4. 绿色和蓝色

可以给人以新鲜、清爽的感觉，多用于酒类、方便菜、饮料等食品中，但它们都给人以生、凉、酸的感觉，所以点心、糕饼、非蔬菜类罐头中一般不用，其他食品采用时也要注意，否则会叫人倒胃口。

5. 咖啡色

可以给人以风味独特，质地浓郁的感觉。咖啡、茶叶、啤酒、巧克力、饮料、糕点常采用它。

不同的物质能吸收不同波长的光。如果某物质所吸收的光，其波长在可见光区以外，这种物质看起来是白色的；如果它所吸收的光，其波长在可见光区域(400～800 nm)，那么该物质就会呈现一定的颜色，其颜色是由未被吸收的光波所反映出来的，即被吸收光波颜色的互补色。例如某种物质选择吸收波长为 510 nm 的光，这是绿色光谱，而人们看见它呈现的颜色是紫色，紫色是绿色的互补色。

物质之所以能吸收可见光而呈现不同的颜色，是因为其分子本身含有某些特殊的基团即生色团（生色基或发色团），分子中含有一个上述生色基的有机物，由于它们的吸收波长在200—400 nm之间，仍是无色的。如果有机物分子中有2个或2个以上生色基共轭时，可以使分子对光的吸收波长移向可见光区域内，该有机物就能显示颜色。例如，1，2-苯基乙烯是无色的，但在2个苯环之间连接3个共轭的碳碳双键化合物，便开始显示淡黄色；连接5个共轭的碳碳双键化合物，则呈橙色；连接11个共轭的碳碳双键化合物则为黑紫色。

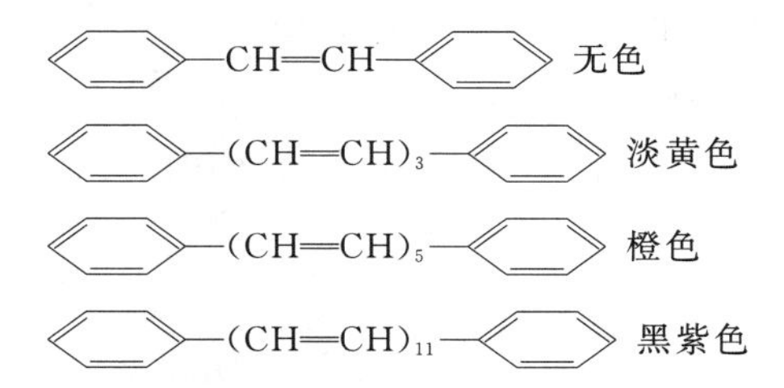

有些基团，如—OH、—OR、—NH_2、—NR、—SR、—Cl、—Br等，它们本身的吸收波段在远紫外区，但这些基团与共轭键或生色基相连接，可使共轭键或生色基的吸收波移向长波方向而显色，这些基团特称为助色团（助色基）。着色剂都是由发色团和助色团所组成，因此能够呈现各种不同的颜色。

5.1.2　食品着色剂的分类

食品着色剂按其来源和性质可分为食品合成着色剂和食品天然着色剂两大类。

食品合成着色剂，也称为食品合成染料，是用人工合成方法所制得的有机着色剂。合成着色剂的着色力强、色泽鲜艳、不易褪色、稳定性好、易溶解、易调色、成本低，但安全性低。按化学结构可分成两类：偶氮类着色剂和非偶氮类着色剂。油溶性偶氮类着色剂不溶于水，进入人体内不易排出体外，毒性较大，目前基本上不再使用。水溶性偶氮类着色剂较容易排出体外，毒性较低，目前世界各国使用的合成着色剂有相当一部分是水溶性偶氮类着色剂。此外，食品合成着色剂还包括色淀和正在研制的不吸收的聚合着色剂。色淀是由水溶性着色剂沉淀在允许使用的不溶性基质上所制备的特殊着色剂。其着色剂部分是允许使用的合成着色剂，基质部分多为氧化铝，称之为铝淀。

食品天然着色剂主要是由动、植物和微生物中提取的，常用的有叶绿素铜钠、红曲色素、甜菜红、辣椒红素、红花黄色素、姜黄、β-胡萝卜素、紫胶红、越橘红、黑豆红、栀子黄等。按化学结构可以分成6类：①多酚类衍生物，如萝卜红、高粱红等；②异戊二烯衍生物，如β-胡萝卜素、辣椒红等；③四吡咯衍生物（卟啉类衍生物），如叶绿素、血红素等；④酮类衍生物，如红曲红、姜黄素等；⑤醌类衍生物，如紫胶红、胭脂虫红等；⑥其他类色素，如甜菜红、焦糖色等。与合成着色剂相比，天然着色剂具有安全性较高、着色色调比较自然等优点，而且一些品种还具有维生素活性（如β-胡萝卜素），但也存在成本高、着色力弱、稳定性差、容易变质、难以调出任意色调等缺点，一些品种还有异味、异臭。

另外着色剂还可以按溶解性分为油溶性着色剂（β-胡萝卜素、辣椒红、姜黄）和水溶性着色剂（苋菜红、胭脂红、赤藓红、柠檬黄）；按结构分为合成色素（偶氮类色素、非偶氮类色素、色淀、聚合色素等）和天然色素（吡咯类、多烯类、酮类、醌类、多酚类等）。

5.2 食品合成着色剂

食品合成着色剂的安全性问题日益受到重视，各国对其均有严格的限制，不仅在品种和质量上有明确的限制性规定，而且对生产企业也有明确的限制，因此生产中实际使用的品种正在逐渐减少，我国允许使用的有 8 种，美国有 10 种，日本有 11 种，欧共体有 20 种。我国指定上海市染料研究所为全国唯一的生产单位。但由于合成着色剂在稳定性和价格等方面的优点，世界总的使用量仍在上升。现将我国允许使用的 8 种食品合成着色剂介绍如下。

5.2.1 苋菜红

苋菜红（amaranth），又名蓝光酸性红，为水溶性偶氮类着色剂。

苋菜红为紫红色均匀粉末，耐细菌性差，有耐光性、耐热性、耐盐性，耐酸性良好，对柠檬酸、酒石酸等稳定，遇碱变为暗红色。耐氧化、还原性差，不适于在发酵食品及含还原性物质的食品中使用。

安全性：苋菜红多年来公认其安全性高，并被世界各国普遍使用。规定其 ADI 为 0～0.5 mg/kg。

使用：我国规定，本品使用范围和最大使用量为：山楂制品、樱桃制品、果味型饮料、果汁型饮料、汽水、配制酒、糖果、糕点上彩装、红绿丝、罐头、浓缩果汁、青梅、对虾片，0.05 g/kg。人工合成着色剂混合使用时，应根据最大使用量按比例折算，红绿丝的使用量可加倍，果味粉着色剂加入量按稀释倍数的 50%加入。

FAO/WHO(1984)规定，本品用于苹果酱或梨罐头、果酱或果冻，最大使用量为 0.2 g/kg；小虾或对虾罐头，最大使用量为 0.03 g/kg；冷饮最大使用量为 0.05 g/kg。单独或与其他着色剂并用。

5.2.2 胭脂红

胭脂红（ponceau 4R），又称丽春红 4R，为水溶性偶氮类着色剂。

胭脂红为红色至深红色粉末，耐光性、耐酸性、耐盐性较好，但耐热性、耐还原性相当弱，耐细菌性也较弱。

安全性：本品经动物试验证明无致癌、致畸作用，ADI 为 0～4 mg/kg。目前除美国不许可使用外，绝大多数国家许可使用。

使用：我国规定，胭脂红的使用范围和最大使用量与苋菜红相同，还可用于糖果色衣、豆奶饮料、红肠肠衣，前者的最大使用量为 0.1 g/kg，后者为 0.025 g/kg，其中对红肠肠衣的残留量为 0.01 g/kg，其余参见苋菜红。

FAO/WHO(1984)规定，本品用于果酱、果冻，最大使用量为 0.2 g/kg；速冻小虾和对虾以及小虾和对虾罐头，最大使用量为 0.03 g/kg。单独或与其他着色剂并用。

5.2.3　赤藓红

赤藓红(erythrosine),又称樱桃红,为水溶性非偶氮类着色剂。

赤藓红为红褐色颗粒或粉末,无臭。着色力强,耐热、耐还原性好,但耐酸性、耐光性很差,吸湿性强。

安全性:FAO/WHO联合食品添加剂专家委员会1990年对其进行评价后制订ADI为0～0.1 mg/kg。

使用:我国规定,本品使用范围和最大使用量:果味型饮料(液、固体)、果汁型饮料、汽水、配制酒、糖果、糕点上彩装、红绿丝、罐头、浓缩果汁、青梅,0.05 g/kg,其余参见苋菜红。本品耐热、耐碱,故适于对饼干等焙烤食品着色。因耐光性差,可对罐头食品着色而不适于在汽水等饮料中添加,尤其是本品在酸性(pH 4.5)条件下易变成着色剂酸沉淀,不适于对酸性强的液体食品和水果糖等的着色。

FAO/WHO(1984)规定,本品用于苹果调味酱、梨罐头、果酱和果冻,最大使用量为0.2 g/kg;草莓、悬钩子、李子罐头的着色,最大使用量为0.3 g/kg。对什锦水果罐头(着色樱桃)和热带水果色拉罐头,可按良好加工方法添加。本品也可用于小虾及对虾罐头,或速冻小虾与对虾(仅限热处理制品使用),最大用量为0.03 g/kg;午餐肉,最大用量为0.015 g/kg;冷饮,最大用量为0.1 g/kg。单独或与其他着色剂并用。

5.2.4　新红

新红(newred)属水溶性偶氮类着色剂。

新红为红色粉末,易溶于水,水溶液呈红色,微溶于乙醇,不溶于油脂,具有酸性染料特性。为上海染料研究所研制成的新型食品合成红着色剂。

安全性:经长期动物试验,除偶见有肾盂移行上皮增生外,未见致癌、致畸、致突变性,大鼠MNL(最大无作用量)为0.5%。

使用:我国规定,本品的使用同赤藓红。

5.2.5　柠檬黄

柠檬黄(tartrazine),又称酒石黄,为水溶性偶氮类着色剂。

柠檬黄为橙黄色粉末。耐酸性、耐热性、耐盐性、耐光性均好,但耐氧化性较差。遇碱稍变红,还原时褪色。

安全性:柠檬黄经长期动物试验表明安全性高,为世界各国普遍许可使用。本品ADI为0～7.5 mg/kg。

使用:我国规定,使用范围和最大使用量:果味型饮料(液、固体)、果汁型饮料、汽水、配制酒、糖果、糕点上彩装、红绿丝、罐头、浓缩果汁、青梅、对虾片,0.1 g/kg;豆奶饮料,0.05 mg/kg。红绿丝的使用量可加倍,果味粉着色剂加入量按稀释倍数的50%加入。冰激凌,最大使用量0.019 65 mg/kg。

FAO/WHO(1984)规定,用于青刀豆和黄刀豆罐头,最大使用量为0.1 g/kg;梨、调味苹果酱罐头、果酱，最大使用量为 0.2 g/kg；酸黄瓜，最大使用量为 0.3 g/kg；冷饮，最大使用量为 0.1 g/kg。单独使用或与其他着色剂并用。

5.2.6 日落黄

日落黄(sunset yellow FCF)，又称橘黄，为水溶性偶氮类着色剂。

日落黄为橙色的颗粒或粉末。对光、热和酸都很稳定，唯遇碱呈红褐色，还原时褪色。

安全性：本品经长期动物试验，认为安全性高，为世界各国普遍许可使用。本品 ADI 为 0～2.5 mg/kg。

使用：我国规定，本品使用范围和最大使用量：果味型饮料(液、固体)、果汁型饮料、汽水、配制酒、糖果、糕点上彩装、红绿丝、罐头、浓缩果汁、青梅、对虾片 0.1 g/kg；风味酸乳饮料 0.05 g/kg；糖果色衣 0.165 g/kg；冰激凌 0.088 7 g/kg。红绿丝的使用量可加倍，果味粉着色剂加入量按稀释倍数的 50%加入。

FAO/WHO(1984)规定，本品用于调味酱、果酱、果冻、马荣兰，最大使用量为 0.20 g/kg；小虾及对虾罐头，最大使用量为 0.03 g/kg；冷饮，最大使用量为 0.10 g/kg；酸黄瓜，最大使用量为 0.30 g/kg。单独或与其他着色剂并用。

5.2.7 亮蓝

亮蓝(brilliant blue FCF)属水溶性非偶氮类着色剂。

亮蓝为有金属光泽的深紫色至青铜色颗粒或粉末，无臭。耐光性、耐热性、耐酸性、耐盐性和耐微生物性均很好，耐碱性和耐氧化还原特性也好。

安全性：本品经动物试验证明安全性高，ADI 为 0～12.5 mg/kg。

使用：我国规定，本品使用范围和最大使用量：果味型饮料(液、固体)、果汁型饮料、汽水、配制酒、糖果、糕点上彩妆、红绿丝、罐头、浓缩果汁、青梅、对虾片 0.025 g/kg；冰激凌 0.021 999 g/kg。红绿丝的使用量可加倍，果味粉着色剂加入量按稀释倍数的 50%加入。

FAO/WHO(1984)规定，青豆罐头、冷饮，最大用量 0.1 g/kg；苹果调味酱、豌豆罐头、果酱和果冻最大用量 0.2 g/kg；酸黄瓜最大用量 0.3 g/kg。

本品因色度极强，故用量低，且通常与其他着色剂并用。

5.2.8 靛蓝

靛蓝(indigo carmine)，又称酸性靛蓝、磺化靛蓝，为水溶性非偶氮类着色剂。

靛蓝为蓝色粉末，无臭，0.05%水溶液呈深蓝色。对光、热、酸、碱、氧化都很敏感，耐盐性及耐细菌性亦较差，还原时褪色，但着色力好。

安全性：本品经动物试验，认为安全性高，为世界各国普遍许可使用。ADI 为 0～5 mg/kg。

使用：我国规定，本品使用范围和最大使用量：果味型饮料(液、固体)、果汁型饮料、汽水、配制酒、糖果、糕点上彩装、红绿丝、青梅，0.1 g/kg。红绿丝的使用量可加倍，果味粉着色剂加入量按稀释倍数的 50%加入。

FAO/WHO(1984)规定,苹果调味酱、豌豆罐头、果酱和果冻最大用量 0.2 g/kg;冷饮,最大用量 0.1 g/kg。

本品色泽比亮蓝暗,染着性、稳定性、溶解度也较差,实际应用较少。

此外,我国还许可使用上述 8 种食品合成着色剂的铝色淀。色淀是由可溶于水的着色剂沉淀在许可使用的不溶性基质上所制备的一种特殊的着色剂,即在同样条件下不溶于水的着色剂制品。若用于制造色淀的基质为氧化铝即为铝色淀。其使用范围同各自的食品合成着色剂。

5.2.9 食用合成色素应用及一般性质

食用合成色素在食品中的应用如下:饮料类(果味型、果汁型、汽水、冰激凌);配制酒;糖果;果脯、蜜饯、罐头;糕点上彩装、红绿丝;蔬菜类制品。单独或与其他色素并用。婴儿代乳品不得使用色素着色。

食用合成色素的一般性质如下:

1. 溶解性

溶解性包括两方面的含义:一方面,着色剂是油溶性还是水溶性。我国许可使用的食用合成着色剂均溶于水,不易溶于油,当要溶于油类时,要使用乳化剂、分散剂来达到目的。水果糖、通心粉一般用水溶性着色剂,奶油、奶脂类、泡泡糖等宜选用油溶性着色剂。酒类对各种着色剂都有一定的溶解性。另一方面是着色剂的溶解度,溶解度大于 1%者视为可溶,在 1%与 0.25%者视为稍溶,小于 0.25%的着色剂视为微溶。溶解度受温度、pH、含盐量、水硬度的影响。一般的合成着色剂,温度升高,溶解度增大。pH 降低,易使着色剂形成色素酸而使某些着色剂溶解度降低。某些盐类对着色剂起盐析作用而降低其溶解度。水的硬度高易产生色淀。天然着色剂的情况比较复杂,对其溶解度的变化情况,只有在实际中摸索。

2. 染着性

食品的着色可分为两种情况:一种是使之在液体或酱状的食品基质中溶解,混合成分散状态;另一种是染着在食品表面。不同色素染着性不同,用食用着色剂对食品着色时,要注意色素对上色部分的染着性质,即易不易染色,易不易脱色。

3. 坚牢度

坚牢度是衡量食用着色剂在其所染着的物质上,对周围环境适应程度的一种量度。着色剂的坚牢度主要决定于其化学性质、所染着的物质及在应用时的操作。坚牢度是一个综合性评定,包括以下几个指标:

(1)耐热性　由于食品在加工中多数要进行加热处理,所以要求着色剂要有一定程度的耐热性。着色剂的耐热性与共存的物质如糖类、食盐、酸、碱等有关,当与上述物质共存时,多会促使其变色、褪色。柠檬黄、日落黄耐热性较强,靛蓝、胭脂红耐热性较弱。

(2)耐酸性　一般食品的 pH 大多在酸性范围,如果类食品、糖果、饮料、特别是酸渍食品与乳酸发酵食品,而着色剂在酸性较强的水溶液中会变色或析出,所以要考虑其耐酸性。柠檬黄、日落黄耐酸性较强。

(3)耐碱性　对使用了碱性物质的食品,如使用了膨松剂的糕点类,则要考虑着色剂的耐碱性问题,而且这类食品还要经过高温加工等,所以温度等其他因素也要一起考虑。柠檬黄耐碱性较强,胭脂红耐碱性较弱。

(4)耐氧化性　食用着色剂会与空气中的氧、氧化酸、含游离氯或残留次氯酸钠的水及共存重金属离子等作用而变色、褪色。日落黄、胭脂红耐氧化性较好,苋菜红、靛蓝耐氧化性弱。

(5)耐还原性　在发酵食品加工过程中,某些微生物、金属离子及某些食品添加剂,如抗坏血酸和亚硫酸盐等,都有还原作用,它们对着色剂有一定影响,在这方面氧蒽类着色剂比较稳定。苋菜红耐还原性差,赤藓红耐还原性较好。

(6)耐光性　在食品包装中,大量地使用透明材料,所以自然光的紫外线会影响着色剂。食用着色剂的耐紫外线性与其周围环境有关,pH、水硬度、金属离子对其耐光性都有影响。靛蓝耐紫外线性弱,柠檬黄、日落黄则较强。

(7)耐盐性　主要是腌渍制品添加时要考虑。柠檬黄在盐浓度20波美度以上仍较稳定。

(8)耐细菌性　不同色素对细菌的稳定性不同。柠檬黄、日落黄耐细菌性较强,靛蓝较弱。

4.变色

各种着色剂溶解于不同的溶剂中,可能会产生不同的色调和强度,以油溶性着色剂比较明显,在使用两种或两种以上着色剂调色时更为突出。例如,有时黄色与红色配成的橙色,在水中色调较黄,在酒精中较红。在酒类中,酒精的含量不同,同样的着色剂会变成不同的色调,因此,在调配酒时,一定要根据其酒精含量来确定。

在调色、拼色工艺中,各种着色剂的坚牢度不同,褪色快慢也不同,所以也可能引起变色。如水溶性靛蓝比柠檬黄褪色快,两者配成绿色用于青梅酒的着色,往往出现靛蓝先褪色而使酒的色泽变黄。

在混合着色剂中,某种着色剂的存在会加速另一种着色剂的褪色,如靛蓝会促使樱桃红更快地褪色。所以,使用中要根据实际情况进行合理调配。

5.3　食品天然着色剂的应用

我国利用天然着色剂对食品着色有悠久的历史,从植物中提取天然着色剂的技术也很早,北魏末年(公元6世纪)农业科学家贾思勰所著的《齐民要术》中,就有关于从植物中提取着色剂的记载。

食品天然着色剂的安全性较高,因而发展很快,世界各国许可使用的食品天然着色剂的品种和用量都在不断增加,国际上已开发的天然着色剂已有100种以上,其中天然着色剂中使用量最大的是焦糖色素。大力发展天然着色剂已成为食品着色剂的发展方向。我国植物资源丰富,为我国食品天然着色剂的发展提供了原料保障,目前我国许可使用的食品天然着色剂有34种,天然着色剂生产企业有100多家,年产量超过10 000 t。

表5-1为天然着色剂按化学结构的分类。

表 5-1 天然着色剂按化学结构的分类

分类		着色剂名称	色调	来源
类胡萝卜素系		β-胡萝卜素、胡萝卜色素	黄～橙	胡萝卜，合成
		辣椒红、辣椒色素	红～橙	辣椒
		藏花素、栀子黄	黄	栀子果
		胭脂树橙	黄～橙	胭脂树
		番茄红素	红	番茄
卟啉系		叶绿素、叶绿素铜钠	绿	小球藻、雏菊、蚕沙
		血红蛋白、血色素	红	血液
		藻青苷、螺旋藻蓝	蓝	螺旋藻
酚酮系	花青素	紫苏苷	紫红	紫苏
		葡萄花邑素、葡萄皮红	紫红	葡萄皮
		花翠素、紫玉米红、玫瑰茄红	红紫	紫玉米、玫瑰茄
	查耳酮	红花黄	黄	红花
	黄酮	多酚、可可色素	褐	可可豆
	二酮类、酮类	姜黄、红曲红	橙、黄、红	姜黄、红曲米
β-花青素系		甜菜苷、甜菜红	红	红甜菜
醌系	蒽醌	紫胶酸、紫胶红	红～红紫	紫胶虫
		胭脂红酸、胭脂红	红～红紫	胭脂虫
	萘醌	紫根色素	紫	紫根
其他		栀子蓝	蓝	栀子酶处理
		栀子红	红紫	栀子酶处理
		焦糖	褐	糖类焙烤
		氧化铁	红褐	合成

5.3.1 花青苷类

花青苷类着色剂是目前食品工业中主要的一类着色剂，如越橘红、萝卜红、红米红、黑豆红、玫瑰茄红和桑葚红等。花青苷属多酚类衍生物，是一类水溶性着色剂，广泛分布于植物中，是植物花、叶、茎和果实等鲜艳色彩的主要成分。花青苷是由糖和花青素组成的。自然界最常见的花青素主要有天竺葵色素（pelargonidin）、矢车菊色素（cyanidin）、飞燕草色素（delphinidin）、芍药色素（peonidin）、牵牛色素（petunidin）、锦葵色素（malvidin）6 种，其基本结构是苯并吡喃的衍生物。花青苷在酸性时呈红色，pH>4 时颜色较稳定，在碱性时则呈蓝色。它对光和热都很敏感。但苷配基的不同，特别是羟基数和甲氧基数的不同，所表现出的颜色不同，增加羟基数可使蓝色增加，而增加甲氧基数会使其红色增加。氧和金属离子对其稳定性也有一定影响，尤其是铜、铁等金属离子可加速其降解或变色。

使用：我国规定，本品使用范围和最大使用量：饮料、糖果、配制酒、罐头、蜜饯和糕点上彩妆、糕点、冰棍、雪糕、冰激凌、果冻，按正常生产（GMP）需要添加。

1. 萝卜红

萝卜红(radish red)是由红萝卜压榨、真空浓缩制得,其主要着色物质是含有天竺葵素的花青苷。

2. 葡萄皮色素

葡萄皮色素(grape skin extract),又称葡萄皮红(oenin,oenidins),为花青苷色素。由制造葡萄汁或葡萄酒的皮渣用水萃取而得。主要成分为锦葵色素、芍药素、飞燕草素、3-甲花翠素等。

3. 红米红

红米红(red rice red)是由优质红米经萃取、浓缩制得,其主要着色物质是含矢车菊色素的花青苷。

4. 越橘红

越橘红(cowberry red)是由越橘果实提取制得,其主要着色物质是含矢车菊素和芍药素的花青苷。

5. 黑豆红

黑豆红(black bean red)是由黑豆皮用稀乙醇抽提后浓缩提取制得,其主要着色物质是含有矢车菊素-3-半乳糖的花青苷。

6. 玫瑰茄红

玫瑰茄红(hibiscetin,roselle)是由玫瑰茄花萼片用乙醇提取、过滤提取制得,其主要着色物质是含氯化飞燕草素和氯化矢车菊素的花青苷。

7. 桑葚红

桑葚红(mulberry red)是由桑葚果中提取制得,主要着色成分是矢车菊-3-葡萄糖苷。

8. 黑加仑红

黑加仑红(black currant red)是由黑加仑浆果果渣用水提取、浓缩、喷雾干燥制得,含多种成分,其主要着色物质为飞燕草色素(delphinidin)$C_{15}H_{11}O_7X$ 和矢车菊色素(cyanidin)$C_{15}H_{11}O_6X$。

5.3.2 黄酮类

黄酮类着色剂是多酚类衍生物中另一类水溶性着色剂,同样以糖苷的形式广泛分布于植物界。其基本化学结构是 α-苯基并吡喃酮。这类着色剂的稳定性较好,但也受分子中酚羟基数和结合位置的影响。此外,光、热和金属离子对其也有一定的影响。

使用范围:果汁、饮料(液、固体)、配制酒、糖果、糕点上彩装、红绿丝、罐头、青梅、冰激凌、冰棍、蜜饯、果冻,熟肉制品、饼干、果冻、膨化食品等。

1. 红花黄

红花黄(carthamus yellow,safflower yellow)是从菊科植物红花的花瓣中提取、浓缩干燥而得,主要呈色物质为红花黄及其氧化物。

2. 高粱红

高粱红(sorghum red)由黑紫色高粱壳提取制得。其主要着色物质为芹菜苷配基。

3. 菊花黄

菊花黄(comopsis yellow)是从菊科大金鸡菊的花中提取制得。其主要着色物质是大金鸡菊查尔酮苷(Ⅰ),大金鸡菊查尔酮(Ⅱ),大金鸡菊噢瓣(Ⅲ)和大花金鸡噢瓣苷(Ⅳ)。

4. 沙棘黄

沙棘黄(hippophacrhgmoides yellow)是从植物沙棘果渣中提取制得,含多种成分,主要着色物质为黄酮类和胡萝卜类色素。

5. 可可着色剂

可可着色剂(cacao pigment),又叫可可壳色,是将可可壳粉碎、焙炒后用热水浸提制得。是可可壳中的黄酮类物质如儿茶酸、五色花青素、表儿茶酸等在焙炒过程中,经复杂的氧化、缩聚而成的颜色很深的多酚化合物。

5.3.3　类胡萝卜素

类胡萝卜素是异戊二烯衍生物,属于多烯着色剂。它们广泛分布于生物界,颜色从黄、橙、红以至紫色都有,不溶于水,可溶于脂肪溶剂,属于脂溶性着色剂。类胡萝卜着色剂对pH、热较稳定,但光和氧对它有破坏作用。

1. β-胡萝卜素

β-胡萝卜素(β-carotene)广泛存在于胡萝卜、南瓜、辣椒等蔬菜中,水果、谷物、蛋黄、奶油中的含量也比较丰富。可以从这些植物或盐藻中提取制得,现在多用合成法制取。人工化学合成β-胡萝卜素,日本将其作为合成着色剂,但欧美各国将其视为天然着色剂或天然同一着色剂。我国现已成功地从盐藻中提制出天然的β-胡萝卜素,并已正式批准许可使用。

安全性:天然β-胡萝卜素,安全性高,目前JECFA尚未制定ADI。

使用:我国规定,本品使用范围和最大使用量:人造黄油,0.1 g/kg;奶油、膨化食品,0.2 g/kg;宝宝乐,10 g/kg;面包、冰激凌、蛋糕、饮料、果冻、糖果、雪糕、冰棍,可按正常生产需要添加;植脂性粉末,0.05 g/kg。目前本品在国外广泛用于奶油、人造奶油、起酥油、干酪、焙烤制品、糖果、冰激凌、通心粉、汤汁、饮料等食品中,其用量以纯着色剂计最低为2～50 mg/kg。用于各种干酪的着色时,最大用量为0.6 g/kg。本品还可用于食品油脂的着色,以恢复其色泽,其用量可按正常生产需要添加。

本品除作为着色剂使用外,还具有食品的营养强化作用。

2. 玉米黄

玉米黄(maize yellow)是以黄玉米生产淀粉时的副产品黄蛋白为原料提取制得。其主要着色物质为玉米黄素(zeaxanthin)$C_{40}H_{56}O_2$和隐黄素(cryptoxanthin)$C_{40}H_{56}O_2$。

性状与性能:玉米黄为红色油状液体,不溶于水,可溶于油脂,对光、热等敏感,但受金属离子的影响不大。

使用:我国规定,本品使用范围和最大使用量:人造奶油、糖果,5.0 g/kg。具体应用于人造奶油约为 0.5%,硬糖约为 0.3%,软糖为 0.4%。

3. 栀子黄

栀子黄(gardenia yellow,crocin)是由茜草科植物栀子果实用水或乙醇提取的黄色色素,其主要着色物质为藏花素。

我国规定,本品使用范围和最大使用量:饮料、配制酒、糕点、糕点上彩妆、糖果、冰棍、雪糕、冰激凌、蜜饯、膨化食品、果冻、广东面饼,0.3 g/kg。

4. 栀子蓝

栀子蓝(gardenia blue)是应用生物工程技术开发、研制出来的一种新型着色剂,它以栀子为基本原料,经微生物酶的作用制得。关于栀子黄如何转变成栀子蓝以及栀子蓝的结构目前尚无确切的报告。

性状与性能:栀子蓝为蓝色粉末,无异味,易溶于水和乙醇,不溶于有机溶剂。在 pH 2.5~8 范围内颜色稳定,对光、热、金属离子等都相当稳定,尤其是它可以和红、黄着色剂任意调配成各种中间色调,适用于多种食品的着色。

使用:本品安全性高。我国规定,本品使用范围和最大使用量:糖果、果酱,0.3 g/kg;酒类、饮料、糕点上彩装,0.2 g/kg。

5. 辣椒红

辣椒红(parprika rad)是从辣椒属植物的果实用溶剂提取后去除辣椒素制得。其主要着色物质辣椒红素。

性状与性能:辣椒红为深红色黏稠状液体、膏状或粉末,不溶于水,溶于油脂和乙醇,乳化分散性及耐热性、耐酸性均好,耐光性稍差,着色力强。遇铁、铜等金属离子褪色,遇铅离子产生沉淀。

使用:我国规定,本品使用范围和最大使用量:罐头食品、酱料、冰棍、冰激凌、雪糕、饼干、熟肉制品、人造蟹肉,按正常生产需要添加。在罐头食品中,主要用于传统的肉、禽类罐头的生产;用于糕点上彩装时,可在奶油中添加本品 3%~8%。

此外,本品在国外亦可制成具有一定辣味的品种对食品进行调色、调味。

5.3.4 酮类

酮类食品着色剂,有各自的性质。

1. 姜黄和姜黄素

姜黄(turmeric yellow)是由蘘荷科姜黄属的多年生植物姜黄的地下根茎干燥、粉碎所得。

安全性:本品安全性高,世界各国广泛应用。姜黄(碎姜黄粉)常被认为是食品,而不作为食品添加剂,故不规定其 ADI。

使用:我国规定,本品使用范围和最大使用量:姜黄的使用范围同苋菜红,可按正常生产需要添加。因本品有特异臭和辛辣味,故多用于调味和着色。在咖喱鸡罐头中约加 1.7 g/kg,酸黄瓜中约加 0.3 g/kg。单独或与其他着色剂并用。

姜黄素(curcumin)是由姜黄经乙醇等有机溶剂抽提、精制所得,为二酮类着色剂。

安全性:暂定 ADI 0～0.1 mg/kg。现已制订国家标准。

使用:我国规定,姜黄素使用范围和最大使用量:糖果、冰激凌、汽水、果冻,0.01 g/kg。姜黄素在国外用于各种油脂,以恢复其在加工时损失的颜色,亦可用于奶油、人造奶油和干酪的着色,用量可按正常生产需要添加。此外,还可用于冰激凌、馅饼、蛋糕、糖果、色拉调味料等食品的着色,用量通常为 0.2～60 mg/kg。

2. 红曲米和红曲红

红曲米(red kojic rice),又名红曲、赤曲、红米、福米,是将稻米蒸熟后接种红曲霉发酵制得。它是中国自古以来传统使用的天然着色剂,安全性高,现在许多亚洲国家均有应用。近年来科学研究证明,红曲中的次生代谢产物 Monacol-in 类物质能降低血脂和胆固醇,因此越来越受到重视。

使用:我国规定,本品使用范围和最大使用量:红曲米可用于配制酒、糖果、熟肉制品、腐乳的着色,按正常生产需要添加。现主要用于腐乳的生产,此外也用于酱菜、糕点、香肠、火腿等的着色。部分食品中的用量如下:辣椒酱 0.6%～1.0%,甜酱 1.4%～3%,腐乳 2%,酱鸡、酱鸭 1%。

红曲红(monascus red,red kojic red)可由红曲深层培养或从红曲米中提取制得。红曲红有多种色素成分,一般粗制品含有 18 种成分,主要呈色物质是红斑素和红曲红素。

使用:我国规定,红曲红使用范围和最大使用量:冰棍、雪糕、冰激凌、饼干、果冻、膨化食品,按正常生产需要添加。

5.3.5 醌类

醌类主要为紫胶红。紫胶红(lacdye),又名虫胶红,是一种很小的蚧壳虫——紫胶虫在蝶形花科黄檀属、梧桐科芒木属等寄主植物上所分泌的紫胶原胶中的着色剂。主要着色物质是紫胶酸,且有 A、B、C、D、E 5 个组分,以 A 和 B 为主。

在酸性条件下对光和热稳定,但对金属离子不稳定。其色调随 pH 变化而改变,pH＜4 时为橙黄色,pH 在 4.0～5.0 时为橙红色,pH＞6 时为紫红色,pH＞12 时放置则褪色。

使用:我国规定,本品使用范围和最大使用量:果味型饮料(液、固体)、果汁型饮料、汽水、配制酒、糖果、罐头,0.5 g/kg。因本品对光、热的稳定性高,故适于对糖果、饮料等食品的着色。

5.3.6 四吡咯类(卟啉类)

叶绿素广泛存在于一切绿色植物中,叶绿素铜钠(sodium copper chloro-phyllin)可由青草、苜蓿或蚕沙(蚕粪)用有机溶剂抽提出叶绿素后,经皂化、铜化制成。为叶绿素 a 盐与 b 盐的复合物。

安全性:本品经动物试验表明安全性高,除美国外,世界其他各国普遍许可使用。日本按化学合成品对待。ADI 为 0～15 mg/kg。

使用:我国规定,本品使用范围和最大使用量:果味型饮料(液、固体)、果汁型饮料、汽水、配制酒、糖果、罐头、果冻、冰激凌、冰棍、糕点上彩装、雪糕、饼干，0.5 g/kg。国外用于干酪着色时，其用量可按正常生产需要添加。用于酸黄瓜时，最大用量为0.3 g/kg，单独或与其他着色剂并用。着色羹和汤时，以速食制品为基础，最大用量为4 g/kg。

5.3.7 其他类

1. 甜菜红

甜菜红(beet red)由红甜菜(紫菜头)提取制得，主要着色物质为甜菜苷。

安全性：甜菜红安全性高，ADI无须规定。

使用：我国规定，本品使用范围和最大使用量：果味型饮料(液、固体)、果汁型饮料、汽水、配制酒、糖果、糕点上彩装、红绿丝、罐头、浓缩果汁、青梅、冰激凌、雪糕、甜果冻、威夫饼干夹心，按正常生产需要使用。

2. 天然苋菜红

天然苋菜红(natural amaranthus red)是由苋科苋属天然苋菜提取制得，主要着色物质是苋菜苷和甜菜苷。

使用：我国规定，本品使用范围和最大使用量：果味型饮料(液、固体)、果汁型饮料、汽水、配制酒、糖果、糕点上彩装、红绿丝、罐头、浓缩果汁、青梅、山楂制品、樱桃制品、果冻。

3. 落葵红

落葵红(basella ruba red)是从落葵属植物落葵的果实中提取制得。其主要着色物质为甜菜苷。

使用：我国规定，本品使用范围和最大使用量：糖果，0.1 g/kg；果冻，0.25 g/kg；糕点上彩装，0.2 g/kg；汽水，0.13 g/kg。

4. 多穗柯棕

多穗柯棕(tanoak brown)是由壳斗科常绿乔木植物多穗柯的叶子为原料，用水抽提制得，主要成分为黄酮类化合物。

对热、光的稳定性较好，着色力超过焦糖色素。pH 4以上时呈棕色透明液体，碱性时呈色加强，pH 4以下时呈棕黄色。

使用：我国规定，本品使用的范围和最大使用量分别为：可乐饮料1 g/kg；糖果、冰激凌、配置酒，0.4 g/kg。

5. 金樱子棕

金樱子棕(rosalaevigata michx brown)是由蔷薇科植物金樱子的果实用温水或稀乙醇提取后，过滤、浓缩而成，主要成分为酚类色素。

使用：我国规定，本品使用的范围和最大使用量分别为：汽水1 g/kg；酒精饮料，20 g/kg。

6. 酸枣色素

酸枣色素(sour date color)是从酸枣中提取制得，其主要着色成分为蒽醌类物质。

使用：我国规定，本品使用范围和最大使用量：饮料、酱油、酱菜，0.1 g/kg；糖果、糕点，

0.2 g/kg;罐头,0.3 g/kg。

7. 焦糖色素

焦糖色素(caramel),又称酱色,是将食品级的糖类物质经高温焦化而成,其生产方法主要有不含催化剂加工的普通法、氨法和亚硫酸铵法。普通法是将食品级的糖类和葡萄糖、转化糖、乳糖、麦芽糖浆、糖蜜、淀粉水解物和蔗糖等,在121℃以上高温热处理使之焦化制成。氨法是在普通法生产的过程中添加氨或铵盐作催化剂制得。亚硫酸铵法则是在普通法生产的过程中添加亚硫酸铵作催化剂制得。后两种方法除可缩短生产周期外,制品色泽较好,得率高。

安全性:普通法焦糖色安全性高,其ADI无须规定。

使用:我国规定,本品使用的范围和最大使用量分别为:不加铵盐和加铵盐生产焦糖色素均可用于罐头、糖果、饮料、冰激凌、酱油、醋、冰棍、雪糕和饼干,并按正常生产需要添加。亚硫酸铵法焦糖色素可按正常生产需要用于黄酒、葡萄酒中。具体用量,酱油和醋为2%~5%,红烧肉、鱼等罐头为6.6 g/kg。国外还常用于糖浆、果酱、果冻、卤汁等的着色,尤其大量用于啤酒和可乐饮料的着色和调香。对果酱、果冻的最大使用量为0.2 g/kg。单独或与其他着色剂并用。

除上述介绍的食品天然着色剂之外,我国许可使用的食品天然着色剂还有蓝靛果红、橡子壳棕、花生衣红等。

5.3.8 食用天然色素的特点及注意事项

食用天然色素同食用合成色素相比,具有以下特点:

1. 优点

(1)天然色素多来自动、植物组织,对于来自食用动、植物组织的天然色素,其安全性较高。

(2)有的天然色素具有维生素活性(如β-胡萝卜素),因而兼有营养强化作用。

(3)能更好地模仿天然物的颜色,着色时色调比较自然。

(4)有的品种具有特殊的芳香气味,添加到食品中能给人带来愉快的感觉。

2. 缺点

(1)成本比合成色素高。

(2)色素含量一般较低,着色力比合成色素差。

(3)稳定性较差,有的品种随pH不同而色调有变化。

(4)难以用不同色素配出任意色调。

(5)在加工及流通过程中,由于外界因素的影响多易劣变。

(6)由于共存成分的影响,有的天然色素有异味、异臭。

如上所述,从安全性考虑,似乎使用天然食用色素,特别是那些来自食用动、植物组织的天然色素比较好,这正是当前着色剂朝着天然物方向发展的原因。至于其色素含量、着色力低,稳定性较差,以及有异味、异臭等缺点,通过改进提取、精制技术可以逐步克服。其色调随 pH 改变和与基质反应变色等缺点，则可通过充分了解色素本身的性质和所添加的食品的组成成分等，予以合理使用。目前，许多天然食用色素的质量及应用已明显提高。

必须注意，天然色素并非绝对安全。使用食用天然色素时，除了首先应考虑安全无害，因而需要进行适当的安全评价外，尚需溶解度较高，染着性、稳定性等较好，无异味、异臭等。食用天然色素易在金属离子的催化作用下分解、变色，或形成不溶的盐类。因此，所用加工装置及包装材料等的性质均应稳定，并防止污染。

使用注意事项除人工合成着色剂使用要求的几点外，还要注意以下几点：

使用要有针对性，以取得最佳效果；为加强其稳定性，使用时可加入保护剂；因含杂质较多，使用时易沉淀，使用前应采取过滤、离心分离等措施；最好在最后的工序中加入；应避光保存，保存环境要干燥、阴凉。

5.3.9 我国天然着色剂的现状及发展

5.3.9.1 我国天然色素的现状

我国地域辽阔，生态环境复杂多样，有着生产天然色素的丰富资源，改革开放的 20 年来，我国开发出近 800 种不同原料来源的食用天然色素。列入《中华人民共和国国家标准　食品添加剂使用卫生标准》(GB 2760—2014) 中允许使用的食用天然色素有 48 个品种。已经制订中华人民共和国国家标准或行业标准的食用天然色素共有 19 个品种。

近年来，我国国家技术监督局、全国食品添加剂标准化技术委员会、中国食品添加剂生产应用工业协会逐步完善了对食品添加剂的开发、生产、使用的法规管理。除对现有的食用天然色素进行严格的卫生和质量管理外，对新的食用天然色素的审批程序进行了严格管理。包括新品种食用天然色素生产原料的种属名称、原料来源、取用部位、主要着色成分的化学结构、检测方法、主要着色成分的含量(纯度)、灰分、溶剂残留量、重金属离子、细菌总数、大肠杆菌群、致病菌、毒理学试验及安全性级别、稳定性试验、产品使用方法及效果等多方面均有严格要求，从而使我国的食用天然色素的产业进入了一个稳健发展的新阶段，逐步形成了一批管理水平较高、技术力量较集中、工艺和装备水平较高、产品质量稳定、有一定规模、经济效益较好的企业。1998 年，我国食用天然色素的年产量近 10 000 t，其中主要产品为：焦糖每年约产 6 000 t；红曲米及红曲米粉每年约产 2 000 t；红曲红每年约产 200 t；辣椒红每年约产 250 t；栀子黄每年约产 80 t；栀子蓝每年约产 10 t；高粱红每年约产 45 t；可可壳棕每年约产 10 t；甜菜红每年约产 20 t；虫胶红每年约产 20 t。其他还有叶绿素铜钠盐、姜黄色素、紫草红、红花黄、紫苏色素、萝卜红及紫甘蓝色素等约 18 个品种。其余虽已列入《中华人民共和国国家标准　食品添加剂使用卫生标准》(GB 2760—2014)，但均无产品。我国的红曲米、红曲米粉、红曲红、辣椒红、高粱红、焦糖、栀子黄、可可壳棕、虫胶红、叶绿素铜钠盐等食用天然色素产品除在国内销售外，还远销国外。

近年来，我国还在积极研究和开发茶色素、美人蕉花色素、茄子皮色素、红甘蓝色素、番茄红素、灰白毛莓红色素、枸杞子红色素、板栗壳棕色素、牵牛花色素、花生衣色素、映山红色素、鸡冠花红色素、山楂红色素、血红素等。用超临界萃取法精制辣椒红、叶绿素和天然 β-胡萝卜素的微胶囊化的工作正在深入进行中。类胡萝卜素类的天然色素、黄酮类天然色素生理功能研究在深入进行中。

5.3.9.2 我国天然色素的发展

我国食用天然色素产业是改革开放以来随着食品工业的蓬勃发展而发展壮大起来的。我国食品工业今后发展方针是进入一日三餐的加工食品。这就要求食用天然色素产业为一日三餐的加工食品工业提供天然、安全、优质的色素。因此，我国食用天然色素产业今后发展应当是：

(1)大力发展“天然、营养、多功能”的食用天然色素。今后应当着力研究、开发、生产、使用对人体具有某些生理功能的天然色素。例如，天然β-胡萝卜素和类胡萝卜素类天然色素，在人体内可以转化成维生素A。后者有保持上皮细胞健全、维持正常视觉、提高免疫力的多种生理功能。红曲米粉作为天然着色剂，其中含有降血脂的Lovastatin。黄酮类天然色素，有些具有软化血管、增加血管弹性的功能。

(2)天然色素的生产应当采用高新技术，不断提高装备水平，提高产品的产量和质量、降低成本，从而提高在国内外市场的竞争力。在天然色素的生产与进一步加工过程中、可以采用(有的已经在采用)的高新技术有：基因工程、细胞工程、发酵工程、吸附色谱、离子交换色谱、凝胶过滤、微孔过滤、超滤、电渗析、反渗透、超临界CO_2(或丙烷)流体萃取、亲和层析、冷冻干燥等技术。采用了高新技术，就要相应地提高设备的装备水平，这两方面是一个事情，都是提高天然色素的收率、提高产量、保证优质的基础。这里还应当强调提高装备水平还包括生产过程中的各种监测手段和中心实验室的仪器水平的提高。

(3)天然色素的生产，在原料上应当走综合利用、变废为宝的道路。许多天然色素生产原料是野生植物、农作物副产品或废弃物。例如，用高粱壳生产高粱红，用蚕沙(蚕的粪便)生产叶绿素系列，用葡萄皮生产葡萄皮色素等，原料价廉。又例如，可以在生产辣椒红时得到辣椒碱，其种子也可以生产辣椒碱和辣椒油，提色素后的渣子又可以做辣椒粉、辣椒酱等。这种综合开发，可大大提高经济效益。

5.4 食品着色剂使用注意事项

5.4.1 食品着色剂注意事项

无论是食品天然着色剂还是合成着色剂在使用时必须首先考虑着色剂的安全性。任何食品企业在使用过程中都必须严格按照国家标准规定的使用范围和使用量进行。

从安全性考虑，使用食品天然着色剂，特别是那些来自食品动、植物组织的天然着色剂比较好，这也是目前食品着色剂发展的方向。其着色剂含量低、着色差，稳定性也较差，以及有异味、异臭等缺点，通过改进提取、精制技术可以逐步克服。其色调随pH改变和与基质反应变色等缺点，则可通过充分了解着色剂本身的性质和所添加的食品的组成成分等，予以合理使用。目前，许多天然食品着色剂的质量及应用已明显提高。

当然天然着色剂也并非绝对安全，有的天然色素也具有毒性，如藤黄(gomboge)，有剧毒，不能用。另外，天然着色剂成分较复杂，提取过程中其化学结构也可能变化，还有污染的危险，如溶剂残留。因此，使用天然着色剂时，与合成着色剂一样，必须考虑其安全无害，使用前需要经过各种毒性实验，进行安全评价。天然着色剂使用时应选择溶解度较高、着色性较强、稳定性较好，无异味、异臭的天然着色剂。由于天然着色剂遇金属离子容易变色或形成不溶的盐类，所用加工设备最好采用不锈钢材料等。

5.4.2 着色剂溶液的配制

食品着色剂的使用，一般分为混合法与涂刷法 2 种。混合法适用于液态、酱状或膏状食品，即将欲着色的食品与色素溶液混合并搅拌均匀。如生产饮料时，可先将着色剂用少量水溶解后再加到配料罐中进行充分混匀。生产糖果时，可在熬糖后冷却时把色素溶液加入糖膏中并混匀。涂刷法适于不可搅拌的固态食品，可将着色剂溶液涂刷在欲着色的食品表面，糕点上彩装常用此法。由此可见，无论是采用混合法还是涂刷法，均需要将色素用适当的溶剂溶解，配制成溶液应用，以保证色素在食品中或食品表面均匀分布，不至于出现色素斑点。

着色剂粉末直接使用时不方便，在食品中分布不均匀，可能形成色素斑点，经常需要配置成溶液使用。合成着色剂溶液一般使用的浓度为 1%～10%，过浓则难于调节色调。配制时，着色剂的称量必须准确。此外，溶液应该按每次的用量配制，因为配制好的溶液久置后易析出沉淀。由于温度对着色剂溶解度的影响，着色剂的浓溶液在夏天配好后，储存在冰箱或是到了冬天，亦会有着色剂析出。胭脂红的水溶液在长期放置后会变成黑色。配制着色剂水溶液所用的水，通常先煮沸，冷却后再用，或者应用蒸馏水，或离子交换树脂处理过的水。配制溶液时应尽可能避免使用金属器具，剩余溶液保存时应避免日光直射，最好在冷暗处密封保存。

5.4.3 色调的选择与拼色

色调选择应该与食品原有色泽相似或与食品的名称一致。为丰富合成食品着色剂的色谱，满足食品加工生产中着色的需要，在使用合成着色剂时我国规定允许使用 8 种食品合成着色剂拼色，它们分属红、黄、蓝 3 种基本色，可以根据不同需要来选择其中 2 种或 3 种拼配成各种不同的色谱。基本方法是由基本色拼配成二次色，或再拼成三次色。

食品合成着色剂溶解在不同溶剂中，可以产生不同的色调和颜色强度，尤其当使用两种或数种食品合成着色剂拼色时，情况更为显著。例如某一比例的红、黄、蓝三色的混合物，在水溶液中色泽较黄，而在 50%乙醇中色泽较红。酒类因酒精含量不同，着色剂溶解后的色调也可有不同，故需要按酒精含量及色调强度的需要进行拼色。此外，食品在着色时是潮湿的，当水分蒸发逐渐干燥时，着色剂亦会随着集中于表层，造成所谓“浓缩影响”，特别是在食品和着色剂之间的亲和力低时更为明显。应该注意食品天然着色剂一般进行拼色时也要注意“浓缩影响”。

思考题

1. 常用的合成着色剂有哪些？说明其应用。

2. 天然着色剂有哪些类型？说明其特点。
3. 食用着色剂使用应注意哪些事项？

第 5 章思考题答案

参考文献

[1] 孙宝国.食品添加剂[M].北京:化学工业出版社,2013.
[2] 郝利平,聂乾忠,周爱梅,等.食品添加剂[M].北京:中国农业大学出版社,2016.
[3] 阚建全.食品化学[M].北京:中国农业大学出版社,2016.
[4] 刘钟栋.食品添加剂原理及应用技术[M].北京:中国轻工业出版社,2000.
[5] 姚焕章.食品添加剂[M].北京:中国地质出版社,2001.
[6] 食品安全国家标准　食品添加剂使用标准:GB 2760—2014[S].北京:中国标准出版社,2014.
[7] 高彦祥.食品添加剂[M].北京:中国轻工业出版社,2011.

第6章 食品护色剂

【学习目的和要求】

掌握食品护色剂定义,熟悉食品护色剂的作用机理,掌握食品护色剂和添加剂特性与使用中注意事项。

【学习重点】

食品护色剂的护色机理及使用注意事项。

【学习难点】

食品护色剂的护色机理。

近几年，随着我国经济的迅速发展，人民生活水平的不断提高，人们对肉品的消费观念发生了显著的变化，对加工肉制品的要求也越来越高，不仅要营养、健康、安全，还需要色、香、味、形俱全。

色泽是食品给予消费者的第一印象，是产品竞争力的重要组成部分。在肉制品的加工过程中，发色、变色、褪色等问题的发生都会严重影响肉制品的品质和口感。因此，在肉制品加工中，选用合适的发色剂及发色助剂，对赋予加工肉制品良好的色泽有着重要意义。

在肉制品的生产加工过程中应用范围较广的护色剂有硝酸钠、亚硝酸钠、硝酸钾、亚硝酸钾等，可单独使用也可以复配使用。在实际的生产过程中，通常还会加入一些护色助剂来增强护色剂的作用强度。常用的护色助剂有 *L*-抗坏血酸及烟酰胺等。

6.1 护色剂定义及机理

6.1.1 护色剂定义

食品护色剂是指本身不具有颜色，但能与肉及肉制品中的呈色物质发生作用，使之在食品加工、保藏等过程中不致分解、破坏，呈现良好色泽的物质，又称为发色剂、呈色剂或固色剂。

食品护色剂一般泛指硝酸盐和亚硝酸盐类，其本身并无着色能力，但当其应用于动物类食品后，腌制过程中其产生的亚硝基能使肌红蛋白或血红蛋白形成亚硝基肌红蛋白或亚硝基血红蛋白，从而使肉制品保持稳定的鲜红色。但由于腌肉中的亚硝酸盐能生成强致癌物——亚硝胺，因而使硝酸盐和亚硝酸盐的使用引起争议。

6.1.2 肉的发色机理

肉类在人类生活中占据着举足轻重的地位，对肉及肉制品的评价，人们大都从色、香、味、嫩等几个方面来评价，其中给人第一印象的就是颜色。肉类中的色素含量和色泽影响了它的可接受性，而肉的颜色主要取决于肌肉中的色素物质——肌红蛋白(Mb)及血红蛋白(Hb)。对一块放血充分的原料肉而言，一般肌红蛋白在肉中所占比例为 70%～90%，而血红蛋白仅占 10%～30%。由此可见肌肉中的颜色主要取决于肌红蛋白的含量和化学状态。

肌红蛋白(myoglobin，Mb)是一种复合蛋白质，由一条多肽链构成的珠蛋白和一个血红素组成，血红素是由四个吡咯形成的环上加上铁离子所组成的铁卟啉。其功能类似于血红蛋白，它们都能结合氧以供动物代谢所需。

新鲜肉中还原型的肌红蛋白稍呈暗的紫红色，它在光谱的绿色部分(即 550 nm)有最大吸收。还原型的肌红蛋白很不稳定，极易被氧化，与氧气结合可生成氧合肌红蛋白。此时还原型肌红蛋白分子中 Fe^{2+} 上的结合水，被分子状态的氧置换形成氧合肌红蛋白(MbO_2)，此时配位体未被氧化，仍为 2 价，呈现鲜红色，是新鲜肉的象征；若继氧化，氧合 Mb 肌红蛋白中的铁离子由 2 价被氧化成 3 价，变成高铁肌红蛋白(MMb^+)，随着高铁肌红蛋白的逐渐增多(超过 30%)，肉的颜色开始变褐，呈灰褐色，颜色变暗；若仍继续氧化，则变成氧化卟啉，呈现绿色或黄色，高铁肌红蛋白在还原剂存在的前提下，也可被还原成还原型肌红蛋白；有硫化物存在时肌红蛋白可被氧化成硫代肌红蛋白，呈绿色，是一种异色；肌红蛋白加热后蛋白质变性形成球蛋白氯化血色原，呈灰色，是熟肉的典型色泽。表 6-1 列出生肉、熟肉、腌肉中的各种肌红蛋白衍生物颜色、形成特性。

表 6-1 鲜肉、腌肉和熟肉制品中的色素

色素	生成方式	铁的价态	颜色
1. 肌红蛋白	高铁肌红蛋白还原，氧合肌红蛋白脱氧	Fe^{2+}	紫红色
2. 氧合肌红蛋白	肌红蛋白氧合	Fe^{2+}	鲜红色
3. 高铁肌红蛋白	肌红蛋白、氧合肌红蛋白氧化	Fe^{3+}	灰褐色
4. 亚硝基肌红蛋白	肌红蛋白与一氧化氮结合	Fe^{2+}	鲜红(桃红)色
5. 亚硝基高铁肌红蛋白	高铁肌红蛋白与一氧化氮结合	Fe^{3+}	绯红色
6. 亚硝酸高铁肌红蛋白	高铁肌红蛋白与过量亚硝酸盐结合	Fe^{3+}	红棕色
7. 珠蛋白肌血色原	加热、变性剂作用于肌红蛋白、氧合肌红蛋白、紫外线照射珠蛋白血色原	Fe^{2+}	暗红色
8. 珠蛋白肌氯高铁血色原	加热、变性剂作用 肌红蛋白、氧合肌红蛋白、高铁肌红蛋白、血色原	Fe^{3+}	棕色(有时呈灰色)
9. 亚硝基血色原	加热、变性剂作用于亚硝基肌红蛋白	Fe^{2+}	鲜红色(桃红色)
10. 含硫肌红蛋白	硫化氢和氧气作用于肌红蛋白	Fe^{2+}	绿色
11. 含硫高铁肌红蛋白	含硫肌红蛋白氧化	Fe^{3+}	红色
12. 胆珠蛋白	过氧化氢作用于肌红蛋白或氧合肌红蛋白	Fe^{2+} 或 Fe^{3+}	绿色
13. 氧化硝基血红素	过量的硝酸盐和热作用于亚硝基高铁肌红蛋白	Fe^{3+}	绿色
14. 高铁胆绿素	加热和过量变性剂作用	Fe^{3+}	绿色
15. 胆汁色素	加热和过量变性剂作用	缺铁	黄色或无色

氧合肌红蛋白和高铁肌红蛋白的形成和转化对肉的色泽最为重要。因为前者为鲜红色，代表着肉的新鲜，为消费者所钟爱。而后者为灰褐色，是肉放置时间长的象征。如果不采取任何措施，一般肉的颜色将经过二个转变：第一个是紫色的肌红蛋白转变为鲜红色的氧合肌红蛋白，并产生人们熟悉的新鲜肉类的鲜红色，这个转变很快，在肉置于空气 30 min 内就发生。第二个转变为氧合肌红蛋白氧化成高铁肌红蛋白而使肉由鲜红色转变为灰褐色，这个转变过程快则几个小时，慢则几天。转变的快慢受环境中的 O_2 压、pH、细菌繁殖程度、

温度等诸多因素的影响。因此减缓第二个转变,即由鲜红色转变为褐色,是保色的关键所在(图 6-1)。

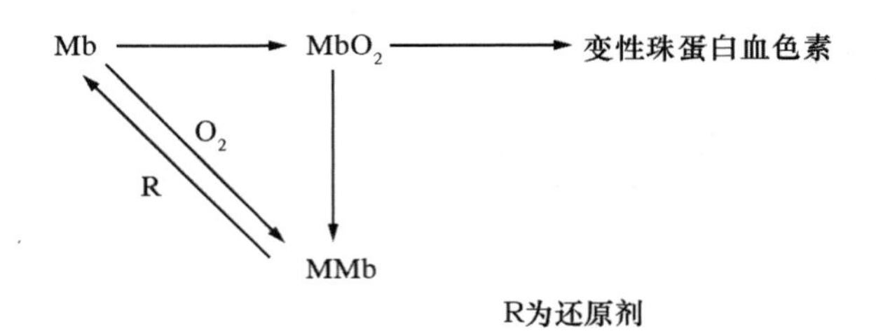

图 6-1　新鲜肉的血红色素反应

6.1.3　护色剂护色机理

由于新鲜肉色泽的不稳定性,同时新鲜肉在加工中颜色还会发生很大的变化,为了使肉制品呈现鲜艳的红色,在加工过程中多添加硝酸盐与亚硝酸盐的混合盐。硝酸盐在细菌(亚硝酸菌)的作用下可以还原成亚硝酸盐,酸性条件下会生成亚硝酸。一般屠宰后的肉含有一定量的乳酸,pH 为 5.6～5.8,所以一般无须另外加酸即可最终生成亚硝酸,其反应式如下:

$$NaNO_2 + CH_3CHOHCOOH \longleftrightarrow HNO_2 + CH_3CHOHCOONa \quad (1)$$

亚硝酸很不稳定,即使在常温下也可分解产生亚硝基 (O═N—)

$$3HNO_2 \longleftrightarrow H^+ + NO_3^- + 2NO + H_2O \quad (2)$$

分解产生的亚硝基会很快地与肌红蛋白(Mb)反应生成鲜艳的、亮红色的亚硝基肌红蛋白(MbNO),从而达到护色的效果。其反应式为:

$$Mb + NO \longleftrightarrow MbNO \quad (3)$$

亚硝基肌红蛋白遇热后,释放出巯基(—SH)变成了具有鲜红色的亚硝基血色原,由式(2)可知亚硝酸分解生成的 NO 在含水体系中并有氧气存在的前提下最终亦能形成少量的硝酸,其反应式为:

$$2NO + O_2 = 2NO_2 \quad (4)$$

$$2NO_2 + H_2O \longrightarrow HNO_3 + HNO_2 \quad (5)$$

硝酸是强氧化剂,即使肉类中含有类似于巯基(—SH)的还原性物质,也无法阻止部分肌红蛋白被氧化成高铁肌红蛋白。同时能够氧化 NO,抑制了亚硝基肌红蛋白的生成。因而在使用硝酸盐与亚硝酸盐类的同时常使用 *L*-抗坏血酸钠、*L*-抗坏血酸、异抗坏血酸及其钠盐等还原性物质来防止肌红蛋白的氧化,同时它们还可以把氧化型的褐色高铁肌红蛋白还原为紫红色的还原型肌红蛋白,进而再与亚硝基结合以助发色。若 *L*-抗坏血酸与烟酰胺并用,则发色效果更好,保持长时间不褪色。其反应路线见图 6-2。

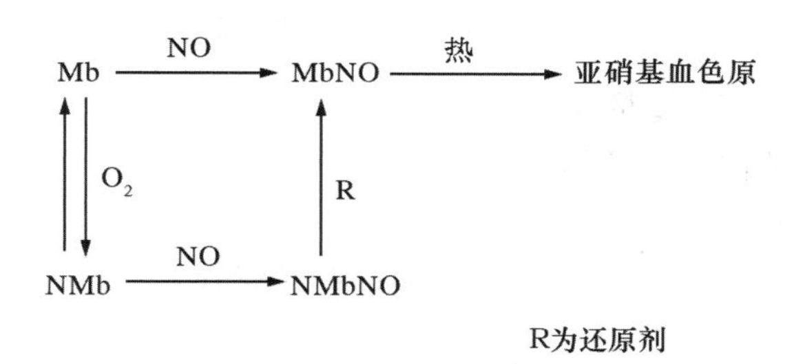

图 6-2 腌制肉的血红色素反应

6.2 食品护色剂

6.2.1 亚硝酸钠、亚硝酸钾

1. 亚硝酸钠

分子式 $NaNO_2$，相对分子质量 69.00。它是食品加工中最常用的护色剂。

性状与性能：亚硝酸钠为无色或微带黄色结晶，味微咸，易潮解，水溶液呈碱性。在乙醇中微溶。因外观、口味均与食盐相似，使用过程特别需要注意防止因误食而引起中毒。虽然硝酸盐和亚硝酸盐的使用受到了很大的限制，但至今国内外仍在继续使用，其原因是亚硝酸盐对保持腌制肉制品的色、香、味有特殊作用，迄今未发现理想的替代品。更主要的原因是亚硝酸盐对肉毒梭状芽孢杆菌的特殊抑制作用。

(1)发色作用　为使肉制品呈鲜艳的红色，在加工过程中多添加硝酸盐(钠或钾)或亚硝酸盐。

(2)抑菌作用　亚硝酸盐类物质对抑制微生物的增殖有着特殊作用。研究表明：150～200 mg/kg 的亚硝酸盐可显著抑制罐装碎肉和腌肉中梭状芽孢杆菌的生长，尤其是肉毒梭状芽孢杆菌。pH 在 5.0～5.5 时，亚硝酸盐比其在较高的 pH(6.5 以上)时能更有效地抑制肉毒梭状芽孢杆菌。亚硝酸盐抑菌机制迄今为止仍不十分清楚，但有人认为在缺氧条件下，亚硝酸与巯基作用生成了微生物不能代谢的化合物。在水中含有 0.1%～1%的亚硝酸盐可以看到其明显的作用。亚硝酸盐与食盐并用时其抑菌作用将增强。

(3)提高腌肉的风味　亚硝酸盐的另一个应用是能够增强腌肉制品的风味，研究结果和感官评定也表明亚硝酸盐可通过抗氧化作用对腌肉风味产生影响。气相色谱分析显示，发色处理后肉中的一些挥发性风味物质明显增多。

安全性：小鼠经口 LD_{50} 为 0.22 g/kg。人中毒量为 0.3～0.5g，致死量 3 g。FAO/WHO(1994)规定，ADI 值暂定为 0～0.2 mg/kg(以亚硝酸钠计亚硝酸盐总量)。

亚硝酸钠在众多食品添加剂中是急性且毒性较强的物质之一。当人体大量摄取亚硝酸盐(一次性摄入 0.3 g 以上)进入血液后，可使正常的血红蛋白(Fe^{2+})变成高铁血红蛋白(Fe^{3+})，失去携氧的能力，导致组织缺氧，在 0.5～1 h 内，产生头晕、呕吐、全身乏力、心悸、皮肤发紫、严重时呼吸困难、血压下降甚至于昏迷、抽搐而衰竭死亡。

2. 亚硝酸钾

分子式 KNO_2，相对分子质量 85.10。

性状与性能：白色或微黄色晶体或棒状体，极易溶于水，也有很强的吸湿性。在潮湿空气中可缓慢转变成硝酸钾。

安全性：比亚硝酸钠略大。ADI 值暂定和亚硝酸钠相同。

使用：按我国《食品安全国家标准　食品添加剂使用标准》(GB 2760—2014)规定，亚硝酸钾可用于腌腊肉制品类(如咸肉、腊肉、板鸭、中式火腿、腊肠等)，酱卤肉制品类，熏、烧、烤肉类，油炸肉类，肉灌肠类，发酵肉制品类，肉类罐头，最大量均为 0.15 g/kg。其残留量≤30 mg/kg。

6.2.2　硝酸钠、硝酸钾

1. 硝酸钠

分子式 $NaNO_3$，相对分子质量为 85.00。

性状与性能：硝酸钠为无色结晶或白色结晶，有时为带有浅灰色或浅黄色的粉末，具一定的咸味并有苦味，易吸湿。在常温下溶解度很高，可达 90%以上，10%的水溶液呈中性。硝酸钠在肉制品中受细菌作用，发生还原转变成亚硝酸钠，从而起到相同于亚硝酸钠对肉类的发色作用，尤其在微酸性条件下更容易与肉中的肌红蛋白作用而发色。通常硝酸钠主要与亚硝酸钠复配使用，可使 NO 生成不致过快，维持不间断地完成 NO-肌红蛋白反应，有效地发挥效果。但也有实验证明，在午餐肉罐头中，仅用亚硝酸盐比硝酸盐与亚硝酸盐复配使用的安全性高，而产品质量并未降低。

安全性：大鼠经口 LD_{50} 为 1.1～2.0 g/kg。FAO/WHO(1994)规定，ADI 值为 0～5 mg/kg(以硝酸钠计的硝酸盐总量)，硝酸盐的毒性作用主要是它在食物中、水中或在胃肠道内，尤其是在婴幼儿的胃肠道内被还原成亚硝酸盐所致。

2. 硝酸钾

又名土硝、硝石、盐硝或火硝，分子式 KNO_3，相对分子质量 101.10。

性状与性能：硝酸钾为无色透明结晶或白色的结晶状粉末，味咸，稍有吸湿性，易溶于水。25℃时溶解度为 38%。其可代替硝酸钠，作为混合盐的成分之一，用于肉类腌制。

安全性：大鼠经口 LD_{50} 为 3.2 g/kg。FAO/WHO(1994)规定，ADI 值为 0～5 mg/kg(以硝酸钠计的硝酸盐总量)，在硝酸盐中，硝酸钾的毒性较强，此外其所含的钾离子对人体心脏有影响。

使用：按照我国《食品安全国家标准　食品添加剂使用标准》(GB 2760—2014)规定，硝酸钠和硝酸钾可用于腌腊肉制品类(如咸肉、腊肉、板鸭、中式火腿、腊肠等)，酱卤肉制品类，熏、烧、烤肉类，油炸肉类，西式火腿(熏烤、烟熏、蒸煮火腿)类，肉灌肠类，发酵肉制品类，最大使用量为 0.5 g/kg，残留量以亚硝酸钠(钾)计，肉制品中残留量≤30 mg/kg。

硝酸钠、硝酸钾也可作防腐剂。

硝酸钠、硝酸钾系危险品，与有机物等接触即着火燃烧或爆炸。应注意防火。贮存时要密封保存。

6.3 食品护色助剂

在使用护色剂的同时，还常常加入一些能促进护色剂作用的物质称为发色助剂或护色助剂。其与护色剂配合使用可以显著提高护色效果，并可降低护色剂的用量而提高其安全性。发色助剂本身无色，也不能与肌红蛋白结合而起到直接发色作用，但它们能消除硝酸的形成，把高价铁离子还原为2价铁离子，加快发色剂的发色过程，并使产生的亚硝基肌红蛋白保持稳定不被破坏。在肉类腌制品中最常使用的护色剂是硝酸盐及亚硝酸盐，护色助剂为*L*-抗坏血酸、*L*-抗坏血酸钠及烟酰胺等。

1. *L*-抗坏血酸

L-抗坏血酸由于其独特的作用，在肉制品生产中越来越受到重视，是良好的护色助剂。其助护色机理主要是通过它的还原性而实现的。*L*-抗坏血酸既可以促进腌制肉制品发色，同时可抑制氧化酸败，又可以阻断亚硝胺的形成，降低产品中亚硝基的残留。广泛应用于火腿肠、肉制品罐头、香肠、酱肉等多种肉制品中。

2. 乙基麦芽酚

乙基麦芽酚是一种人们公认的安全、可靠、用量少、效果显著的食品添加剂。可以与肌红蛋白中的铁原子结合，不仅可以防止肌红蛋白的氧化、降解，促使大量的亚硝基与肌红蛋白充分结合，从而减少亚硝酸盐的残留量，而且在不添加亚硝酸盐的状态下，在某个工序中加入乙基麦芽酚，配合使用铁盐，会呈现与使用亚硝酸盐相同的色泽，乙基麦芽酚最重要的化学性质就是遇铁离子变红紫色。配合使用的铁盐可以是葡萄糖酸铁、柠檬酸铁等有机铁盐，既达到发色的目的又增加了微量元素的含量。

3. 烟酰胺

烟酰胺又称尼克酰胺，是烟酸的酰胺化合物。属于B族维生素，是一种食品强化剂，同时也具有助发色作用。其作用机理为，在腌制过程中，烟酰胺与肌红蛋白结合生成稳定的烟酰胺肌红蛋白，呈现出类似亚硝基肌红蛋白的红色，具有很好的助色作用。由于烟酰胺对pH不敏感，难于被氧化。所以在肉类制品的腌制过程中添加适量的烟酰胺，可以防止肌红蛋白在从亚硝酸到生成亚硝基期间的氧化变色。如果在肉类腌制过程中与*L*-抗坏血酸同时使用，则护色效果更佳，成品的颜色对光的稳定性要更好，并能长时间保持色泽的稳定。其添加量为0.01%～0.02%。在腌制或搅拌时添加，也可把原料肉浸渍在这些物质的0.02%的水溶液中。

4. 葡萄糖-*δ*-内酯

葡萄糖-*δ*-内酯（简称GDL或内酯）又称葡萄糖酸内酯，是由葡萄糖氧化成葡萄糖酸或其盐类，经纯化脱盐、脱色、浓缩、结晶而制得，是一种多功能食品添加剂。葡萄糖-*δ*-内酯在含水食品环境中能缓慢水解生成葡萄糖酸，使肉类腌制时处于酸性还原环境，促进亚硝酸盐向亚硝酸转化，利于亚硝基肌红蛋白的生成。因此，将葡萄糖-*δ*-内酯用于午餐肉和碎猪肉罐头，可增加发色剂的效果，从而降低毒性较大的亚硝酸盐的用量，同时GDL还具有乳化、防腐等作用。

5. 柠檬酸

柠檬酸是一种还原剂，具有较强的抗氧化作用，可以作为发色助剂广泛应用于肉品中，来改善肉品的色泽。研究发现，柠檬酸单独作用不强，但是作为食品中常用的抗氧化剂和发色助剂，能与*L*-抗坏血酸、亚硝酸钠、烟酰胺产生较强的协同作用。

6.4 食品护色剂的安全性

亚硝酸钠是一种传统的发色剂，主要应用于肉制品中，对微生物繁殖有一定抑制作用，尤其是肉毒梭状芽孢杆菌，但亚硝酸与蛋白质代谢的中间产物——仲胺反应生成亚硝胺。

亚硝胺是一类具有相当毒性的N-亚硝基衍生物，亚硝胺能由第二或第三胺与大多数食品中的活性亚硝化试剂——N_2O_3作用而生成，反应式如下：

$$R_2NH + N_2O_3 \longrightarrow R_2N \cdot NO + HNO_3$$
$$R_2N + N_2O_3 \longrightarrow R_2N \cdot NO + R$$

经过腌制加工的肉、鱼产品含有相当量亚硝胺，现有资料表明，通常亚硝胺含量在$(10 \sim 40) \times 10^{-9}$。在大多数情况下，二甲基亚硝胺是主要化合物，也检测到其他种类亚硝胺的存在。有资料表明，在已检测的100种以上的N-亚硝基化合物中，约80%对实验动物的一种或多种组织有致癌作用。由于其安全性问题使其应用受到限制，为了降低亚硝酸根的残留量，以减少亚硝胺形成的可能，国内外都在寻找理想替代品。已使用的替代品有两类：一类是替代亚硝酸盐的添加剂，由护色剂、抗氧化剂、多价螯合剂和抑菌剂组成。护色剂用的是赤藓红，抗氧化剂、多价螯合剂用的是磷酸盐、多聚磷酸盐，抑菌剂为对羟基苯甲酸和山梨酸及其盐类。如单纯从发色角度考虑，在产品中添加少量的天然色素，如红曲色素、甜菜色素能够替代一部分硝酸盐和亚硝酸盐的发色，从而减少护色剂的使用量，降低亚硝胺的水平。另一类是在常规亚硝酸盐浓度下阻断亚硝胺形成的添加剂。抗坏血酸能与亚硝酸盐作用而减少亚硝胺的形成。研究则表明，像抗坏血酸钠和异抗坏血酸钠这样的还原剂与亚硝酸盐有高度的亲和力，在食品加工中乃至于机体内能防止亚硝化作用，从而几乎能完全抑制亚硝基化合物的生成。由于亚硝胺亦可在脂肪中生成，而抗坏血酸钠不溶于脂肪，作用有限，维生素E可溶于脂肪，维生素E还有阻抑亚硝胺生成的作用，在肉中添加0.5 g/kg即可有效(其在浸渍液中不溶，可加入乳化剂溶解后应用，或均匀喷洒)。另外，山梨酸、山梨酸醇、鞣酸等也可抑制亚硝胺的形成。另有报告称在亚硝酸和二甲胺的混合物水溶液中添加氨基酸，发现氨基酸呈中性和酸性时则完全可以阻止二甲基亚硝胺的生成。

6.5 食品护色剂使用注意事项

从食品安全卫生角度出发，对食品护色剂的使用问题应予以高度重视，在使用中应注意到如下几点：

(1)在肉制品加工中应严格控制护色剂的使用量。我国规定在午餐肉等肉类食品中亚硝酸钠的添加量为0.15 g/kg，成品中亚硝酸钠残留量不超过50 mg/kg，并且规定了在肉类罐头中不得使用硝酸钠。

(2)一般与护色助剂共同使用。一方面可以提高护色效果,改善产品色泽;另一方面可适当降低硝酸盐或亚硝酸盐的添加量,减少最终有毒物质亚硝胺在人体体内的积累。

(3)充分混合均匀。

(4)防止误食中毒。由于硝酸盐和亚硝酸盐的外观、口味均与食盐相似,所以必须防止误食引起中毒。

思考题

1. 什么是食品护色剂?
2. 食品护色剂在肉制品加工中的主要功能包括哪些?
3. 维生素 C 在肉类腌制加工中主要有什么作用?

第 6 章思考题答案

参考文献

[1] 食品安全国家标准　食品添加剂使用标准:GB 2760—2014[S]. 北京:中国标准出版社,2014.
[2] 郝利平,聂乾忠,周爱梅,等,食品添加剂[M]. 北京:中国农业大学出版社,2016.
[3] 顾立众,吴君艳. 食品添加剂应用技术[M]. 北京:化学工业出版社,2018.
[4] 周光宏. 肉品学[M]. 北京:中国农业科技出版社,1999.
[5] 刘学军,张凤清. 食品添加剂[M]. 吉林:科学技术出版社,2004.
[6] 高彦祥. 食品添加剂[M]. 北京:中国轻工业出版社,2001.
[7] 凌关庭. 食品添加剂手册[M]. 北京:化学工业出版社,2008.
[8] 刘志皋,高彦祥. 食品添加剂基础[M]. 北京:中国轻工业出版社,2008.
[9] 刘钟栋. 食品添加剂原理及应用技术[M]. 北京:中国轻工业出版社,2001.
[10] 彭珊珊,石燕,靳桂敏,等. 食品添加剂知多少[M]. 北京:中国轻工业出版社,2006.
[11] 胡国华. 食品添加剂应用基础[M]. 北京:化学工业出版社,2005.
[12] 姚焕章. 食品添加剂[M]. 北京:中国物资出版社,2001.
[13] 汪建军. 食品添加剂应用技术[M]. 北京:科学出版社,2010.
[14] 侯振建. 食品添加剂及其应用技术[M]. 北京:化学工业出版社,2008.
[15] MacDougall D B. Colour in food: improving quality. Woodhead Publishing,2002.

第7章 食品漂白剂

【学习目的和要求】

了解食品漂白剂的定义，熟悉食品漂白剂的作用机理，掌握亚硫酸盐类漂白剂的特性、主要作用与使用方法及使用注意事项。

【学习重点】

常用食品漂白剂的性状、漂白特性和使用方法。

【学习难点】

食品漂白剂的漂白机理。

漂白剂在食品加工中的作用不可小觑，不仅能去掉食品加工中产生的晦暗、令人不愉快的颜色，而且能使产品具有整齐划一的色彩，从而提高产品质量。

食品漂白剂是指能破坏或抑制食品的发色因素，使食品中色素褪色或避免褐变的食品添加剂。按照作用方式分为氧化型漂白剂和还原型漂白剂两类。

7.1 氧化型漂白剂

氧化型漂白剂是使色素氧化分解进而褪色起到漂白作用的。食品经过漂白后，即使再暴露于空气中也不会被氧化显色。但是氧化型漂白剂会不同程度破坏食品的营养成分，残留量也比较大，另外，有些色素并不受氧化型漂白剂的作用，有些则是经过氧化后仍不能达到漂白的目的。因此，这种类型的漂白剂只能在特殊情况下使用。

面粉中常含有类胡萝卜素色素等不饱和脂溶性天然色素，所以略带颜色，不是很白。一般都采用氧化型漂白剂处理。有时为了改善面粉的加工性质，将其放置一段时间，使面粉中所含的氧或空气中的氧把硫氢基化合物等破坏，即为熟成作用。为了缩短熟成时间，一般也使用氧化型漂白剂，也称面粉改良剂或面粉处理剂。常用的面粉改良剂是过氧化苯甲酰。

过氧化苯甲酰

过氧化苯甲酰($C_{14}H_{10}O_4$)为白色结晶或结晶性粉末，微有苦杏仁气味。可溶于乙醚、氯仿、苯，不溶于水。当受热、摩擦、强烈振动有爆炸的危险，所以在使用时需特别小心。其优点是漂白性能好，漂白后不容易再显色，漂白速度也快，还能提高产率。如用于面粉中仅需1～2 d，就能起到很好的漂白效果，且在满足面粉色泽标准的前提下，出粉率能提高2%～3%。另外，漂白作用后生成的苯甲酸还具有防腐、杀菌作用。其缺点是造成维生素E、维生素K的氧化，还会破坏维生素A原。

过氧化苯甲酰已经安全性评估，ADI为0～40 mg/kg(特殊条件下40～75 mg/kg)。

我国规定，过氧化苯甲酰作为面粉改良剂用于面粉中的最大使用量为0.3 g/kg。使用时一般控制在0.06 g/kg以下，因为用量过多面粉中的维生素B_1会被破坏掉。

过氧化苯甲酰因活性强且具有爆炸性故很少单独使用。一般用碳酸钙、磷酸钙、硫酸钾等不溶性盐或淀粉、滑石粉、皂土等将其稀释至20%左右使用。

7.2 还原型漂白剂

还原型漂白剂是使色素还原进而褪色起到漂白作用的。但是，当还原型漂白剂耗用殆尽时，色素物质还可能被氧化重新显色。一般还原型漂白剂对植物性食品比较有效，其中花青素(红或紫)褪色最明显，类胡萝卜素(黄)褪色较明显，叶绿素(绿)褪色不明显。

常用的还原型漂白剂是亚硫酸及其盐类，包括：二氧化硫、硫黄、亚硫酸钠、低亚硫酸钠、焦亚硫酸钠和亚硫酸氢钠等。

1. 二氧化硫

二氧化硫(SO_2)无色气体，有强烈刺激性气味。溶于乙醚、乙醇和水。二氧化硫可漂白品红溶液,加热后品红颜色还原。漂白原理是二氧化硫与品红反应破坏了品红中对醌式结构,生成无色的不稳定化合物,加热时,该化合物分解又恢复原色。所以,二氧化硫漂白又叫暂时性漂白。

二氧化硫对食品有漂白作用,能使食品光亮、洁白,具有良好的外观色泽。另外,还能延长食品货架期,是食品加工中常用的漂白剂和防腐剂。

JECFA 对二氧化硫进行了安全性评估,ADI 为 0～0.7 mg/kg。

CODEX STAN 212—1999 对食糖中的二氧化硫有限量要求,白砂糖中二氧化硫残留量应≤15 mg/kg。

我国规定,二氧化硫用于葡萄酒和果酒,最大使用量 0.25 g/kg,残留量不得超过 0.05 g/kg。EEC-HACSG 建议不能用于儿童食品。FDA,182.3862(2000):不得用于肉类及维生素 B 源食品。

2. 硫黄

硫黄为淡黄色或黄色粉末、颗粒或块状,微溶于乙醚、乙醇,不溶于水,易燃。食品工业中作漂白、防腐、杀虫等熏蒸用。

熏硫就是燃烧硫黄产生二氧化硫,可使果片表面细胞破坏,促进干燥,同时由于其还原作用,破坏了酶的氧化系统,阻止氧化作用,使果实中的单宁物质不致被氧化而变成棕褐色。对于果脯来说,熏硫使产品保持半透明状浅黄色或金黄色,增加了对消费者的吸引力。熏硫还可保留果实中的维生素 C,防止日晒时的发酵,抑制细菌。

需要熏硫的食品应成片以增加熏硫时的接触面积。硫黄用量一般是 1～4 g/kg。熏硫室中二氧化硫浓度一般为 1%～2%,最高可达到 3%。熏硫温度过高,硫黄会直接升华,附着在食品表面,导致食品呈黄色并且有很重的硫黄味,所以需要掌握合适的温度。熏硫时间 30～50 min,最长可达到 3 h。熏硫室要密闭,但要求通风良好。一般二氧化硫在车间空气中的最高容许浓度是 15 mg/m^3。

我国规定仅限于食糖、粉丝、干果、干菜和蜜饯的熏蒸,不能直接加入食品中。残留量以 SO_2 计,食糖、粉丝、饼干、罐头不得超过 0.05 g/kg;竹笋、蘑菇不得超过 0.025 g/kg;赤砂糖不得超过 0.1 g/kg。

3. 亚硫酸钠

亚硫酸钠(Na_2SO_3)无色,单斜晶体或粉末。易溶于水,水溶液呈碱性,不溶于乙醇。对食品有漂白作用,对植物性食品内的氧化酶有强烈的抑制作用。食品工业用作漂白剂、疏松剂、防腐剂、抗氧化剂。生产脱水蔬菜时用作还原剂。

亚硫酸钠在食品加工过程中,大部分分解生成二氧化硫散失掉,残存少量的二氧化硫进入人体后由解毒途径排出体外。因此,在食品中使用亚硫酸钠是比较安全的。LD_{50}(大鼠,静脉)为 0.115 g/kg,ADI 为 0～0.7 mg/kg(二氧化硫和亚硫酸盐总量,以 SO_2 计)。

我国规定:可用于蜜饯,最大使用量为 2.0 g/kg;也可用于食糖、冰糖、饴糖、糖果、葡萄糖、液体葡萄糖、竹笋、蘑菇罐头、蘑菇、葡萄和黑加仑浓缩汁,最大使用量 0.60 g/kg。竹笋、蘑菇罐头、蘑菇、蜜饯、葡萄和黑加仑浓缩汁的残留量(以 SO_2 计)≤0.05 g/kg;饼干、食糖、粉丝的残留量小于 0.1 g/kg;液体葡萄糖的残留量不得超过 0.2 g/kg。

亚硫酸钠的使用有浸渍法和添加法两种。浸渍法是将需要漂白的果实或蔬菜浸在0.2%～0.6%的亚硫酸钠溶液中，再干制，可以防止褐变。添加法是在果汁中添加0.05%的亚硫酸钠，防止果汁颜色变化。如樱桃，色泽鲜红，受大多数人的喜爱，但采摘后的果实颜色不一，有的鲜艳，有的色淡，为了产品的颜色均一，一般先把樱桃漂白，然后再重新染色。实际生产染色樱桃的漂白液中亚硫酸钠7.7 kg、乙酸2.7 kg、氯化钙3.2 kg、水380 kg，配成溶液的pH需调至3.5以上。

4. 低亚硫酸钠(保险粉)

低亚硫酸钠($Na_2S_2O_4$)俗称保险粉，又称连二亚硫酸钠。是一种白色至灰白色结晶性粉末，无臭或稍有二氧化硫特异臭。易溶于水，不溶于乙醇。极不稳定，易氧化分解，受潮或置于空气中会失效，并可能燃烧。本品是亚硫酸盐漂白剂中还原、漂白力最强的。

LD_{50}(兔，口服)为600～700 mg/kg(以SO_2计)，ADI为0～0.7 mg/kg(二氧化硫和亚硫酸盐总量，以SO_2计)(FAO/WHO，1986)。

我国规定：低亚硫酸钠的使用范围同亚硫酸钠，最大用量0.40 g/kg；残留量的规定也同亚硫酸钠；生产冰糖时多在溶糖时一次加入，用量在0.28～0.3 g/kg，成品SO_2残留量不超过0.01～0.015 g/kg。

5. 焦亚硫酸钠

焦亚硫酸钠($Na_2S_2O_5$)别名偏重亚硫酸钠，白色或微黄色结晶性粉末或小结晶，贮存日久色渐变黄。有亚硫酸气味，溶于水，水溶液呈酸性，溶于甘油，微溶于乙醇。置于空气中易氧化成硫酸钠，与强酸接触放出二氧化硫而生成相应的盐类。在食品加工中作防腐剂、漂白剂、疏松剂、抗氧化剂、护色剂及保鲜剂。

焦亚硫酸钠有强还原性，作用与亚硫酸钠相似，适用范围同亚硫酸钠，最大使用量为0.45 g/kg。残留量也同亚硫酸钠。

焦亚硫酸钠价格低，臭味小，常用于水果、蔬菜的漂白。如蘑菇护色多用本品溶液，处理后的蘑菇色泽和风味俱佳。但焦亚硫酸钠的使用范围不包括面制品。

6. 亚硫酸氢钠

亚硫酸氢钠($NaHSO_3$)别名酸式亚硫酸钠、重亚硫酸钠。白色结晶性粉末，有二氧化硫的气味。置于空气中失去部分二氧化硫氧化成硫酸盐。水溶液呈酸性。与焦亚硫酸钠呈可逆反应，商品中常含有各种比例的焦亚硫酸钠。食品级产品用作漂白剂、防腐剂、抗氧化剂。

低毒，LD_{50}(大鼠，经口)2.0 g/kg。

我国规定：亚硫酸氢钠的使用范围同亚硫酸钠，最大使用量为0.45 g/kg；残留量也同亚硫酸钠。

7.3 亚硫酸盐的主要作用

1. 防止褐变和漂白作用

褐变是一种化学反应，指食品在加工过程中或长期贮存于湿热环境下，其所含的蛋白质、氨基酸等与还原糖反应生成褐色聚合物的现象。在一些食品加工过程中，适当的褐变是有利的，如咖啡、面包、酱油等；而在另一些食品加工中，褐变不仅会影响外观、风味，而且会降低营养价值，如水果、蔬菜等。因此，控制褐变反应有着重要的实际意义。

亚硫酸盐都能产生具有还原性的亚硫酸，亚硫酸被氧化时会将有色物质还原，而呈现强烈的防止褐变和漂白作用。

亚硫酸对氧化酶的活性有非常强的抑制作用，可以防止酶促褐变。因此，用这类漂白剂制作果脯、果干效果很好。

另外，亚硫酸能与葡萄糖等发生加成反应，可以防止羰氨反应造成的非酶褐变。亚硫酸与果蔬中糖的结合强弱顺序是：蔗糖＜果糖＜葡萄糖＜阿拉伯糖。且结合速度与 pH 有关，pH 越小结合速度越慢。

2. 抗氧化作用

亚硫酸的强还原性能消耗果蔬组织中的氧，并抑制氧化酶的活性，所以具有显著的抗氧化作用。可用于防止维生素 C 的氧化破坏。

3. 防腐作用

亚硫酸的强还原性能抑制好气性微生物的活动，消耗果蔬组织中的氧，并能抑制酶的活性。这与一般防腐剂的作用类似，所以亚硫酸具有防腐作用。

亚硫酸的防腐作用与 pH、温度、浓度和微生物的种类等有关。如 pH 3.5 以下，亚硫酸保持分子状态，不解离，从而很好地发挥防腐作用；在 pH 3.5 时二氧化硫含量为 0.03%～0.08%，能抑制微生物的增殖；在 pH 7.0 时二氧化硫含量达到 0.5%，但不能抑制微生物的增殖。所以，亚硫酸盐必须在酸性条件下应用。另外，亚硫酸的防腐作用随浓度提高而增强，提高温度也可以使其防腐作用增强。不过在实际应用时往往是在较低温度下贮藏，来防止二氧化硫的有效浓度降低。

我国规定：二氧化硫、焦亚硫酸钠、焦亚硫酸钾可用于果酒、葡萄酒的防腐，最大使用量为 0.25 g/kg，二氧化硫残留量不得超过 0.05 g/kg。

7.4　亚硫酸盐类漂白剂使用注意事项

(1)使用亚硫酸盐类漂白剂时应选择合适的对象，否则无意义。其主要用于果干、果酒、果汁、果酱、果脯、动物胶、糖品、菜干的漂白。不适用于鱼类食品，因为亚硫酸盐会破坏硫胺素。

(2)亚硫酸盐类溶液易分解失效，最好现配现用。

(3)尽量避免金属离子的干扰。因为金属离子能氧化亚硫酸，也能将已经褪色的物质氧化复色，所以生产过程中，注意不能混入铁、锡和铜等金属离子。另外，可以加入金属离子螯合剂植酸、EDTA 等除去食品或水中原有的金属离子。

(4)使用亚硫酸盐类时，首先要了解二氧化硫的含量(表 7-1)。然后做预实验，加入稍大于实际需要的量，再应用到生产中，最终推广到实际生产时也是这样。因为亚硫酸可能被空气中的氧所氧化，或是在食品中被破坏，所以，只有加入大于实际需要的量，才能保证漂白效果。但是需要注意亚硫酸盐类漂白剂的最大允许使用量范围(表7-2),即其残留在食品中的二氧化硫应在允许范围之内。

表7-1　一些物质有效二氧化硫的含量

名称	分子式	含量/%
液态二氧化硫	SO_2	100
亚硫酸(6%)	H_2SO_3	6.0
亚硫酸钠	$Na_2SO_3 \cdot H_2O$	25.42
无水亚硫酸钠	Na_2SO_3	50.84
亚硫酸氢钠	$NaHSO_3$	61.59
焦亚硫酸钠	$Na_2S_2O_5$	57.65
低亚硫酸钠	$Na_2S_2O_4$	73.56

表7-2　亚硫酸盐类漂白剂的最大允许使用量

序号	食品名称	功能描述	最大使用量(以 SO_2 残留量计)/(g/kg)
1	经表面处理的鲜水果	抗氧化剂、漂白剂、防腐剂	0.05
2	水果干类	抗氧化剂、漂白剂、防腐剂	0.1
3	蜜饯凉果	抗氧化剂、漂白剂、防腐剂	0.35
4	干制蔬菜(仅限脱水马铃薯)	抗氧化剂、漂白剂、防腐剂	0.4
5	干制蔬菜	抗氧化剂、漂白剂、防腐剂	0.2
6	盐渍的蔬菜	抗氧化剂、漂白剂、防腐剂	0.05
7	蔬菜罐头(仅限竹笋、酸菜)	抗氧化剂、漂白剂、防腐剂	0.05
8	食用菌和藻类罐头(仅限蘑菇罐头)	抗氧化剂、漂白剂、防腐剂	0.05
9	腐竹类(包括腐竹、油皮)	抗氧化剂、漂白剂、防腐剂	0.2
10	可可制品、巧克力和巧克力制品(包括类巧克力和代巧克力)以及糖果	抗氧化剂、漂白剂、防腐剂	0.1
11	食用淀粉	抗氧化剂、漂白剂、防腐剂	0.03
12	粉丝、粉条	抗氧化剂、漂白剂、防腐剂	0.1
13	饼干	抗氧化剂、漂白剂、防腐剂	0.1
14	食糖	抗氧化剂、漂白剂、防腐剂	0.1
15	淀粉糖(果糖、葡萄糖、饴糖,部分转化糖,包括糖蜜等)	抗氧化剂、漂白剂、防腐剂	0.2
16	半固体复合调味料	抗氧化剂、漂白剂、防腐剂	0.05
17	葡萄酒	抗氧化剂、漂白剂、防腐剂	0.05
18	果酒	抗氧化剂、漂白剂、防腐剂	0.05
19	啤酒和麦芽饮料	抗氧化剂、漂白剂、防腐剂	0.01
20	果蔬汁(浆)	抗氧化剂、漂白剂、防腐剂	0.05(浓缩果蔬汁按浓缩倍数折算)

思考题

1. 什么是食品漂白剂？
2. 氧化型漂白剂和还原型漂白剂的漂白机理、应用范围有什么不同？
3. 亚硫酸盐类漂白剂除漂白功能外，还有什么作用？
4. 亚硫酸盐类漂白剂在应用过程中应该注意哪些方面？

第 7 章思考题答案

参考文献

[1] 江建军. 食品添加剂应用技术[M]. 北京：科学出版社，2010.
[2] 高雪丽. 食品添加剂[M]. 北京：中国科学技术出版社，2013.
[3] 郝利平，聂乾忠，周爱梅，等. 食品添加剂[M]. 北京：中国农业大学出版社，2016.
[4] 刘志皋，高彦祥，等. 食品添加剂基础[M]. 北京：中国轻工业出版社，1997.

第8章 食品增稠剂

【学习目的和要求】

熟悉食品增稠剂的概念、种类和分类，了解增稠剂的作用机理及增稠特性；深刻理解增稠剂在食品工业中的作用，理解影响增稠剂的作用因素；了解常用增稠剂的形状性能及安全性能，掌握其应用方法。

【学习重点】

食品增稠剂的概念、种类、分类及应用方法。

【学习难点】

增稠剂的作用机理及增稠特性，影响增稠剂的作用因素。

8.1 概述

8.1.1 增稠剂的概念与分类

1. 增稠剂的概念

增稠剂是指可以提高食品黏稠度或形成凝胶，从而改变食品的物理性状，赋予食品黏润、适宜的口感，并兼有乳化、稳定或使呈悬浮状态作用的物质。增稠剂主要用于改善和增加食品的黏稠度，保持流态食品、胶冻食品的色、香、味和稳定性，改善食品物理性状，并能使食品有润滑适口的感觉。增稠剂分子中含有许多亲水基团，如羟基、羧基、氨基和羧酸根等，能与水分子发生水化作用。增稠剂都是亲水性高分子化合物，也称水溶胶，水化后可以分子状态高度分散在水中，构成单相均匀分散体系。

2. 增稠剂的分类

按其来源可分为天然和化学合成(包括半合成)两大类。天然来源的增稠剂大多数是由植物、海藻或微生物提取的多糖类物质，如阿拉伯胶、卡拉胶、果胶、琼胶、海藻酸类、罗望子胶、甲壳素、黄蜀葵胶、亚麻籽胶、田菁胶、瓜尔胶、槐豆胶和黄原胶等。合成或半合成增稠剂有羧甲基纤维素钠、海藻酸丙二醇酯，以及近年来发展较快，种类繁多的变性淀粉，如羧甲基淀粉钠、羟丙基淀粉醚、淀粉磷酸酯钠、乙酰基二淀粉磷酸酯、磷酸化二淀粉磷酸酯、羟丙基二淀粉磷酸酯等。

按其离解性质可以分为离子型增稠剂和非离子型增稠剂。离子型增稠剂如海藻酸、羧甲基纤维素、黄原胶、卡拉胶等；非离子型增稠剂如淀粉、海藻酸丙二醇酯、羟丙基淀粉醚等。

按其化学结构可以分为多糖类增稠剂和多肽类增稠剂。大多数的增稠剂都属于多糖类增稠剂，而多肽类增稠剂较少，仅包括明胶、酪蛋白等。

我国增稠剂的生产开发近年来发展很快，目前允许使用的有 66 种，其中有 28 种被列在“可在各类食品中按生产需要适量使用的食品添加剂名单”中，如 α-环状糊精、阿拉伯胶、醋酸酯淀粉、瓜尔胶、果胶等。

8.1.2 增稠剂的作用机理

1. 纤维素类增稠剂

纤维素类增稠剂的增稠机理是疏水主链与周围水分子通过氢键缔合，提高了聚合物本身的流体体积，减少了颗粒自由活动的空间，从而提高了体系黏度。也可以通过分子链的缠绕实现黏度的提高，表现为在静态和低剪切下有高黏度，在高剪切下为低黏度。这是因为静态或低剪切速度时，纤维素分子链处于无序状态而使体系呈现高黏性；而在高剪切速度时，分子平行于流动方向做有序排列，易于相互滑动，所以体系黏度下降。

2. 聚丙烯酸类增稠剂

聚丙烯酸类增稠剂其增稠机理是增稠剂溶于水中，通过羧酸根离子的同性静电斥力，分子链由螺旋状伸展为棒状，从而提高了水相的黏度。另外它还通过在乳胶粒与颜料之间架桥形成网状结构，增加了体系的黏度。

3. 缔合型聚氨酯类增稠剂

这类增稠剂的分子结构中引入了亲水基团和疏水基团，使其呈现出一定的表面活性剂的性质。当它的水溶液浓度超过某一特定浓度时，形成胶束，胶束和聚合物粒子缔合形成网状结构，使体系黏度增加。另外，一个分子带几个胶束，降低了水分子的迁移性，使水相黏度也提高。这类增稠剂不仅对涂料的流变性产生影响，而且与相邻的乳胶粒子间存在相互作用，如果这个作用太强的话，容易引起乳胶分层。

8.1.3 增稠剂特性

1. 流变性

流变性是指对流体施加的剪切应力与剪切速率的变化关系。增稠剂的黏度随流速梯度增大而减小，当所施加的剪切力（如搅拌、泵压等）撤去以后黏度便恢复，这种现象被称之为“剪切变稀”，又被称之为“假塑性”。这种性质对于增稠剂的应用有非常好的促进作用，在食品加工过程中，施加一定的剪切力是必须的，而黏度相应的减小能够有效降低加工的难度，加工结束后的黏度恢复也可以确保其能够在产品货架期间发挥必要的作用。

2. 稳定性

增稠剂能使食品在冻结过程中生成的冰晶细微化，并包含大量微小气泡，使其结构细腻均匀，口感光滑，外观整洁。当增稠剂用于果酱、颗粒状食品、罐头、人造奶油及软饮料时，可使制品具有良好的黏稠度，将有机酸加入牛奶或发酵乳中，会引起乳蛋白的凝聚与沉淀，但加入增稠剂后，则能使酸奶制品形成均匀稳定的乳液。

3. 胶凝性

溶液由黏稠性流动流体形成不流动的半固体状物（三维网状结构），分散介质全部包含在网状结构中，这种现象叫胶凝性，所形成的半固体状物叫凝胶。当某一体系中溶有特定分子结构的增稠剂，浓度达到一定值，体系的组成也达到一定要求时，体系可形成凝胶。

形成凝胶的条件包括以下几种：①冷却热溶液。在保证胶凝浓度的条件下，有些增稠剂需先加热后冷却才可形成凝胶，如琼脂、卡拉胶、明胶、低甲氧基果胶等。②离子诱导。有些增稠剂需要在钙离子、镁离子等存在的条件下才可以形成凝胶，如海藻酸盐、低甲氧基果胶等；③增稠剂的协同作用。有些增稠剂如黄原胶和刺槐豆胶，虽然单独存在时并不能形成凝胶，但二者复配即可以形成凝胶。④加糖加酸。有些增稠剂需要在高糖高酸的条件下才可以形成凝胶，这是一种比较特殊的凝胶条件，如高甲氧基果胶，这种增稠剂在可溶性糖含量高于 60%，且 pH 在 2.6～3.4 范围才可以形成凝胶。

有些增稠剂形成的凝胶属于热可逆性的，即在降低温度时可以形成凝胶，当升高温度时凝胶可以重新变成液体，如琼脂、卡拉胶、明胶和低甲氧基果胶等。这类凝胶在胶凝现象最初出现时的温度称为“凝固点”，凝胶加热到一定温度时开始熔化，熔化时的温度称为“熔点”，一般来说，熔点的温度要高于凝固点。也有些增稠剂形成的凝胶属于热不可逆性，即一旦形成凝胶，即使升高温度也不会再次熔化，如高甲氧基果胶。生产中可依据增稠剂的热可逆性及热不可逆性对所使用的增稠剂进行筛选。

8.1.4 增稠剂在食品加工中的作用

食品增稠剂是食品工业最重要的原料之一，它在食品加工中主要起稳定食品“形态”的作用，如悬浮稳定、泡沫稳定、乳化稳定等。此外，它可以改善食品的触感及加工食品的色、香、味和水相等的稳定性。

1. 稳定作用

食品增稠剂可使加工食品的组织趋于更稳定的状态，使食品内部组织不易变动，因而不易改变品质。在淀粉食品中具有防止老化作用；在冰激凌等食品中有防止冰晶生长的作用；在糖果制品中可防止结晶析出；在饮料、调味品和乳化香精中具有乳化稳定作用；在啤酒、汽酒中有泡沫稳定作用。

2. 增稠作用

食品增稠剂可提高食品静置状态下的黏稠度，使原料容易从容器中挤出，或更好地黏着在食品上，使食品有柔滑的口感。在鱼、肉糜等食品中可起到胶黏作用。用于果酱、颗粒状食品、各种罐头、软饮料及人造奶油等，可使制品具有令人满意的稠度。

3. 胶凝作用

胶凝性是指溶液由黏稠性流动流体形成不流动的半固体状物(三维网状结构)，分散介质全部包含在网状结构中，所形成的半固体状物叫凝胶。食品增稠剂是果冻、果酱、奶冻、啫喱、软糖、仿生食品等的胶凝剂和赋形剂。

4. 保水作用

由于一些增稠剂的强烈水化作用，在肉制品、面包、糕点等食品中能起到组织改良作用，可使水分不易挥发，既提高了出品率，又增加了口感。食品增稠剂具有成膜性，也具有保水作用，从而可被应用到食物保鲜中。

5. 凝聚澄清作用

增稠剂的凝聚澄清作用主要表现在可促进液体食品中的小颗粒果胶、果渣等成分沉淀，从而确保液体食品在较长货架期间保持清澈、透亮。例如，在果酒、啤酒、果醋等中残留的小颗粒植物性果胶成分，无法通过过滤的操作工艺有效地去除，尽管在初期这种残留所导致的浑浊、沉淀现象并不明显，但在较长时间的放置过程中，小颗粒的果胶成分会相互结合变大，从而显著影响产品的外观品质。

6. 发泡作用

增稠剂可以发泡，形成网络结构，由于其具有较大的分子结构，所形成的液膜黏性较大，泡沫稳定性较高。可以在蛋糕、面包等食品中作发泡剂，如明胶的发泡能力是鸡蛋的6倍。

7. 成膜、保鲜作用

增稠剂能在食品表面形成非常光润的薄膜，可以防止冰冻食品、固体粉末食品表面吸潮而引起品质下降。所形成的薄膜可以使果品、蔬菜保鲜，且具有较好的上光作用，例如明胶、琼脂、海藻酸等。

8. 对不良风味有掩盖作用

以β-环状糊精为例，由于其独有的“圆桶”状结构，可以对天然食品中存在的不良风味成分进行包埋、掩蔽，例如一些肉类中含有的腥、膻味等。但是，决不能利用增稠剂的这种作用对腐败变质的食品进行掩盖。

9. 膳食纤维作用

多糖类增稠剂不为人体消化吸收，能够促进肠道蠕动，有膳食纤维作用。因此，可以将增稠剂用于制作低热食品和助消化食品。利用增稠剂替代部分糖浆、蛋白质溶液等原料，能够有效降低食品的热量，同时有利于促进肠道的保健。目前在果酱、果冻、调料、点心、饼干、布丁中已经大量应用。

一些食品增稠剂在食品加工中也可作为保香剂、脱模剂等使用。增稠剂在食品中的主要作用见表8-1。

表8-1 增稠剂在食品中的作用

功能特征	用途	常用增稠剂
胶黏、包胶、成膜作用	焙烤食品、香肠、粉末固定香料及调味料	琼脂、角豆胶、鹿角藻胶、果胶、CMC、海藻酸钠
膨松、膨化作用	疗效食品、加工肉制品	阿拉伯胶、瓜尔豆胶
结晶控制	冰制品、糖浆	CMC、海藻酸钠
澄清作用	啤酒、果酒	琼脂、海藻酸钠、CMC、瓜尔豆胶
混浊作用	果汁、饮料	CMC、鹿角藻胶
乳化作用	饮料、调味品、香精	丙二醇藻蛋白酸酯
凝胶作用	布丁、甜点心、果冻、肉冻	海藻酸钠、果胶、琼脂
脱模、润滑作用	橡皮糖、糖衣、软糖	CMC、阿拉伯胶
保护性作用	乳、色素	松胶、CMC
稳定、悬浮作用	饮料、汽酒、啤酒、奶油、蛋黄酱等	丙二醇藻蛋白酸酯、鹿角藻胶、果胶、瓜尔豆胶
防缩剂	奶酪、冰冻食品	瓜尔豆胶等
发泡剂	糕点、甜食	CMC、果胶

另外，基于现有的亲水胶体，通过研究胶与胶、胶与其他食品成分相互之间的反应及协同作用等，又能获得针对不同体系及要求的各种“复配胶”，为用户提供了更丰富多样的选择。

8.1.5 影响增稠剂作用效果的因素

影响食品增稠剂黏度的因素是多方面的。增稠剂在体系中表现的黏度，首先取决于增稠剂的来源、结构、分子量和浓度，其次取决于体系的温度、pH、受剪切力作用的方向和大小、其他增稠剂或溶剂的存在和储存的时间等因素。

1. 结构、分子量与黏度的关系

通常，在溶液中容易形成网状结构或具有较多亲水基团的胶体，具有较高的黏度。因此，具有不同分子结构的增稠剂，即使在相同浓度和其他条件下，黏度也可能有较大的差别。

增稠剂的黏度与分子量密切相关，即分子量越大，黏度也越大。食品在生产和储存过程中黏度下降，其主要原因是增稠剂降解，分子量变小。不同来源的同一增稠剂，其分子量和分子结构均可能有所不同，故黏度也可能不同。即使来源相同的增稠剂，由于生产工艺的不同或生产条件的不稳定，黏度也可能有较大的差别。

2. 浓度与黏度的关系

随着浓度的增高，增稠剂分子占的体积增大，相互作用的概率增加，吸附的水分子增多，故黏度增大。

3. pH 和黏度的关系

增稠剂的黏度通常随 pH 发生变化，如海藻酸钠在 pH 5～10 时，黏度稳定，pH 小于 4.5 时，黏度明显增加(但在此条件下由于发生酸催化降解，造成黏度不稳定，故在接近中性条件下使用较好)。在 pH 为 2～3 时，藻酸丙二醇酯呈现最大的黏度，而海藻酸钠则沉淀析出。明胶在等电点时黏度最小，而 pH 变化对黄原胶(特别在少量盐存在时)黏度影响很小。

多糖类苷键的水解是在酸催化条件下进行的，故在强酸介质的食品中，直链的海藻酸钠和侧链较小的羧甲基纤维素钠等易发生降解造成黏度下降。所以在酸度较高的汽水、酸奶等食品中，宜选用侧链较大或较多，且位阻较大又不易发生水解的藻酸丙二醇酯和黄原胶等。而海藻酸钠和 CMC 等则宜在豆奶等接近中性的食品中使用。

4. 温度对黏度的影响

随着温度的升高，分子运动速度加快，一般溶液的黏度降低，如在通常使用条件下的海藻酸钠溶液，温度每升高 5～6℃，黏度就下降 12%。温度升高，化学反应速度加快，特别是在强酸条件下，大部分胶体水解速度大大加快。高分子胶体解聚时，黏度的下降是不可逆的。为避免黏度不可逆的下降，应尽量避免胶体溶液长时间高温受热。少量氯化钠存在时，黄原胶的黏度在－4～93℃范围内变化很小，这是增稠剂中的特例。位阻大的黄原胶和藻酸丙二醇酯，热稳定性较好。

5. 剪切力对增稠剂溶液黏度的影响

一定浓度的增稠剂溶液的黏度，会随搅拌、泵压等加工、传输手段而变化。一般来说，增稠剂的黏度会随着剪切力的增加而减小，剪切力撤去以后黏度会恢复。

6. 增稠剂的协同效应

增稠剂混合复配使用时，增稠剂之间会产生一种黏度叠加效应，这种叠加可以是增效，也可以是减效。例如，阿拉伯胶可降低黄原胶的黏度，这种作用属于减效。而当混合液体经过一定时间后，体系的黏度大于各自增稠剂单独使用黏度之和，这种作用就属于增效，例如，CMC 与明胶，卡拉胶、瓜尔豆胶和 CMC，琼脂与刺槐豆胶，黄原胶与刺槐豆胶等。

8.2 常用的食品增稠剂

8.2.1 天然增稠剂

8.2.1.1 来源于动物的增稠剂

1. 明胶

明胶(gelatin,gelatine),是由煮过的动物骨头、皮肤和筋腱制成,这些组织中含有的胶原蛋白经过部分水解后形成的多肽高聚物。明胶中蛋白质占82%以上,除色氨酸外,含有组成蛋白质的全部氨基酸,相对分子质量50 000～60 000。明胶是一种无脂肪的胶原高蛋白的水解产物,且不含胆固醇,是一种天然营养型的食品增稠剂。

性状与性能:为白色或浅黄褐色、半透明、微带光泽的脆片或粉末,有轻微臭味。不溶于冷水,但能吸收5倍量的冷水而膨胀软化。可溶于热水,冷却后形成凝胶。明胶的凝固力较弱,浓度在5%以下不能形成凝胶,浓度达到15%时形成的凝胶强度较好。明胶可溶于乙酸、甘油、丙二醇等多元醇的水溶液,不溶于乙醇、乙醚、氯仿及其他多数非极性有机溶剂。是两性胶体和两性电介质,其溶液黏度主要依其相对分子质量而不同。

安全性:明胶安全性较高,ADI无须规定,可以在各类食品中按照生产需要适量使用。

使用:我国标准规定明胶可用作增稠剂和澄清剂(加工助剂),用作增稠剂时可按生产需要适量使用于各类食品中,用作澄清剂时,主要用于果酒及葡萄酒的加工工艺当中。具体应用如下:

制造冰激凌,用明胶保护胶体以防止冰晶增大,使产品口感细腻,添加量为0.5%左右;酸奶、干酪等乳制品中加入量约0.25%,可防止水分析出,使质地细腻。

用于制造明胶甜食如软糖、奶糖、蛋白糖、巧克力等,加入量1%～3.5%,最高达12%。

制造午餐肉、咸牛肉等罐头食品广泛使用明胶,可与肉汁中的水结合,以保持产品外形、湿度和香味,用量为肉量的1%～5%。

此外尚可用作酱油的增稠和果酒澄清。

由于明胶本身具有起泡性,也有稳定泡沫的作用,尤其接近凝固温度时,起泡性更强。因此使用时先在冷水中浸泡,再加热溶解,或直接加入热水中高速搅拌。

2. 甲壳素

甲壳素又称为甲壳质,其化学名称为β-(1,4)-2-氨基-2-脱氧-D-葡聚糖,是虾、蟹等甲壳类动物的壳经稀酸脱钙、稀碱脱蛋白后制得。

性状与性能:白色至灰白色片状,无臭,无味,含氮约7.5%,是聚合度较小的一种几丁质,不溶于水、酸、碱和有机溶剂,但在水中经高速搅拌,能吸水胀润。在水中能产生比微晶纤维素更好的分散相,并具有较强的吸附脂肪的能力。甲壳素脱去分子中的乙酰基就转变为壳聚糖(chitosan),溶解性大为改善,常称之为可溶性甲壳素。

安全性:小鼠口服LD_{50}大于7 500 mg/(kg·bw),无致突变作用。

使用:我国标准规定甲壳素可用作增稠剂和稳定剂。用于啤酒和麦芽饮料,最大使用量为 0.4 g/kg;食醋,1.0 g/kg;氢化植物油、其他油脂或油脂制品(仅限植脂末)、冷冻饮品(03.04 食用冰除外)、坚果与籽类的泥(酱)、蛋黄酱、沙拉酱,2.0 g/kg;乳酸菌饮料,2.5 g/kg(固体饮料按稀释倍数增加使用量);果酱,5.0 g/kg。

甲壳素的溶解过程是一种成盐过程。在溶液中,由脱去乙酰基的甲壳素生成的盐在接近中性时有最大的黏度。当氢离子浓度增加,黏度随之降低,但降幅很小。溶解于酸中的甲壳素如果放置时间过长,黏度则降低,这是甲壳素在酸性条件下部分发生水解的缘故。

壳聚糖的水溶液与酒精混合,少量的酒精会使黏度降低。酒精浓度增加到60%以上,有凝胶生成;当酒精浓度超过 80%,会生成不易破坏的大块凝胶。壳聚糖的水溶液当加入氯化钠时,黏度有不同程度的下降,壳聚糖溶液中加入 1%氯化钠,可使黏度下降一半。壳聚糖溶于酸,当用碱中和时,会从水中析出。为加速溶解,不形成结块,应在高速搅拌下将甲壳素或壳聚糖缓缓加入水中。

壳聚糖的分子量决定其水溶液的黏度,分子量越高,黏度越大。同时分子量也影响其生理功能,据报道,相对分子量在 5 000～50 000 的甲壳素具有很好的降血脂功能,而当分子量下降到 2 000 以下时,这种功能便消失。

8.2.1.2　来源于植物的增稠剂

1. 琼脂

琼脂(agar),又名洋菜(agar-agar)、冻粉、琼胶、燕菜精、洋粉、寒天、大菜丝,为一种复杂的水溶性多糖类物质,是植物胶的一种,是由海产的石花菜或江篱(属红藻)经加热至溶化后,加以冷却凝固而成的海藻精华。

性状与性能:为半透明、白色至浅黄色的薄膜带状、碎片、颗粒或粉末,无臭或稍臭,口感黏滑,不溶于冷水,可溶于沸水,凝固温度 32～42℃,熔点 80～90℃,在凝胶状态下不降解、不水解,耐高温。含水时柔软而带有韧性,不易折断,干燥后发脆、易碎。在冷水中浸泡可以缓慢吸水软化,吸水量可以达到本身重量的 20 倍。在沸水中极易分散成溶胶。凝胶能力是琼脂的品质重要考量标准,一般来说,0.1%即可形成凝胶的品质为优,低于 0.4%可形成凝胶的品质中等,而 0.6%以上才可以形成凝胶的为较差的品质。

安全性:小鼠经口 LD_{50} 为 16 g/kg,大鼠经口 LD_{50} 为 11 g/kg,为一般公认安全物质,ADI 无须规定。

使用:我国标准规定琼脂可作为增稠剂按生产需要适量使用于各类食品中。具体应用如下:

在果汁饮料中,琼脂与刺槐豆胶、明胶相配合,在冷饮食品的质地和香味稳定性方面起到极优的效果,并能防止脱水收缩和表面结皮。

在制作冰激凌、奶酪和发酵乳制品时,一般的使用量在 0.05%～0.85%范围内,它可以赋予这些制品以优良的质地和口感。

在糖果生产中,琼脂凝胶软糖深受广大消费者的青睐,如无花果等水果琼脂软糖或果汁软糖,是价廉物美、销量可观的商品,质量好的琼脂用量一般为 1.5%,较差的用量一般在 2.0%以上。

用于多种焙烤食品中，如将琼脂用于曲奇饼、奶油夹心派的外壳或馅、含果仁的果冻、馅饼、糕饼甜心表层的酥皮、蛋白酥皮筒等，作为一种略起黏结作用的添加剂。琼脂也成功地用于面包和糕饼甜心中作为防干燥剂。一般来说，琼脂浓度为0.1%～1.0%时，对于蛋糕具有很好的保鲜性。

在禽类和肉类罐头中，琼脂可以添加其中作为胶凝剂和赋形剂，其用量为罐头中清汤的0.5%～2.0%，以消除罐头中食品组织发生脆碎的概率。琼脂具有更好的凝胶强度、更高的熔点以及耐热性，因此在类似产品中的使用效果要优于海藻酸钠和卡拉胶。琼脂也可作为家禽及其产品的保护涂层，这样可以较好地延长这些食品的保存期。

还可以作为明胶的代用品，替代明胶在各方面使用。其凝胶的高熔化温度可以改善明胶的熔融性能，其不易霉变的特性也是许多食品生产商愿意用它代替明胶的一个原因。

在素食食品和保健食品中确立了它的特殊地位。例如，它可以添加用于谷类食品（如麦片）、肉食代用品（如人造肉、素肉等）和素食者食用的甜食与点心中。

由于琼脂有很强的吸水性，使用前必须经过冷水充分浸泡和溶胀，通常浸泡12 h以上，以确保琼脂在沸水中迅速溶解，否则水分没有渗透到胶体中间，在加热溶化时即使煮沸很长时间也很难完全溶解。琼脂不宜与含有酸性的添加剂混合，否则会影响其使用效果。

2. 海藻酸钠

海藻酸钠又称藻酸铵、海藻胶或藻朊酸钠，由海藻提取，是β无水右旋甘露蜜醛酸钠的聚合物，相对分子质量3 200～25 000。

性状与性能：为白色至浅黄色纤维状或颗粒状粉末，几乎无臭，无味，溶于水形成黏稠状胶体溶液。具有吸湿性，不溶于乙醚、乙醇或氯仿等，其溶液呈中性。海藻酸钠易与金属离子结合，在pH 5～10时黏度稳定，pH降低至4.5及以下时，黏度增加，当达到3时，会产生不溶于水的海藻酸沉淀。海藻酸具有良好的复配性，与蛋白质、淀粉、明胶、阿拉伯胶、CMC等可以复配使用。

安全性：大鼠静脉注射LD_{50}为0.1 g/kg，经口LD_{50}大于5 g/kg；美国食品药品监督管理局将其列为一般公认安全物质。ADI无须规定。

使用：我国标准规定，海藻酸钠可作为增稠剂在各类食品中适量使用，在按生产需要适量使用的食品添加剂例外的食品类别名单中，除在其他糖和糖浆[如红糖、赤砂糖、冰片糖、原糖、果糖（蔗糖来源）、糖蜜、部分转化糖、槭树糖浆等]食品中海藻酸钠最大使用量规定为10.0 g/kg以外，在稀奶油、黄油和浓缩黄油、生湿面制品（如面条、饺子皮、馄饨皮、烧卖皮）、生干面制品、香辛料类、果蔬汁（浆）中均可按生产需要适量使用。具体应用如下：

作为冰激凌等冷饮食品的稳定剂。良好的稳定性能，可以阻止大冰晶和乳糖晶体的形成，阻止表面晶体化，使冰激凌等冷饮食品产生平滑的外观和口感。而且在储藏中不会变粗糙，在食用时又不会使人感觉到它的存在。海藻酸钠与牛乳中的钙离子作用生成海藻酸钙而形成均匀的凝胶，这是其他稳定剂所没有的特点，海藻酸钙可使冰激凌保持良好的形态，对防止容积收缩和组织沙化最为有效。

作为饼干、面包、蛋糕等的品质改良剂。用于生产饼干、蛋卷，主要是可减少其破碎率，产品外观光滑，防潮性好；用于生产面包、蛋糕，可使其膨胀，体积增大，质地酥松，减少切片时落下粒屑，还能防止老化，延长保藏期。在美国生产面包和蛋糕，海藻酸钠的加入量为0.3%～0.6%，而在我国有的厂家加入量为0.1%～0.15%。

可以增加米纸的拉力强度，提高透明性、光泽度和耐弯折性。米纸主要用于食品和医药工业，供包裹药物、糖果、糕点之用。海藻酸钠用于米纸加工可提高米纸薄膜的强度，加入0.5%的海藻酸钠能使薄膜强度提高13%，且透明度、光泽度良好，折之不易破裂，用它包装的糖果不易吸水发挥，比琼胶淀粉薄膜制作方便，成本低。

用作乳制品及饮料的稳定剂。应用海藻酸钠可形成稳定的冰冻牛乳，产品具有良好的口感，无黏感或僵硬感，在搅拌时有黏性，并有迟滞感。海藻酸钠还可防止酸奶产品在消毒过程中产生黏度下降现象。在牛奶中加入0.2%～2%的海藻酸钠，其制成品在75～92℃下放置30 d，其风味不变。可与卡拉胶复配适用于巧克力牛奶饮料中，可以使可可颗粒很好地悬浮在体系中，形成口感圆润、黏度均一的产品。

利用其成膜能力保鲜食品。把鱼、肉、家禽等食品在0.5%～2%的海藻酸钠溶液中浸过之后，再与氯化钙溶液作用，可生成一种可塑性薄膜，这种薄膜CO_2透过率高，氧气的透过率低，在冷冻储藏过程中可防止干耗，并能有效地抑制腐败微生物的繁殖，从而延长了食品的保质期。海藻酸盐也可用于禽蛋、柑橘和瓜类等的保鲜，在这些食品或原料的表面形成致密的保护层。

用于制造人造果品。海藻酸钠可被用来制作仿造果品，生产水果类似物，其产品具有良好的结构和逼真的形状。海藻酸钠与可溶性的钙盐共用时，迅速形成稳定性高、热不可逆的浆胶，可用来制造人造果品如仿生什锦樱桃、仿生葡萄、仿生桂圆、仿生草菇、小彩珠以及含有水果汁的冻胶产品。

在生产上使用海藻酸钠时一般采用高剪切溶解的方法，即在不停地高速搅拌下，缓缓地将胶粉添加到水中，连续搅拌直至成为浓稠的胶液。在溶解过程中适当加热，或在溶解前加入适量的砂糖等用于混合分散，也有助于海藻酸钠的溶解。

3. 果胶

果胶(pectin)是一组聚半乳糖醛酸，相对分子质量23 000～710 000。在适宜条件下其溶液能形成凝胶和部分发生甲氧基化(甲酯化，也就是形成甲醇酯)，其主要成分是部分甲酯化的α(1,4)-*D*-聚半乳糖醛酸。残留的羧基单元以游离酸的形式存在或形成铵、钾、钠和钙等盐。

性状与性能：为白色至淡黄褐色粉末，稍有异臭。在20倍水中溶解成黏稠体，不溶于乙醇和其他有机溶剂。甲氧基高于7%的果胶称为高甲氧基果胶(HMP)；低于7%的果胶称为低甲氧基果胶(LMP)。甲氧基含量越高，凝胶能力越强。HMP必须在含糖量大于60%、pH 2.6～3.4时才具有凝胶能力。而LMP只要有多价金属离子，例如钙、镁、铝等离子的存在，即可形成凝胶。

安全性：是从植物中提取出的天然食用增稠剂，对人体无毒无害，为一般公认安全物质，ADI值无须规定。

使用：我国标准规定果胶可作为增稠剂在各类食品中适量使用，用作乳化剂、稳定剂、增稠剂，在稀奶油、黄油和浓缩黄油、生湿面制品、生干面制品、其他糖和糖浆、香辛料中，可按生产需要适量使用，在果蔬汁中最大使用量为 3.0 g/kg。具体应用如下：

用于果酱、果冻的制作。在生产果冻时，若原料中的果胶含量不足，可以添加果胶添加剂进行补充，使用量一般在 0.2%以下。在一些低糖果酱的生产时，可以使用 0.6%左右的果胶。高甲氧基果胶主要用作带酸味的果酱、果冻、果胶软糖、糖果馅心以及乳酸菌饮料等的稳定剂。低甲氧基果胶主要用作一般的或低酸味的果酱、果冻、凝胶软糖，以及用作冷冻甜食、色拉调味酱、冰激凌、酸奶等的稳定剂。

用在乳饮料中，可以添加高甲氧基果胶，能较好地改善制品的稳定性和风味品质。对于酸奶及类似产品效果更好。在一些果汁与牛乳的复合产品中能够保持良好的稳定性，延长产品的保藏期。高甲氧基果胶的添加量一般在 0.05%～0.6%。

用在果蔬类及肉类罐头食品中，能够起到良好的稳定性。例如，在蘑菇、青豆、芦笋以及水果类罐头中添加量为 1%；在冷饮中添加量为 1%；在沙丁鱼罐头中添加量为 2%。

果胶必须完全溶解以避免形成不均匀的凝胶，为此需要一个高效率的混合器，并缓慢添加果胶粉，以避免果胶结块，否则极难溶解。用乙醇、甘油或砂糖糖浆湿润，或与 3 倍以上的砂糖混合，可提高果胶的溶解性。果胶在酸性溶液中比在碱性溶液中稳定。

4. 卡拉胶

卡拉胶(carrageenan)，又名鹿角藻胶、角叉胶，由红海藻提取而得。由半乳聚糖组成的多糖类物质组成，相对分子质量 150 000～200 000。卡拉胶是 *D*-吡喃半乳糖以 3,6-脱水半乳糖组成的高分子多糖类硫酸酯的钙、镁、钾、钠、铵盐根据分子中硫酸酯在吡喃糖环上的结合形态，所形成的 7 种主要类型，包括 λ-型、κ-型、ι-型、μ-型、υ-型等。目前主要使用的是前 3 种。

性状与性能：为白色或浅黄色粉末，无臭，无味，有的产品稍带海藻味。在热水或热牛奶中所有类型的卡拉胶都能溶解。在冷水中，λ-型卡拉胶溶解，κ-型和 ι-型卡拉胶的钠盐也能溶解，但 κ-型卡拉胶的钾盐或钙盐只能吸水膨胀而不能溶解。卡拉胶不溶于甲醇、乙醇、丙醇、异丙醇和丙酮等有机溶剂。水溶液具凝固性，所形成的凝胶为热可逆凝胶。值得注意的是，卡拉胶可以与蛋白质类物质发生相互作用，从而形成稳定胶体，这一特殊性质，是卡拉胶的一大独特性质。

卡拉胶用乙醇、甘油、砂糖糖浆湿润，或与 3 倍以上的砂糖混合，可提高溶解性。λ-型卡拉胶大部分能溶解于冷牛奶中，并增加其黏度，但 κ-型和 ι-型卡拉胶在冷牛奶中难溶解或不溶解。卡拉胶可与多种胶复配，有些多糖对卡拉胶的凝固性也有影响。如添加黄原胶可使卡拉胶凝胶更柔软、更黏稠和更具弹性；黄原胶与 ι-型卡拉胶复配可降低食品脱水收缩；κ-型卡拉胶与魔芋胶相互作用形成一种具有弹性的热可逆凝胶；加入槐豆胶可显著提高 κ-型卡拉胶的凝胶强度和弹性；玉米和小麦淀粉对它的凝胶强度也有所提高；羟甲基纤维素降低其凝胶强度；土豆淀粉和木薯淀粉对它无作用。

安全性：大鼠口服 LD_{50} 为 5.1～6.2 g/kg，为一般公认安全物质，ADI 无须规定。

使用：我国标准规定卡拉胶可作为增稠剂在各类食品中按生产需要适量使用。用作乳化剂、稳定剂和增稠剂，除在生干面制品中的最大使用量为 8.0 g/kg，在其他糖和糖浆[如红糖、赤砂糖、冰片糖、原糖、果糖(蔗糖来源)、糖蜜、部分转化糖、槭树糖浆等]中的最大使用量为 5.0 g/kg，在婴幼儿配方食品中最大使用量为 0.3 g/L(以即食状态食品中的使用量计)，其他食品生产可按需要适量使用。具体应用如下：

用于乳制品，能防止牛奶凝沉。不同类型的卡拉胶其稳定性能不同。对 α-酪蛋白、δ-酪蛋白的稳定效能为：λ-型，40%～50%；ι-型，92%～100%；κ-型，90%～100%。对巧克力牛奶可悬浮可可粉颗粒，防止脂肪分离。用于冰激凌，有控制溶化、稳定泡沫的作用。用于液体食物和早点快餐，有增稠和悬浮固体的作用。用于浓缩牛奶，在经高温短时消毒工艺后，可防止脂肪分离。用于加工奶酪，可防止脱液收缩，提高赋形性。用于婴儿牛奶，可防止脂肪和乳浆分离。

用于代乳制品。对冷冻发泡食品，有稳定泡沫、防止产生脂肪分离和脱液收缩现象的作用。对婴儿配方植物蛋白食品，可防止脂肪和乳浆分离。

用于果冻。可以作为一种很好的胶凝剂，在甜果冻(罐装、冷浆或粉剂)中使用。在此类食品中使用卡拉胶比使用明胶或果胶更加方便，例如，选用明胶制作的果冻，其凝固点和融化点较低，需要冰箱；使用果胶时，又需要加入较高浓度的糖和酸。

用于其他食品。在调味品中作赋形剂，使产品具有光泽；在血凝胶中作胶凝剂；在番茄调味剂中作赋形剂；在罐装风味小食品中，起胶凝和稳定脂肪作用；在肉制品中，作黏结剂，具有防止脱液收缩的作用。

5. 阿拉伯胶

阿拉伯胶(acacia senegal, acacia seyal, E414)，也称为阿拉伯树胶。是一种天然植物胶，取自一种名为 Acacia 的树，为豆科金合欢属的植物，是从金合欢树和阿拉伯胶树的枝干分泌出来的汁液在空气中自然凝结而成的树胶，因此又称之为金合欢胶。其有着复杂的分子结构，主要包括有树胶醛糖、半乳糖、葡萄糖醛酸等，相对分子量 250 000～1 000 000。阿拉伯胶多用于制造胶姆糖，具有较强的黏着力和柔软的弹性，一般用量为 20%～25%。

性状与性能：为白色或微黄色大小不等的颗粒、碎片或粉末，无臭，无味。溶于水，不溶于油和有机溶剂。浓度低于 40%时，溶液呈牛顿液体特性；浓度大于 40%时，则可观察到液体的假塑性。在水中可逐渐溶解成呈酸性的黏稠状液体，在常温下可调制出 50%浓度的胶液，是典型的"高浓低黏"产品。在 pH 4～8 范围内性质较为稳定，但偏酸性的环境更利于产品的品质稳定。1 g 本品溶于 2 mL 水中，形成易流动的溶液，对石蕊试纸呈酸性。

25℃时阿拉伯胶可形成各种浓度的水溶液，以 50%的水溶液黏度最大。溶液的黏度与温度成反比。pH 在 6～7 时黏度最高。溶液中存在电解质时可降低其黏度，但柠檬酸钠却能增加其黏度。阿拉伯胶溶液的黏度将随时间的增长而降低，加入防腐剂可延缓黏度降低。

安全性：兔口服 LD_{50} 为 8.0 g/kg，为一般公认安全物质，ADI 无须规定。

使用：我国标准规定阿拉伯胶可用作增稠剂，按生产需要适量使用于各类食品中。也可作为天然香料和葡萄酒酿造工艺的澄清剂(加工助剂)使用，在盐及带盐制品中也可依照生产需要适量使用。具体应用如下：

糖果制品：阿拉伯胶能广泛地应用于糖果点心制造工业，一方面可以防止糖的结晶，另一方面可作为乳化剂使脂肪均匀地分布在整个糖衣和糕点中，以防止脂肪在糖食糕点制作过程中聚集而浮于表面，形成易于氧化的油脂表层。

冷冻食品:阿拉伯胶可被用于冷冻食品如冰激凌、不含乳的冷冻甜食、冷冻饮品。由于阿拉伯胶具有很强的吸水性,可结合大量的游离水并以水化保持水分,从而使其固定在冰激凌内部,以防止冰的析出,从而提高口感品质。

面包制品:由于阿拉伯胶本身的黏性,被用于面包以提高面包表面的光滑感。

饮料:尤其适合用于具有泡沫的饮料,如啤酒。阿拉伯胶可造成啤酒瓶壁产生泡沫挂壁效果。

驻香剂:作为香精或香料中驻香剂成分使用时,阿拉伯胶在香料颗粒的周围形成保护膜,以防止氧化和蒸发,同时也防止它从空气中吸湿。使用阿拉伯胶保护胶体喷雾干燥香料的保香时间,比一般空气干燥的同种香料要延长 10～20 倍。用易氧化的醛类物质做实验,将其乳液进行喷雾干燥,结果表明有保护膜的产品的氧化非常慢,大大优于无保护膜的产品。

6. β-环状糊精(β-CD)

β-环状糊精(β-cyclodextrin),简称 β-CD,是淀粉经酸解环化生成的产物,相对分子质量 1 135。它可以包络各种化合物分子,增加被包络物对光、热、氧的稳定性,改变被包络物质的理化性质。

性状与性能:为白色结晶性粉末,无臭,稍甜,溶于水(1.8 g/100 mL,20℃),难溶于甲醇、乙醇、丙酮,熔点 290～305℃。本品在碱性水溶液中稳定,遇酸则缓慢水解,其碘络合物呈黄色,结晶形状呈板状。由于其为环状结构,中间的孔洞内可包入各种物质,形成各种包结物。此包结物具有改善各种物质物理性能的作用,其环状空洞内部为疏水性,外侧为亲水性,因此具有界面活性剂的作用。可与多种化合物形成包结复合物,使其稳定、增溶、缓释、乳化、抗氧化、抗分解、保温、防潮,并具有掩蔽异味等作用,为新型分子包裹材料。

安全性:大、小鼠口服 LD_{50} 均大于 20 g/kg,致突变试验、Ames 试验、微核试验及小鼠睾丸染色体畸变试验,未见有致突变作用,ADI 暂定 0～6 mg/kg。

使用:我国添加剂新标准与之前标准相比,限制了 β-环状糊精在食品生产中的应用范围,将其从“可按生产需要适量使用”名单中删除。并详细规定了其使用范围及最大使用量:除在胶基糖果中最大使用量为 20.0 g/kg,在方便米面制品、预制肉制品和熟肉制品中的最大使用量为 1.0 g/kg 以外,在果蔬汁(浆)类饮料、植物蛋白饮料、复合蛋白饮料、其他蛋白饮料、碳酸饮料茶、咖啡、植物(类)饮料、特殊用途饮料、风味饮料及膨化食品中最大使用量为 0.5 g/kg。也可作为胆固醇提取剂在巴氏杀菌、灭菌乳和调制乳、发酵乳和风味发酵乳、稀奶油(淡奶油)及其类似品、干酪和再制干酪及其类似品的加工工艺使用。

用于包埋挥发性成分及色素。包埋易挥发的香料方面,香料与 β-环状糊精的浓度比为 1∶1。也可用于包埋天然色素,使其稳定,如番茄酱加入环状糊精后搅拌 0.5 h,在 100℃加热 2 h,红色不褪。

由于其环状空穴内呈疏水性,外侧葡萄糖呈亲水性,因此具有界面活性剂性质,可用于乳化油性食品。配制乳化剂,可用 β-CD 10 份、增稠剂 1～10 份、水溶性蛋白 0.02～200 份。

可用来去除食品中的异味,例如用于豆制品等除豆腥味,以及去除干酪素的苦味、甜菊苷的苦味、羊肉的腥味和鱼腥味等。

用于制作固体酒和果汁粉。将含乙醇43%的威士忌100 mL,加水186 mL、环状糊精糖浆143 mL,混合搅拌30 min,喷雾干燥成固体酒,饮用时稀释10倍即可。

在冷冻蛋白粉末中添加0.25%的环状糊精,可提高起泡力和泡沫稳定性。

7. 罗望子多糖胶

罗望子多糖胶(tamarind gum),又称罗望子胶、酸角种子多糖胶,是从豆科植物罗望子树的荚果种子中提取的多糖胶。由半乳糖、木糖和葡萄糖组成。相对分子质量为250 000～650 000。

性状与性能:为灰白色粉末,微臭。易溶于热水中,在冷水中易分散并溶胀。不溶于乙醇、醛、酸等有机溶剂。能与甘油、蔗糖、山梨醇及其他亲水性胶互溶。具有耐盐、耐酸、耐热的增稠作用。

安全性:无毒。大鼠经口 LD_{50} 为9.26 g/kg,ADI无须规定。

使用:我国标准规定罗望子胶可用作增稠剂,在冷冻饮品(食用冰除外)、可可制品、巧克力和巧克力制品(包括代可可脂、巧克力及制品),以及糖果、果冻中最大使用量为2.0 g/kg。

8. 田菁胶

田菁胶(sesbania gum),又称豆胶、咸菁胶,是将豆科植物田菁(*S. cannabina* Poir)种子的胚乳经粉碎过筛而成。

性状与性能:为奶油色松散状粉末,溶于水,不溶于醇、酮、醚等有机溶剂。常温下,它能分散于冷水中,形成黏度很高的水溶胶溶液,黏度一般比天然植物胶、海藻酸钠、淀粉高5～10倍。pH 6～11范围内稳定,pH在7.0时黏度最高,pH在3.5时黏度最低。田菁胶溶液属假塑性非牛顿流体,其黏度随剪切率的增加而明显降低,显示出良好剪切稀释性能。能与络合物中的过渡金属离子形成具有三维网状结构的高黏度弹性胶冻,其黏度比原胶液高10～50倍,具良好的抗盐性能。

安全性:大鼠口服 LD_{50} 为19.3 g/kg(雄性)、18.9 g/kg(雌性),ADI为6.22 mg/kg。

使用:我国标准规定田菁胶可以作为增稠剂,在冰激凌、雪糕类中最大使用量为5.0 g/kg;用于植物蛋白饮料最大使用量为1.0 g/kg;用于生干面制品、方便面制品和面包最大使用量为2.0 g/kg。因其结构和性能近似瓜尔豆胶,具体使用可参考瓜尔豆胶。

9. 瓜尔豆胶

瓜尔豆胶(guar gum,瓜尔胶)是由豆科植物瓜尔豆(*Cyamposis tetragonolobas*)的种子去皮去胚芽后的胚乳部分,干燥粉碎后加水,进行加压水解后用20%的乙醇沉淀,离心分离后干燥粉碎而得。主要产地是巴基斯坦和印度的干燥地带或美国的东南部。主要成分是相对分子质量为50 000～800 000的以糖苷键结合的半乳甘露聚糖,即由半乳糖和甘露糖(1∶2)组成的高分子量水解胶体多糖类。瓜尔豆胶中含量最丰富的氨基酸依次为甘氨酸、谷氨酸和天门冬氨酸。

性状与性能:为白色至淡黄褐色粉末。能分散在热或冷水中形成黏稠液。1%水溶液黏度为4～5 Pa·s,为天然胶中黏度最高者。添加少量四硼酸钠则转变成凝胶。水溶液为中性，黏度随 pH 的变化而变化，pH 6～8 时黏度最高，pH 在 10 以上则迅速降低，pH 6～3.5 时随 pH 降低。pH 在 3.5 以下黏度又增大。

安全性：大鼠经口 LD_{50} 为 7.060 g/kg。为一般公认安全物质，ADI 无须规定。

使用：我国标准规定，瓜尔豆胶可作为增稠剂在各类食品中按生产需要适量使用，在稀奶油中最大使用量为 1.0 g/kg，在较大婴儿和幼儿配方食品中最大使用量为 1.0 g/L，具体使用如下：

冷饮如冰激凌、雪糕、冰霜、冰片中，可防止冰晶产生，起着增稠、乳化作用。可以抑制冰晶生成，保证结构平滑，使成品形成均匀的浮液组织，改善口感。少量瓜尔豆胶不能明显地影响这种混合物在制造时的黏度，但能赋予产品滑溜和糯性的口感。使用瓜尔豆胶，可以使产品缓慢熔化，提高产品抗骤热的性能。用瓜尔豆胶稳定的冰激凌可以避免由于冰晶生成而引起颗粒的存在。

在面制品如面条、挂面、方便面、粉条中使用，可起到防止黏结、保水、增加筋力的作用，并且可延长货架时间。瓜儿豆胶是目前国际上最为廉价而又广泛应用的亲水胶体之一。在挂面生产中，瓜尔豆胶是非常理想的黏结剂，制面过程中添加 0.2%～0.6%瓜尔豆胶，可使面条表面光滑，不易断，增加弹性，在面条干燥过程中，可以防止黏连，减少烘干时间，口感好，制成的面条耐煮，不断条。在方便面生产中，添加 0.3%～0.5%瓜尔豆胶，可使面团柔韧，切割成面条时不易断裂，成型时不易产生毛边，而且在油炸时可以阻止食油渗入，节省食油，加工后的面爽滑而不油腻，增加面条韧性，水煮不混汤。

在饮料如花生奶、杏仁奶、核桃奶、粒粒橙、果汁、果茶、各种固体饮料及八宝粥中起到增稠持水和稳定剂作用，并能改善口感，添加量为 0.05%～0.5%。

在乳制品如果奶、酸奶中起到稳定剂作用，并起到增稠、乳化、改善口感的作用。

在肉制品中，如火腿肠、午餐肉、各种肉丸中起到黏结、爽口和增加体积作用。在灌装肉制品中可以降低肉及其他辅料在烹煮过程中的暴沸，控制液相黏度，并且开罐后内容物易倾倒；在香肠及填馅类肉制品中，加入瓜尔豆胶，在制肉糜时可迅速结合游离水分，改善肠衣的充填性，消除烹煮、烟熏和储藏期间脂肪和游离水的分离与移动，改善冷却后产品的坚实度。

在调味汁和色拉调味品中，利用了瓜尔豆胶在低浓度下产生高黏度这一基本性质，使得这些产品的质构和流变等感官品质更加优质。

在罐头食品中，这类产品的特征是尽可能不含流动态的水，瓜尔豆胶则可用于稠化产品中的水分，并使肉菜固体部分表面包一层稠厚的肉汁。特殊的、缓慢溶胀的瓜尔豆胶有时还可以用于限制装罐时的黏度。

10. 刺槐豆胶

刺槐豆胶也称槐豆胶、角豆胶、洋槐豆胶、槐豆胶、长角豆胶，是由产于地中海一带的刺槐树种子加工而成的植物子胶。刺槐豆胶的结构是一种以半乳糖和甘露糖残基为结构单元的多糖化合物。它与琼脂、丹麦琼脂、卡拉胶及黄原胶等亲水胶体有良好的凝胶协同效应，可使复合后的用量水平很低并改善凝胶组织结构。精制级刺槐豆胶溶液具有良好的透明度。普通刺槐豆胶在冷水中只有部分溶解，加热至 85℃保持 10 min 以上才能充分水化，使冷却后达到最大黏度。

在食品工业上，刺槐豆胶常与其他食用胶复配用作增稠剂、持水剂、黏合剂及胶凝剂等。用它与卡拉胶复配可形成弹性果冻，而单独使用卡拉胶则只能获得脆性果冻。用它与琼脂复配可显著提高凝胶的破裂强度。与海藻胶、氯化钾复配广泛用作罐头食品的复合胶凝剂。与卡拉胶、CMC复配是良好的冰激凌稳定剂。还可用于乳制品及冷冻乳制品甜食中作持水剂，以增进口感及防止冰晶形成。

性状与性能：为白色或微黄色粉末，无臭或稍带臭味，无色、无味的植物胚乳精制多糖，主要含有甘露糖及半乳糖，相对分子质量大约为300 000，是极为良好的增稠稳定剂。

安全性：有潜在的皮肤毒性。

使用：我国标准规定，刺槐豆胶可作为增稠剂在各类食品中按照生产需要适量使用，并且在婴幼儿配方食品中最大使用量为7.0 g/kg。

刺槐豆胶、海藻胶与氯化钾复配广泛用作宠物罐头中的复合胶凝剂。

刺槐豆胶、卡拉胶、CMC的复合是良好的冰激凌稳定剂，用量0.1%～0.2%。

刺槐豆胶还在奶制品及冷冻奶制品甜食中充当持水剂，增进口感以及防止冰晶形成。

用于奶酪生产可加快奶酪的絮凝作用，增加产量并增进涂布效果(用量为0.2%～0.6%)。

用于肉制品、西式香肠等加工中改善持水性能以及改进肉食的组织结构和冷冻/熔化稳定性。

用于膨化食品，在挤压加工时赋予润滑作用，并且能增加产量和延长货架时间。

用于面制品以控制面团的吸水效果，改进面团特性及品质，延长老化时间。

刺槐豆胶对于黄瓜籽饮料的稳定性具有显著的提升作用，添加0.10%～0.12%刺槐豆胶即可达到理想的稳定效果；其与海藻酸钠复配后有明显的协同效应。

8.2.1.3 来源于微生物的增稠剂

1. 黄原胶

黄原胶(xanthan gum)，又称汉生胶、黄单胞多糖，是一种由假黄单胞菌属发酵产生的单胞多糖，相对分子质量在1 000 000以上，由甘蓝黑腐病野油菜黄单胞菌以碳水化合物为主要原料，经好氧发酵生物工程技术，切断1,6-糖苷键，打开支链后，在按1,4-键合成直链组成的一种酸性胞外杂多糖。

性状与性能：为类似白色或淡黄色粉末，可溶于水，不溶于大多数有机溶剂，是具有多侧链线性结构的多羟基化合物，能与水分子结合，形成较稳定的网络结构。水溶液对温度、pH、电解质浓度的变化不敏感，故对冷、热、氧化剂、酸、碱及各种酶都很稳定。在低剪切速率下，即使浓度很低也具有高黏度。如1%黄原胶水溶液的黏度相当于同样浓度明胶的10倍，增稠效果显著。水溶液具高假塑性，即静置时呈现高黏度，随剪切速率增加黏度降低；剪切停止，立即恢复原有黏度。这种流变性能，使黄原胶具有独特的乳化稳定性能。大多数的增稠剂，如羟甲基纤维素、海藻胶、淀粉等所形成的具有一定黏度的溶液，加热后都会出现明显的黏度下降趋势，而黄原胶在 -18～80℃的温度范围内可以基本保持稳定的黏度性能，因此其具有非常稳定的增稠效果以及显著的冻融稳定效果。黄原胶溶液的黏度在pH 1～13范围内，能保持稳定的性能，且与各种盐类有着良好的兼容性，与高浓度的糖或盐类共存时，能够形成稳定的增稠体系。而且，黄原胶还具有良好的抗酶解性能，这也大大扩展了其推广应用范围。

安全性：LD_{50}大于10 g/kg，为一般公认安全物质，ADI无须规定。

使用：我国标准规定，黄原胶可用作增稠剂在各类食品中按照生产需要适量使用。并可用作稳定剂和增稠剂在生湿面制品（如面条、饺子皮、馄饨皮、烧卖皮）中的最大使用量为10 g/kg，用于黄油和浓缩黄油、其他糖和糖浆（如红糖、赤砂糖、槭树糖浆）中的最大使用量为5.0 g/kg，用于生干面制品中的最大使用量为4.0 g/kg，在特殊医学用途婴儿配方食品中最大使用量为9.0 g/kg，在香辛料、稀奶油果蔬汁（浆）等其他食品生产中可按需要适量使用。具体应用如下：

焙烤食品：可提高焙烤食品在焙烤和储存期的持水性和口味的柔滑性。能与淀粉结合，抑制淀粉老化，从而延长焙烤食品和冷面团的保质期。在软质烘焙食品中，黄原胶还能代替鸡蛋，降低蛋白的用量，而不影响产品的外观和口味。另外，黄原胶还可防止葡萄干、干果或干菜等固体颗粒在烘焙期间的沉降，使面包的烘焙体积增大。凡含有黄原胶或并用槐豆胶的烘焙食品，都具有结构细腻，储存期长，对冷、热稳定的特点。

饮料：黄原胶可提高水果和巧克力饮料的口味，使其口感丰满、浓郁，香味释出良好。可以给予果味饮料良好的风味及爽口的感觉，可以作为风味物质乳状液的稳定剂和凝固剂用于饮料产品。低浓度的黄原胶溶液在低pH下可起稳定作用，并可与饮料中常见的多种其他配料（包括乙醇）配伍。黄原胶对固体蛋白饮料也有较好的稳定效果，例如，在核桃燕麦谷物固体饮料中添加0.06%的黄原胶，可以起到良好的效果，但是，并非越多越好，如果超过一定用量，沉淀率反而会上升，这可能是由于在加热条件下，黄原胶在水溶液中的分子构象由相互缔合的单股或双股螺旋状态转变成无规线团，其分子呈现较强的刚性，从而引起絮凝。

罐头食品：黄原胶具有热稳定性的优点，其假塑性可使物料便于泵送与灌装。用黄原胶取代部分淀粉，可改善渗透性，并可缩短杀菌时间。黄原胶与槐豆胶、瓜尔豆胶的混合物具有形成凝胶的性质。在鸡肉、火腿、土豆、金枪鱼和通心粉色拉等产品中均得到了较好的应用。

即食食品：在汤料、沙司和浇汁等产品中，黄原胶可在很广的温度范围内保持物料粒度的均匀一致。因其在冷热介质中均能溶解，并在各种条件下（包括极端条件下）均具稳定作用，因此几乎可应用于所有即食食品如汤料、沙司、西餐甜点、速溶饮料、食品表面装饰料和勾芡肉汤等。

乳制品：在乳品生产中，黄原胶能使高速搅拌的牛奶、冰激凌、饮料稳定，提高奶油保形力，并可防止西餐甜点因多料混合物所形成的分层现象。其假塑性有助于干酪涂抹品的生产，在干酪奶品调料中与半乳聚糖合用，可避免脱水现象，改善液体和泡沫型浇料的乳化稳定性及控制流动性能。

调味料和调味汁：黄原胶在可倾注的色拉调味料中稳定性好。由于黄原胶对酸、碱的稳定性极佳，故用于水包油乳浊液中，能延长其保质期。其高度假塑性可赋予产品良好的口感，提高感官质量，并能控制其可泵性、倾注性和改善对色拉的附着性。有利于保持调味酱中液体的流动性，一般使用浓度0.1%即可达到效果。可以使用黄原胶作为调味品中辅料淀粉的替代品，有助于消除产品所呈现出类似面糊的口感，有利于风味的释放，一般来说，1份黄原胶可代替5～20份淀粉。

冷冻食品：黄原胶可使产品在反复冻融的过程中具有极佳的稳定性和持水性，减少冰晶的形成，且能够更好地防止淀粉类产品在冷冻过程中较易出现的老化现象。例如，在冰激凌或冰糕中添加0.2%黄原胶，反复冻融处理5次及以上，淀粉不会出现老化现象。黄原胶与其他亲水胶体合用于冷冻食品，不仅对热冲击具有很强的耐受性，而且富有柔滑感，并可延长保质期。

保健食品：保健食品中添加黄原胶，可明显减少淀粉和糖的用量而不影响口感和其他感官质量，其热值较低。用黄原胶烘制无面筋面包，可保持组织气孔细小，表面有弹性。

肉制品：黄原胶可用于制备馅饼和沙司的混合稳定剂，也可以对肉起到嫩化的作用，同时具有更好的持水性，提高出品率。

其他食品：黄原胶和槐豆胶的混合物，可用于糖果、果酱、果冻的制作。

制备黄原胶溶液时，如分散不充分，将出现结块。除充分搅拌外，可将其预先与其他材料混合，再边搅拌边加入水中。如仍分散困难，可加入与水混溶性溶剂，如少量乙醇。黄原胶可与大多数增稠剂配伍，如纤维素衍生物、淀粉、果胶、糊精、藻酸盐、卡拉胶等。与半乳甘露聚糖合用，对提高黏度起增效作用。

2. 结冷胶

结冷胶又称为凯可胶、洁冷胶，是由伊乐藻假单胞杆菌产生的以葡萄糖、葡萄糖醛酸和鼠李糖为重复结构单元组成的胞外线性多糖，其中葡萄糖醛酸可被钾、钙、镁、钠等离子中合成混合盐。结冷胶是继黄原胶之后的又一个能广泛应用于食品工业的微生物代谢胶。天然结冷胶所形成的凝胶黏着力强，与黄原胶和槐豆胶性能相似。将天然结冷胶用碱处理并加热，可以除去分子上的乙酰基和甘油基，可以得到用途更为广泛的脱乙酰基结冷胶，这种增稠剂所形成的凝胶更为结实，脆性足，类似于琼脂和卡拉胶的凝胶特性。

性状与性能：为米黄色干粉，无特殊滋味和气味，溶于热水及去离子水，溶液呈中性。约于150℃时发生分解。结冷胶的水溶液具有高黏度和热稳定性，在低浓度0.05%～0.25%时即可形成凝胶，所形成的凝胶为热可逆凝胶，且凝胶特性与其乙酰化程度和溶液中阳离子类型及浓度有关。结冷胶对钙离子、镁离子敏感，形成凝胶的效果要远远优于与钾离子和钠离子的结合。

结冷胶具有显著的温度滞后性，一般来说，结冷胶的胶凝温度为25～50℃，而胶熔温度在65～120℃。结冷胶所形成的胶体具有非常好的透明性和凝胶强度。结冷胶也可以与其他增稠剂复配使用。例如，结冷胶与明胶复配时，可以显著提高明胶的熔点，使产品具有更加独特的口感和风味。

安全性：大鼠经口LD_{50}为5 000 g/kg，ADI无须规定。

使用：我国标准规定，结冷胶可作为增稠剂在各类食品中按生产需要适量使用。

8.2.2 合成类增稠剂

1. 羧甲基纤维素钠(CMC)

性状与性能：白色或微黄色粉末，无臭，无味，易溶于水成高黏度溶液，不溶于乙醇等多种溶剂。在水中的分散度与醚化度和其相对分子质量有关。1%水分散液的 pH 为 6.5～8.5。羧甲基纤维素钠溶液黏度受其相对分子质量、浓度、温度及 pH 的影响，且与羟乙基或羟丙基纤维素、明胶、黄原胶、卡拉胶、槐豆胶、瓜尔胶、琼脂、海藻酸钠、果胶、阿拉伯胶和淀粉及其衍生物等有良好的配伍性(即协同增效作用)。pH 为 7 时，羧甲基纤维素钠溶液的黏度最高，pH 为 4～11 时，较稳定。以碱金属盐和铵盐形式出现的羧甲基纤维素可溶于水。二价金属离子 Ca^{2+}、Mg^{2+}、Fe^{2+} 可影响其黏度。重金属如银、钡或铬等可使其从溶液中析出。控制离子的浓度，如加入螯合剂柠檬酸，便可形成更黏稠的溶液，以至于形成软胶或硬胶。

安全性：大鼠口服 LD_{50} 为 27 g/kg，为一般公认安全物质，ADI 无须规定。

使用：我国标准规定，羧甲基纤维素钠可用作增稠剂，按生产需要适量使用于各类食品中，也可用作稳定剂在稀奶油中按生产需要适量使用。具体应用如下：

棉花糖：因 CMC 既可防止制品脱水收缩，又可使结构膨松，当与明胶配伍时，还能显著提高明胶黏度。应选高分子量 CMC(DS 1.0 左右)。

冰激凌：CMC 在较高温度下黏度较小，而冷却时黏度升高，有利制品膨胀率的提高且方便操作。应选用黏度 250～260 mPa·s 的 CMC(DS 0.6 左右)，参考用量 0.4%以下。

果汁饮料、汤汁、调味汁、速溶固体饮料：由于 CMC 具有良好流变性(假塑性)，口感爽快，同时其良好的悬浮稳定性使制品风味和口感均一。对酸性果汁要求取代度(DS)和均匀性好，若再复配一定比例的其他水溶性胶(如黄原胶)，则效果更好。应选高黏度 CMC(DS 0.6～0.8)。

酸奶：CMC 添加对酸奶黏度性质有较大的影响，随着添加量的提高，酸奶的黏度呈明显上升趋势。

速食面：加入 0.1% CMC，易控制水分，减少吸油量，且可增加面条光泽。

脱水蔬菜、豆腐皮、腐竹等脱水食品：复水性好、易水化，并有较好的外观。应选用高黏度 CMC(DS 0.6 左右)。

面条、面包、速冻食品：可防止淀粉老化、脱水，控制糊状物黏度。若与魔芋粉、黄原胶和某些其他乳化剂、磷酸盐合用效果更佳。应选用中黏度 CMC(DS 0.5～0.8)。

橘汁、粒粒橙、椰子汁和果茶：因具有良好的悬浮承托力，若与黄原胶或琼脂等配伍则更好。应选用中等黏度 CMC(DS 0.6 左右)。

酱油：添加耐盐性 CMC，调节其黏度，可使酱油口感细腻、润滑。

冻干粉：添加 CMC 能够使杏鲍菇冻干粉粉体表面呈光滑球状，颗粒均一，粒度小，杏鲍菇冻干粉粉体的堆积密度就增加。

如遇到偏酸高盐溶液时，可选择耐酸抗盐型羧甲基纤维素钠，或与黄原胶复配，效果更佳。

2. 羧甲基淀粉钠(CMS-Na)

羧甲基淀粉(carboxymethyl starch sodium，CMS)是变性淀粉的代产品，属于醚类淀粉，是一种水溶性阴离子高分子型化合物。

性状与性能：白色或黄色粉末，无臭，无味，无毒，热易吸潮。溶于水形成胶体状溶液，对光、热稳定。不溶于乙醇、乙醚、氯仿等有机溶剂。本品水溶液在碱中较稳定，在酸中较差，生成不溶于水的游离酸，黏度降低，因此不适用于强酸性食品。水溶液在80℃以上长时间加热，则黏度降低。与羧甲基纤维素钠(CMC)有相似的性能，具有增稠、悬浮、分散、乳化、黏结、保水、保护胶体等多种性能。可作为乳化剂、增稠剂、分散剂、稳定剂、上浆剂、成膜剂、保水剂等，广泛用于石油、纺织、日化、卷烟、造纸、建筑、食品、医药等工业部门，被誉为“工业味精”。是CMC的替代产品。在某些领域可替代聚乙烯醇。与CMC不同的是，本品水溶液会被空气中的细菌部分分解(产生α-淀粉酶)，易液化，黏度降低。因此配制的水溶液不宜长时间存放，不宜用于调味番茄酱等。

安全性：小鼠经口 LD_{50} 为 27 000 mg/kg，ADI 为 0～25 mg/kg。

使用：我国标准规定，羧甲基淀粉钠可作为增稠剂用于下列食品。在冰激凌、雪糕类中最大使用量为 0.06 g/kg，果酱、酱及酱制品中最大使用量为 0.1 g/kg，在方便米面制品中最大使用量为 15.0 g/kg，在面包中最大使用量为 0.02 g/kg。不同的食品中表现出增稠、悬浮、乳化、稳定、保形、成膜、膨化、保鲜、耐酸和保健等多种功能，性能优于羧甲基纤维素钠(CMC)，是取代CMC的最佳产品。食品级羧甲基淀粉钠广泛应用于牛奶、饮料、冷冻食品、快餐食品、糕点、糖浆等产品。此外，CMS在生理学上是惰性的，没有热值，因此用来制造低热值的食品也可以获得理想的效果。

3. 羟丙基淀粉

羟丙基淀粉(hydroxypropyl starch，HPS)，在强碱性条件下，由淀粉与环氧丙烷反应制得。分子式为 $C_7H_{15}NO_3$，相对分子质量为 161.20。

性状与性能：白色(无色)粉末，流动性好，具有良好的水溶性，其水溶液透明无色，稳定性好。对酸、碱稳定，糊化温度低于原淀粉，冷热黏度变化较原淀粉稳定。与食盐、蔗糖等混用对黏度无影响。醚化后，冻融稳定性和透明度都有所提高。有羟丙基取代基的淀粉衍生物的性质，构成淀粉的葡萄糖单位有3个可被置换为羟丙基，因此可获得不同置换度的产品。

安全性：小鼠经口 LD_{50} 大于 15 g/kg，ADI 无须规定。

使用：我国标准规定，羟丙基淀粉可用作增稠剂、膨松剂、乳化剂、稳定剂，可在各类食品中按生产需要适量使用。

思考题

1. 简述增稠剂的作用机理。
2. 增稠剂的增稠特性包括哪几个方面？
3. 增稠剂在食品工业中能够发挥哪些作用？试举例叙述。

4. 简述影响增稠剂作用的因素。

第8章思考题答案

参考文献

[1] 王海鸥，高颖宇，陈守江，等. 增稠剂对杏鲍菇冻干粉品质的影响[J]. 食品与机械，2018，34(9)：211-215.
[2] 李亚男，姚月媛，董墨思，等. 增稠剂对黄瓜籽饮料稳定性的影响[J]. 食品研究与开发，2016，37(24)：30-33.
[3] 杜长江，范俊华，肖志剑，等. 增稠、乳化剂在可冲调型核桃燕麦谷物浓浆中的应用研究[J]. 中国食品添加剂，2017(2)：149-154.
[4] 胡嘉杰，吴秀英，母智深，等. 增稠剂对搅拌型酸奶感官及流变特性的影响[J]. 中国食品添加剂，2017(10)：135-140.
[5] 顾颖慧，杨青. 食品级瓜尔胶应用研究进展[J]. 农业与技术，2015，35(16)：247.
[6] 马红燕，康怀彬，李芳，等. 食品增稠剂在乳制品加工中的应用[J]. 农产品加工，2016(2)：57-61.
[7] 代增英，刘海燕，范素琴，等. 海藻酸盐复配肉制品增稠剂在肉丸中的应用研究[J]. 肉类工业，2016(1)：33-35.
[8] 聂强，何仁，黄永春，等. 复合增稠剂在饮料工业中的应用[J]. 饮料工业，2016，19(2)：56-59.

第 9 章 食品乳化剂

【学习目的和要求】

熟悉乳浊液及乳化剂的基本概念;了解食品乳化剂在食品工业中的作用;掌握几种常用食品乳化剂在食品工业中的应用。

【学习重点】

乳浊液及乳化剂的基本概念、作用及使用注意事项。

【学习难点】

食品乳化剂的作用原理。

9.1 乳化剂的概念

食品是由各种成分组成的，各成分单独存在时均为独立相。如水、油为液相；脂肪、碳水化合物、蛋白质、矿物质、维生素等为固相。将水、油脂放在一起时，它们不相溶，独立地分成两个相，若加以搅拌，则形成一相以微粒分散在另一相的体系，称为乳浊液。所形成的新体系由于两液体的界面积增大，在热力学上是不稳定的。为使体系稳定，需要加入降低界面能的物质，即乳化利。乳化剂大都为表面活性剂，其主要功能是起乳化作用。

乳化剂是指能使两种或两种以上互不相溶的流体（如油和水）均匀地分散成乳状液（乳浊液）的物质，是具有亲水基和疏水基的表面活性剂。它只需添加少量，即可显著降低油水两界面的张力，使之形成均匀、稳定的分散体或乳化体。食品乳化剂是一类多功能的高效食品添加剂，除典型的表面活性作用外，在食品中还具有许多其他功能：消泡作用、增稠作用、润滑作用、保护作用等。食品乳化剂在食品生产和加工过程中占有重要地位。可以说几乎所有食品的生产和加工均涉及乳化剂或乳化作用。

9.2 乳化剂的作用机理

食品乳化液存在着巨大的比表面积，界面能形成极大的界面力，促使聚结的速度急剧加快，所以降低界面张力必然会降低聚结的推动力，因而增加体系的安定性，这就是食品乳化剂简单的热力学基础。

除了降低界面张力，食品乳化剂的分子膜能将液珠包住，可防止碰撞液滴的聚结。其主要作用为：

（1）降低两相间的界面张力，使两相接触面积有可能大幅度增加，促进乳化液的微粒化。

（2）利用离子性乳化剂在两界面上的配位，提高分散相液滴的电荷，加强其相互排斥，阻止液滴的合并。

（3）在分散相的外围形成亲水型（O/W）或亲油型（W/O）的吸附层，防止液滴的合并。

9.3 乳化剂的亲水亲油平衡值（HLB）

9.3.1 HLB 的定义

乳化剂的亲水亲油平衡值（value of hydrophile lipophile balance），表示乳化剂对于油和水的相对亲和程度，在食品行业中 HLB 值一般取 1～20。

“1”表示亲油性最大，“20”表示亲水性最大，因而 HLB 值可预知乳化剂形成的乳化体系，HLB 值低易形成油包水型（W/O）体系，HLB 值高易形成水包油型（O/W）体系，而且 HLB 值具有加和性，利用这一特性可制备出不同 HLB 值系列的乳液。HLB 值在 3～5 间能形成 W/O，在 8～10 间能形成 O/W，HLB 为 10 则表示水与油之间的过渡相。

9.3.2 HLB 值与乳化剂应用的关系

乳化剂的应用与 HLB 值关系很大，如表 9-1 所示。

表 9-1 食品乳化剂的 HLB 值与其用途的关系

HLB 值范围	用途
1～3	消泡剂
4～6	用作油包水型乳化液的乳化剂
7～9	湿润剂
8～18	用作水包油型乳化液的乳化剂
13～15	洗涤剂
15～18	增溶剂

9.3.3 HLB 值的测定

HLB 值创始人 Griffin 认为 HLB 值描述了乳化剂与所在乳化体系中油/水两相之间存在的相互吸引力。测定乳化剂的 HLB 值是较复杂的，以下为几种计算 HLB 值的关系式。

(1)根据乳化液的分子结构，通过以下原理用公式计算。

烷烃无亲水性，HLB＝0；亲水基最大，HLB＝20；非离子型乳化剂的 HLB 介于 0～20 之间，HLB＝20(1－S/A)

式中：S—乳化剂的皂化值；

A—原料脂肪酸的酸性。

例如：山梨醇酐月桂酸酯皂化值为 164，酸值为 290，所以

$$\begin{aligned}HLB&=20(1-S/A)\\&=20(1-164/290)\\&=20(1-0.57)\\&=8.7\end{aligned}$$

(2)HLB 值等于乳化剂亲水基团相对分子质量百分数的 1/5。

例如：某乳化剂的相对分子质量的 50％由亲水基团构成，则

$$HLB=50/5=10$$

(3)复合乳化剂 HLB 值可用各组分乳化剂的 HLB 值按质量平均值算出。

例如：Span-60 占 45％，Tween-60 占 55％，则复合乳化剂的 HLB 值为

$$HLB=4.7\times0.45+14.9\times0.55=10.3$$

常用食品乳化剂的 HLB 值如表 9-2 所示。

表 9-2　常用食品乳化剂的 HLB 值

乳化剂名称	类型	HLB 值
单硬脂酸甘油酯	N	3.8
单月桂酸甘油酯	N	5.2
双乙酰酒石酸单(双)甘油酯	N	8.0～10.0
聚氧乙烯木糖醇单硬脂酸酯	N	4.7
山梨醇酐单月桂酸酯(司盘-20)	N	8.6
山梨醇酐单棕榈酸酯(司盘-40)	N	6.7
山梨醇酐单硬脂酸酯(司盘-60)	N	4.7
山梨醇酐三硬脂酸酯(司盘-65)	N	2.1
山梨醇酐单油酸酯(司盘-80)	N	4.3
聚氧乙烯(20)山梨醇酐单月桂酸酯(吐温-20)	N	16.9
聚氧乙烯(20)山梨醇酐单棕榈酸酯(吐温-40)	N	15.6
聚氧乙烯(20)山梨醇酐单硬脂酸酯(吐温-60)	N	14.9
聚氧乙烯(20)山梨醇酐单油酸酯(吐温-80)	N	15.4
蔗糖脂肪酸酯	N	3.0～16.0
硬脂酰乳酸钙	A	5.1
硬脂酰乳酸钠	A	8.3
大豆磷脂	N	8.0

注:N 表示非离子型乳化剂,A 表示阴离子型乳化剂。

9.4　食品乳化剂的分类

全世界用于食品生产的乳化剂有 65 种之多,其分类方法也很多,通常是按如下方法对它们进行分类的。

(1)按来源分为天然的和人工合成的乳化剂。如大豆磷脂、田菁胶、酪朊酸钠为天然乳化剂;蔗糖脂肪酸酯、司盘-60、硬脂酰乳酸钙等为合成乳化剂。

(2)按亲水基团在水中是否离解成电荷,可分为离子型和非离子型乳化剂。绝大部分应用的食品乳化剂属于非离子型,如蔗糖脂肪酸酯、甘油脂肪酸酯、司盘-60 等;离子型乳化剂又可按其在水中电离形成离子所带的电性,分为阴离子型、阳离子型和两性离子型乳化剂。阴离子乳化剂是指带一个或多个官能团,在水溶液中能电离形成带负电荷的乳化剂,如烷烃链(及芳香基团)上带羧酸盐、磺酸盐、磷酸盐等基团的乳化剂;阳离子乳化剂指带一个或多个在水中能电离形成带正电荷的官能团的乳化剂,如烷烃链上带季铁盐等基团的乳化剂;两性离子乳化剂指在水中能同时电离出带正电荷和负电荷的官能团的乳化剂,如烷基二甲基甜菜碱。

(3)按亲水亲油性可分为亲水型、亲油型和中间型乳化剂。此分类方法可与 HLB 值分类方法结合起来,根据 Griffin 归纳制订的"HLB 标度",以 HLB 值 10 为亲水亲油性的转折点:HLB 值小于 10 的乳化剂可归为亲油型,HLB 值大于 10 的乳化剂可归为亲水型,在 HLB 值在 10 附近的可归为中间型乳化剂。

(4)其他分类方法还有很多,如可根据乳化剂状态分为液体状、黏稠状和固体状乳化剂。此外还可按乳化剂晶型、与水相互作用时乳化剂分子的排列情况等进行分类。

9.5 乳化剂的应用

9.5.1 乳化剂在食品制作中的应用

(1)人造奶油 改善油水相溶,将水分充分乳化分散,提高乳液的稳定性。用量为0.1%～0.5%。

(2)巧克力 增加巧克力颗粒间的摩擦力和流动性,降低黏度,增进脂肪分散,防止起霜,提高热稳定性和产品表面的光滑度。

(3)冰激凌 增强乳化,缩短搅拌时间。有利于充气和稳定泡沫,并能使制品产生微小冰晶和分布均匀的微小气泡,提高比体积,改善热稳定性,从而得到质地干燥、疏松、保形性完好、表面光滑的冰激凌产品。用量为0.2%～0.5%。

(4)焙烤食品和淀粉制品 增加面筋网,促进充气,提高发泡性,使焙烤食品结构细密;增大体积,使产品蓬松柔软;保持湿度,防止老化,便于加工,延长货架寿命。

(5)糖果 使脂肪均匀分散,增加糖膏的流动性,易于切开和分离,提高生产效率,增进产品质地,降低黏度,改善口感。

(6)植物蛋白饮料 稳定油脂不分层,制备稳定的乳液。

(7)乳化香精 稳定天然香料的乳化,防止制品中香料的损失。

9.5.2 常用食品乳化剂

1. 蔗糖脂肪酸酯

蔗糖脂肪酸酯(sucrose esters of fatty acid),又名脂肪酸蔗糖酯,简称蔗糖酯、SE,分子结构式为:

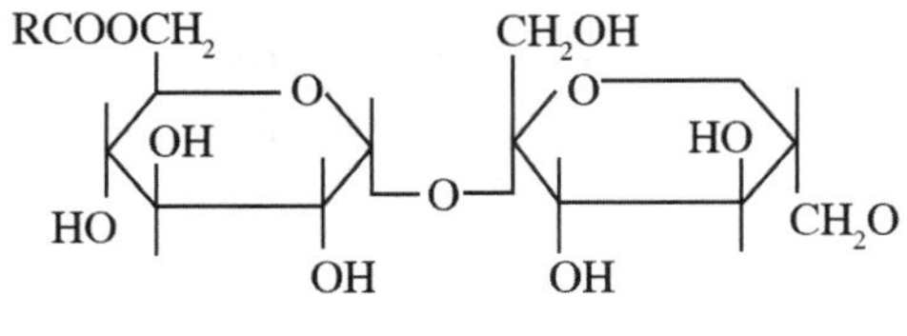

蔗糖酯的合成采用酯交换法,即蔗糖与脂肪酸低碳醇酯在碱性催化剂作用下发生酯交换反应,得到蔗糖酯和低碳醇。蔗糖酯是蔗糖(亲水)和脂肪酸(亲油)的酯化产物,分为单酯、二酯、三酯和多酯,即1分子蔗糖分别与1、2、3或多个脂肪酸分子所构成。蔗糖单酯HLB值为10～16,二酯为7～10,三酯为3～7,多酯为1,蔗糖酯成品多为混合物。作为食品添加剂使用的脂肪酸多为软脂酸和硬脂酸。其乳化作用由分子内具有高亲水性的蔗糖分子和具有亲油性的脂肪酸基团所致。产品依蔗糖羟基酯化数不同,可获得从亲油性强到亲水性强的不同系列产品(表9-3)。

表 9-3 不同 HLB 值蔗糖酯的单酯率比较

HLB	单酯率/%	多酯率/%	国外商品名	HLB	单酯率/%	多酯率/%	国外商品名
3	20	80	S-370	13	60	0	F-140
5	30	70	S-570	15	70	30	O-1570
7	40	60	S-770				S-1570
9	50	50	S-970				P-1570
11	55	45	S-1170	16	75	25	P-1670

注：S 为硬脂酸，P 为软脂酸，O 为油酸。

性状与性能：由于其脂肪酸种类和酯化度不同，蔗糖脂肪酸酯可为白色至微黄粉末、蜡样块状或无色至微红色稠厚凝胶，无臭或微臭；溶于乙醇、微溶于水（单酯溶于温水、双酯难溶于水）；水溶液有黏性和湿润性，乳化作用良好；软化点 50～70℃，120℃以下稳定，145℃以上可分解，在酸性或碱性条件下加热可皂化；有旋光性，对淀粉有特殊的防老化作用（使淀粉的特殊碘反应消失，糊化温度明显上升）。

安全性：蔗糖脂肪酸酯毒性小，大鼠口服 LD_{50} 为 39 g/(kg·bw)。ADI 值暂定 0～20 mg/(kg·bw)。

使用：蔗糖脂肪酸酯可用于肉制品、香肠、乳化香精、冰激凌、糖果、巧克力、饮料、八宝粥、焙烤食品等作乳化剂用；也可作为保湿膜的成分，用于橘子、苹果、鸡蛋的保鲜；蔗糖脂肪酸酯还经常用作其他食品添加剂的稳定剂。使用时应遵照《食品安全国家标准　食品添加剂使用标准》(GB 2760—2014)之规定。

2. 单、双甘油脂肪酸酯(油酸、亚油酸、棕榈酸、山嵛酸、硬脂酸、月桂酸、亚麻酸)

单、双甘油脂肪酸酯(mono-and diglyceroles of fatty acids)是一类甘油脂肪酸酯，性质与使用情况基本相似。在我国最常用的主要是单甘油硬脂酸酯。单甘油硬脂酸酯又名单甘酯、甘油单硬脂酸酯，相对分子质量为 358，分子结构式如右：

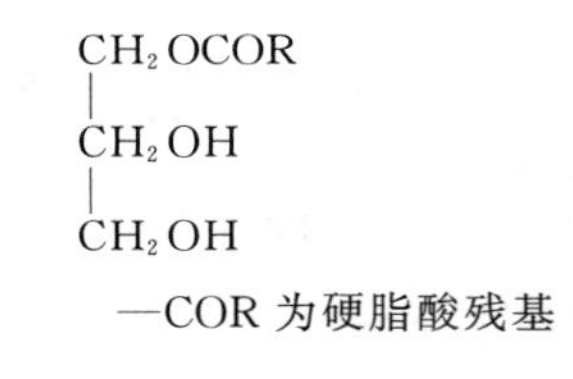

性状与性能：产品是乳白至微黄色蜡样固体，无臭、无味；溶于乙醇、热脂肪油和烃类，不溶于水，强烈振荡于热水中可分散成乳液态；单甘酯是乳化性很强的油包水型(W/O)乳化剂，HLB 值为 3.8，市售有含 40%单甘酯的混合酯和含 90%以上的分子蒸馏单甘酯，其 HLB 值为 2.8～3.5.

安全性：ADI 不做限制性规定。

使用：甘油脂肪酸酯可根据具体情况添加于多种食品中，如糖果、巧克力糖、饼干、面包、乳化香精、冰激凌等，达到乳化分散等作用。在糖果生产中，这类产品用于饴糖可降低熬糖黏度，防止粘牙，防止奶糖油脂分离，增加光泽，还可以防止巧克力砂糖结晶和油水分离，并增加细腻感。在面包生产中，可与 SSL(硬脂酰乳酸钠)、CSL(硬脂酰乳酸钙)混用，防老化，改良组织结构，增加柔性和体积。使用时应遵照《食品安全国家标准　食品添加剂使用标准》(GB 2760—2014)之规定。

3. 司盘类

司盘类乳化剂(span,arlacel, sorbitan fatty acid ester)是山梨醇酐脂肪酸酯的商品名,也有译为斯潘的,结构式如右：

$$\text{(四氢吡喃环结构: 环上 O、}-CH_2OCOR\text{、}HO-\text{、}-OH\text{、}OH\text{)}$$

—COR为脂肪酸残基

制备时由于所用的脂肪酸不同,可制得一系列不同的脂肪酸酯,主要包括山梨醇酐单月桂酸酯(司盘-20)、山梨醇酐单棕榈酸酯(司盘-40)、山梨醇酐单硬脂酸酯(司盘-60)、山梨醇酐三硬脂酸酯(又名司盘-65)、山梨醇酐单油酸酯(司盘-80)。

性状与性能:山梨醇酐脂肪酸酯为淡黄色至黄褐色的油状或蜡状,有特异的臭气,其HLB值为1.8～8.6,可溶于水或油,适于制成O/W型和W/O型两种乳浊液。

安全性:本品安全性高,ADI为0～25 mg/kg。

使用:山梨醇酐脂肪酸酯类乳化剂可用于植物蛋白饮料、雪糕、巧克力、果汁型饮料、牛乳、奶糖、冰激凌、面包、糕点、固体饮料、奶油、速溶咖啡、干酵母、氢化植物油等多种食品。用于冰激凌制作,可增大其容积;用于面包、糕点制作,可防止制品老化,改善品质;用于巧克力制作,可防止起霜,以改善光泽,增进滋味,增强柔软性;用于口香糖胶基,可改善胶基品质;用于奶油,可使油脂分散均匀,防止起霜。此外还可以用于水果蔬菜的保鲜涂膜等。使用时应遵照《食品安全国家标准　食品添加剂使用标准》(GB 2760—2014)之规定。

4. 吐温类

吐温类乳化剂(polysorbate,tween)是由司盘(span)在碱性催化剂存在下和环氧乙烷(氧化乙烯,$\underset{\text{O}}{CH_2-CH_2}$)加成、精制而成,也称为聚氧乙烯山梨醇酐脂肪酸酯。由于其脂肪酸种类的不同,有一系列产品,其HLB值可为6～15。FAO/WHO食品添加剂法规委员会许可使用的为聚氧乙烯(20)山梨醇酐脂肪酸酯,包括聚氧乙烯山梨醇酐单月桂酸酯(吐温-20,HLB值16.7)、聚氧乙烯山梨醇酐单棕榈酸酯(吐温-40,HLB值15.6)、聚氧乙烯山梨醇酐单硬脂酸酯(吐温-60,HLB值15.0)、聚氧乙烯山梨醇酐单油酸酯(吐温-80,HLB值14.9)。

安全性:由吐温-80到吐温-20,其HLB值越来越大,是因为加入的聚乙烯增多之故。聚乙烯增多,乳化剂的毒性则随之增大。故吐温-20和吐温-40很少作为食品添加剂使用,食品上主要使用吐温-60和吐温-80,其ADI为0～25 mg/kg。

吐温-60为山梨糖醇氧乙烯与单硬脂酸部分酯化而成的非离子型乳化剂,淡黄色油状液体或半凝胶体,有特殊臭味及苦味,溶于水、苯胺、醋酸乙酯及甲苯,不溶于矿物油及植物油。凝固温度20～30℃,HLB值14.6,常温下耐酸、碱及盐,为O/W型乳化剂。

吐温-80为山梨糖醇氧乙烯与单油酸部分酯化而得的非离子型乳化剂,是淡黄至橙色油状液体(25℃),有轻微特殊气味,略苦,极易溶于水(水溶液无臭或几乎无臭),溶于乙醇、非挥发油、醋酸乙酯及甲苯,不溶于矿物油和石油醚。凝固温度小于80℃,HLB值为15.4,常温下耐酸、碱、盐,为O/W型乳化剂。

使用:国外广泛使用吐温-60作糕点乳化剂,用量为0.45%。我国规定吐温-60用于面包时最大用量为2.5 g/kg,用于乳化香精时最大用量为1.5 g/kg,用于豆制品工艺中作消泡剂时最大用量为0.05 g/kg(按每千克黄豆的使用量计),用于半固体调味料时最大用量为

4.5 g/kg；吐温-80 在糖果、糕点中应用较少，主要用于乳制品，如冰激凌、稀奶油中最大用量为 1.0 g/kg，牛乳中最大用量为 1.5 g/kg。使用时应遵照《食品安全国家标准　食品添加剂使用标准》(GB 2760—2014)之规定。

5.(改性)大豆磷脂

大豆磷脂(soybean phospholipid)，亦可简称为磷脂，由生产大豆油的副产品提制而成，结构式如右：

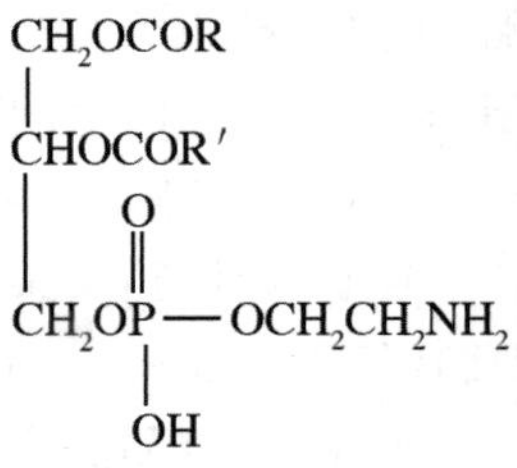

$$\begin{array}{l} CH_2OCOR \\ | \\ CHOCOR' \\ | \qquad O \\ | \qquad \| \\ CH_2OP-OCH_2CH_2NH_2 \\ \qquad | \\ \qquad OH \end{array}$$

磷脂胆胺（脑磷脂）

改性大豆磷脂(modified soybean phospholipid)别名羟化卵磷脂，主要成分有磷酸胆碱、磷酸胆胺、磷脂酸和磷酸肌醇。改性大豆磷脂是以天然磷脂为原料，经过氧化氢、过氧化苯甲酰、乳酸和氢氧化钠或是过氧化氢、乙酸和氢氧化钠羟基化后，再经物化处理、丙酮脱脂得到粉粒状无油无载体的改性大豆磷脂。

性状与性能：产品为浅黄色至黄色粉末或颗粒状，有特殊的“漂白”味，部分溶于水，但在水中很容易形成乳浊液，比一般的磷脂更容易分散和水合。极易吸潮，易溶于动植物油，部分溶于乙醇。

安全性：ADI 无须规定。

使用：改性大豆磷脂的水分散性、溶解性及乳化性等均比大豆磷脂好，因而乳化效果更好，用量更少，同样可应用于多种食品中。用于人造黄油(氢化油)，起乳化、防溅、分散等作用，最大用量为 0.1%～0.35%。用于油脂乳化剂，起油水乳化作用，乳化油可以代替纯油脂，有改进食品质量、节约食品加工用油的效果。在巧克力中添加 0.2%～0.3%，起保形、润湿作用，能防止因糖分的再结晶而引起的发花现象。糖果中添加 0.5%，特别是对含有坚果及蜂蜜的糖果，能防止渗油及渗液，对口香糖能起留香作用，用量为 0.2%～0.3%。此外还可用于其他制品，如蛋制品等。使用时应遵照《食品安全国家标准　食品添加剂使用标准》(GB 2760—2014)之规定。

6.硬脂酰乳酸钙(钠)

硬脂酰乳酸钙别名为十八烷基乳酸钙(CSL)，其结构式如右：

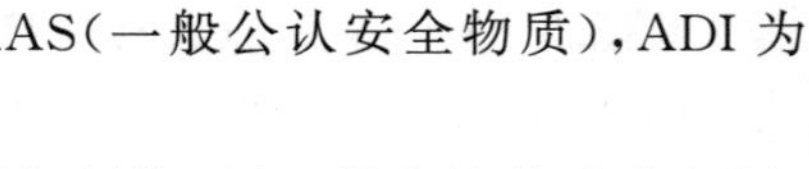

$$\begin{array}{c} \qquad\qquad\qquad CH_3 \\ \qquad\qquad\qquad | \\ C_{17}H_{35}-COO-CH-COO-R \end{array}$$

R为Ca或Na

性状与性能：为白色至带黄白色的粉末或薄片状、块状固体，无臭，有焦糖样气味。难溶于冷水，稍溶于热水，易溶于热的油脂。乳酸加热浓缩至重合乳酸，加入硬脂酸和碳酸钙，通惰性气体加热至 200℃进行酯化反应，将反应生成物制成钙盐。

安全性：硬脂酰乳酸钙小鼠经口 LD_{50} 为 27 g/kg，GRAS(一般公认安全物质)，ADI 为 0～20 mg/kg。

使用：硬脂酰乳酸钙主要作乳化剂、稳定剂、品质改良剂，用作面包、糕点的品质改良剂。其机理为：

(1)作为面包或其他面制品品质改良剂，主要是因为 CSL 与面粉中的淀粉、脂质形成网络结构，这样便强化了面筋的网络结构，形成多气泡骨架，使面包体积增大、膨松。不仅如此，还增加了面筋的稳定性和弹性，同时，也显著改善了面包的耐混特性。

(2)在和面时加入 CSL,面团中的直链淀粉与之形成不溶于水的络合物,阻止了直链淀粉的溶出,增加了面包的柔软性,延长了面包的货架寿命。因为直链淀粉溶出的话,经炸、烤、冷却后易结晶,而淀粉结晶,面包就发硬。

7. 木糖醇酐单硬脂酸酯

木糖醇酐单硬脂酸酯(polyoxyethylene xylitan monostearate),亦称失水木糖醇酐单硬脂酸酯,相对分子质量为 400.58,结构式如右:

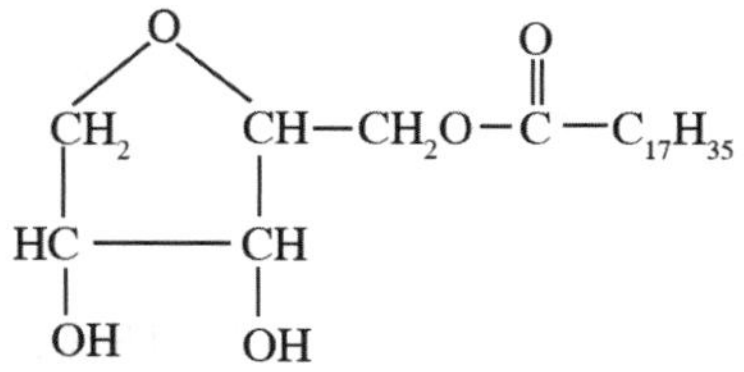

O
CH_2　CH—CH_2O—C(=O)—$C_{17}H_{35}$
HC——CH
OH　OH

性状与性能:木糖醇酐单硬脂酸酯为淡黄色或棕黄色蜡状固体物,无臭,溶于甲苯、二甲苯、酯、醇等多种有机溶剂,不溶于冷水,在热水中分散成乳状液,在常温下对酸、碱、盐稳定。木糖醇酐单硬脂酸酯为亲油性乳化剂,其性能与甘油单硬脂酸酯、山梨醇酐单硬脂酸酯相似。

安全性:ADI 为 25 mg/kg。

使用:应遵照《食品安全国家标准　食品添加剂使用标准》(GB 2760—2014)之规定。

8. 双乙酰酒石酸单(双)甘油酯

双乙酰酒石酸单(双)甘油酯[diacetyl tartaric acid ester of mono(di)glycerides,DATEM],分子结构式如右:

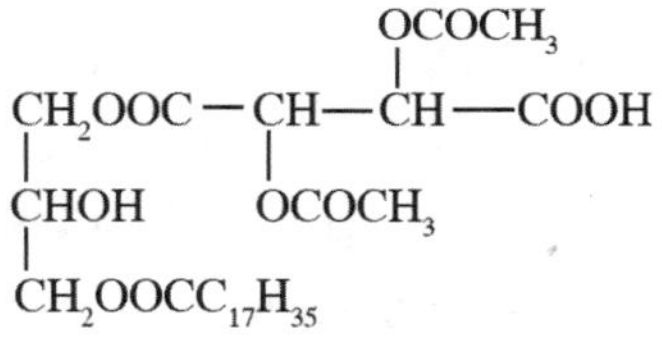

$OCOCH_3$
CH_2OOC—CH—CH—COOH
CHOH　$OCOCH_3$
$CH_2OOCC_{17}H_{35}$

性状与性能:当用饱和脂肪酸时它是一种白色或淡黄色粉状固体,熔点 45℃;当用不饱和脂肪酸时它是黄色膏体或黏稠液体。国内常见的状态是乳白色粉末或颗粒状固体,pH 呈弱酸性,pH 为 4 左右,熔化范围在 45℃左右,HLB 值 8.0～9.2,具有特殊的乙酸气味,能够分散于热水中,能与油脂混溶,溶于乙醇、丙二醇等有机溶剂,属非离子型乳化剂。因为 DATEM 吸湿性大,细粉在夏季高温潮湿(或储存不当)时特别容易结块,通常制成粒状或将细粉与 20%的抗结剂混合。其具有较强的乳化、分散、防老化等作用,是良好的乳化剂和分散剂,能有效增强面团的弹性、韧性和持气性,减少面团弱化度,增大面包、馒头体积,改善组织结构。与直链淀粉相互作用,延缓和防止食品的老化。

安全性:ADI 为 0～50 mg/kg,小鼠经口 LD_{50} 为 10 g/kg,美国食品药品监督管理局(1985)认定为 GRAS 物质(一般公认安全物质)。

使用:用于稀奶油,可使产品滑润细腻。用于黄油和浓缩黄油,可防止油脂析出,提高稳定性。还可用于糖、糖浆及香辛料。用于植脂末可使产品乳液均一稳定、口感细腻。实际使用时将本品加入 60℃左右的温水中,制成膏状后,再按适当比例加入使用;或将本品先与油脂溶匀后,再进行进一步加工;或将面粉与本品直接混合均匀使用。使用时应遵照《食品安全国家标准　食品添加剂使用标准》(GB 2760—2014)之规定。

9. 丙二醇脂肪酸酯

丙二醇脂肪酸酯(propylene glycol fatty acid ester),分子结构式如右:

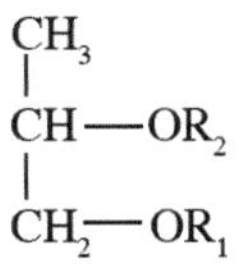

CH_3
CH—OR_2
CH_2—OR_1

式中,R_1 和 R_2 代表一个脂肪酸基团和氢时为单酯,R_1 和 R_2 代表两个脂肪酸基团时为双酯。食品中使用的丙二醇脂肪酸酯主要为单酯。

性状与性能：丙二醇脂肪酸酯为白色至浅黄褐色的粉末、薄片、颗粒或蜡状块体，或为黏稠状液体。本品的颜色和形态与构成脂肪酸的种类有关，如脂肪酸为硬脂酸、软脂酸时，则制品为白色固体；若由油酸、亚油酸等不饱和酸构成的，则制品为浅黄色液体；而由月桂酸酯化构成的，为流动态体。产品无气味或稍有香气和滋味。纯丙二醇单硬脂酸酯的 HLB 值为 3.4，是亲油性乳化剂，不溶于水（与热水激烈搅拌混合后可乳化），溶于乙醇、乙酸乙酯、氯仿等有机溶剂。丙二醇脂肪酸酯的乳化力不是很强，故很少单独使用，常与甘油脂肪酸酯复配使用，可提高乳化效果。

安全性：大鼠口服 LD_{50} 为 10 g/(kg·bw)，ADI 为 0～25 mg/(kg·bw)。

使用：用作乳化剂、消泡剂、稳定剂，作为乳化剂 HLB 值小，乳化活性不强，很少单用，常与单双甘油酯等其他乳化剂配合使用，起增效作用。但丙二醇脂肪酸酯有一个特性就是它具有 α-晶型倾向性，并能使其他乳化剂（如单甘酯）的 α-晶型稳定，从而使得单甘酯保持或延缓晶型向产晶型转换，使之具有良好的乳化稳定性能。可用于人造奶油，防止水分离及飞溅。用于起酥油，能防止面包、西点等老化，改善其制造过程。用于冰激凌可以提高膨胀性和保型性。具有很好充气能力，形成轻而稳定的泡沫，因而在酥蛋面包、干酪面包和蛋糕裱花奶油等食品中具有广阔的市场。丙二醇脂肪酸酯用于糕点，可缩短糕点配合料的混调时间，改善制造过程，防止制品老化和增大制品体积，用量为 0.05%～0.2%。还用于乳及乳制品、冷冻饮料、复合调味料、油炸食品、脂肪、油和脂肪乳化剂、乳化脂肪制品等多种食品，使用时应遵照《食品安全国家标准　食品添加剂使用标准》(GB 2760—2014)之规定。

10. 酪朊酸钠

酪朊酸钠又称酪蛋白酸盐、干酪素钠，结构式如右：

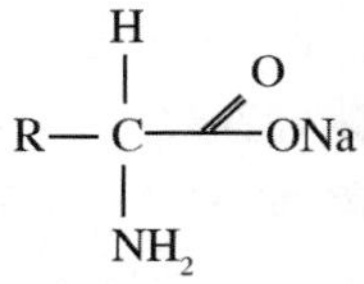

性状与性能：本品为白色至浅黄色粉末，无臭或有特殊香味。可溶于热水和冷水中，不溶于乙醇。水溶液 pH 呈中性，加酸则产生酪蛋白沉淀。

安全性：大鼠经口 LD_{50} 为 400～500 g/(kg·bw)。美国食品药品监督管理局将其列为一般公认安全物质，无毒性。我国对其 ADI 不做限制性规定。

使用：用作乳化剂、增稠剂和蛋白质营养强化剂。实际使用参考：用于午餐肉，用量为 1.5%～2%；用于灌肠肉类，用量为 0.2%～0.5%；用于炸鱼用的面粉，用量为 0.2%～0.5%；冰激凌中添加 0.3%，改善产品质地；作为营养强化剂用于面包、饼干等谷物食品中，配成高蛋白的谷物食品，用量为 0.2%～0.5%；用于西式点心、炸面包圈、巧克力等糕点，用量为 0.5%～5.0%；用于饮料中，用量为 0.2%～0.3%，可以替代全脂乳、脱脂乳、蛋清等。使用时应遵照《食品安全国家标准　食品添加剂使用标准》(GB 2760—2014)之规定。

9.5.3　影响乳化剂作用效果的因素

1. 乳化剂的用量

乳化剂的用量与分散相的量和乳滴大小有关。若用量太少，液滴界面不能达到饱和吸附，乳化膜密度则过小或不足以包裹乳滴；用量过多，乳化剂不能完全溶解。一般普通乳的用量为 5～100 g/L。对于 W/O 型乳剂，乳化剂的用量至少应高于其在油相的临界胶束浓度，才能包围水滴，并且随温度升高，乳化剂的用量增加。

2. 相体积分数

一般乳化剂的相体积分数(Φ)为 20%～50%。通常低于 20%时，乳化剂不稳定，而达到 50%时则较稳定。

3. 黏度和温度

乳化剂两相具有较高的黏度是乳化剂稳定的重要原因。乳滴黏度高，可减慢其聚集速度。连续相的黏度高时，可降低乳滴的沉降速率。但是，乳化过程中黏度越大，所需的乳化功就越大。升高温度可以降低表面张力和黏度，有利于剪切力的传递和乳剂的形成，但同时也加剧了乳滴的运动，促进其合并。对于一些聚氧乙烯类非离子表面活性剂，当温度升高到一定程度时，聚氧乙烯链与水之间的氢键断裂，致使其在水中的溶解度急剧下降并析出，溶液由清变浊或分层，这一现象称为起昙，此温度称为昙点(cloud point)。当温度降低到昙点以下时，有些溶液恢复澄明，有的则难以恢复。因此需加热灭菌时这类制剂应格外注意。吐温类有起昙现象，所以乳化温度应控制在 70℃左右；用非离子乳化剂时，温度不宜超过其昙点。降低温度比升高温度的影响还大，往往使乳剂的稳定性降低，甚至破裂。

4. 乳化搅拌时间

乳化开始时搅拌可促使乳滴形成，继续搅拌则可增加乳滴间碰撞的机会，促使乳滴合并，所以乳化搅拌的时间不能过长。

5. 其他

乳化剂中的其他成分、制备乳化剂选用的方法、乳化设备等都直接影响乳化剂的制备和稳定性。如乳剂中的电解质 $Mg(NO_3)_2$、$Al(NO_3)_3$、NaCl、Na_2SO_4 可能使非离子型表面活性剂和高分子乳化剂盐析，影响乳剂的稳定性。又如乳化设备的机械力过大时，可能导致乳滴大小不一。剪切力过大时，有可能在分散乳滴的同时，增加乳滴的碰撞机会，使其聚集。

9.6 乳化剂的发展方向

食品乳化剂的应用开发已经由单一品种的需求结构趋向于复配型，即生产几种基本乳化剂将其复合搭配出许多品种，发挥其协同效应。实践证明乳化剂有协同作用，我国广泛应用的乳化剂复配产品有面包改良剂、蛋糕发泡剂等。

如何混配，即乳化剂杂配方相当重要，它是乳化剂研究的一个重要领域。一个乳化剂厂家能生产出的乳化剂品种有限，但可根据市场需要，生产出多种复配型乳化剂，这对于提高厂家的经济效应具有十分重要的意义，厂家必须不断推出各种专用乳化剂。

思考题

1. 按亲水基团在水中是否离解成电荷可以将乳化剂分为哪几类？
2. 按亲水亲油性可以将乳化剂分为哪几类？
3. 吐温系列乳化剂的毒性如何？

4. 什么是酪朊酸钠?
5. 乳浊液的黏度对其稳定性有何影响?
6. 采用复配型乳化剂有何优点?

第 9 章思考题答案

参考文献

[1] 郝利平,聂乾忠,周爱梅,等.食品添加剂[M].北京:中国农业大学出版社,2016.
[2] 孙宝国.食品添加剂[M].北京:化学工业出版社,2013.
[3] 高彦祥.食品添加剂[M].北京:中国轻工业出版社,2010.
[4] 张江华.食品添加剂原理与应用[M].北京:中国农业出版社,2014.
[5] 马汉军,田益玲.食品添加剂[M].北京:科学出版社,2014.
[6] 食品安全国家标准　食品添加剂使用标准:GB 2760—2014[S].北京:中国标准出版社,2014.

HAPTER 10

第10章 食用香料与香精

【学习目的和要求】

熟悉食用香料和香精的概念、分类，掌握食用香料和香精的主要性状、特点、应用及注意事项，了解食用香料与香精的研究进展。

【学习重点】

食用香料和香精的概念与分类；食用香料和香精的主要性状、特点、应用及注意事项。

【学习难点】

食用香料和香精的主要性状及注意事项。

食用香料、香精是食品添加剂中的一大类,是食品生产最重要的辅料之一。它对食品的色香味具有画龙点睛的作用。食品的香气是很重要的感官指标。在食品加工过程中,有时需要添加少量香精或香料,用以改善或增强食品的香气和香味,这些香精或香料可称为赋香剂或加香剂。食品正是有了香料、香精的点缀才变得丰富多彩、琳琅满目。食用香料、香精的应用为人们创造了不同品种、不同口味、不同香气特征、不同质量档次,满足各类人群要求的新鲜、美味食品。食用香料、香精的应用大大提高了人们的生活质量和品位,丰富了人们的生活,也促进了食品工业的快速发展。

10.1 食用香料

香料是具有挥发性的有香物质,按来源不同,可分为天然香料和人造香料两大类。天然香料多含有复杂的成分,并非单一的化合物。天然香料包括动物性香料和植物性香料,食品生产中所用的主要是植物性香料。天然香料因制取方法不同,可得到不同形态的产物,如精油、浸膏、酊剂等。另外有些香料,特别是香辛料,往往是加工成粉末状而使用。

食用香精是加稀释剂配制而成的,其中香料的含量一般并不高。在食品中香精使用量较少,所以在食品中香料的实际用量很小,因此直接由于香精、香料而引起的食品卫生问题不易发现,其安全性也不易为人们所注意,但是随着人民生活水平的日益提高,香精、香料的使用日益增多,其安全性问题就需要加以重视。一般来说,用无毒的植物提取的天然香料,其安全性是较高的。用蒸馏或压榨等物理方法制得的天然香料,只要防止容器及外来的杂质污染,这些方法本身是安全的。而用溶剂萃取天然香料,主要应使用符合食用要求的食品级溶剂。当然天然香料中也有有毒物质,如黄樟油、黑香豆等,也要加以注意,不使用那些已发现有毒有害的天然香料。

人造香料中,对于单体香料和在天然物中已发现存在的香料,在取得适当的毒理学资料后,一般安全性较高者可以允许继续使用。另有一些合成香料是天然产物中未发现存在的,这些品种尚缺乏作为食品的历史检验,其毒性试验要求应该更严格一些,以确保食用的安全性。

对于允许使用的香料,应该有符合食品卫生要求的质量标准。我国目前规定对食用香料产品的生产,实行颁发“定点生产证明书”“卫生许可证”和“临时生产许可证”3 种办法加以管理,未获得上述 3 种证明之一的企业一律不得生产食用香料产品,以保证香料的安全使用。配制食用香精时,需使用稀释剂、色素及抗氧化剂等,这些物质也应符合食品卫生要求或食品添加剂的质量标准。香料尤其是酯类香料,由于闪点较低,容易燃烧,储运中要注意防火,严禁火种和暴晒。

10.1.1 常用的天然香料

食品中常用的天然香料主要有柑橘油类和柠檬油类。柑橘油类和柠檬油类都属于芸香科植物的产物,其中有甜橙油、酸橙油、橘子油、红橘油、柚子油、柠檬油、香柠檬油、白柠檬油、橙叶油等品种,最常用的是甜橙油、橘子油和柠檬油。其他使用较多的天然香料还有薄荷素油和留兰香油等。天然香料多由植物的不同器官经过水蒸气蒸馏法、压榨法等方法提取而得，但蒸馏产品一般品质较差。这里仅讨论几种在食品中经常使用的天然香料。

1. 甜橙油

甜橙油（Orange oil）是由芸香科（Rutaceae）植物甜橙的果皮，用水蒸气蒸馏法、压榨法或用磨橘机以冷磨法提取。

性状与性能：黄色、橙色或深橙黄色的油状液体。具有清甜的橙子香气和温和的芳香滋味。相对密度0.842～0.846，折射率1.472～1.474，溶于乙醇。其主要成分是柠檬烯，含量达90%以上，并含有癸醛、辛醇、芳樟醇、十一醛、甜橙醛等成分。一般置于深褐色的玻璃瓶或铝桶内，装满，密封保存于阴凉处。

使用：甜橙油广泛用于配制多种食用香精，是橘子、甜橙等果香型香精的主要原料。可直接添加于糖果糕点、饼干、冷饮等食品中，尤其是高档的橘子汁、柠檬汁等果汁中。按照《食品安全国家标准　食品添加剂使用标准》(GB 2760—2014)规定，允许使用各种甜橙油配制各种食用香料。

美国香味料和萃取物质制造者协会（Flavour and Extract Manufacturers Association，FEMA）规定（单位：mg/kg）：甜橙油用于饮料210，冷饮330，糖果1 000，焙烤制品430，布丁类1 300，胶姆糖4 200，酒类5，早餐谷类49，肉类制品10，调味料32，涂层190，糖浆0.34。

2. 橘子油

橘子油（Mandarin oil）是由芸香科植物柑的果皮经压榨或蒸汽蒸馏而得。

性状与性能：黄色油状液体。具有清甜的橘子香气。相对密度0.854～0.859，折射率1.475～1.478，旋光度65°～75°，能溶于7～10倍容积的90%乙醇中。本品主要成分为柠檬烯及邻N-甲基-邻氨基苯甲酸甲酯，还有葵醛等。橘子油一般可置于深褐色的玻璃瓶或铅桶内，装满，密封保存于阴凉处。

使用：本品广泛用于配制多种食用香精，是橘子型香精的主要原料。也可直接添加于食品中，常用于浓缩柑橘汁、柑橘酱等柑橘类产品中。按照《食品安全国家标准　食品添加剂使用标准》(GB 2760—2014)规定，允许使用橘子油配制各种食用香料。

FEMA规定（单位：mg/kg）：软饮料62，冷饮160，糖果350，焙烤食品190，布丁类30，胶姆糖83。

3. 柠檬油

柠檬油（Lemon oil）由芸香科植物柠檬的果皮用磨橘机冷磨法提取，亦可经压榨或蒸馏而得。

性状与性能：鲜黄色澄明的油状液体。具有清甜的柠檬果香气，味辛辣微苦。相对密度0.849～0.855，折射率1.474 0～1.475 5，旋光度+57°～+65.6°。易溶于乙醇中。本品主要成分为柠檬烯和柠檬醛等。可置于深褐色的玻璃瓶或铅桶内，装满，密封保存于阴凉处。

使用：本品广泛用于配制多种食用香精，是柠檬型香精的主要原料。可广泛直接添加于糖果、糕点、饼干、冷饮等食品中，尤其是高档的柠檬汁等果汁类常用的赋香剂。按照《食品

安全国家标准 食品添加剂使用标准》(GB 2760—2014)规定,允许使用柠檬油配制各种食用香料。

FEMA 规定(单位:mg/kg):软饮料 230,冷饮 280,糖果 1 100,焙烤食品 580,布丁类 340,胶姆糖 1 900,早餐谷类 140,调味品 10～80,肉类 25～40,糖浆 65。

4. 留兰香油

留兰香油(Spearmint oil),又称薄荷草油、矛形薄荷油、绿薄荷油。目前主要品种有大叶留兰香和小叶留兰香。本品系大叶留兰香油,由蒸馏唇形科植物留兰香的茎、叶而得。

性状与性能:无色或略带黄色,或黄绿色液体。具有留兰香叶的特征香气。相对密度 0.938 0～0.948 0,折射率 1.485 0～1.496 0,旋光度－60°～－55°。其含酮量为 80%,主要成分系左旋芹酮。全溶于等量 80%(体积分数)乙醇中。留兰香油需置于遮光容器内,密封,避热保存。

使用:本品可直接用于糖果等食品中,是胶姆糖的主要赋香剂之一。硬糖中亦经常使用。按照《食品安全国家标准 食品添加剂使用标准》(GB 2760—2014)规定,允许使用留兰香油配制各种食用香料。

5. 薄荷素油

薄荷素油(*Mentha arvensis* oil),又称脱脑油。蒸馏唇形科植物薄荷的茎叶而得的薄荷原油经单离去除大部分薄荷脑后所剩余的油即为薄荷素油。薄荷素油主要成分为薄荷脑(约占 50%以上)、乙酸薄荷酯、薄荷酮等。

性状与性能:无色、淡黄色或黄绿色的澄明液体。有薄荷香气,味初辛后凉。在水中溶解度很小,溶于乙醇、乙醚、氯仿及脂肪油中。遇热易挥发,易燃。相对密度 0.890 0～0.910 0,折射率 1.485 0～1.471 0,旋光度－28°～－16°。薄荷素油需置于遮光容器内,密封,避热保存。

使用:本品是配制薄荷型香精的主要原料之一。按照《食品安全国家标准 食品添加剂使用标准》(GB 2760—2014)规定,允许使用薄荷素油配制各种食用香料。

6. *L*-薄荷脑

L-薄荷脑(*L*-menthol),亦称天然左旋薄荷脑或天然薄荷脑。学名为 1-甲基-4-异丙基环己-3-醇,又称薄荷醇,是种单萜醇。有 12 种异构体,本品为左旋薄荷脑。分子式 $C_{10}H_{20}O$,相对分子质量为 156.27。由天然薄荷原油经冷却、结晶、分离而制得 *L*-薄荷脑。

性状与性能:无色针状或棱柱状结晶,具有薄荷油特有的清凉香气。*L*-薄荷脑熔点 42～44℃,有升华性。微溶于水,易溶于乙醇、乙醚和石油醚,与冰乙酸、液体石蜡、脂肪油或挥发油任意混合。需要密封保存。

安全性:大鼠经口 LD_{50} 为 3.3 g/kg,ADI 为 0～0.2 mg/kg。

使用:它是配制薄荷型香精的主要原料,如在有些薄荷型香精的配方中薄荷脑占 10%～18%。可与其他香料配合或单独用于糖果、胶姆糖、饮料、冰激凌等食品的赋香。按照《食品安全国家标准 食品添加剂使用标准》(GB 2760—2014)规定,允许使用天然薄荷脑配制各种食用香料。

FEMA 规定(单位：mg/kg)：软饮料 35，冷饮 68，糖果 400，焙烤食品 130，胶姆糖 1 100。

7. 桉叶油

桉叶油(Eucalyptus oil)主要成分为桉叶素，其含量不低于80%。桉叶油可由桉叶树、香樟树、樟树等的枝叶提取而得。分子式 $C_{10}H_{18}O$，相对分子质量为 154.25。结构式如右：

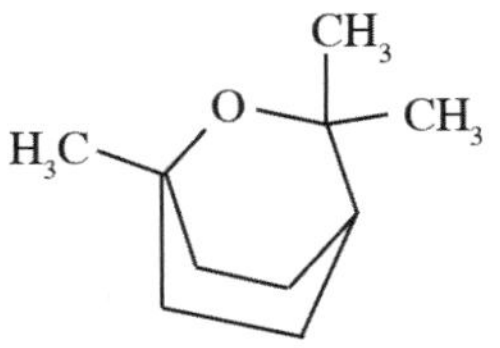

性状与性能：无色或微黄色液体，具桉叶素的清凉香气。相对密度 0.904 0～0.905 0，折射率 1.458 0～1.470 0，旋光度－10°～＋10°。全溶于 5 倍容量的 70%乙醇中。桉叶油应装于镀锌白铁桶中。储存于干燥、通风的仓库内，运输时防止日晒雨淋。

使用：按照《食品安全国家标准　食品添加剂使用标准》(GB 2760—2014)规定，桉叶油用于清凉型香精的调制，可按生产需要适量使用。

FEMA 规定(单位：mg/kg)：软饮料 0.13，冷饮 0.50，糖果 15，焙烤食品 0.4～0.5，胶姆糖 190。

8. 桂花浸膏

桂花浸膏(*Osmanthus fragrans* flower concrete)系用沸点 68～71℃的石油醚溶剂在室温下浸提桂花而得的产品。

性状与性能：黄色或棕黄色膏状物，具有桂花香气。熔点范围 40～50℃，酸值≤40，净油含量≥60%。桂花浸膏需用专用铝瓶或棕色广口玻璃瓶包装，瓶口加内、外盖子。储藏时应单独存放于阴凉、通风、干燥仓库内，不准存放于 40℃以上的场所。

使用：广泛用于具有桂花香型的各类食品调香。按照《食品安全国家标准　食品添加剂使用标准》(GB 2760—2014)规定，可按生产需要适量用于配制各种食用香精。在实际使用中，除用于桂花香精外，还可用于蜜饯香精、茶叶香精或其他复方香精及酒用香精中。

9. 墨红浸膏

墨红浸膏(*Rose crimsonglory* flower concrete)系用石油醚浸提墨红鲜花制取的浸膏，得膏率为 0.14%～0.16%。

性状与性能：橙红色膏状物，具有纯正的墨红鲜花香气。熔点范围 40～50℃，酸值≤20，酯值≥20%，净油含量≥30%。墨红浸膏需用专用的马口铁罐包装，再装入清洁、坚固的干燥箱中，妥善垫衬。

使用：用于饮料、糖果、烟草等。按照《食品安全国家标准　食品添加剂使用标准》(GB 2760—2014)规定，墨红浸膏可按生产需要适量用于配制各种食用香精。可用于调配杏子、桃子、苹果、草莓、桑葚、梅等果香型和花香型食用香精。

常用天然香料其产品应该符合一定的规格，一些常用天然香料标准规格见表 10-1。

表 10-1　常用天然香料标准

指标名称	桂花浸膏[1]	桉叶油(80%)[2]
色状	黄色或棕黄色膏状物	无色或微黄色液体
香气	桂花香气	具有桉叶素的清凉香气
相对密度		0.904 0～0.905 0
折射率		1.458 0～1.470 0
旋光度		−10°～+10°
溶解度		Ⅰ≥80(桉叶素计) Ⅱ≥85(桉叶素计)
含量/%	≥60(净含油量)	
熔点范围/℃	40～50	
酸值	≤40	
其他		黄樟油素含量<20 mg/kg

注:①引自《桂花浸膏》轻工业部标准(QB 790—81)。
②引自《桉叶油,80%》轻工业部标准(QB 778—81)。

10.1.2　常用的几种合成香料

合成香料一般不单独用于食品的加香,多配成食用香精后使用。食品中直接使用的合成香料仅有香兰素、苯甲醛和 *DL*-薄荷脑等少数品种。

下面重点介绍我国已制订标准或即将完成标准的合成香料。

1. 香兰素

香兰素(Vanillin),俗称香草粉,学名 3-甲氧基-4-羟基苯甲醛。分子式为 $C_8H_8O_3$,相对分子质量为 152.15。结构式如右:

香兰素天然存在于香荚兰豆、安息香膏、秘鲁香膏及吐鲁香膏等中。我国目前主要由临氨基苯甲醚经重氮水解,生成愈创木酚,然后在对亚硝基二甲基苯胺和催化剂存在下,用愈创木酚和甲醛缩合生成香兰素,再经萃取分离、真空蒸馏和结晶提纯得到结晶状香兰素成品。用亚硫酸纸浆废液制香兰素我国也有少量生产。

性状与性能:白色至微黄色结晶,熔点 81～83℃。具有香荚兰豆特有的香气。易溶于乙醇、乙醚、冰乙酸及热挥发油,在冷的植物油中溶解度不高,略溶于水,而溶解于热水。本品易受光照影响而变化,在空气中能徐徐氧化。需置于避光容器内,密封保存。储藏于干燥通风的仓库内,避免杂气污染,运输时防日晒和雨淋。

安全性:大鼠经口 LD_{50} 为 1.58 g/kg,大鼠 MNL 为 1.0 g/kg,ADI 为 0～10 mg/kg。

使用:按照《食品安全国家标准　食品添加剂使用标准》(GB 2760—2014)规定,香兰素为允许使用的食用天然等同物香料,可用于配制各种食用香精。本品是使用最多的食品赋香剂之一。它是配制香草型香精的主要香料,也可单独使用。广泛用于饼干、糕点、冷饮、糖果等食品的赋香,尤其是用于以乳制品为主要原料的食品。生产糕点、饼干时在和面过程中加入，应在临用前用温水溶解，以防赋香不均或结块影响口味。遇碱或碱性物质发生变色现象，使用时应注意。

FEMA规定(单位:mg/kg):软饮料63，冷饮95，糖100，焙烤食品220，布丁类120，胶姆糖270，巧克力970，裱花层150，人造奶油0.20，糖浆330～2 000。

FAO/WHO规定:用于方便食品的罐头、婴儿食品和谷类食品的最高允许用量为70 mg/kg。

2. 苯甲醛

苯甲醛(Benzaldehyde)，又称人造苦杏仁油。天然存在于苦杏仁油、桂皮油等精油中，是苦杏仁油的主要香气成分。分子式为C_7H_6O，相对分子质量为106.13。结构式如右:

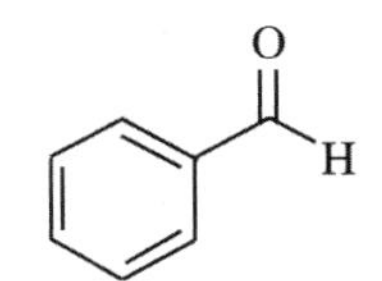

食品工业用需要无氯的产品，可由甲苯经催化氧化或由苯乙烯经臭氧氧化而制得。

性状与性能:纯品为无色液体，普通品是无色至淡黄色液体。具有苦杏仁的特异芳香味。性质不稳定，遇空气逐渐氧化为苯甲酸，还原可变为苯甲醇。纯品沸点179.9℃。微溶于水，与乙醇、乙醚、苯和氯仿混溶。1份本品可溶于300份水中、5份50%乙醇中、1～1.5份70%乙醇中。需置于遮光容器中，装满，密封保存于阴凉处。充氮保存效果更好。

安全性:大鼠经口LD_{50}为1.3 g/kg，大鼠MNL为0.5 g/kg，ADI为0～5 mg/kg。

使用:本品广泛用于配制杏仁、樱桃等食用香精。按照《食品安全国家标准　食品添加剂使用标准》(GB 2760—2014)规定，苯甲醛为允许使用的食用天然等同物香料，暂时允许使用苯甲醛配制各种食用香精。

3. 乙基香兰素

乙基香兰素(Ethyl vanillin)，学名为3-乙氧基-羟基苯甲醛。分子式为$C_9H_{10}O_3$，相对分子质量为166.18。它是以邻硝基氯苯为原料经系列化学反应合成邻羟基乙醚，再套用香兰素生产工艺而制得。

性状与性能:白色至微黄色结晶或结晶性粉末，具有类似香荚兰豆的香气，香气较香兰素浓郁。熔点范围76～81℃。25℃时1 g试样全溶于3 mL 95%(体积分数)乙醇中，呈澄清透明溶液。需置于遮光容器内，密封保存。

安全性:一组短期毒性试验，大鼠16只，每周剂量30 mg/kg，经7周，在生长、食物摄入、蛋白质利用率等方面无不良影响。另一组16只大鼠，剂量20 mg/kg，经18周无不良影响；但剂量64 mg/kg者，经10周，生长率减低，对内脏有影响。ADI为0～10 mg/kg。

使用:香型与香兰素相同，纯品的香气较香兰素强3～4倍。其使用与香兰素相同，特别适用于乳基食品的赋香。本品广泛地以单体或与香兰素、甘油等配合使用。按照《食品安全国家标准　食品添加剂使用标准》(GB 2760—2014)规定，乙基香兰素为允许使用的食用人造香料，允许使用乙基香兰素配制各种食用香精。

FAO/WHO(1983)规定:用于婴儿罐头食品和婴幼儿谷类加工制品。最大用量(mg/kg):粮食食品70，饮料2，冰激凌44，糖果65，巧克力250，胶姆糖110。

4. 柠檬醛

柠檬醛(Citral),学名为 2,6-二甲基-2,6-辛二烯-8-醛,有 α、β、顺、反 4 种异构体,属于萜类。可从山苍子油中分离精制;亦可由香叶醇、橙花醇等经氧化而制得;也可从工业香叶醇及橙花醇中利用铜催化剂减压气相脱氢得到;还可由脱氢芳樟醇在钒催化剂作用下合成。分子式为 $C_{10}H_{16}O$。相对分子质量为 152.24。结构式如右:

性状与性能:无色或淡黄色液体。有强烈的类似无萜柠檬油的香气。相对密度0.885~0.890,折射率 1.486 0~1.490 0,酸值(mg KOH/g)≤5,含醛量≥97%。易被氧化生成聚合物而着色,应予以注意。可用镀锌铁桶或镀锡铁罐包装,应满装密封,存放于阴凉、干燥的场所。保质期一般为 3 个月,应及时调运,按期使用。

安全性:可产生局部影响,在正常循环中无药理影响。幼年大鼠每日摄入柠檬醛 0.15 mg,计 26 d,出现体重减轻现象。短期毒性试验:每组大鼠雌雄各 15 只,每日摄入 50 mg/kg 剂量的柠檬醛,共 12 周,未发现不良反应。ADI 为 0~0.5 mg/kg。

使用:按照《食品安全国家标准　食品添加剂使用标准》(GB 2760—2014)规定,柠檬醛为允许使用的食用天然等同物香料,可用于配制各种食用香精。柠檬醛具有新鲜柠檬的香气,用途很广,作为单体香料用于调制柠檬油、白柠檬油、橘子油等各种果香型香精,广泛用于清凉饮料、糖果、冰激凌、焙烤制品等食品的赋香。食品中最大用量为 170 mg/kg。

FEMA 规定(单位:mg/kg):软饮料 9.2,冷饮 23,糖果 41,焙烤食品 43,胶姆糖 170。

5. 洋茉莉醛

洋茉莉醛(Heliotropin),学名 3,4-二氧亚甲基苯甲醛,又称胡椒醛(Piperonal)。分子式为 $C_8H_6O_3$,相对分子质量为 150.14。洋茉莉醛由黄樟油素经异构、氧化、分馏、提纯等工序而制得。

性状与性能:白色片状、有光泽晶体。具有甜而温和的类似香水草花的香气(俗称葵花的花香香气),应无黄樟油素的杂味。凝固点≥35℃,熔点 35.5~37℃。含醛量≥99%(以洋茉莉醛计)。在 25℃时,本品 1 g 可溶于 100 mL 95%(体积分数)乙醇中。置遮光容器内密封保存。

安全性:急性毒性试验,小鼠经口,雄鼠 LD_{50} 为 2 710 mg/kg,雌鼠 LD_{50} 为 1 470 mg/kg,ADI 为 0~0.25 mg/kg。

本品本身的毒性较低,但应注意研究其原料黄樟油素的毒性影响,控制产品的纯度。

使用:按照《食品安全国家标准　食品添加剂使用标准》(GB 2760—2014)规定,洋茉莉醛为允许使用的食用天然等同物香料,可用于配制各种食用香精。洋茉莉醛可以与香兰素充分配合。有保持甜味的效果,除用于调制香草型香精外,也可调制奶油、樱桃、草莓等香精。用于冰激凌、糖果、酒精饮料、焙烤制品等食品,最高用量为 36 mg/kg。

FEMA 规定(单位:mg/kg):软饮料 0.05~16,冷饮 64,糖果 48~600,焙烤食品 48~600,适度为限。

6. 甲位戊基桂醛

甲位戊基桂醛(α-Amylcinnamaldehyde),又称 α-戊基桂醛。分子式为 $C_{14}H_{18}O$,相对分

子质量为202.30。甲位戊基桂醛是以苯甲醛和正庚醛为原料，反应缩合后经中和、水洗、减压分馏而制得。

性状与性能：黄色透明液体，具有类似茉莉的香气。相对密度0.963～0.968，折射率1.555 0～1.559 0，酸值≤5，含醛量≥97%（以甲位戊基桂醛计）。于清洁镀锌铁桶内密闭保存。

安全性：大鼠经口LD_{50}为3.73 g/kg。

使用：按照《食品安全国家标准　食品添加剂使用标准》（GB 2760—2014）规定，甲位戊基桂醛为允许使用的食用天然等同物香料，可用于配制各种食用香精。

FEMA规定（单位：mg/kg）：软饮料8.8，冷饮8.7，糖果17，焙烤食品33，布丁类22，胶姆糖720，酒类5.0。

7. 乙酸异戊酯

乙酸异戊酯（Isoamyl acetate），俗称香蕉水，本品天然存在于香蕉、苹果及可可豆中。分子式为$C_7H_{14}O_2$，相对分子质量为130.19。乙酸异戊酯系用杂醇油中分离的异戊醇和醋酸经酯化反应合成制得。

性状与性能：黄色透明液体，具有类似香蕉及苹果的香气。相对密度0.869～0.874，沸程137～143℃≥95%，酸值≤1.0，含醛量≥97%（以乙酸异戊酯计）。乙酸异戊酯可装于镀锡或镀锌铁桶内，储存在干燥、通风的仓库内。本品具有易燃性和爆发性，储运时应注意防火。

安全性：急性毒性试验，经天津市卫生防疫站测定，小鼠经口，雄鼠LD_{50}为5 840 mg/kg，雌鼠LD_{50}为6 810 mg/kg。

使用：按照《食品安全国家标准　食品添加剂使用标准》（GB 2760—2014）规定，乙酸异戊酯为允许使用的食用天然等同物香料，可用于配制各种食用香精。本品是草莓、杨梅、苹果、樱桃、葡萄、菠萝、桃和梨等的果香型香精。对食品的使用水平（单位：mg/kg）为：冰激凌56，糖果100，明胶点心100，糕点120，胶姆糖2 700。

FEMA规定（单位：mg/kg）：软饮料28，冷饮56，糖果190，焙烤食品120，布丁类100，胶姆糖2 700，适度为限。

8. 乙酸苄酯

乙酸苄酯（Benzyl acetate），分子式为$C_9H_{10}O_2$，相对分子质量为150.18。乙酸苄酯可以用苄醇、无水乙酸及无水乙酸钠加热，经酯化反应合成而制得。

性状与性能：无色透明液体，具有类似茉莉花的香气。本品是茉莉花精油的主要成分。相对密度1.052～1.054，折射率1.501 0～1.503 0，酸值≤1，含酯量≥98%（以乙酸苄酯计）。在25℃时可溶于6倍容量的60%（体积分数）乙醇中。乙酸苄酯须装于镀锡铁罐或镀锌铁桶内储运。

安全性：大鼠经口LD_{50}为2.49 g/kg。ADI为0～5 mg/kg。

使用：按照《食品安全国家标准　食品添加剂使用标准》（GB 2760—2014）规定，乙酸苄酯为允许使用的食用天然等同香料，可用于配制各种食用香精。乙酸苄酯用于调制杨梅、杏、李、苹果等果香型香精。食品中最高使用水平约为0.76 g/kg。

FEMA规定（单位：mg/kg）：软饮料7.8，冷饮14，糖果34，焙烤食品22，布丁类23，胶姆糖 760,适度为限。

9. 丙酸乙酯

丙酸乙酯(Ethyl propinoate),分子式为 $C_5H_{10}O_2$,相对分子质量为 102.13。丙酸乙酯是以丙酸与乙醇为原料,用硫酸作催化剂,经酯化反应合成制得。

性状与性能:无色透明液体,具有类似凤梨的香气。相对密度 0.882~0.886,折射率 1.382 0~1.385 0,酸值≤1.0,沸程 137~143℃,含酯量≥95%(以丙酸乙酯计)。丙酸乙酯须装于镀锡铁罐或镀锌铁桶内储运。

使用:按照《食品安全国家标准　食品添加剂使用标准》(GB 2760—2014)规定,丙酸乙酯为允许使用的食用天然等同香料,可用于配制各种食用香精。本品可用于调制果香型香精,主要用于调制葡萄香精。食品中最高使用水平约为 1 mg/kg。

FEMA 规定(单位:mg/kg):软饮料 7.7,冷饮 29,糖果 78,焙烤食品 110,布丁类 10~15,胶姆糖 1 100,适度为限。

10. 丁酸乙酯

丁酸乙酯(Ethyl butyrate),又称酪酸乙酯。分子式为 $C_6H_{12}O_2$($CH_3CH_2CH_2COOC_2H_5$),相对分子质量为 116.16。它是以正丁酸与乙醇为原料,用硫酸作催化剂,经酯化反应合成制得。

性状与性能:无色或微黄色透明液体,具有类似凤梨的香气,相对密度 0.870~0.878,折射率 1.392 0~1.397 0,酸值≤1.0,沸程 115~125℃,含酯量≥98%(以丁酸乙酯计)。须装于镀锡或镀锌铁桶内储运。

安全性:大鼠经口 LD_{50} 为 13.05 g/kg。ADI 为 0~15 mg/kg。

使用:按照《食品安全国家标准　食品添加剂使用标准》(GB 2760—2014)规定,丁酸乙酯为允许使用的食用天然等同香料,可用于配制各种食用香精。丁酸乙酯多用于食用香精,仿制奶油、焦糖、乳酪、香蕉、樱桃、葡萄、橙、桃、朗姆、胡桃、各类梅类香型和果香香精。用于焙烤食品中的浓度为 0.003%~0.01%,口香糖中可达 0.14%。丁酸乙酯的乙醇溶液称为菠萝油,很早以来就作为人造香料使用。本品用于配制菠萝、草莓、香蕉、葡萄等果香型香精,也可用作奶油香精的调香。食品中最高使用水平约为 1.4 g/kg。一般用量为:饮料 5~10 mg/kg,糖果 10~150 mg/kg,冰激凌 5~10 mg/kg。

FEMA 规定(单位: mg/kg):最高参考用量为软饮料 28,冰激凌、冰制食品 44,糖果 98,焙烤食品 93,胶冻及布丁 54,胶姆糖 1 400。

11. 丁酸异戊酯

丁酸异戊酯 (Isoamyl butyrate),分子式为 $C_9H_{18}O_2$,相对分子质量为 158.24。丁酸异戊酯是以正丁酸与杂醇油中分离的异戊醇为原料,用硫酸作催化剂,经酯化反应合成制得。

性状与性能:无色透明液体,具有类似生梨的香气,相对密度 0.861~0.864,折射率 1.409 0~1.413 0,酸值≤1.0,沸程 175~183℃,含酯量≥98%(以丁酸异戊酯计)。易溶于乙醇而几乎不溶于水。丁酸异戊酯须装在镀锡铁罐或镀锌铁桶内储运。

安全性:急性毒性试验,小鼠经口 LD_{50} 为 12 210 mg/kg。ADI 为 0~3 mg/kg(以异戊醇表示)。

使用：按照《食品安全国家标准　食品添加剂使用标准》(GB 2760—2014)规定，丁酸异戊酯为允许使用的食用天然等同香料，用于配制各种食用香精。本品广泛用于生梨、香蕉等果香型香精的调制及朗姆酒的调香。食品中最高使用水平约为 600 mg/kg，冰激凌使用 10～20 mg/kg，糖果使用 5～15 mg/kg。

FEMA 规定(单位：mg/kg)：软饮料 13，冷饮 34，糖果 79，焙烤食品 51，布丁类 60，胶姆糖 570。

12. 异戊酸异戊酯

异戊酸异戊酯(Isoamyl isovalerate)，也称戊酸戊酯，俗称苹果油。分子式为 $C_{10}H_{20}O_2$，相对分子质量为 172.27。异戊酸异戊酯是用杂醇油分离的异戊醇，和用异戊醇通过两次氧化后精制所得的异戊酸，经硫酸作催化剂反应制得。

性状与性能：无色或微黄色透明液体，具有类似苹果的香气，相对密度 0.852～0.855，折射率 1.411 0～1.415 0，酸值≤1.0，沸程 185～195℃，含酯量≥98%(以异戊酸异戊酯计)。微溶于水，易溶于有机溶剂。

安全性：急性毒性试验，小鼠经口 LD_{50} 为 12.6～23.3 g/kg。

使用：按照《食品安全国家标准　食品添加剂使用标准》(GB 2760—2014)规定，异戊酸异戊酯为允许使用的食用天然等同香料，可用于配制各种食用香精。本品作为食品赋香剂使用广泛，常用于调制苹果、香蕉、桃等果香型香精。食品中最高使用水平约为 500 mg/kg。

FEMA 规定(单位：mg/kg)：软饮料 8.5，冷饮 14，焙烤食品 41，布丁类 1.0～61，胶姆糖 390，果冻 10。

13. 己酸乙酯

己酸乙酯(Ethyl caproate)，分子式为 $C_8H_{16}O_2$，相对分子质量为 144.22。己酸乙酯是己酸与乙醇用硫酸作催化剂，经酯化反应合成制得。

性状与性能：无色透明液体，具有类似凤梨的香气，相对密度 0.864～0.867，折射率 1.404 0～1.409 0，酸值≤1.0，含酯量≥98%(以己酸乙酯计)。易溶于乙醇等有机溶剂。须装于镀锡奶罐或镀锌铁桶内储运。

使用：按照《食品安全国家标准　食品添加剂使用标准》(GB 2760—2014)规定，己酸乙酯为允许使用的食用天然等同香料，可用于配制各种食用香精。本品用于配制菠萝等果香型香精，亦可用于饮料酒的调制。食品中最高使用水平约为 150 mg/kg。

FEMA 规定(单位：mg/kg)：软饮料 7.0，冷饮 18，糖果 12，焙烤食品 12，布丁类 10，胶姆糖 32，果冻 1.3，适度为限。

14. 己酸烯丙酯

己酸烯丙酯(Allyl caproate)，分子式为 $C_9H_{16}O_2$($CH_3(CH_2)_4COOCH_2CH=CH_2$)，相对分子质量为 156.23。己酸烯丙酯是以己酸与烯丙醇为原料，用硫酸作催化剂，经酯化、脱水、中和洗涤、分离分馏等步骤而制得。

性状与性能：无色或微黄色透明液体，具有类似菠萝的香气，相对密度 0.885～0.890，折射率 1.424 0～1.426 0，酸值≤1.0，含酯量≥98%(以己酸烯丙酯计)。易溶于乙醇等有机溶剂。己酸烯丙酯须装于镀锡铁罐或镀锌铁桶内储运。

使用：按照《食品安全国家标准　食品添加剂使用标准》(GB 2760—2014)规定，己酸烯丙酯为允许使用的食品用天然等同物香料，可用于配制各种食用香精。用于菠萝香精的调制，食品中最高使用水平约为 210 mg/kg。

15. 邻氨基苯甲酸甲酯

邻氨基苯甲酸甲酯(Methyl anthranilate)，分子式为 $C_8H_9NO_2$，相对分子质量为 151.17。

性状与性能：邻氨基苯甲酸甲酯为无色或橙黄色带有蓝色荧光的液体，具有类似菠萝橙花的香气，相对密度 1.162～1.167，凝固点≥23.9℃。25℃时 1 g 邻氨基苯甲酸甲酯全溶于 4 mL 60%(体积分数)乙醇中。含酯量≥98%(以邻氨基苯甲酸甲酯计)。本品易受日光的影响而褐变。邻氨基苯甲酸甲酯须装于铝桶或镀锡铁罐内储运。

安全性：急性毒性试验，小鼠经口，雄鼠 LD_{50} 为 4.91 g/kg，雌鼠 LD_{50} 为 3.097 g/kg。亚急性毒性试验，卫生防疫站以含邻氨基苯甲酸甲酯 0 g/kg，1.0 g/kg，2.0 g/kg，4.0 g/kg，8.0 g/kg，10.0 g/kg 的饲料给大鼠口服 90 d，对动物的体重、进食量、食物利用率、血液、心电图检查、脏器重量、病理组织检查均未引起变化。ADI 为 0～1.5 mg/kg。

使用：按照《食品安全国家标准　食品添加剂使用标准》(GB 2760—2014)规定，邻氨基苯甲酸甲酯为允许使用的食用天然等同香料，可用于配制各种食用香精。常用于葡萄果香型的香精调制。食品中最高使用量约为 2 200 mg/kg。

FEMA 规定(单位：mg/kg)：无醇饮料 40，含醇冷饮 0.2～2.0，焙烤制品 38，凝胶布丁 20，胶姆糖 200～1 583，冷冻饮品 40，水果冰品 40，硬糖 80～161，果酱、果冻 6，软糖 80。

16. 杨梅醛

杨梅醛(Aldehyde C-16 pure)，学名为甲基苯基环氧丙酸乙酯，又称十六醛。分子式为 $C_{12}H_{14}O_3$，相对分子质量为 206.24。甲基苯基环氧丙酸乙酯是用苯乙酮和一氧乙酸乙酯为原料，在碱性催化下通过缩合反应而制得。

性状与性能：无色或微黄色透明液体。具有强烈的果香，类似草莓的香气。相对密度 1.088 0～1.092 0，折射率 1.503 5～1.508 5，酸值≤2，含脂量≥98%(以甲基苯基环氧丙酸乙酯计)。甲基苯基环氧丙酸乙酯应装入干燥清洁的镀锌桶或镀锡罐内，并予以密封储运。

安全性：急性毒性试验，小鼠经口 LD_{50} 为 4.959 g/kg。

使用：按照《食品安全国家标准　食品添加剂使用标准》(GB 2760—2014)规定，杨梅醛为允许使用的食用人造香料，暂时允许使用杨梅醛配制各种食用香精。本品用于配制杨梅、草莓等果香型香精。食品中最高使用水平为 470 mg/kg。

17. 麦芽酚

麦芽酚(Maltol)，学名为 3-羟基-2-甲基-4-吡喃酮，亦称麦芽醇。分子式为 $C_6H_6O_3$，相对分子质量为 126.11。麦芽酚是以发酵法制取曲酸，再经化学合成而制得。

性状与性能：白色、微黄色针状或结晶性粉末，具有焦甜香气。熔点范围 159～163℃。含量≥98%。易溶于热水与乙醇。本品有升华性。麦芽酚应装于衬有塑料袋的纸盒内，储存在干燥、通风的仓库，避免和有异味杂气的物品混同存放。

安全性：急性毒性试验，小鼠经口 LD_{50} 为 1.42 g/kg。亚急性毒性试验，以含麦芽酚

0 mg/kg、50 mg/kg、100 mg/kg、300 mg/kg 的饲料喂大鼠12周，在大鼠的体重、血象、GPT、NPN、病理学检查方面均未发现有异常。ADI为0～50 mg/kg。

使用：按照《食品安全国家标准 食品添加剂使用标准》(GB 2760—2014)规定，麦芽酚为允许使用的食用天然等同香料，可用于配制各种食用香精。本品有缓和其他香料香气的性质，可作为香味改良剂和定香剂使用。本品广泛用于焙烤食品、糖果、饮料、巧克力、汤粉等食品。食品中最高使用水平为300 mg/kg。

FEMA规定(单位：mg/kg)：软饮料4.1，冷饮8.7，糖果31，焙烤食品30，布丁类7.5，胶姆糖90，果冻15。

18. 松油醇

松油醇(α-Terpineol)，分子式为$C_{10}H_{18}O$，相对分子质量为154.25。松油醇是以松节油为原料经化学合成而制得。本品主要系α-松油醇和β-松油醇两种化学异构体的混合物。

性状与性能：无色稠厚液体。具有类似紫丁香花的香气。相对密度0.935～0.941，折射1.4825～1.4850，旋光度范围－0°10′～＋0°10′。沸程214～224℃≥96%(体积分数)，初馏点起5℃内≥98%(体积分数)。全溶于2倍70%(体积分数)乙醇中。松油醇应装于马口铁桶内储存在干燥、通风的仓库内。

安全性：GRAS。

使用：《食品安全国家标准 食品添加剂使用标准》(GB 2760—2014)规定，松油醇为允许使用的食用天然等同香料，可用于配制各种食用香精。主要用于口香糖和调味料中，其他用量不多。

FEMA规定(单位：mg/kg)：软饮料5.4，冰激凌14，焙烤食品19，胶冻及布丁12～16，胶姆糖40，调味料38。

19. 苯甲醇

苯甲醇(Benzyl alcohol)，又名苄醇。分子式为C_7H_8O，相对分子质量为108.14。苯甲醇可由氯化苄水解后经精制而得。以氯化苄为原料时，必须使水解反应完全，因为氯化苄具有强烈刺激的气味，为催泪性物质。亦可由苯甲醇和甲醛经歧化反应而制得。

性状与性能：无色透明液体，具有微弱的花香。相对密度1.041～1.046，折射率1.538 0～1.541 0，沸程203～206℃ ≥95%(体积分数)。25℃时全溶于30倍容量的蒸馏水中。含醇量≥98%(以苯甲醇计)。苯甲醇可装入镀锡铁罐或镀锌铁桶内储运。

安全性：大鼠经口LD_{50}为1.23 g/kg。

使用：按照《食品安全国家标准 食品添加剂使用标准》(GB 2760—2014)规定，苯甲醇为允许使用的食用天然等同香料，可用于配制各种食用香精。香料工业中本品作为生产乙酸苄酯、苯甲酸苄酯等酯类的原料。本品可用于杏仁、草莓等香精的调制，少量使用。

FEMA规定(单位：mg/kg)：软饮料15，冷饮160，糖果47，焙烤食品220，布丁类21～45，胶姆糖1 200。

20. 苯乙醇

苯乙醇(Phenethyl alcohol)，分子式为$C_8H_{10}O$，相对分子质量为122.17。苯乙醇可用环氧乙烷和苯经缩合后精制而成。

性状与性能：无色透明液体。具有玫瑰型香气。相对密度(d_{25})1.018 0～1.020 0，折射率1.530 0～1.533 0，含醇量≥99%(以苯乙醇计)，25℃时全溶于50倍容量的蒸馏水中。苯乙醇应装入镀锌铁桶内，密封储运。

使用：按照《食品安全国家标准　食品添加剂使用标准》(GB 2760—2014)规定，苯甲醇为允许使用的食用天然等同香料，可用于配制各种食用香精。可用于调制幻想型及玫瑰型香料。

FEMA规定(单位：mg/kg)：软饮料1.5，冷饮8.3，糖果12，焙烤食品16，布丁类0.15，胶姆糖21～80。

21. 肉桂醇

肉桂醇(Cinnamyl alcohol)，又称3-苯基-2-丙烯-1-醇、苯丙烯醇、桂皮醇。分子式为$C_9H_{10}O$，相对分子质量为134.18。肉桂醇可由肉桂醛还原制得。

性状与性能：白色或微黄色结晶或无色至淡黄色液体。具有类似风信子的香气，凝固点≥33℃，25℃ 1 g肉桂醇全溶于4 mL 50%(质量分数)乙醇中，含醇量≥98%(以肉桂醇计)。肉桂醇应装于镀锡罐内储运。

使用：按照《食品安全国家标准　食品添加剂使用标准》(GB 2760—2014)规定，肉桂醇为允许使用的食用天然等同香料，可用于配制各种食用香精。本品用于调制桃、香蕉、樱桃等果香型香精。

FEMA规定(单位：mg/kg)：软饮料8.8，冷饮8.7，糖果17，焙烤食品33，布丁类22，胶姆糖720，酒类5.0。

22. *DL*-薄荷脑

DL-薄荷脑(*DL*-Menthol)，分子式为$C_{10}H_{20}O$，相对分子质量为156.27。DL-薄荷脑以从柠檬油中单离出来的香茅醛为原料，经环化、催化加氨而制得。

性状与性能：白色熔块或无色透明液体。具有类似天然薄荷油的清凉气息。第一凝固点27～28℃，第二凝固点30.5～32℃。性质与*L*-薄荷脑相似。微溶于水，易溶于乙醇、乙醚、氯仿和石油醚。*DL*-薄荷脑应装入专用镀锌铁桶内，密封储运。

安全性：大鼠经口LD_{50}为3.18 g/kg。*DL*-薄荷脑及*L*-薄荷脑的ADI为0～1.2 mg/kg。

使用：按照《食品安全国家标准　食品添加剂使用标准》(GB 2760—2014)规定，*DL*-薄荷脑为允许使用的食用天然等同香料，可用于配制各种食用香精。*DL*-薄荷脑是配制薄荷型香精的主要原料，如在有些薄荷型香精的配方中薄荷脑占10%～18%。可与其他香料配合或单独用于糖果、胶姆糖、饮料、冰激凌等食品的赋香。

23. 葵子麝香

葵子麝香(Musk ambrette)，学名2，6-二硝基-3-甲氧基-4-叔丁基甲苯。分子式为$C_{12}H_{10}N_2O_5$，相对分子质量为268.27。葵子麝香以间甲酚为原料，经甲基化、丁基化、硝化等反应而制得。

性状与性能：淡黄色晶体。具有类似麝葵子的麝香香气。熔点84～86℃。本品在25℃时，13 g试样全溶于100 g 95%(体积分数)乙醇中。葵子麝香应装于衬有聚乙烯塑料袋的大白铁桶或马口铁罐内密封储运。

使用:人造麝香中以葵子麝香的香气最令人愉快,许多香精使用葵子麝香作为香料和定香剂使用。有些国家允许使用,最高使用水平约为1 mg/kg。

24. 二甲苯麝香

二甲苯麝香(Musk xylene),学名5-叔丁基-2,4,6-三硝基-间二甲苯。分子式为$C_{12}H_{15}N_3O_6$,相对分子质量为297.28。二甲苯麝香可由二甲苯经烃化、硝化而制得。

性状与性能:白至微黄色晶体,具有纯正的类似天然麝香的香气。熔点113~114.5℃。二甲苯麝香须装于衬有聚乙烯塑料袋的马口铁罐、镀锌铁桶或纸桶内储运。

安全性:二甲苯麝香虽具有类似于天然麝香的香气,但它与葵子麝香一样,均系人工合成的硝基麝香,这些具有麝香香气的所谓芳香族硝基化合物,在自然界中尚未发现,目前对其毒性研究尚少,今后应予以注意。

使用:本品虽有显著的麝香香气,但没有葵子麝香所特有的那种令人愉快的气息,其品质较差,用于较低档的香精。有些国家允许使用,最高使用水平约为1 mg/kg。

常用合成香料产品应该符合一定的规格,一些常用合成香料的标准规格见表10-2和表10-3。

表10-2 几种合成香料的规格

指标名称	柠檬醛(97%)①	洋茉莉醛②	苯甲醇③	苯乙醇④	桂醇⑤	合成薄荷脑⑥
色状	符合规定	符合规定	符合规定	符合规定	符合规定	符合规定
香气	符合规定	符合规定	符合规定	符合规定	符合规定	符合规定
凝固点/℃		35			≥33	27~28 30.5~32
折射率	1.486 0~1.490 0		1.538 0~1.541 0	1.530 0~1.533 0		-10°~+10°
溶解度		符合规定	符合规定	符合规定	符合规定	
酸值	≤5.0					
沸程量/%			≥95(203~206℃)			
含量/%	≥97(以柠檬酸计)	≥99(以洋茉莉醛计)	≥98(以苯甲醇计)	≥99(以苯乙醇计)	≥98(以桂醇计)	
其他			含氯试验(一)		游离醛≤1%	

注:①引自《柠檬醛,97%》轻工业部标准(QB 781—81)。
②引自《洋茉莉醛》轻工业部标准(QB 783—81)。
③引自《苯甲醇》轻工业部标准(QB 792—81)。
④引自《苯乙醇》轻工业部标准(QB 791—81)。
⑤引自《合成桂醇》轻工业部标准(QB 792—81)。
⑥引自《合成 *DL*-薄荷脑》轻工业部标准(QB 787—81)。

表 10-3 几种酯与麝香的标准规格

指标名称	乙酸苄酯①	丁酸乙酯②	邻氨基苯甲酸甲酯③	葵子麝香④	二甲苯麝香⑤
色状	符合规定	符合规定	符合规定	符合规定	符合规定
香气	符合规定	符合规定	符合规定	符合规定	符合规定
相对密度	1.052～1.054	0.870～0.878	1.162～1.167		
折射率	1.501 0～1.503 0	1.392 0～1.397 0			
溶解度	符合规定		符合规定	符合规定	
酸值	≤1.0	≤1.0			
沸程量/%			≥95（115～125℃）		
含量/%	≥98	≥98	≥98		
其他	含氯试验（一）		凝固点≥23.9	熔点 84～86℃	熔点 113～114.5℃

注：①引自《乙酸苄酯》轻工业部标准（QB 787—81）。
②引自《丁酸乙酯》轻工业部标准（QB 784—81）。
③引自《邻氨基苯甲酸甲酯》轻工业部标准（QB 78—81）。
④引自《葵子麝香》轻工业部标准（QB 782—81）。
⑤引自《二甲苯麝香》轻工业部标准（QB 799—81）。

10.2 食用香精

在食品加工过程中，有时需要添加少量香精或香料，用以改善或增强食品的香气和香味。用各种安全性高的香料和稀释剂等调和而成并用于食品的香精就是食用香精。为保证食用香精的安全使用，我国曾规定应由原轻工业部批准的食用香精生产点生产。各生产点必须使用持有《定点生产证明书》《生产许可证》或《临时生产许可证》企业所生产的合乎标准的食用香料，不准使用无证明产品或不合格产品。

食用香精是指用来起香味作用的浓缩配制品（产生咸味、甜味或酸味的配制品除外），它可以含有也可以不含有食用香精辅料，通常它们不直接用于消费。香精包括食用香精、饲料用香精和接触口腔与嘴唇用香精。食用香精辅料是指对香精生产、储存和应用所必需的食品添加剂和食品配料。所加的食品添加剂在最终加香产品中无功能。食用香精主要有水溶性液体香精、油溶性液体香精、膏（浆）状香精、拌和型粉末香精以及微胶囊型粉末香精。

为进一步提高所用香精的风味，也往往进一步相互搭配，以求得特殊香型。如在甜橙（香精）中加入少量柠檬（香精），可生产带酸的甜橙味，如加入西香莲则会产生粒粒橙风味。在柠檬中加入白柠檬可使其较清香，加入甜橙可较甜，加入红橘可提高鲜味。在杧果中加入番石榴可增加新鲜感。一般主香精占 80%～90% ，辅香精占 5%～20%。也有的配成杂锦香精，如甜橙∶香蕉∶菠萝＝4∶3∶3，甜瓜∶葡萄∶甜橙＝6∶3∶3，可获得特殊风味。在香型方面，目前大多数食用香精是模仿各种果香和调和的果香型香精，其中使用最广的是橘子、柠檬、香蕉、菠萝、杨梅 5 大类香型香精，也有一些其他香型的香精，如香草香精、奶油香精等。

食用香精应由专厂定点生产，以保证符合食品卫生要求。一般食品厂均使用专厂生产的食用香精。仅个别有传统有条件的食品厂在卫生部门的管理下自配自用。

10.2.1 食用水溶性香精

水溶性香精系指以水或水溶性物质为溶剂的液体香精。

1. 水溶性香精的制法

将各种香料与稀释剂以一定的配比与适当的顺序互相混溶，经充分搅拌，再经过滤而成。香精若经一定成熟期储存，其香气往往更为圆熟。在使用水溶性香精时，为了提高其在水中的溶解度，在调和前宜先适当去除其中萜类。目前我国较多的是采用冷法去萜的工艺，即先将精油、蒸馏水和部分乙醇在容器内充分搅和，静置。因萜烯在乙醇中溶解度低而大部分上浮，而含香的主体物质含氧化物(指醇、酯、醛、酮、酚等成分)则易溶于乙醇溶液中，将其放入调和容器中，加入其他香料与余下的稀释剂，充分搅拌，再经过滤，即制得食用水溶性香精。

经用冷法去萜制得的食用水溶性香精，溶解度较好，比较稳定，香气也较浓厚。这对于要求呈澄明的汽水，若使用去萜不良的香精，就会呈现混浊。有些从天然香油中分出的萜烯可用于调和食用油溶性香精或牙膏香精，这对精油的利用比较合理。

食用香精品种繁多，由于社会需要、群众心理、原料来源、生产工艺与调香技术等的不同，香精的配方变化万千，同一名称的香精会有种种不同的配方。香精的调配技术不作为本书讨论内容，这里仅列举几个配方，以供了解香精的组成，见表 10-4。

表 10-4 几种食用水溶性香精配方 %

香料名称	橘子	菠萝	香蕉	杨梅
乙酸乙酯		0.8		1.2
乙酸戊酯		0.3	10	0.4
乙酸芳樟酯		0.006		
丁酸乙酯		1.2	2.5	1.5
丁酸戊酯		1.3	1.3	
丁酸香叶酯		0.05		
戊酸乙酯				
己酸乙酯				0.6
己酸烯丙酯		0.4		0.2
庚酸乙酯		1.5		
苯甲酸乙酯		0.1		0.15
环己基丙酸烯丙酯		0.03		
邻氨基苯甲酸甲酯				0.083

续表 10-4

香料名称	橘子	菠萝	香蕉	杨梅
乙位紫罗兰酮				0.083
香茅醇				0.083
苯丙醇		0.002		
丁香酚			0.2	
橙叶油			0.1	
橘子油(冷压)	16			
玫瑰花油				
人造康酿克油				0.2
乙醇	60	61.702	55.3	63.061
蒸馏水	24	30	25	30
香兰素		0.01	0.5	0.3
乙基香兰素	或 0.05			
柠檬醛	或 0.01			
辛醛				0.01
壬醛				
葵醛				0.06
桃醛		1.1	0.1	0.5
杨梅醛		1.5	5	1.5
橘子油粗品	或 85			
柠檬油粗品	或 14.92			
其他				0.07
总计	100	100	100	100

2. 水溶性香精的性状

食用水溶性香精一般应是透明的液体，其色泽、香气、香味与澄清度符合各型号的标样，不呈现液面分层或混浊现象。

15℃时，在蒸馏水中的溶解度为 0.10%～0.15%，在 20%(体积分数)乙醇中的溶解度变为 0.20%～0.30%。

食用水溶性香精易挥发，不适于在高温操作下的食品赋香之用。

3. 水溶性香精的毒性

香精的毒性取决于组成它的香料和稀释剂等原料的性质与质量，可根据其配方参阅有关的毒理学资料。

4. 水溶性香精的使用

食用水溶性香精适用于冷饮品及配制酒等食品的赋香，一般用量在 0.05%～0.15%。其用量在汽水、冰棒中一般为 0.002%～0.1%，在配制酒中一般为 0.1%～0.2%，在果味露中一般为 0.3%～0.6%。通常的橘子、柠檬香精中含有相当数量的天然香料，香气比较清淡，故其使用量可以略高些，而全部用人造香料配制的香精则用量要低些。

汽水生产中，可在配制糖浆时添加食用水溶性香精，一般先加入防腐剂，最后加入香精，搅拌均匀后灌装。香精在添加前，可先用滤纸过滤，然后倒入配料缸中。

冰棒生产中，可在料液冷却时添加香精。当料液打入冷却缸后，温度降至 10～16℃时方可将已处理的柠檬酸及香精加入。

冰激凌生产中，在凝冻时添加香精。冰激凌中使用香草香精比较多，也有添加橘子香精、杨梅香精的。

果汁粉生产中，现在也有使用水溶性香精的。香精可在调粉时添加，经调粉、揉搓、造粒后烘干。由于果汁粉通常需要冲调稀释后饮用，其用量比一般比饮料高，为 1～10 g/kg。有时水果或果汁罐头也使用天然精油或水溶性香精进行赋香，如糖水樱桃罐头使用樱桃香精，菠萝酱和浓缩菠萝汁使用菠萝香精，浓缩柚子汁使用柚子香精等。

5. 水溶性香精的储存

香精一般多用深褐色的玻璃瓶盛装，大包装可用铝桶盛装。应尽量排除顶隙中的空气，装量不宜过满。储存于阴凉 10～30℃环境下，并防止日晒雨淋。这样处理有利于防止低沸点香料与稀释剂的挥发导致香精混浊和油、水分离，并避免与空气接触。此外，还要避免受其他气味混杂。在上述储存条件下，未启封香精的保质期为 1～2 年。

10.2.2　食用油溶性香精

油溶性香精系指以油类或油溶性物质为溶剂的液体香精。

1. 食用油溶性香精的制法

将各种各样香料与稀释剂按一定的配比与适当的顺序互相混溶经充分搅拌，再经过滤而制得。表 10-5 列举几个配方供参考。

表 10-5　几种食用油溶性香精配方　　%

香料名称	柠檬	菠萝	奶油	香芋
乙酸乙酯		1		1.2
乙酸戊酯		0.7		
乙酸桂酯				
乙酸芳樟酯	0.3	0.05		
丁酸乙酯			0.5	
丁酸丁酯		2		
丁酸戊酯		2.5		
丁酸香叶酯		0.2	0.4	
己酸乙酯		3		
己酸烯丙酯		4		
庚酸乙酯		0.1		
桂酸甲酯		0.1		0.1

续表 10-5

香料名称	柠檬	菠萝	奶油	香芋
苯乙酸乙酯		0.05		
丁酸			3	
丁二酮	0.25		1	
大茴香醛	7			
柠檬醛		0.002		
洋茉莉醛		0		
桃醛		0.1	0.3	
椰子醛			0.1	0.2
香兰素	25	1		17
椰子油(冷压)	7	0.5	5	
橘子油(冷压)		2.5		
乙醇				62.7
甘油	60.45		49.7	20
茶油		77.2	40	
总计	100	100	100	100

2. 食用油溶性香精的性状

食用油溶性香精一般应是透明的油状液体,其色泽、香气、香味与澄清度符合各型号的标样,不呈现液面分层或混浊现象。但以精炼植物油作稀释剂的食用油溶性香精在低温下会呈现凝冻现象。食用油溶性香精中含有较多量的植物油或甘油等高沸点稀释剂,其耐热性比食用水溶性香精高。

3. 食用油溶性香精的毒性

香精的毒性取决于组成它的香料和稀释剂等原料的性质与质量,可根据其配方参阅有关的毒性学资料。

4. 食用油溶性香精的使用

食用油溶性香精比较适用于饼干、糖果及其他焙烤食品的加香。其用量在饼干、糕点中一般为 0.05%~0.5%,在面包中为 0.04%~0.1%,在糖果中为 0.05%~0.1%。

焙烤食品使用香精、香料多在和面时加入。一般来说,甜度高的饼干用量低,甜度较低的韧性饼干,有耐嚼力,需要适当提高用量。

生产硬糖时,香精、香料应在调和时加入,当糖膏温度降至 105~110℃时,依次加入酸、色素和香精、香料。生产蛋白糖时,香精、香料一般在混合过程加入,当糖坯搅拌适度时,可将融化的油脂、香精、香料等物料加入,此时搅拌应调节至最慢速度,混合后应立即进行冷却。

10.2.3 其他食用香精

除了上述两类食用香精外,其他食用香精简介如下。

1. 浆(膏)状香精

以浆(膏)状形态出现的各类香精。如茉莉浸膏是采用溶剂从即将开放的小茉莉花朵中浸提而制得的,为绿黄色或淡棕色疏松的稠膏,具有茉莉鲜花的气味,广泛应用于茉莉香型的各类食品的调香。茉莉浸膏为食用天然香料,最大使用量可按正常生产需要而定。

2. 拌和型粉末香精

这类香精是将香料与固体粉末载体进行简单混合,使香料附着在载体上面形成的香精。如粉末型香荚兰香精的制备方法为:将原料(香兰素10%、乳糖80%、乙基香兰素10%)用粉碎机粉碎,混合,然后过筛即可。该类香精主要应用于糖果、冰激凌和饼干等产品。

3. 微胶囊型粉末香精

微胶囊型粉末香精是指将香料包裹在微胶囊内形成的粉末香精。该类香精因保藏在微胶囊内,与空气、水分隔离,香料成分能够稳定保存,不会产生变质和香味成分大量挥发等现象,具有使用方便、香气释放缓慢持久、产品稳定性好、分散性较好的特点。该类香精适用于各类饮料、粉末制品和速溶食品。

4. 果香基香精

果香基香精是一种只含香料的香基香精,不含有稀释剂,使用前添加不同的稀释剂,可配制成油溶性香精或水溶性香精。由于果香基香精中不含有稀释剂,在储存期内,可使香精加速成熟,并可免除因采用植物油而在储存期内发生酸败变质的损失。果香基香精实际上是一种半成品,不宜直接用于食品。由于其浓度过高,容易出现加香不均的现象。

5. 乳化香精

乳化香精是以蒸馏水在适宜的乳化剂作用下调和而成的香精。产品为稳定的乳状液体系,不分层。即使稀释1万倍,静置72 h,也不会出现浮油和沉淀现象。乳化香精主要用于软饮料和冷饮等产品的加香、增味、着色或使之混浊。

乳化香精的制法:将油相成分(食用香料、食用油、密度调节剂、抗氧化剂和防腐剂等)混合制成油相;将水相成分(乳化剂、防腐剂、酸味剂和着色剂等)溶于水制成水相。然后将两相混合,采用高压均质机均质、乳化,即制成乳化香精。通过乳化可抑制香气成分挥发,又可节约乙醇,降低生产成本。但若配制不当可能造成产品变质,并造成食品的细菌性污染,应该加以注意。

乳化香精的用量为:雪糕、冰激凌、汽水0.1%,固体饮料0.2%~1.0%。

6. 粉末香精

使用赋形剂,通过乳化、喷雾干燥、薄膜干燥等工序制成的粉末状香精。由于赋形剂能够形成薄膜,包裹住香精,可防止氧化或挥发损失,储运、使用也较方便,特别适用于憎水性粉状食品的加香。如粉末橘子香精的制备方法为:取橘子油10份,20%阿拉伯树胶液450份,首先采用与乳化香精相同的方法制备成乳化液,然后采用喷雾干燥机进行喷雾干燥即可。

10.2.4 食用香精的调香

在食品加香的过程中,无论使用任何香料,除烹调外,单独使用的机会不多。因为各种食品的独特风味是由许多成分相辅而形成的协调、柔和的统一体。单体香料根本无法使人从感觉上取得令人满意的效果，因此人们使用不同来源的香料，模仿天然香味调制出许多类型的食用香精，该过程叫作调香。调香大致分为以下几个步骤：

(1)确定主体香。主体香的加入量不一定很大，有时甚至含量极低，但却是必不可少的。作为主体香的香料有时只是一种，有的要数种，这是调香时首先要确定的内容。确定它们主要依靠分析手段和调香师对香味特征的分析经验。

(2)选择合香剂。在主体香选好之后，要选择合适的合香剂。合香剂的选择很广泛，与主体香是同类的香料都可以尝试。

(3)选择助香剂。由主香和合香配出的香味，缺乏天然香味具有的自然生气，所以需要加入助香剂。但如果助香剂选择不当，可能会对主香和合香起消杀作用。若选用合适，可使普通的单体香得到令人满意的优美风味。

(4)选择定香剂。香料都具有不同程度的挥发性，但调和香料的挥发度各不相同，放置时间长了，容易挥发的组分逃逸，导致香味的特色改变、减弱或消失，为了使各组分挥发度和保留度尽量均匀，保持原有香味，就必须添加定香剂。

(5)配比。香料调香的用量配比，目前还不能完全靠科学的方法确定，所需要的香型的各组分配方是依靠人的感觉效应而确定的，任何一种香味对人的感觉都有一定的作用，少则不足，过则人厌。因此，用量比是很关键的，一般是将助香剂、定香剂一点点慢慢加入主体香中，边加边尝以得到最佳风味。

(6)成熟。当主体香、合香剂、助香剂、定香剂、配比等条件都已合适，香精风味的最后和谐与圆熟还需要在一定温度、环境等条件下久置储藏形成，使其达到天然香气的芬芳。这个阶段称为成熟。

(7)应用实验。如果调香不是由专门的香精、香料生产或科研单位完成或所配的香味剂不是一个已成熟的配方，除上述 6 个调香步骤之外，还要将配好的香味剂添加到食品中，检验其应用效果，如效果不佳，需要重新调配，直至形成别具一格的风味为止。应用效果可以采用感官评定，一般是多人分组，以统计方法来确定。

10.3 食用香料与食用香精的区别与联系

食用香料是调配香精用的原料，而食用香精是由多种食用香料调配而成的混合品。所以二者关系密切，不可分割，为了调配香精才研制香料，有了香料才能调配完美的香精。而香精是加香产品的原料，只有最终上市的加香产品才能被人们使用。

10.4 食用香料、香精的使用注意事项与研究进展

10.4.1 食用香料和香精的使用注意事项

使用香精、香料时，要注意使用的温度、时间和香料成分的化学稳定性，必须按照符合工艺要求的方法使用，否则可能造成效果不佳或产生相反的效果。

(1)香精、香料与其他原料混合时,一定要搅拌均匀使香味充分均匀地渗透到食品中去。香精、香料一般在配料的最后阶段加入,并注意温度以防香气挥发。与食用油溶性香精相比,食用水溶性香精耐热性较差。加入香精、香料时,一次不能加入太多,最好一点点慢慢加入。香精、香料在开放系统中的损失较大,所以在加工中要尽量减少其在环境中暴露。

(2)合成香料一般与天然香料混合使用,这样其效果更接近天然,但不必要的香精、香料不要加入,以免产生不良效果。少量的有机酸对各种香精、香料的香味有协调作用,可使香味柔和协调,特别是几种人造单体香料的同时使用,有机酸的协调作用尤为重要。

(3)由于香精香料的配方、食品的制作条件千变万化,香精、香料在使用前必须做预备试验。因为香精、香料加入食品中后,其效果是不同的,有时其香味会改变。主要原因是受其他原料、添加剂、食品加工过程和人的感觉的影响。所以要找出香精、香料最佳使用条件后才能成批生产食品,如果在预备试验中香精、香料的效果始终不佳,需要重新更换香精、香料或改变工艺条件,直到适合的风味出现为止。

(4)使用中要注意香精、香料的稳定性。香精、香料中的各种原料、稀释剂等,除了容易挥发外,一般都容易受碱性条件、抗氧化剂及金属离子等影响,要防止这类物质与香精、香料直接接触。如两者都要用于同一种食品时,要注意分别添加。有些香精、香料会因氧化、聚合、水解等作用而发生变化。在一定的温度、时间、酸碱度、金属离子污染等因素下会加速变质。因为橡胶制品影响香精、香料的品质,所以不能使用橡皮塞密封。香精、香料要储存于阴凉干燥处,但储存室温不宜过低,因为水溶性香精在低温下会析出结晶和分层,油溶性香精在低温下会冻凝。储存温度一般以10～30℃为宜。香精、香料中许多成分容易燃烧,要严谨烟火。香精、香料启封后不宜继续储存,要尽快用完。

(5)对于含气的饮料、食品和真空包装的食品,体系内部的压力及包装过程都会引起香味的变化。对这类食品要增减其中香精、香料的某些成分。

(6)香精、香料使用前要考虑消费者的接受程度,产品的形式、档次等。

(7)生产冰棍和冰激凌,要考虑产品的食用温度比较低。人的味觉不如常温敏感,调味时要比常温下食用的食品略浓厚一些。

10.4.2　食用香料、香精的安全性问题

食用香料、香精的质量,一般指产品是否满足国家相关标准、法律法规要求和产品内在质量是否满足设计使用要求和相关的标准要求。随着生活水平的提高,人们的安全保健意识逐渐增强。特别是近几年来,一些不法厂家违反相关法律法规,将工业原料用于食品的生产制造,对人们的健康造成了极大危害,也让人们对食品添加剂的安全性产生担忧。

食品添加剂的安全卫生质量引起人们极大关注的同时,也引起了国家有关部门的高度重视。国家质检总局、卫健委等部门相继采取了一系列的措施,如食用香料、香精生产采用"生产许可证、卫生许可证"制度、生产品种上报相关部门备案,国家技术监督部门定期现场巡视、监督抽查检验、制定相关的标准法规等,确保食用香料、香精的安全、卫生。作为食用香料、香精生产企业,控制其产品质量、安全卫生质量是一个严肃、重要的问题,必须严格按照国家相关法律法规要求,组织食用香料、香精的生产、制造、销售。这对于提高产品质量的

稳定性和安全性，为人们提供安全、可靠的高品质的食用香料、香精，就显得越来越重要了，也应成为企业追求的永恒的目标之一。

10.4.3 食用香精与香料研究进展

食用香料、香精是食品工业不可或缺的食品添加剂之一。随着全球工业化水平的不断提高，食用香料、香精的需求也呈逐步上升的趋势，极大地推动了有关食用香料、香精领域的基础和应用研究。近些年国际上食用香料、香精方面的研究主要集中在以下几个方面：食品香味成分的分析鉴定，包括样品前处理技术、分析技术、香味活性成分的鉴定等；香料、香精缓释技术，包括各种包埋材料、包埋技术的研究；天然香料的制备，包括发酵、酶催化等生物转化方法的研究，天然香料萃取技术的研究等；手性香料的研究，包括高选择性的酶催化或不对称合成技术的研究；食用香料安全问题的研究。

今后香料、香精领域的研究方向包括：重要食用香料绿色制备技术研究，包括利用电解技术制备香料的研究、绿色催化剂的研究、传统工艺改进的研究；手性香料的研究，重点研究高选择性低成本的单一立体异构体的制备、立体异构体香气特性、天然手性香料对映体组成等；天然香料制备技术研究，包括生物转化方法的研究、天然香料提取技术研究等；香料、香精应用技术研究，重点研究便于香料、香精在食品中应用的具有良好稳定性能和缓释性能的各种包埋技术；食用香料、香精安全问题研究，研究建立完善的香料、香精安全评价体系。

思考题

1. 什么是食用香料和食用香精？其关系如何？
2. 食用香精组成成分有哪些？其作用是什么？
3. 食用香精调香的一般步骤是什么？
4. 简述食用香精与香料的使用注意事项。
5. 简述食用香料与香精的安全性。

第 10 章思考题答案

参考文献

[1] 郝利平，聂乾忠，周爱梅，等. 食品添加剂[M]. 北京：中国农业大学出版社，2016.
[2] 孙宝国. 食品添加剂[M]. 北京：化学工业出版社，2013.
[3] 高彦祥. 食品添加剂[M]. 北京：中国轻工业出版社，2011.
[4] 黄文，江美都，肖作兵，等. 食品添加剂[M]. 北京：中国质检出版社，2013.

第11章
食品调味剂

【学习目的和要求】

掌握食品酸味剂的特性及在食品中的应用；掌握食品甜味剂的特性及在食品中的应用；掌握食品增味剂的特性及在食品中的应用。

【学习重点】

食品酸味剂、食品甜味剂、食品增味剂的概念；食品酸度调节剂使用注意事项；食品甜味剂的分类及特点；食品增味剂的分类及特点。

【学习难点】

食品甜味剂的呈味特点；食品增味剂的呈味机理。

11.1 食品酸度调节剂

食品酸度调节剂(acid,acidifier)是指用以维持或改变食品酸碱度的物质,又称为pH调节剂。在《食品安全国家标准 食品添加剂使用标准》(GB 2760—2014)中,我国允许使用的食品酸度调节剂分为3类:酸、碱和盐,在食品加工中酸度调节剂主要指酸味剂。食品酸味剂能赋予食品酸味,给人以清凉爽快的感觉,有增进食欲、促进消化的作用,还有利于纤维素、钙、磷等营养素的吸收,同时还有一定的抑菌和防腐作用。

酸味通常是由于氢离子(H^+)作用于口腔中的味觉感受器味蕾而产生的一种感觉,因此凡是在溶液中能电离出氢离子的化合物都具有酸味。酸味剂的刺激阈值用pH来表示,有机酸的酸味阈值为3.7~4.9,无机酸的酸味阈值为3.4~3.5。大多数食品的pH在5.0~6.5之间,呈弱酸性,但无酸味感觉,若pH在3.0以下,则酸味感强,难以适口。

酸味的强弱并不能单用pH表示,还与酸根离子的种类有关。在相同pH下,有机酸的酸味一般大于无机酸,这是因为有机酸的酸根容易吸附在舌黏膜上中和舌黏膜中的正电荷,使得氢离子更易于与舌味蕾相结合。此外,不同有机酸的酸味特性也不同,这与其分子中羟基、羧基、氨基等基团的数量及其在分子结构中所处的位置有关。

在使用中,酸味剂与其他调味剂会产生相互作用,如酸味剂与甜味剂之间有拮抗作用,两者易相互抵消,故食品加工中需要控制一定的糖酸比;涩味物质的存在会使酸味增强;酸味与苦味、咸味一般无拮抗作用。

11.1.1 食品酸味剂在食品加工中的作用

目前在食品加工中常用的酸味剂有以下几种:磷酸、柠檬酸、苹果酸、乳酸、酒石酸、偏酒石酸、抗坏血酸、葡萄糖酸、延胡索酸、乙酸、琥珀酸。酸味剂在食品加工中的作用主要表现在以下几方面:

(1)调节pH,控制食品体系的酸碱性。如在凝胶、干酪、果冻、软糖、果酱等产品中,为了取得产品的最佳性状和韧度,必须正确调整pH,果胶的凝胶、干酪的凝固尤其如此。酸味剂可降低体系的pH,可以抑制许多有害微生物的繁殖,抑制不良的发酵过程,并有助于提高酸型防腐剂的防腐效果,降低食品高温杀菌的温度和时间,从而保持产品良好的质地和风味。

(2)用作香味辅助剂。许多酸味剂都构成特定的香味,如酒石酸可以辅助葡萄的香味,磷酸可以辅助可乐饮料的香味,苹果酸可以辅助许多水果和果酱的香味。酸味剂能平衡风味,修饰蔗糖或甜味剂的甜味。

(3)作为螯合剂。某些金属离子如镍、铬、铜、锡等存在于食品中能加速氧化作用,对食品产生变色、腐败、营养物质流失等不良影响。许多酸味剂具有螯合这些金属离子的能力,使金属离子失去催化能力,酸与抗氧化剂、防腐剂等复配使用,可以起到增效的作用。

(4)用作膨松剂。酸味剂遇碳酸盐可产生CO_2气体,这是化学膨松剂产气的基础,而且酸味剂的性质决定了膨松剂的反应速度。此外,酸味剂有一定的稳定泡沫的作用。

(5)某些酸味剂有还原作用。在水果、蔬菜制品的加工中可作为护色剂,在肉类加工中可作为护色助剂。

(6)可用作缓冲剂。在糖果生产中加入适量的酸,可以控制蔗糖发生有限的水解生成葡萄糖和果糖,防止因蔗糖的结晶析出而返砂,提高糖果的口感并延长保质期。

11.1.2 常用食品酸味剂

11.1.2.1 柠檬酸

柠檬酸(citric acid)又名枸橼酸,学名3-羟基-3-羧基戊二酸。分子式为$C_6H_8O_7 \cdot H_2O$,相对分子质量为210.14,结构式如右:

$$\begin{array}{c} CH_2—COOH \\ | \\ HO—C—COOH(H_2O) \\ | \\ CH_2—COOH \end{array}$$

性状与性能:在室温下,柠檬酸为无色半透明结晶或白色晶体颗粒或粉末,无臭,味极酸。相对密度为1.67(20℃/4℃),易溶于水、乙醇,100 mL水可溶解59.2 g(20℃),1%水溶液的pH为2.31,可溶于乙醚。含1分子结晶水的柠檬酸,在干燥空气中可失去结晶水而风化,无水柠檬酸在潮湿空气中吸潮可形成一水合物。柠檬酸是柠檬、柑橘等含有的天然有机酸,具有强酸味,酸味柔和爽快,入口即达到最高酸感,后味持续时间较短。易与多种香料配合而产生清爽的酸味,适用于各类食品的酸化。

柠檬酸具有较好的防腐作用,尤其对细菌的繁殖有良好的抑制作用。它还能螯合金属离子,作为酚型抗氧化剂的增效剂,延缓油脂酸败,还可用作护色剂,防止果蔬褐变。柠檬酸与柠檬酸钠或钾盐等配成缓冲液,可与碳酸氢钠配成起泡剂及pH调节剂等,可改善冰激凌质量,制作干酪时容易成型和切开。

安全性:小鼠经口LD_{50}为5.04~5.79 g/kg,大鼠经口LD_{50}为6.73 g/kg。ADI未做任何限制性规定。柠檬酸是人体三羧酸循环的中间体,参与体内正常代谢,无蓄积作用。

使用:我国《食品安全国家标准 食品添加剂使用标准》(GB 2760—2014)规定,柠檬酸作为酸度调节剂可用于各类食品,并可按生产需要量使用。

柠檬酸作为酸度调节剂,在清凉饮料中的用量为0.1%~0.3%。柠檬酸在糖水水果罐头中用于改进风味,防止褐变,抑制微生物的繁殖,一般用量为:桃0.2%~0.3%,橘片0.1%~0.3%,梨0.1%,荔枝0.15%。在食用油和含油食品中作为抗氧化剂的增效剂,如油炸花生米、核桃仁及原料油中添加量一般为0.001%~0.05%。在果汁、果子冻、果子酱、水果糖等食品中用量约1%。在咸菜和调味料中也可以使用。柠檬酸还可以用于贝、蟹、虾等水产品加工中,可减少褪色和变色现象,并避免铜、铁等金属杂质使产品变蓝色或黑色。

11.1.2.2 乳酸

乳酸(lactic acid),学名2-羟基丙酸,分子式为$C_3H_6O_3$,相对分子质量为90.08。其分子结构中含有一个不对称碳原子,因此具有旋光性。按其构型及旋光性可分为*L*-乳酸、*D*-乳酸和*DL*-外消旋乳酸3种。乳酸的结构式如右:

$$\begin{array}{c} H \\ | \\ H_3C—C—COOH \\ | \\ OH \end{array}$$

性状与性能:乳酸纯品为无色液体,乳酸和乳酸酐的混合物为无色或微黄色的糖浆状液体。一般乳酸的浓度为85%~92%,几乎无臭,味微酸,有吸湿性,水溶液呈酸性。可与水、乙醇、丙酮或乙醚任意混合，不溶于氯仿。乳酸酸味柔和，有后酸味，有特异性收敛酸味。

安全性：大鼠经口 LD_{50} 为 3.73 g/kg。*L*-乳酸为哺乳动物体内正常代谢产物，在体内可分解为氨基酸及二羧酸物，在胃中即可大部分分解，几乎无毒。ADI 无限制性规定。

使用：我国《食品安全国家标准　食品添加剂使用标准》(GB 2760—2014)规定，乳酸作为酸度调节剂可于各类食品，并可按生产需要量使用。乳酸存在于发酵食品、腌渍物、果酒、清酒、酱油及乳制品中，具有较强的杀菌作用，可防止杂菌生长，抑制异常发酵。

乳酸用于果酱、果冻时，其添加量以保持产品的 pH 为 2.8～3.5 为宜。用于乳酸饮料和果味露时，一般添加量为 0.4～2.0 g/kg，且多与柠檬酸并用。用于配制酒、果酒调酸时，配制酒添加 0.03%～0.04%，果酒如葡萄酒，一般使 100 mL 酒中总酸度达 0.55～0.65 g(以酒石酸计)即可。用于加工干酪，添加量一般为 40 g/kg。

11.1.2.3　磷酸

磷酸(phosphoric acid)又名正磷酸，是一种常见的无机酸，分子式为 H_3PO_4，相对分子质量为 98.00，结构式如右：

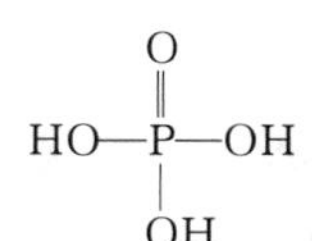

性状与性能：磷酸为无色透明结晶或无色透明浆状液体，无臭，稀溶液有愉快的酸味。食品级磷酸浓度在 85%以上，相对密度为 1.69(20℃/4℃)。磷酸加热至 215℃时失去部分水而转变为焦磷酸，继续加热至 300℃左右时转变为偏磷酸。磷酸属于中强酸，其酸味为柠檬酸的 2.3～2.5 倍，有强烈的收敛和涩味。磷酸在酿酒工业中可作为酵母的磷酸源，可增强其发酵能力并能抑制杂菌生长。

安全性：大鼠经口 LD_{50} 为 1.53 g/kg。ADI 为 0～0.07 g/kg(以食品和食品添加剂总磷量计)，为一般公认安全物质，参与人体的正常代谢。

使用：我国《食品安全国家标准　食品添加剂使用标准》(GB 2760—2014)规定，磷酸作为酸度调节剂可用于可乐型碳酸饮料，最大使用量为 5.0 g/kg。磷酸是构成可乐风味不可缺少的风味促进剂，磷酸用于可乐型饮料的酸度调节剂，其用量一般为 0.02%～0.06%，用于甜味可乐饮料时用量 0.05%～0.08%，也可作为清凉饮料的酸度调节剂。磷酸还可作为螯合剂、抗氧化增效剂、pH 调节剂和增香剂等用于软饮料、冷饮、糖果、焙烤食品等。

11.1.2.4　苹果酸

苹果酸(malic acid)又名羟基琥珀酸，学名 2-羟基丁二酸，分子式为 $C_4H_6O_5$，相对分子质量为 134.09。广泛存在于未成熟的水果如苹果、山楂、葡萄、樱桃、番茄、菠萝中。结构式为：

HO—CH—COOH
　　　|
　　CH_2—COOH

性状与性能：苹果酸为白色结晶或结晶性粉末，无臭，带有刺激性爽快酸味，味觉阈值 0.003%，呈味缓慢，保留时间较长，微有苦涩味。极易溶于水(59.2 g/100 mL，20℃)，有吸湿性，1%水溶液 pH 为 2.4。

安全性：大鼠经口 1%水溶液 LD_{50} 为 1.6～3.2 g/kg。ADI 无限制性规定。

使用：我国《食品安全国家标准　食品添加剂使用标准》(GB 2760—2014)规定，苹果酸可在各类食品中按生产需要量使用。常与柠檬酸配合使用。在果汁饮料中的用量一般为

0.25%～0.55%，在果酱果冻中的用量为0.15%～0.3%。

11.1.2.5　酒石酸

酒石酸(tartaric acid)，学名2,3-二羟基丁二酸，分子式为$C_4H_6O_6$，相对分子质量为150.09。酒石酸分子中有两个不对称的碳原子，存在*D*-酒石酸、*L*-酒石酸、*DL*-酒石酸和中酒石酸4种异构体，其中用作酸味剂的主要是*D*-酒石酸和*L*-酒石酸，天然酒石酸是*D*-酒石酸。结构式如右：

$$\begin{array}{ccccc} & \text{HO} & & \text{H} & \\ & | & & | & \\ \text{HOOC}- & \text{C} & - & \text{C} & -\text{COOH} \\ & | & & | & \\ & \text{H} & & \text{OH} & \end{array}$$

性状与性能：*D*-酒石酸为无色透明结晶或白色结晶粉末，无臭，略有特殊果香，味酸，酸味爽口，稍有涩味。易溶于水(139.44 g/mL，20℃)和乙醇(33 g/mL，20℃)，难溶于乙醚，不溶于氯仿，0.3%水溶液的pH为2.4。

酒石酸主要以钾盐的形式存在于多种植物和果实中，如葡萄和酸角，也有少量是以游离态存在的。在葡萄酒酿造过程中，难溶于水的酒石酸氢钾沉淀析出形成酒石，酒石酸的名称便由此而来。酒石酸也是葡萄酒中主要的有机酸之一。

安全性：小鼠经口LD_{50}为4.36 g/kg，为一般公认安全物质，*L*-酒石酸的ADI为0～30 mg/kg。

使用：我国《食品安全国家标准　食品添加剂使用标准》(GB 2760—2014)规定，*L*(+)-酒石酸和*DL*-酒石酸用于面糊(如鱼和禽肉的拖面糊)、裹粉、煎炸粉、油炸面制品、固体复合调味料中，最大使用量为10.0 g/kg；用于果蔬汁(浆)类饮料、植物蛋白饮料、复合蛋白饮料、碳酸饮料、茶、咖啡、植物(类)饮料、特殊用途饮料、风味饮料中，最大使用量为5.0 g/kg；用于葡萄酒中，最大使用量为4.0 g/L。*L*(+)-酒石酸用于糖果中，最大使用量为30.0 g/kg；*DL*-酒石酸用于糖果中，最大使用量为18.0 g/kg。酒石酸很少单独使用，常与柠檬酸、苹果酸复配使用，特别适合于添加到葡萄汁及其制品中，另外，酒石酸也可以作为螯合剂、抗氧化增效剂和膨松剂的酸性成分使用。

11.1.3　食品酸味剂的使用注意事项

酸味剂在使用时必须注意以下几点：

(1)酸味剂大都电离出氢离子，它可以影响食品的加工条件，可与纤维素、淀粉等食品原料发生作用，和其他食品添加剂也相互影响，所以工艺中一定要注意加入的顺序和时间，否则会产生不良后果。

(2)酸味剂通过阴离子影响食品风味，一般有机酸具有爽快的酸味，而无机酸的酸味不很适口，如前所述的盐酸、磷酸具有苦涩味，会使食品风味变坏。

(3)使用固体酸味剂时，要考虑它的吸湿性和溶解性，以便采用适当的包装和配方。

(4)酸味剂有一定刺激性，能引起消化系统疾病。

11.2　食品甜味剂

甜味剂(sweetening agent)是指赋予食品甜味的物质。甜味剂是使用较多的食品添加剂,一般分为营养型和非营养型甜味剂。热值相当于蔗糖热值的2%以上的甜味剂为营养型甜味剂;而低于其2%的甜味剂为非营养型。根据来源和生产方法又常将甜味剂分为天然甜味剂(如木糖醇、山梨糖醇、甜菊糖苷、索马甜)和化学合成甜味剂(如糖精钠、三氯蔗糖、甜蜜素、阿斯巴甜)。

食品甜味剂在食品中的作用包括3方面:

(1)调节和增强风味。糖酸比是饮料的重要风味指标,酸味、甜味相互作用,可使产品获得新的风味,又可保留新鲜的味道。

(2)掩盖不良风味。甜味和许多食品的风味是互补的,许多产品的风味就是由风味物质和甜味剂相结合产生的,所以许多食品和饮料中都要加入甜味剂。

(3)满足人们的嗜好,改进食品适口性和其他工艺特性。

甜味的强度称为甜度(sweetness),是评价甜味剂的重要指标。目前,甜度还只能凭人的味觉来判断,难以用化学或物理方法进行定量测定。在测定甜味剂的甜度时,一般选择蔗糖为基准,因为蔗糖是一种非还原性糖,其水溶液比较稳定,其他甜味剂的甜度是与蔗糖比较后的相对甜度。甜度的大小受甜味物质的浓度、粒度、温度、介质、甜味剂相互之间的作用等因素的影响。

在饮料生产中,糖酸比是衡量饮料风味的一个重要指标。糖酸比也称为甜酸比,是指产品中甜度与酸度之比,甜度是指食品中的全部甜味料的总甜度(按蔗糖计),酸度是指全部酸味料的总酸度。饮料的主要呈味物质是糖和酸,糖和酸的配比十分重要。不同的甜味料和酸味料又可以产生不同的甜酸味,为了调配成适合的口味,还应该根据不同的产品选用不同的甜味料和酸味料,水果型饮料尤为重要。不同的果蔬汁饮料其使用酸的种类和酸的添加量会有所不同,以更好地体现水果或蔬菜本身的风味。如苹果汁可适量添加一些苹果酸,而葡萄汁中添加一些酒石酸风味会更好一些。酸的添加量一般在0.1%～0.2%,同时可添加适量柠檬酸钠使酸味更为柔和、甜美。总体而言,果蔬汁的糖酸比一般控制在(40～50):1比较适宜。

一种理想的食品甜味剂应具备以下条件:生理安全性;具有清爽、纯正、似糖的甜味;低热量;高甜度;化学和生物稳定性高;不会引起龋齿;价格合理。综合各方面考虑,功能性甜味剂以其既能满足人们对甜食的偏爱,又不会引起副作用,并能增强人体免疫力,对肝病、糖尿病具有一定的辅助治疗作用而受到越来越多的青睐及应用。因此随着社会经济的发展和人们健康意识的增强,开发满足人体健康需要的功能性甜味剂将成为世界食品添加剂的发展方向。

11.2.1 化学合成甜味剂

化学合成甜味剂又称为人工合成甜味剂、合成甜味剂，是指通过人工方法合成的具有甜味的复杂有机化合物。化学合成甜味剂在食品行业有广泛的应用，其主要优点如下：

(1)化学性质稳定，耐热、耐酸、耐碱，不易分解失效，使用范围比较广。

(2)不参与机体代谢，大多数合成甜味剂经口摄入后全部排出体外，不提供能量，适合糖尿病人、肥胖者等特殊营养消费人群。

(3)甜度一般是蔗糖甜度的几十倍至几千倍，用量少。

(4)价格便宜，等甜度条件下的价格均低于蔗糖。

(5)不是口腔微生物的合适作用底物，不会引起龋齿。

但是，合成甜味剂也存在一些不足，主要体现在：甜味不够纯正，带有后苦味或金属异味，甜味特性与蔗糖还有一定差距；不是食品的天然成分，总给人一种“不安全”的感觉。

11.2.1.1 糖精钠

糖精学名邻磺酰苯甲酰亚胺，分子式为 $C_7H_5O_3NS$，相对分子质量为 183.18。糖精钠(sodium saccharin)是糖精的钠盐，又称可溶性糖精或水溶性糖精，分子式为 $C_7H_4O_3NSNa \cdot 2H_2O$，相对分子质量为 241.21，分子结构式如右：

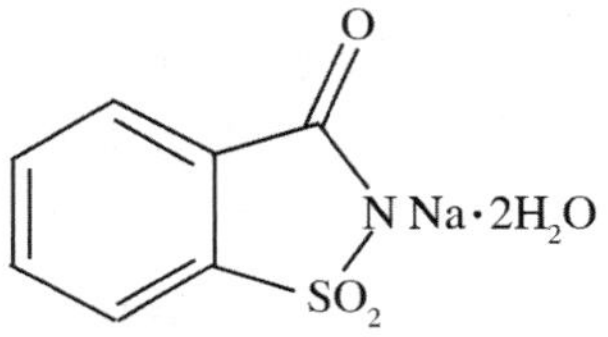

性状与性能：无色至白色结晶或结晶性粉末，无臭或微有香气，味浓甜带苦。在空气中缓慢风化，失去约一半结晶水而成为白色粉末。易溶于水，溶解度随温度的上升而迅速增大，其溶解度为 99.8(20℃)、186.8(50℃)、253.5(75℃)、328.3(95℃)，微溶于乙醇。糖精钠的甜度是蔗糖的 200～700 倍(一般 300～500 倍)，甜味阈值约为 0.000 48%。在常温下，糖精钠的水溶液长时间放置后甜味慢慢降低，故配好的溶液应避免长时间放置。糖精钠在水中解离出来的阴离子有极强的甜味，但分子状态却无甜味而有苦味，故高浓度的水溶液亦有苦味，因此，使用时浓度应低于 0.02%。在酸性介质中加热，甜味消失，并可形成邻氨基黄酰苯甲酸而呈苦味。摄食后在体内不分解、不供能，无营养价值。

安全性：小鼠经口 LD_{50} 为 17.5 g/kg。ADI 暂定为 0～2.5 mg/kg。糖精钠摄入 0.5 h 后即出现在尿中，24 h 内排出 90%，48 h 内可全部排出。

使用：我国《食品安全国家标准　食品添加剂使用标准》(GB 2760—2014)规定，婴儿食品中不得使用糖精钠。我国农业行业标准规定在生产绿色食品时禁止使用糖精钠。糖精钠用于冷冻饮品(食用冰除外)、腌渍的蔬菜、复合调味料、配制酒中，最大使用量为 0.15 g/kg(以糖精计)；用于水果干类(仅限芒果干、无花果干)、凉果类、话化类，最大使用量为 5.0 g/kg(以糖精计)；用于果酱中，最大使用量为 0.2 g/kg(以糖精计)；用于蜜饯凉果、熟制豆类、脱壳熟制坚果与籽类中，最大使用量为 1.0 g/kg(以糖精计)。

糖精钠与酸复配使用有爽快的甜味，适宜用于清凉饮料；与其他甜味剂以适当比例复配，可调制出接近蔗糖的甜味。

11.2.1.2 甜蜜素

甜蜜素，学名环己基氨基磺酸钠（sodium cyclamate），分子式为 $C_6H_{12}NNaO_3S$，相对分子质量为 201.23，结构式为：（环己基）$-NHSO_3Na$

性状与性能：白色结晶或结晶性粉末，无臭，味甜，易溶于水，难溶于乙醇，不溶于氯仿和乙醚。对热、光、空气稳定，加热后微有苦味。甜度是蔗糖的 40～50 倍，浓度大于 0.4%时带有苦味，溶于亚硝酸盐、亚硫酸盐含量高的水中，产生石油或橡胶样的气味。常与糖精钠以 9∶1 或 10∶1的比例混合使用，可使味质提高；与阿斯巴甜混用，也可增强甜度，改善味质。

安全性：小鼠经口 LD_{50} 为 18 g/kg。ADI 为 0～11 mg/kg。摄入后 40%由尿液排出，60%由粪便排出，在体内无蓄积性。

使用：我国《食品安全国家标准　食品添加剂使用标准》（GB 2760—2014）规定，甜蜜素用于冷冻饮品（食用冰除外）、水果罐头、腐乳类、饼干、复合调味料、饮料类（包装饮用水除外）、配制酒、果冻中，最大使用量为 0.65 g/kg（以环己基氨基磺酸计）；用于果酱、蜜饯凉果、腌渍的蔬菜、熟制豆类，最大使用量为 1.0 g/kg（以环己基氨基磺酸计）；用于凉果类、话化类、果糕类，最大使用量为 8.0 g/kg（以环己基氨基磺酸计）；用于带壳熟制坚果与籽类，最大使用量为 6.0 g/kg（以环己基氨基磺酸计）；用于脱壳熟制坚果与籽类，最大使用量为 1.2 g/kg（以环己基氨基磺酸计）；用于面包、糕点、方便米面食品（仅限调味面制品）中，最大使用量为 1.6 g/kg（以环己基氨基磺酸计）。

11.2.1.3 安赛蜜

安赛蜜也称 A-K 糖，学名乙酰磺胺酸钾（acesulfame potassium，acesulfame-K），分子式为 $C_4H_4KNO_4S$，相对分子质量为 201.24，结构式如右：

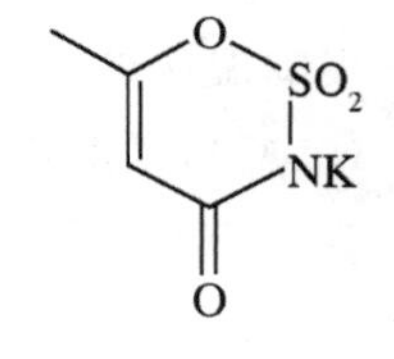

性状与性能：白色结晶性粉末，无臭，易溶于水（27 g/100 mL，20℃），难溶于乙醇等有机溶剂，对热、酸稳定。甜度约为蔗糖的 200 倍，甜味感觉快，口感好，没有任何不愉快的后味。

安全性：小鼠经口 LD_{50} 为 2.2 g/kg。ADI 为 0～15 mg/kg。

使用：我国《食品安全国家标准　食品添加剂使用标准》（GB 2760—2014）规定，安赛蜜作为甜味剂，用于风味发酵乳，最大使用量为 0.35 g/kg；用于以乳为主要配料的即食风味食品或其预制产品（不包括冰激凌和风味发酵乳）（仅限乳基甜品罐头）、冷冻饮品（食用冰除外）、水果罐头、果酱、蜜饯类、腌渍的蔬菜、加工食用菌和藻类、杂粮罐头、黑芝麻糊、谷类和淀粉类甜品（仅限谷类甜品罐头）、焙烤食品、饮料类（包装饮用水除外）、果冻，最大使用量为 0.3 g/kg；用于熟制坚果与籽类，最大使用量为 3.0 g/kg；用于糖果，最大使用量为 2.0 g/kg；用于胶基糖果，最大使用量为 4.0 g/kg；用于酱油中，最大使用量为 1.0 g/kg；用于餐桌甜味料，最大使用量为 0.04 g/份。

安赛蜜在人体中不代谢、不吸收，是中老年人、肥胖病人、糖尿病患者的理想甜味剂。安赛蜜可以单独使用，和其他甜味剂复配使用能产生很强的协同效应，如与阿斯巴甜以 1∶1 的比例或与甜蜜素以 1∶5 的比例复配，有明显的协同增效作用。

11.2.1.4 三氯蔗糖

三氯蔗糖(sucralose)又名蔗糖素，属于蔗糖衍生物，是以蔗糖为原料，用氯离子选择性取代3个羟基而制得，学名4,1′,6′-三氯半乳蔗糖，分子式为$C_{12}H_{19}O_8Cl_3$，相对分子质量为397.64，结构式为：

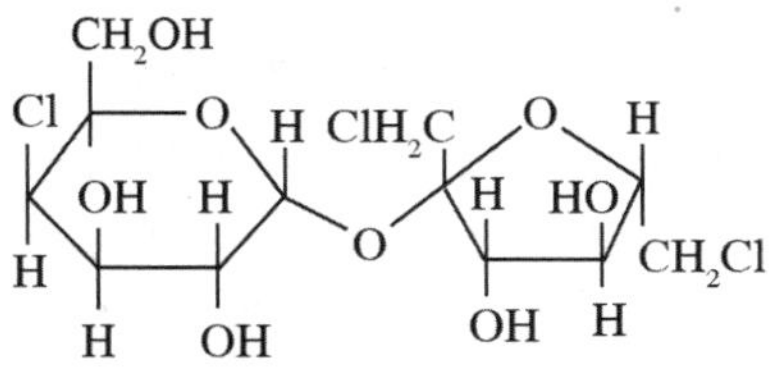

性状与性能：白色至近白色结晶性粉末，无臭，不吸湿，极易溶于水、乙醇、甲醇，微溶于乙醚，对热、酸、碱稳定。三氯蔗糖的甜度为蔗糖的600倍，甜味纯正，甜味特性与蔗糖十分类似，没有任何苦味。在人体内吸收率很低，对代谢无不良影响，可防龋齿不产生热量，属于非营养型甜味剂。

安全性：大鼠经口LD_{50}为10 g/kg，小鼠经口LD_{50}为16 g/kg。ADI为0～15 mg/kg。

使用：我国《食品安全国家标准　食品添加剂使用标准》(GB 2760—2014)规定，三氯蔗糖作为食品甜味剂，用于调制乳、风味发酵乳、加工食用菌和藻类中，最大使用量为0.3 g/kg；用于调制乳粉和调制奶油粉、腐乳类、加工坚果与籽类、即食谷物[包括碾轧燕麦(片)]中，最大使用量为1.0 g/kg；用于冷冻饮品(食用冰除外)、水果罐头、腌渍的蔬菜、杂粮罐头、焙烤食品、醋、酱油、酱及酱制品、复合调味料、饮料类(包装饮用水除外)、配制酒中，最大使用量为0.25 g/kg；用于水果干类、煮熟的或油炸的水果中，最大使用量为0.15 g/kg；用于果酱和果冻中，最大使用量为0.45 g/kg；用于蜜饯凉果和糖果中，最大使用量为1.5 g/kg；用于微波爆米花中，最大使用量为5 g/kg；用于方便米面制品中，最大使用量为0.6 g/kg；用于香辛料酱(如芥末酱、青芥酱)中，最大使用量为0.4 g/kg；用于蛋黄酱、沙拉酱中，最大使用量为1.25 g/kg；用于发酵酒中，最大使用量为0.65 g/kg；用于餐桌甜味料中，最大使用量为0.05 g/份。三氯蔗糖作为甜味剂可以与其他传统甜味剂复配使用，也可单独使用，在很多食品中可代替蔗糖。

11.2.1.5 阿斯巴甜

阿斯巴甜(aspartame)，又名甜味素、蛋白糖，学名天门冬酰苯丙氨酸甲酯，分子式为$C_{14}H_{18}N_2O_5$，相对分子质量为294.31，结构式为：

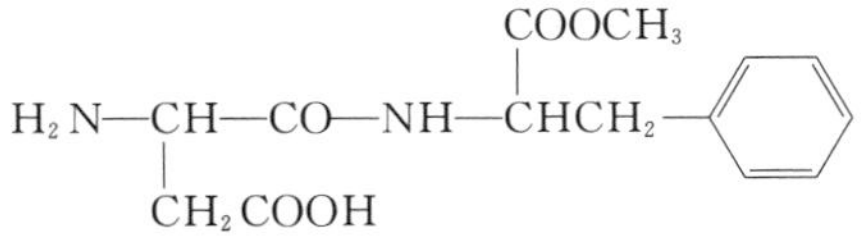

性状与性能：白色结晶粉末，无臭，有强甜味，微溶于水，难溶于乙醇，不溶于油脂。0.8%水溶液的pH为4.5～6.0，仅在pH 3～5的环境中较稳定，在中性及碱性环境下易水解而失去甜味。甜度为蔗糖的100～200倍，甜味清爽，近似蔗糖，没有其他高甜度甜味剂的后苦味和金属味。阿斯巴甜属于低热量甜味剂，可用于糖尿病人、肥胖症等人群的疗效食品中，亦可防龋齿。

安全性：小鼠经口 LD_{50} 大于 10 g/kg，ADI 无限制性规定。摄入后可被分解为苯丙氨酸、天冬氨酸和甲醇，经过正常代谢后排出体外。

使用：我国《食品安全国家标准　食品添加剂使用标准》(GB 2760—2014)规定，阿斯巴甜作为甜味剂，在调制乳中的最大使用量为 0.6 g/kg；在风味发酵乳、稀奶油(淡奶油)及其类似品(01.05.01 稀奶油除外)、非熟化干酪、干酪类似品、以乳为主要配料的即食风味食品或其预制产品(不包括冰激凌和风味发酵乳)、02.02 类以外的脂肪乳化制品[包括混合的和(或)调味的脂肪乳化制品]、脂肪类甜品、冷冻饮品(食用冰除外)、水果罐头、果酱、果泥、除 04.01.02.05 外的果酱(如印度酸辣酱)、装饰性果蔬、水果甜品(包括果味液体甜品)、发酵的水果制品、煮熟的或油炸的水果、冷冻蔬菜、干制蔬菜、蔬菜罐头、蔬菜泥(酱)(番茄沙司除外)、经水煮或油炸的蔬菜、其他加工蔬菜、食用菌和藻类罐头、经水煮或油炸的藻类、其他加工食用菌和藻类、装饰糖果(如工艺造型，或用于蛋糕装饰)、顶饰(非水果材料)和甜汁、即食谷物[包括碾轧燕麦(片)]、谷类和淀粉类甜品(如米布丁、木薯布丁)、焙烤食品馅料及表面用挂浆、其他蛋制品、果冻中的最大使用量为 1.0 g/kg；在调制乳粉和调制奶油粉、冷冻水果、水果干类、蜜饯凉果、固体复合调味料、半固体复合调味料中的最大使用量为 2.0 g/kg；在醋、油或盐渍水果，腌渍的蔬菜，腌渍的食用菌和藻类，冷冻挂浆制品，冷冻鱼糜制品(包括鱼丸等)，预制水产品(半成品)，熟制水产品(可直接食用)，水产品罐头中的最大使用量为 0.3 g/kg；在发酵蔬菜制品中的最大使用量为 2.5 g/kg；在加工坚果与籽类、膨化食品中的最大使用量为 0.5 g/kg；在可可制品、巧克力和巧克力制品(包括代可可脂巧克力及制品)，除胶基糖果以外的其他糖果，调味糖浆，醋中的最大使用量为 3.0 g/kg；在胶基糖果中的最大使用量为 10.0 g/kg；在面包中的最大使用量为 4.0 g/kg；在糕点、饼干和其他焙烤食品中的最大使用量为 1.7 g/kg；在液体复合调味料(不包括 12.03，12.04)中的最大使用量为 1.2 g/kg；在果蔬汁(浆)类饮料，蛋白饮料，碳酸饮料，茶、咖啡、植物(类)饮料，特殊用途饮料，风味饮料中的最大使用量为 0.6 g/kg；在餐桌甜味料中可按生产需要适量使用。

阿斯巴甜与甜蜜素或糖精钠混合使用有协同增效作用，对酸性水果香味有增强作用。

需要指出的是，因阿斯巴甜对苯丙酮酸尿症的患者有一定的毒性，所以添加阿斯巴甜的食品应标明“阿斯巴甜(含苯丙氨酸)”。

11.2.1.6 阿力甜

阿力甜(alitame)又称天冬氨酰丙氨酰胺，学名 *L*-α-天冬氨酰-*N*(2,2,4,4-四甲基-3-硫化三亚甲基)-*D*-丙氨酰胺，分子式为 $C_{14}H_{25}O_4N_3S \cdot 2.5H_2O$，相对分子质量为 376.5，结构式为：

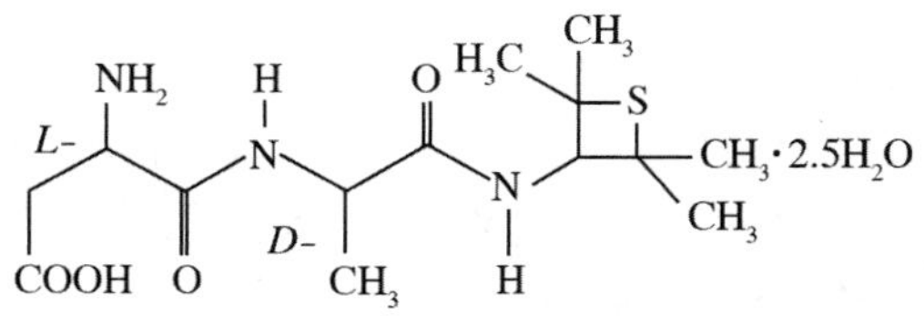

$$\text{结构式：}L\text{-}(NH_2)CH(CH_2COOH)-CO-NH-\underset{D\text{-}}{CH}(CH_3)-CO-NH-(2,2,4,4\text{-四甲基硫杂环丁烷-3-基})\cdot 2.5H_2O$$

性状与性能：白色结晶性粉末，无臭，有强甜味，甜度是蔗糖的2 000倍，风味与蔗糖接近，甜味清爽，甜味刺激迅速、持久，无后苦味和金属味。不吸湿，稳定性好，耐热、耐酸、耐碱，易溶于水(13.1%)、乙醇(61%)和甘油(53.7%)，5%水溶液的pH约为5.6。

安全性：大鼠经口LD_{50}为5 g/kg，小鼠经口LD_{50}为12.7 g/kg，ADI为0～0.1 mg/kg。

使用：我国《食品安全国家标准　食品添加剂使用标准》(GB 2760—2014)规定，阿力甜作为甜味剂可用于冷冻饮品(食用冰除外)、饮料类(包装饮用水除外)、果冻等食品中，最大使用量为0.1 g/kg；用于话化类和胶基糖果中，最大使用量为0.3 g/kg；用于餐桌甜味料中，最大使用量为0.15 g/份。

由于阿力甜的甜度高，直接使用时不易控制，可先稀释。制作固体干粉时，用麦芽糊精、木糖醇或其他安全的适宜的稀释剂混合；制作液体时，可部分或全部用钾、钠、镁或钙的氢氧化物中和，并注意防腐。

阿力甜与安赛蜜或甜蜜素混合时有协同增效作用，与糖精等其他甜味剂复配使用甜味特性也较好。

11.2.2 天然食品甜味剂

天然甜味剂主要包括糖与糖醇类、非糖天然甜味剂两类。

11.2.2.1 糖与糖醇类

天然糖主要指蔗糖、果糖、麦芽糖等天然产品。一般只有低聚糖才有甜味，甜度随着聚合度的增加而降低，甚至消失。这类糖因长期被人类食用，且是重要的营养素，所以通常被视为食品原料，不作为食品添加剂对待。天然糖类甜味很纯正，没有安全性问题，但对于高血糖或糖尿病人却有一定的危害。

糖醇是由醛糖或酮糖的羰基被还原成羟基(—OH)的衍生物。有的植物及微生物体内含有少量的糖醇，但工业化生产的一般还是利用相应的糖加氢催化还原制得。这类甜味剂口感好，化学性质稳定，不会被口腔微生物利用，可以预防龋齿，作为水溶性膳食纤维，可调理肠胃，预防便秘，此外还具有保湿功能。

食品中常用的使用较多的糖醇类有木糖醇、山梨糖醇、麦芽糖醇、甘露糖醇、赤藓糖醇等。

1. 木糖醇

木糖醇(xylitol)，分子式为$C_5H_{12}O_5$，是五碳糖，相对分子质量为152.15，结构式如右：

```
     CH₂OH
      |
  H—C—OH
      |
HO—C—H
      |
  H—C—OH
      |
     CH₂OH
```

性状与性能：白色结晶或结晶性粉末，味甜，甜度与蔗糖相当。极易溶于水(约160 g/100 mL)，微溶于乙醇和甲醇。热稳定性好，10%水溶液的pH为5.0～7.0，不与可溶性氨基化合物发生美拉德反应。木糖醇在溶于水时会吸热，入口后会产生愉快的清凉感，没有杂味。在人体中代谢不需要胰岛素，而且还能促进胰脏分泌胰岛素，是糖尿病人理想的代糖品。

安全性：小鼠经口 LD_{50} 为 22 g/kg。ADI 无须规定。

使用：我国《食品安全国家标准 食品添加剂使用标准》(GB 2760—2014)规定，木糖醇可在各类食品中按生产需要适量使用。木糖醇作为甜味剂主要用于口香糖、巧克力、软糖等防龋齿糖果和糖尿病人专用食品，也可用于清爽的冷饮、甜点、牛奶、咖啡等食品中，也可作为蔗糖替代品用于家庭。木糖醇不能被酵母和细菌利用，且会抑制酵母的生长和发酵活性，所以不宜用于发酵食品。

2. 山梨糖醇

山梨糖醇(sorbitol)又名山梨醇，为六碳多元糖醇，分子式为 $C_6H_{14}O_6$，相对分子质量为 182.17，结构式如右：

```
        CH2OH
         |
     H—C—OH
         |
    HO—C—H
         |
     H—C—OH
         |
     H—C—OH
         |
        CH2OH
```

性状与性能：山梨糖醇为无色的针状晶体或白色晶体粉末，无臭，易溶于水，微溶于乙醇和乙酸。有清凉爽快的甜味，甜度是蔗糖的 60%～70%，热值与蔗糖相近。具有很大的吸湿性，在水溶液中不易结晶析出，能螯合各种金属离子。分子结构中没有还原性基团，故不与氨基酸、蛋白质等发生美拉德反应。具有良好的保湿性能，可使食品保持一定的水分，防止干燥、延缓淀粉老化，还可以防止糖、盐等析出晶体，能保持甜、酸、苦味强度的平衡，增强食品风味。

安全性：小鼠经口 LD_{50} 为 23.2～25.7 g/kg，ADI 无限制性规定。

使用：我国《食品安全国家标准 食品添加剂使用标准》(GB 2760—2014)规定，山梨糖醇及山梨糖醇液可用于炼乳及其调制产品，植脂奶油，冷冻饮品(食用冰除外)，果酱，腌渍的蔬菜，油炸坚果与籽类，巧克力和巧克力制品，除 05.01.01 以外的可可制品，糖果，面包，糕点，饼干，焙烤食品馅料，调味品，饮料类(包装饮用水除外)，膨化食品，熟干水产品，经烹调或油炸的水产品，熏、烤水产品及豆制品工艺，制糖工艺，酿造工艺，按生产需要适量使用；还可用于生湿面制品(如面条、饺子皮、馄饨皮、烧卖皮)，最大使用量为 30.0 g/kg；用于冷冻鱼糜制品(包括鱼丸等)，作为甜味剂的最大使用量为 0.5 g/kg，仅当水分保持剂使用时，其最大使用量调整为 20 g/kg。

11.2.2.2 非糖天然甜味剂

非糖天然甜味剂是指从一些植物的果实、叶、根等组织中提取天然甜味成分而制成的一类天然甜味剂，主要为糖苷类物质。

1. 甜菊糖苷

甜菊糖苷(steviol glycosides)又称甜菊苷、甜菊糖，是从甜叶菊的叶子中提取出来的一系列甜菊糖苷类的混合物。

性状与性能：甜菊糖苷为白色或微黄色粉末，易溶于水，在空气中易吸湿。甜度为蔗糖的 200 倍，口感纯正，纯品后味较少，是最接近蔗糖的天然甜味剂。甜味停留时间长，有轻快的凉爽感，对其他甜味剂有改善和增强作用。对热和光稳定，在 pH 3～9 范围内十分稳定，易存放。具有非发酵性，不使食品着色，摄入后不会被机体吸收，不产生热量，为糖尿病、肥胖人群良好的天然甜味剂。

安全性：小鼠经口 LD_{50} 大于 15.0 g/kg。ADI 为 0～4 mg/kg，以甜菊醇当量计。

使用：我国《食品安全国家标准　食品添加剂使用标准》(GB 2760—2014)规定，甜菊糖苷作为食品甜味剂，用于风味发酵乳、饮料类(包装饮用水除外)，最大使用量为 0.2 g/kg；用于冷冻饮品(03.04 食用冰除外)、果冻，最大使用量为 0.5 g/kg；用于蜜饯凉果，最大使用量为3.3 g/kg；用于熟制坚果与籽类，最大使用量为 1.0 g/kg；用于糖果，最大使用量为 3.5 g/kg；用于糕点，最大使用量为 0.33 g/kg；用于餐桌甜味料，最大使用量为0.05 g/份；用于调味品，最大使用量为 0.35 g/kg；用于膨化食品、杂粮罐头、即食谷物[包括碾轧燕麦(片)]，最大使用量为 0.17 g/kg；用于茶制品(包括调味茶和代用茶类)，最大使用量为 10.0 g/kg；用于调制乳，最大使用量为 0.18 g/kg；用于水果罐头，最大使用量为 0.27 g/kg；用于果酱(罐头除外)，最大使用量为 0.22 g/kg；用于调味糖浆，最大使用量为 0.91 g/kg；用于配制酒，最大使用量为 0.21 g/kg。均以甜菊醇当量计。

甜菊糖苷与柠檬酸、苹果酸、酒石酸、乳酸等配合使用时，对甜菊糖苷的后味有消杀作用，所以与上述有机酸共用可起到矫味作用，提高味质。

甜菊糖苷与蔗糖、果糖或异构化糖混用时，可提高其甜度，改善口味。用甜菊糖苷代替30%左右的蔗糖时，效果较佳。用 20 g 甜菊糖苷代替 3.2 kg 蔗糖做鸡蛋面包，其外形、色泽、松软度均佳，且口感良好。用 14.88 kg 甜菊糖苷代替 0.75 kg 糖精钠制作话梅，香味可口，后味清凉。

2. 罗汉果甜苷

罗汉果甜苷(lo-han-kuo extract)，是从葫芦科植物罗汉果的果实中提取出来的三萜烯葡萄糖苷。

性状与性能：罗汉果甜苷为浅黄色粉末，有罗汉果香，甜度约为蔗糖的 240 倍，对光、热稳定，易溶于水和稀乙醇。

安全性：小鼠经口 LD_{50} 大于 10.0 g/kg。

使用：我国《食品安全国家标准　食品添加剂使用标准》(GB 2760—2014)规定，罗汉果甜苷作为甜味剂可在各类食品中按生产需要适量使用。

3. 索马甜

索马甜(thaumatin)也称非洲竹芋甜素，是从非洲竹芋的果实中提取出来的一种天然蛋白质类甜味剂。

性状与性能：白色至奶油色无定形无臭粉末，甜味爽口，无异味，甜味极强，甜度是蔗糖的 2 000～2 500 倍，极易溶于水。因索马甜为蛋白质，加热可发生变性而失去甜味，遇到单宁结合后也会失去甜味，在高浓度食盐溶液中甜度降低。索马甜的甜味来得慢，消失得也慢，故最好与其他甜味剂配合使用。与糖类甜味剂共用有协同效应和改善风味作用。

安全性：ADI 不做限制性规定。

使用：我国《食品安全国家标准　食品添加剂使用标准》(GB 2760—2014)规定，索马甜作为食品甜味剂，可用于冷冻饮品(食用冰除外)、加工坚果与籽类、焙烤食品、饮料类(包装饮用水除外)及餐桌甜味料中，最大使用量为 0.025 g/kg。

11.3 食品增味剂

食品增味剂(flavor enhancer)也称为食品鲜味剂,是指补充和增强食品风味的物质。食品增味剂能引发食品原有的自然风味,是多种食品的基本呈味成分。食品中的肉类、鱼类、贝类、香菇、番茄、酱油等都具有独特的鲜美滋味,这些鲜美滋味是由各类食品所含的不同鲜味物质呈现出来的。

鲜味的受体不同于酸、甜、苦、咸4种基本味的受体,味感也与4种基本味不同,鲜味不影响其他味觉刺激,并能增强其他味觉的风味特征,从而增进食品的可口性。鲜味不能由上述4种基本味的化学品混合产生,但与4种基本味有一定的联系。鲜味和咸味是互补的关系,两者是不可分的。一般来说,过酸的环境不利于鲜味的呈现,鲜味对酸味有一定的缓和作用。在鲜味剂中添加适量的甜味,有利于去腻解腥,但过多的甜味剂会遮除鲜味,甚至产生异味。鲜味还具有一定的减弱苦味的作用,但必须与酸、甜、咸味相配合,才能有较好的效果。

食品增味剂的种类很多,而且还处于不断发展之中,对其分类还没有统一的标准。根据来源可分为动物性增味剂、植物性增味剂、微生物增味剂和化学合成增味剂。根据其化学成分的不同,可分为氨基酸类增味剂、核苷酸类增味剂、有机酸类增味剂和复合增味剂等。

11.3.1 氨基酸类食品增味剂

化学组成为氨基酸及其盐类的食品增味剂统称为氨基酸类食品增味剂。这类增味剂主要有谷氨酸钠、丙氨酸、甘氨酸、天冬氨酸等。它们均属脂肪族化合物,呈味基团是分子两端带负电荷的基团,如—COOH、—SO_3H、—SH、—C ═ O等,而且分子中带有亲水性的辅助基团,如α-NH_2、—OH、C ═ C等。呈现鲜味的代表物质是*L*-谷氨酸,它是目前世界上生产最多、用量最大的一类食品增味剂。

11.3.1.1 谷氨酸钠

谷氨酸钠(monosodium glutamate, MSG)即*L*-谷氨酸一钠,俗称味精,分子式为$C_5H_8O_4NNa \cdot H_2O$,相对分子质量为187.14,结构式为:

$$HOOC{-}\underset{\displaystyle NH_2}{\underset{|}{CH}}{-}CH_2{-}CH_2{-}COONa \cdot H_2O$$

性状和性能:谷氨酸钠为白色柱状结晶或结晶性粉末,无臭,有特有的鲜味,微有甜味或咸味。易溶于水,微溶于乙醇,不溶于乙醚。熔点195℃,但加热至120℃时开始逐渐失去结晶水,150℃时完全失去结晶水,210℃时发生吡咯烷酮化,生成焦谷氨酸,呈味能力降低。无吸湿性,对光稳定。谷氨酸钠具有很强的肉类鲜味,用水稀释3 000倍仍能感到其鲜味,鲜味阈值为0.014%。

安全性:大鼠经口LD_{50}为17.0 g/kg。ADI无须进行限制性规定(本ADI不适用于12周以内的婴儿)。摄入后在胃酸作用下转变为谷氨酸,谷氨酸一般用量参与体内氨基酸正常代谢。但空腹大量食用后会有头晕现象发生,这是由于体内氨基酸暂时失去平衡,与蛋白质或其他氨基酸一起食用则无此现象。

使用:我国《食品安全国家标准 食品添加剂使用标准》(GB 2760—2014)规定,谷氨酸钠可在各类食品中按生产需要适量使用。在一般罐头、汤类等食品中的添加量为0.1%～0.3%，在浓缩汤、素食粉类中的添加量为3%～10%，在水产品、肉类中的添加量为0.5%～1.5%，在面包、饼干、酿造酒中的添加量为0.015%～0.06%，在酱油、酱菜、腌渍食品中的添加量为0.15%～0.5%，在竹笋、蘑菇罐头中的添加量为0.05%～0.2%。谷氨酸钠除了作为鲜味剂，在豆制品、曲香酒中有增香作用外，在竹笋、蘑菇罐头中也可防止混浊，具有保形和改善色、香、味等作用。味精与5′-肌苷酸二钠、5′-鸟苷酸二钠等其他调味料混合使用时，用量可减少一半以上。谷氨酸钠对热稳定，但在酸性食品中应用时，最好加热后期或食用前添加。由于谷氨酸钠的鲜味与pH有关，当pH低于3.2时呈味最弱，pH为6～7时，谷氨酸钠全部解离，呈味最强，所以在酱油、食醋及其腌渍品等酸性食品中应用时可增加20%的用量。谷氨酸钠的呈味作用在食盐的共存下可增加，当食盐中加入10%～15%的谷氨酸钠时，呈味效果最佳。谷氨酸钠还具有缓和苦味的作用，如糖精钠中加入谷氨酸钠可缓和其不良苦味。

11.3.1.2 甘氨酸

甘氨酸(glycine)又名氨基乙酸，分子式为$C_2H_5NO_2$，相对分子质量为75.07，结构式如右：

$$NH_2—CH_2—\overset{\overset{O}{\|}}{C}—OH$$

性状和性能：白色晶体或结晶性粉末，无臭，有特殊甜味。易溶于水，微溶于乙醇。

安全性：大鼠经口LD_{50}为7.93 g/kg。

使用：我国《食品安全国家标准　食品添加剂使用标准》(GB 2760—2014)规定，甘氨酸作为食品增味剂，用于预制肉制品、熟肉制品，最大使用量为3.0 g/kg；用于调味品、果蔬汁(浆)类饮料、植物蛋白饮料，最大使用量为1.0 g/kg。甘氨酸用于饮料和饮料基料中糖精类甜味剂后苦味的掩蔽，以不超过最终饮料量的2%为宜。

11.3.1.3 *L*-丙氨酸

L-丙氨酸(*L*-alanine)，别名*L*-2-氨基丙酸，分子式为$C_3H_7NO_2$，相对分子质量为89.09，结构式如右：

$$CH_3—\underset{\underset{NH_2}{|}}{CH}—\overset{\overset{O}{\|}}{C}—OH$$

性状与性能：白色结晶或结晶性粉末，无臭，有鲜味，味甜，甜度约为蔗糖的70%。易溶于水(17%，25℃)，微溶于乙醇(0.2%，80%冷酒精)，不溶于乙醚。

安全性：小鼠经口LD_{50}大于10.0 g/kg，美国食品药品监督管理局(FDA)将其列为一般公认安全物质。

使用：我国《食品安全国家标准　食品添加剂使用标准》(GB 2760—2014)规定，*L*-丙氨酸作为食品增味剂，可在调味品中按生产需要适量使用。为改善人工甜味剂和有机酸的味感，一般添加量为其含量的1%～5%；在复配甜味剂中加入1%～10%的*L*-丙氨酸，能提高甜度，使甜味柔和，并能改善后味；在腌制食品中，添加食盐量的5%～10%，可缩短腌制时间；用于糟制食品、酱油浸渍食品，添加0.2%～0.3%，可改善其风味。

11.3.2 核苷酸类食品增味剂

核苷酸类增味剂均属于芳香杂环化合物，结构类似，都是酸性离子型有机物，呈味基团是亲水的核糖-5′-磷酸酯，辅助基团是芳香杂环上的疏水取代基。有鲜味的核苷酸的结构特点是：嘌呤环第6位碳上有羟基；核糖第5′位碳上有磷酸酯。

核苷酸类增味剂性质比较稳定，在常规贮存、食品烹调加工中都不易被破坏，但是在动植物组织中广泛存在的磷酸酯酶能分解核苷酸，其分解产物会失去鲜味，所以不能直接将核苷酸加入生鲜动植物原料中。磷酸酯酶对热不稳定，把生鲜的动植物食品预先加热至85℃左右，使酶的活性破坏后再添加核苷酸，即可收到较好的效果。

11.3.2.1 5′-肌苷酸二钠

5′-肌苷酸二钠（disodium 5′-inosinate，IMP）又称为5′-肌苷酸钠、肌苷5′-磷酸二钠、次黄嘌呤核苷5′-磷酸钠，分子式为$C_{10}H_{10}N_4Na_2O_8P$，相对分子质量为392.17，结构式为：

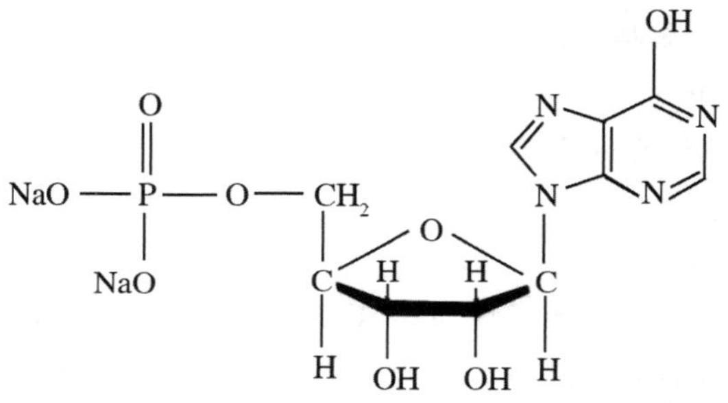

性状与性能：5′-肌苷酸二钠为无色至白色结晶，或白色结晶性粉末，无臭，呈鸡肉鲜味，鲜味阈值为0.025 g/100 mL，易溶于水，水溶液稳定、呈中性，微溶于乙醇，不溶于乙醚。稍有吸湿性，但不潮解。在pH为4～6的食品加工条件下非常稳定，100℃加热1 h无分解现象，但在pH低于3的条件下长时间加热会分解而失去鲜味。

安全性：小鼠经口LD_{50}为12.0 g/kg。肌苷酸与鸟苷酸是构成核酸的成分，对人体是安全的，ADI无须规定。

使用：我国《食品安全国家标准　食品添加剂使用标准》（GB 2760—2014）规定，5′-肌苷酸二钠作为鲜味剂可在各类食品中按生产需要适量使用。5′-肌苷酸二钠可用于酱油、食醋、鱼、肉制品、速溶汤粉、速煮面条及罐头等食品，使用量为0.01～0.1 g/kg。5′-肌苷酸二钠很少单独使用，常与5′-鸟苷酸二钠（GMP）和味精混合使用。IMP与GMP各占50%的混合物简称I+G，将2%的I+G添加于味精中，可使鲜味提高4倍，而成本增加不到2倍。这种复合鲜味剂更丰厚、滋润，鲜味比例可任意调配。5′-肌苷酸二钠可改善食品的风味，抑制腥味、焦味、苦味等异味。

11.3.2.2 5′-鸟苷酸二钠

5′-鸟苷酸二钠（disodium 5′-guanylate，GMP）又称5′-鸟苷酸钠、鸟苷5′-磷酸二钠，分子式为$C_{10}H_{12}N_5Na_2O_8P$，相对分子质量为407.19，结构式为：

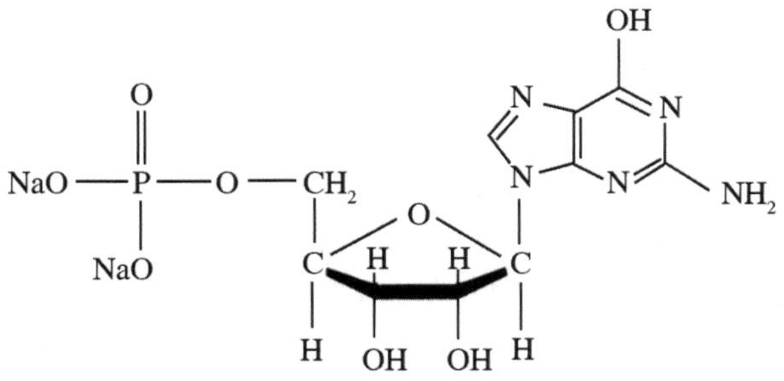

性状与性能：5′-鸟苷酸二钠为无色或白色结晶或粉末，无臭，有特殊的类似香菇的鲜味。易溶于水，微溶于乙醇，几乎不溶于乙醚，吸湿性较强。在 pH 2～14 范围内稳定，加热到 240℃变为褐色，250℃分解；对酸、碱、盐、热均稳定。

安全性：大鼠经口 LD_{50} 为 10.0 g/kg。ADI 无须规定。

使用：我国《食品安全国家标准　食品添加剂使用标准》(GB 2760—2014)规定，5′-鸟苷酸二钠作为鲜味剂可在各类食品中按生产需要适量使用。较少单独使用，多与 IMP 及味精配合使用。混合使用时，其用量为谷氨酸钠总量的 1%～5%。可与赖氨酸等混合后，添加于蒸煮米饭、速煮面条、快餐中，用量约为 0.5 g/kg。

11.3.2.3　5′-呈味核苷酸二钠

5′-呈味核苷酸二钠(disodium 5′-ribonucleotide)又名呈味核苷酸二钠。

性状与性能：5′-呈味核苷酸二钠主要由 IMP 和 GMP 组成，其性状也与之相似，为白色至米黄色结晶或粉末，无臭，味鲜，与谷氨酸钠配合使用有显著的协同作用。可溶于水，微溶于乙醇和乙醚。

安全性：大鼠经口 LD_{50} 大于 10.0 g/kg。ADI 无须规定。

使用：我国《食品安全国家标准　食品添加剂使用标准》(GB 2760—2014)规定，5′-呈味核苷酸二钠作为鲜味剂可在各类食品中按生产需要适量使用。常与谷氨酸钠合用，用量为谷氨酸钠的 2%～10%。若肌苷酸钠与鸟苷酸钠的比例为 1∶1 时，其一般用量如下：罐头汤，0.02～0.03 g/kg；罐头芦笋，0.03～0.04 g/kg；罐头蟹，0.01～0.02 g/kg；罐头鱼，0.03～0.06 g/kg；罐头家禽、香肠、火腿，0.06～0.10 g/kg；调味汁，0.10～0.30 g/kg；调味品，0.10～0.15 g/kg；调味番茄酱，0.10～0.20 g/kg；蛋黄酱，0.12～0.18 g/kg；小吃食品，0.03～0.07 g/kg；酱油，0.30～0.50 g/kg；脱水汤粉，1.0～2.0 g/kg；速煮面汤粉，3.0～6.0 g/kg。5′-呈味核苷酸二钠也常与其他多种成分合用，如一种复合鲜味剂组分为谷氨酸钠 88%、呈味核苷酸 8%、柠檬酸 4%；另一组分为谷氨酸钠 41%、呈味核苷酸二钠 2%、水解动物蛋白 56%、琥珀酸二钠 1%。

11.3.3　有机酸类食品增味剂

目前我国允许使用的有机酸类食品增味剂只有琥珀酸二钠一种。

琥珀酸二钠(disodium succinate)又称琥珀酸钠、丁二酸钠，分子式为 $C_4H_4Na_2O_4$，相对分子质量为 162.06，结构式为：$NaOOC—CH_2—CH_2—COONa$。

性状与性能:无色或白色结晶或白色结晶性粉末,无臭。易溶于水,微溶于乙醇,不溶于乙醚,在空气中稳定。有特异的贝类鲜味,味觉阈值为0.03%。

安全性:小鼠经口LD_{50}大于10.0 g/kg。ADI无须规定。

使用:我国《食品安全国家标准　食品添加剂使用标准》(GB 2760—2014)规定,琥珀酸二钠作为鲜味剂用于调味料,最大使用量为20.0 g/kg。作为调味料、复合调味料,常用于酱油、水产制品、调味粉、香肠制品、鱼干制品等,用量为0.01%~0.05%;用于方便面、方便食品的调味料中,具有增鲜及特殊风味,用量0.5%。琥珀酸二钠常与谷氨酸钠合用,用量约为谷氨酸钠用量的10%。

11.3.4　复合食品增味剂

复合食品增味剂是由两种或多种食品增味剂组合而成的调味产品,包括复配型和天然型两类。

复配型复合增味剂是在各种天然调味料中添加味精、糖、有机酸、甜味剂、无机盐甚至香辛料、油脂等各种具有不同增味作用的原料,经科学方法组合调配而制成的调味产品,也称为复合调味料。这些调味料大部分具有一定的营养功能,而且具有特殊的风味。

天然型复合调味剂是从各种畜、禽、水产、蔬菜等原料中萃取或由动植物和微生物组织经水解而制成。其中主要的增味物质是各种氨基酸和核酸等风味物质,但由于比例的不同和少量其他物质的存在,能赋予食品各种不同的鲜味和风味。

11.3.5　新型食品增味剂

11.3.5.1　动物蛋白水解物

动物蛋白水解物(hydrolyzed animal protein,HAP)是指在酸或者酶的作用下,水解富含蛋白质的动物组织而得到的产物。作用原料如畜、禽的肉、骨及鱼等的蛋白质含量高,且所含蛋白质的氨基酸模式更接近人体需要,是完全蛋白质,有很好的风味。HAP除了保留原料的营养成分外,由于蛋白质被水解为小肽及游离的*L*-型氨基酸,易溶于水,有利于人体的消化吸收,原有风味更为突出。

性状与性能:HAP为淡黄色液体、糊状物、粉状体或颗粒,具有特殊的香味和鲜味。因原料不同而由不同的氨基酸组成,其鲜味程度和风味也因原料和加工工艺而各异。

安全性:无毒性,安全性高。

使用:用于各种食品加工和烹饪中,或与其他调味品配合使用。

11.3.5.2　植物蛋白水解物

植物蛋白水解物(hydrolyzed vegetable protein,HVP)是指在酸、碱或酶的作用下,水解富含蛋白质的植物组织而得到的产物。通常采用酸水解法,以大豆、花生、小麦、玉米等为原料,经水解、脱色、中和、脱臭、除杂、调味、杀菌后,浓缩成浆状物,或喷雾干燥制成粉状制品。

性状与性能:植物蛋白水解物为淡黄色至黄褐色液体或糊状、粉状、颗粒状物质。因所用原料和加工工艺的差异而有不同的鲜味和鲜度。

安全性：采用酶法生产工艺制得的产品安全性高。若用酸法，则应严格控制工艺路线及参数，以减少微量致癌物质3-氯丙醇(3-CPD)的产生。

使用：用于各种食品加工和烹饪中调味料的配合使用，广泛用于方便食品，如方便面和佐餐调味料中。

11.3.5.3 酵母抽提物

酵母抽提物(yeast extract，YE)也称酵母精或酵母味素，是将啤酒酵母、糖液酵母、面包酵母等酵母细胞内的蛋白质降解为小分子氨基酸和多肽，核酸降解为核苷酸，并把它们和其他有效成分，如B族维生素、谷胱甘肽、微量元素等一起从酵母细胞中抽提出来，所制得的人体可直接吸收利用的可溶性营养物质与风味物质的浓缩物。

酵母抽提物营养丰富，滋味鲜美，具有增鲜、增香及赋予食品醇厚风味的功能，广泛用于各种加工食品中。如在酱油、蚝油、鸡精、各种酱类、腐乳、食醋等中加入1%～5%的酵母抽提物，可与调味料中的动植物提取物及香辛料配合，引发出强烈的鲜香味，具有相乘效果；添加了0.5%～1.5%酵母抽提物的葱油饼、炸薯条、玉米等经高温烘烤，更加美味可口；在榨菜、咸菜和霉干菜中添加0.8%～1.5%的酵母抽提物，可起到降低咸味的效果，并可掩盖异味，使酸味更加柔和、风味更加香浓持久。

11.3.6 食品增味剂的研究进展

食品增味剂是补充或增强食品原有风味的物质，它们对各种肉、禽、水产、蔬菜、乳乃至酒类都起着良好的增味作用。

味精是第一代增味剂，主要成分是*L*-谷氨酸钠。1866年德国人里德豪森博士首先从面筋中提取出谷氨酸，1908年日本东京帝国大学的研究员池田菊苗从海带中发现了谷氨酸钠，并发明了用小麦和脱脂大豆做原料提取味精的方法，使味精的生产在全世界迅速普及开来。1920—1923年，我国化学家吴蕴初首先发明了水解法生产味精的方法并在上海创办了天厨味精厂。

第二代增味剂是呈味核苷酸。1913年日本东京大学的科学家小玉新太郎证实肌苷酸及其盐类具有鲜味，在各种鱼类和肉类中都发现了大量的5′-肌苷酸，1960年日本国忠明博士发现5′-鸟苷酸具有鲜味，且在香菇中含量较高，并用微生物发酵法生产肌苷酸和鸟苷酸。现在，工业用的核苷酸则主要由水解酵母菌的RNA(核糖核酸)所得。与味精相比，核苷酸不但独有一种鲜味，而且其增强风味的能力较强(以重量为基础计算，强50～100倍)，其所增强的味道属性的范围亦较广，并且能普遍给人可口的感觉。实验证明核苷酸能与味精产生增效作用(即结合使用比单独使用有更高的效能)，因此在添加增味剂时兼用味精和核苷酸就能获得最好的效果。

新型鲜味剂为动植物蛋白水解物及复合型鲜味剂，这种产品最早由日本人于1970年开发成功，名为鲣鱼精，特点是具有自然鲣鱼风味，鲜味强烈且由多种调料配制而成，口感更丰富。此后，在美国、瑞士、韩国、泰国等国家和我国香港地区，也先后按当地的口味特点，开发出了各具特色却相类似的鲜味品，如鸡精(欧洲、美国、我国香港)、牛肉精(韩国)、猪肉精(泰国)等。这种鲜味剂通过生物技术将动植物水解，水解液富含各种氨基酸、短肽、核苷酸、维生素，可以保留原有的营养，更易为人体所吸收，且具有一定的保健功能。如鸡精除了含有鸡肉粉、鸡蛋粉，又添加了水解蛋白、呈味核苷酸，含有一定比例的精盐和鸡油等。这类鲜味剂以其特有的风味、纯正的鲜味和丰富的营养，越来越被消费者了解和接受，并正在取代传统的味精。

利用酱醋等发酵产品的下脚料生产鲜味剂可节约成本。醋渣和酱渣都只含有少量粗蛋白、粗脂肪等营养成分和大量难于分解的纤维素、半纤维素。醋渣一般被当成垃圾处理掉，酱渣一般被当作粗饲料廉价卖掉。利用醋渣和酱渣代替麸皮，酿造鲜味剂产品，可以节约成本，产品质量也可以符合相关标准。

利用特定的酶，作为风味物质生产中的生物催化剂，可增强食品风味或将风味前体转变为风味物质。可以激活食品中的内源酶以诱导合成风味物质，或钝化食品中的内源酶以避免异味的产生。

利用生物技术，包括植物组织培养法、微生物发酵法等，生产风味物质是人们获得天然风味物质的有效途径。用发酵法制成核苷酸，然后用合成的方法引入某基团，使鲜味更强。比如 5′-肌苷酸分子中引入甲硫基团，可使鲜度增加 8 倍。

利用我国的资源优势，着力开发高档次的酵母提取物、不同风味的水解动植物浸膏等新的营养性鲜味剂和复配各种风味的调料。酵母抽提物作为营养强化剂和功能性食品配料，具有良好的发展前途。目前，酵母抽提物已成为世界众多的国家如美国、日本、荷兰、丹麦等研制与开发的重点。利用氨基酸、味精、核苷酸、天然的水解物或萃取物、有机酸、甜味剂、香辛料、油脂等调配而成复合鲜味剂，具有很大的市场和发展前景。

食品增味剂总的发展趋势是向天然、安全、方便、保健、营养和多样化等方面发展。随着现代生物技术的飞速发展，新型食品增味剂的开发和生产正成为生物技术的重要应用领域；随着人们生活质量的改善，新型食品增味剂也将会愈来愈受到市场的欢迎。

思考题

1. 食品酸度调节剂在食品中的作用有哪些？
2. 影响酸味的因素有哪些？
3. 常用酸味剂的酸度与酸感特征是什么？
4. 天然食品甜味剂及化学合成食品甜味剂各有哪些优缺点？
5. 列举常用天然食品甜味剂的名称及应用范围。
6. 影响甜度的因素有哪些？
7. 食品增味剂分为哪几类？各有何特性？

第 11 章思考题答案

参考文献

[1] 郝利平，聂乾忠，周爱梅，等. 食品添加剂[M]. 北京：中国农业大学出版社，2016.
[2] 张华江. 食品添加剂原理与应用[M]. 北京：中国农业出版社，2014.
[3] 孙平. 食品添加剂[M]. 北京：中国轻工业出版社，2010.
[4] 杨玉红. 食品添加剂应用技术[M]. 北京：中国标准出版社，中国质检出版社，2013.
[5] 孙平，张津凤，姚秀玲. 化工产品手册食品添加剂[M]. 北京：化学工业出版社，2016.
[6] 食品安全国家标准　食品添加剂使用标准：GB 2760—2014[S]. 北京：中国标准出版社，2014.
[7] 郝利平. 食品添加剂[M]. 3 版. 北京：中国农业出版社，2016.

HAPTER 12

第12章 食品膨松剂、凝固剂、水分保持剂和抗结剂

【学习目的和要求】

熟悉食品膨松剂、凝固剂、水分保持剂和抗结剂的概念,了解和掌握这些食品添加剂的基本性能与应用。

【学习重点】

膨松剂、凝固剂等在食品加工中的应用特性和使用要求。

【学习难点】

膨松剂、凝固剂等的作用机理和应用特性。

12.1 膨松剂

膨松剂(leavening agents)指在食品加工过程中加入的，能使产品起发并形成致密多孔组织，从而使产品膨松、柔软或酥脆的食品添加剂，又称膨胀剂、疏松剂或发粉。通常应用于糕点、饼干、面包、馒头等以小麦粉为主的焙烤食品的加工中，使其体积膨胀或结构疏松，从而改善食品质量，如使用膨松剂后，面包、蛋糕口感柔软，饼干口感酥脆。

一般情况下，膨松剂在和面时加入，其在面胚熟制(烘焙、蒸制、油炸等)过程中因受热分解，产生气体，使面胚内部形成致密多孔组织，面制品体积变得膨胀，从而使面制品具有蓬松、松软、酥脆特性。

12.1.1 膨松剂的作用

(1)膨松剂能使食品产生松软的海绵状多孔组织，使之口感松软可口、体积膨大。

(2)能使咀嚼时唾液很快渗入制品的组织中，以透出制品内可溶性物质，刺激味觉神经，使之迅速反应该食品的风味。

(3)当食品进入胃之后，各种消化酶很快进入食品组织中，使食品能容易、快速地被消化、吸收，避免营养损失。

12.1.2 膨松剂的分类

膨松剂可分为生物膨松剂和化学膨松剂，后者根据其化学组成又可分为碱性膨松剂、酸性膨松剂和复合膨松剂。

12.1.2.1 生物膨松剂

生物膨松剂的作用原理：酵母是利用面团中的糖类(主要是在配料中加入蔗糖经转化酶水解成转化糖，或淀粉经一系列水解最后成为葡萄糖)及其他营养物质，先后进行有氧呼吸与无氧呼吸，产生 CO_2、醇、醛和一些有机酸。生成的 CO_2 被面团中面筋包围，使制品体积膨大并形成海绵状网络组织。而发酵形成的酒精、有机酸、酯类、羰基化合物则使制品风味独特，营养丰富。

酵母是面制品制作过程中一种十分重要的膨松剂。它不仅能使制品体积膨大，组织呈海绵状，而且能提高面制品的营养价值和风味。目前，广泛使用由压榨酵母经低温干燥而成的活性干酵母。

12.1.2.2 化学膨松剂

化学膨松剂的作用原理：当其与酸均匀地溶于水时，可发生化学反应生成 CO_2。

1. 碱性膨松剂

碱性膨松剂也称为“膨松盐”，主要是碳酸盐和碳酸氢盐如碳酸氢钠(钾)和碳酸氢铵，它们在焙烤时会直接分解产气。碱性膨松剂反应速度较快，产气量较大，在制品中可产生较大孔洞，产气过程只能通过控制面团的温度来进行调整，有时无法适应食品工艺的要求。因此，碳酸氢钠（钾）和碳酸氢铵应尽可能减少单独使用，两者合用能减少一些缺陷。

2. 酸性膨松剂

酸性膨松剂包括酒石酸氢钾、硫酸铝钾、硫酸铝铵、磷酸氢钙等，主要用作复合膨松剂的酸性成分，不能单独作为膨松剂使用。用于中和碱性膨松剂以产生气体，并调节产气速度，同时可避免食品产生不良气味和避免因碱性增大而导致食品质量下降。

硫酸铝钾、硫酸铝铵用量过多，一方面，可使食品发涩，甚至引起呕吐、腹泻；另一方面，铝对人体健康十分不利，可致老年痴呆症，造成脑、心、肝、肾和免疫功能的损害。因此人们正在研究减少它们在食品中的应用，研发了一些无铝膨松剂。另外，有的无铝膨松剂是以磷酸盐代替了配方中的明矾，但是目前磷酸盐的使用安全性也逐渐受到质疑，磷酸盐在食品中的最大使用量为 15 g/kg。膳食中的磷酸盐食用量过多时，能在肠道中与钙结合成难溶于水的正磷酸钙，从而降低钙的吸收，长期大量摄入磷酸盐可导致甲状腺肿大及钙化性肾机能不全等。因此，人们正在研究无铝、无磷的复合膨松剂。

3. 复合膨松剂

复合膨松剂组成：①碳酸盐，用量占 20%～40%，作用是产生气体；②酸性盐或有机酸，用量占 35%～50%，作用是与碳酸盐反应，控制反应速度和膨松剂的使用，调节酸碱度；③助剂，如淀粉、脂肪酸等，作用是改善膨松剂保存性，防止受潮、失效，调节气体产生速度或使气泡均匀产生，助剂含量一般为 10%～40%。

12.1.3　代表性膨松剂

12.1.3.1　碳酸氢钠

碳酸氢钠（sodium hydrogen carbonate，CNS 号 06.001，INS 号 500ii），又名食用小苏打、重碱。分子式为 $NaHCO_3$，相对分子质量为 84.01。

性状与性能：碳酸氢钠是白色结晶性粉末。无臭，味咸，易溶于水。在潮湿空气或热空气中缓慢分解，产生 CO_2，加热至 270℃时全部分解。遇酸则强烈分解产生 CO_2。

$$2NaHCO_3 \xrightarrow{60\sim150℃} CO_2\uparrow + H_2O + Na_2CO_3$$

安全性：大鼠经口 LD_{50} 为 4.22 g/kg，小鼠经口 LD_{50} 为 3.36 g/kg。ADI 不做特殊规定（FAO/WHO，1994）。钠离子是人体正常需要的元素，因此认为其对机体没有危害。但过量摄入碳酸氢钠也可能会造成碱中毒，且损害肝脏。

使用：按照我国《食品安全国家标准　食品添加剂使用标准》（GB 2760—2014）规定，碳酸氢钠在大米制品（仅限发酵大米制品）和婴幼儿谷类辅助食品中按生产需要适量使用。

12.1.3.2　碳酸氢铵

碳酸氢铵（ammonium hydrogen carbonate，CNS 号 06.002，INS 号 503ii），俗称食臭粉、臭粉。分子式为 NH_4HCO_3，相对分子质量为 79.06。

性状与性能：碳酸氢铵为白色粉状结晶，有氨臭，在空气中易风化，对热不稳定，固体在 58℃，水溶液在 70℃ 分解出氨和 CO_2，但在室温下十分稳定，稍有吸湿性，易溶于水

(17.4 g/100 mL,20℃),水溶液呈碱性(0.8%水溶液 pH 为 7.8),不溶于乙醇。

碳酸氢铵分解后产生的气体量较碳酸氢钠多,起发力大,容易造成制品过松,使制品内部或表面出现大的空洞,影响感官品质。加热产生强烈刺激性氨味而影响了产品的风味,通常用于制品中水分含量较少的产品,如饼干。

安全性:小鼠皮下 LD_{50} 为 245 mg/kg。ADI 不做特殊规定(FAO/WHO,1994)。碳酸氢铵的分解物为 CO_2 和氨,均为人体代谢物,因此一般认为其是安全的。

使用:按照我国《食品安全国家标准 食品添加剂使用标准》(GB 2760—2014)规定,可与碳酸氢钠合用作面包、饼干、煎饼等的膨松剂的原料,也可作发泡粉末果汁的原料。绿色蔬菜、竹笋等烫漂时可使用 0.1%~0.3%。碳酸氢铵在婴幼儿谷类辅助食品中按生产需要适量使用。

12.1.3.3 硫酸铝钾

硫酸铝钾(aluminium potassium sulfate,CNS 号 06.004,INS 号 522),又名钾明矾、明矾,分子式为 $KAl(SO_4)_2 \cdot 12H_2O$,相对分子质量为 474.37(测定方法 GB 1886.229—2016)。

性状与性能:钾明矾为无色透明块状、粒状或晶状粉末,单斜或六方晶体,有玻璃光泽,密度 1.76 g/cm^3。64.5℃失去 9 分子结晶水,200℃失去 12 分子结晶水,可溶于水,不溶于乙醇。无臭,味酸涩。

安全性:猫经口 LD_{50} 为 5~10 g/kg。ADI 不做特殊规定(FAO/WHO,1994)。其稀溶液有收敛作用,浓溶液有腐蚀性,2 g 钾明矾可引起胃痛、恶心和呕吐,多量内服可因局部腐蚀而发生炎症,大量服用时甚至引起致死性腐蚀现象。成人 1 d 最大用量为 3 g。钾明矾是我国传统使用的食品添加剂,在正常使用量范围内,虽未显示明显的毒性,但对其腐蚀作用等问题应加以注意。

使用:按照我国《食品安全国家标准 食品添加剂使用标准》(GB 2760—2014)规定,钾明矾可用于豆类制品、面糊(如用于鱼和禽肉的拖面糊)、裹粉、煎炸粉、油炸面制品、虾味片、焙烤食品、腌脂水产品(仅限海蜇),按生产需要适量使用,但铝的残留量≤100 mg/kg(干样品,以 Al 计或以即食海蜇中 Al 计)。

12.1.3.4 硫酸铝铵

硫酸铝铵(aluminium ammonium sulfate,CNS 号 06.005,INS 号 523)就是铵明矾,又名铵矾或铝铵矾。分子式为 $AlNH_4(SO_4)_2 \cdot 12H_2O$,相对分子量为 453.32(测定方法 HG 2917—1999)。

性状与性能:铵明矾为白色结晶粉末或无色块状或粒状。微溶于水、稀酸和甘油,水溶液呈酸性,不溶于乙醇。无臭,味微甜而涩,在 120℃时失去 10 分子结晶水,约 250℃时失去 12 分子水,280℃以上分解。1 g 溶于 7 mL 水、0.5 mL 沸水,水溶液呈酸性(0.05 mol/L 溶液的 pH 为 4.6),相对密度 1.64。

使用:按照我国《食品安全国家标准 食品添加剂使用标准》(GB 2760—2014)规定,铵明矾可用于油炸食品、虾片、豆制品、发酵粉、威夫饼干、膨化食品和水产品,按生产需要适量使用，但铝的残留量≤100 mg/kg（干样品，以 Al 计或以即食海蜇中 Al 计）。

12.1.3.5　酒石酸氢钾

酒石酸氢钾（potassium bitartarate，CNS 号 06.007，INS 号 336），分子式为 $KC_4H_5O_6$，相对分子质量为 188.18（测定方法 GB 25556—2010）。

性状与性能：酒石酸氢钾为无色或白色结晶性粉末，无臭，有愉快的清凉酸味。易溶于稀无机酸、碱溶液或硼砂溶液，不溶于乙醇或乙酸，难溶于水（0.54 g/100 mL，20℃ 和 6.50 g/100 mL，100℃）。在氢氧化钾或碳酸钾溶液中呈中性可溶性复盐，加酸后重又析出。产气较缓慢。

安全性：小鼠经口 LD_{50} 为 6.81 g/kg。ADI 无须提出（FAO/WHO，1994）。

使用：按照我国《食品安全国家标准　食品添加剂使用标准》（GB 2760—2014）规定，在小麦粉及其制品和焙烤食品中，按生产需要适量使用。实际使用参考：烘焙食品复合膨松剂，10%～25%，当在果酱等食品中用作酸度调节剂时，多和其他酸配合，使 pH 保持在 2.8～3.5 之间。

酒石酸氢钾属酸性膨松剂，大部分用作膨松剂的配合原料，在复合膨松剂中约占 50%。其反应速度快，味道好，气泡多，松软，适用于制造面包、糕点、馒头等。今后随着食品质量的提高，复合膨松剂中的酸性物质将逐渐被酒石酸氢钾所代替。其对小鼠免疫系统具有一定的抑制作用，药量不同对免疫器官影响程度也不同，小鼠的免疫功能随着药量的增加而呈逐渐下降的趋势。因此，酒石酸氢钾作为食品添加剂使用时，要严格控制其用量，以保证食品安全。

12.1.4　复合膨松剂研究案例

常用的碱性膨松剂为碳酸氢钠和碳酸氢铵，后者加热分解后产生氨气，制品中会残留有氨臭味，且其不稳定，常温下易缓慢分解，造成预拌粉品质下降，因此选择碳酸氢钠即小苏打（添加量一般为面粉的 1%～3%），小苏打一般占复配膨松剂的 20%～45%。常用的酸剂有磷酸二氢钙、葡萄糖酸内酯、酒石酸氢钾、磷酸二氢钠、酸式焦磷酸钠和柠檬酸，因其酸性强弱不同，与小苏打的反应速度不同，会影响最终产品的品质，通常利用他们各自的优缺点快慢结合复配后使用，这样沙琪玛专用膨松剂的开发就变成了酸剂在沙琪玛中的组成研究。分为两部分研究：①酸剂对沙琪玛品质影响的研究；②酸剂间的复配研究。最终获得沙琪玛膨松剂的最佳配方：小苏打 1%，无水磷酸二氢钙 39%，葡萄糖酸内酯 76%。

12.2　凝固剂

凝固剂（coagulator），也称稳定剂，是指使食品结构稳定或使食品组织结构不变，增强黏性固形物的物质。凝固剂一般可以使食品中胶体（果胶、蛋白质等）凝固为不溶性的凝胶状态，所以又称为组织硬化剂。

凝固剂是中国传统豆制品生产不可缺少的原料，东汉时期（2000 年前）就已用盐卤点制豆腐，且沿用至今。现在，凝固剂已经应用于各种食品的加工中，如在生产果蔬制品时，利用各种钙盐(如氯化钙、乳酸钙、柠檬酸钙等)使可溶性果胶酸成为凝胶状不溶性果胶酸钙的特性,以保持果蔬加工制品的脆度和硬度;在豆腐生产中,用盐卤、石膏、葡萄糖酸-δ-内酯作凝固剂,方便豆腐的机械化和连续化的生产;在泡菜生产中,加入酸性铝盐(如硫酸铝钠、硫酸铝钾),可使酸黄瓜更脆,更坚硬。凝固剂可单一使用,也可复配使用。以下以豆腐凝固剂为例说明其分类和作用机理。

12.2.1 凝固剂的分类

12.2.1.1 盐类凝固剂

(1)盐类凝固剂 目前使用的主要有盐卤、石膏等无机盐,其中主要的成分是氯化镁、硫酸镁、氯化钙、硫酸钙和乙酸钙等。

(2)凝固机理 ①离子桥学说,豆浆凝固时,盐类凝固剂中的二价阳离子(如 Ca^{2+}、Mg^{2+})与大豆蛋白质分子中的羧基结合,产生蛋白-离子桥而形成蛋白凝胶。②盐析理论,盐中的阳离子与热变性大豆蛋白表面带负电荷的氨基酸残基结合,使蛋白质分子间的静电斥力下降形成凝胶。因为盐的结合能力强于蛋白质,所以盐类争夺蛋白质分子的表面水合层导致蛋白质稳定性下降而形成胶状物。③豆浆中加入中性盐后,pH 下降,在 pH 6.0 左右,凝固成豆腐。但盐类凝固剂的凝固机理具一定的合理性和局限性,还需进一步探究。

12.2.1.2 酸类凝固剂

(1)酸类凝固剂 主要有醋酸、乳酸、葡萄糖酸-δ-内酯和柠檬酸等有机酸,除葡萄糖酸-δ-内酯外,其他酸在生产中采用较少。

(2)凝固机理 葡萄糖酸-δ-内酯(glucono-delta-lactone,GDL,CNS 号 18.007,INS 号 575,测定方法 GB 5009.276—2016)是目前制作填充豆腐常用的一种酸凝固剂。在低温时比较稳定,在高温(90℃左右)和碱性条件下可分解为葡萄糖酸,使豆浆的 pH 下降,其在浆液中释放质子会使得变性大豆蛋白表面带负电荷的基团减少,蛋白质分子之间的静电斥力减弱而相互靠近,有利于蛋白质分子的凝结。

12.2.1.3 酶类凝固剂

(1)酶类凝固剂 酶类凝固剂是指能使大豆蛋白凝固的酶。凝固酶广泛存在于动植物组织及微生物中,包括酸性、中性、碱性 3 种蛋白酶。如胰蛋白酶、菠萝蛋白酶、无花果蛋白酶、木瓜蛋白酶、微生物谷氨酰胺转氨酶(TG 酶)等。

(2)凝固机理 各种蛋白酶能将大豆蛋白水解成较短的肽链,短肽链之间通过非共价键交联形成网络状凝胶。目前已使用的是谷氨酰胺转氨酶(氨基转移酶),有使豆乳胶凝的能力,其机理是催化肽链中谷氨酸残基的 γ-羧基酰胺和各种伯胺的氨基反应。当肽链中赖氨酸残基上的 ε-氨基作为酰基受体时就会形成分子间的 ε-(γ-谷氨酸)交联,从而改善蛋白质类食物的功能与品质。

凝固剂的应用和特点见表 12-1。

表 12-1 凝固剂的应用和特点

凝固剂类别		主要成分	一般用量	优点	缺点	挥发性风味物质
盐类凝固剂	盐卤	$MgCl_2$	0.13%～0.22%	蛋白质凝固速度快，蛋白质网络结构容易收缩，豆香味浓，味道极佳	制品保水性差，出品率低，产品放置时间不宜过长	21 种
	石膏	$CaSO_4$	2.2～2.8 kg/100 kg	能适应不同浓度豆浆，老嫩豆腐均可，豆腐保水性能好，组织光滑细腻，出品率高	凝固速度慢，豆腐残留未溶解的硫酸钙，有苦涩味和杂质，缺乏豆香味	28 种
酸类凝固剂	葡萄糖酸-δ-内酯		按生产需要适量使用	细致嫩滑的结构，豆腐品质较好，质地滑润爽口，弹性大，持水性好	口味平淡，偏软，不适合煎炒，略带酸味	24 种
酶类凝固剂	谷氨酰胺转氨酶		在豆浆蛋白浓度为 9% 的条件下，添加量 0.8 U/g 蛋白质	香味、黏弹性和细腻度方面均比普通豆腐有明显的优势。在质构上，比内酯豆腐更具有弹性，且不易松散；不会有涩味、酸味等不良滋味，且还带有豆浆的香味		

12.2.2 代表性凝固剂

12.2.2.1 氯化钙

氯化钙（calcium chloride，CNS 号 18.002，INS 号 509），分子式为 $CaCl_2$，相对分子质量为 110.98（检测方法 GB 1886.45—2016）。

性状与性能：氯化钙是白色、灰白色或略带黄色的块状、片状或粒状固体，微苦，无臭，易吸水潮解，易溶于水、乙醇。其存在形式有无水物、一水物、二水物、四水物等，一般商品以二水物为主。

安全性：大鼠经口 LD_{50} 为 4 g/kg。ADI 不做特殊规定（FAO/WHO，1994）。

使用：按照我国《食品安全国家标准　食品添加剂使用标准》（GB 2760—2014）规定，在豆腐生产中，氯化钙作为凝固剂，使用量为 20～25 g/L 豆浆，氯化钙溶液的使用含量为 4%～6%。用氯化钙溶液浸渍果蔬，经杀菌后果蔬脆性好，色泽亦好，如用于苹果、整装番茄、什锦蔬菜、冬瓜等罐头食品。氯化钙的应用规定见表 12-2。

按 FAO/WHO（1984）规定，氯化钙的使用范围和限量如下：番茄罐头，片装为 0.80 g/kg，整装为 0.45 g/kg（单用或与其他凝固剂合用量，以 Ca^{2+} 计）；葡萄、柚罐头，0.35 g/kg（单用或与乳酸钙合用量，以 Ca^{2+} 计）；青豌豆、草莓、水果色拉等罐头，0.35 g/kg（单用或与其他凝固剂合用量，以 Ca^{2+} 计）；果酱和果冻，0.20 g/kg（单用或与其他凝固剂合用量，以 Ca^{2+} 计）；

低倍浓缩乳、甜炼乳、稀奶油，2 g/kg（单用，以无水物计），3 g/kg（与其他稳定剂合用量，以无水物计）；酸黄瓜，0.25 g/kg（单用或与其他凝固剂合用量）；一般干酪，0.20 g/kg（所用中乳量）。

在美国，氯化钙用作凝固剂，主要使用于果冻、番茄罐头生产中。在日本，氯化钙用作豆腐凝固剂，用量以钙计为 1%。只限在食品加工过程中必不可少的情况。

表 12-2　氯化钙的应用（GB 2670—2014）

食品分类号	食品名称	最大使用量/(g/kg)	备注
01.05.01	稀奶油	按生产需要适量使用	
01.05.03	调制稀奶油	按生产需要适量使用	
04.01.02.04	水果罐头	1.0	
04.01.02.05	果酱	1.0	
04.02.02.04	蔬菜罐头	1.0	
04.04	豆类制品	按生产需要适量使用	
05.04	装饰糖果（如工艺造型，或用于蛋糕装饰）、顶饰（非水果材料）和甜汁	0.4	
11.05	调味糖浆	0.4	
14.01.03	其他类饮用水（自然来源饮用水除外）	0.1 g/L	以 Ca 计 36 mg/L
16.07	其他（仅限畜禽血制品）	0.5	

12.2.2.2　葡萄糖酸-δ-内酯

葡萄糖酸-δ-内酯（glucono-delta-lactone，CNS 号 18.007，INS 号 575），分子式为 $C_6H_{10}O_6$，相对分子质量为 178.14。

性状与性能：葡萄糖酸-δ-内酯为白色晶体或结晶性粉末，无臭，口感先甜后酸，易溶于水，微溶于乙醇。其在水中发生解离生成葡萄糖酸，能使蛋白质溶胶形成凝胶，并且还具有一定的防腐性。

安全性：兔静脉注射 7.63 g/kg。ADI 不做特殊规定（FAO/WHO，1994）。

使用：按照我国《食品安全国家标准　食品添加剂使用标准》（GB 2760—2014）规定，葡萄糖酸-δ-内酯在各类食品中按生产需要适量使用（稳定剂、凝固剂）。葡萄糖酸-δ-内酯可用于鱼虾保鲜，使用量为 0.1 g/kg，残留量小于 0.01 mg/kg；用于香肠（肉肠）、鱼糜制品、葡萄汁、豆制品（豆腐、豆花），使用量为 3.0 g/kg；用于发酵粉，可按生产需要适量使用。

FAO/WHO（1984）规定，葡萄糖酸-δ-内酯可用于午餐肉、肉糜，最大使用量为 3 g/kg。在午餐肉、香肠等肉制品中加入 0.3%的葡萄糖酸-δ-内酯，可使制品色泽鲜艳，持水性好，富有弹性，且具有防腐作用，还能降低产品中亚硝胺的生成。

12.2.2.3　氯化镁

氯化镁（magnesium chloride，CNS 号 18.003，INS 号 511），别名卤片、盐卤，分子式为

$MgCl_2$，相对分子质量为95.21。

性状与性能：氯化镁是白色结晶体，呈柱状或针状。味苦，易潮解，极易溶于水，溶于乙醇。相对密度为1.569。

安全性：大鼠经口LD_{50}为2.8 g/kg。人经口服4～5 g能引起腹泻，属低毒物质。ADI不做特殊规定(FAO/WHO,1994)。

使用：按照我国《食品安全国家标准　食品添加剂使用标准》(GB 2760—2014)规定，氯化镁在豆类食品，按生产需要适量使用。

12.2.3　复合凝固剂研究实例

以乳酸钙、硫酸钙、葡萄糖酸-δ-内酯以及柠檬酸作为单一凝固剂，进行复合凝固剂研究，进行感官评定、得率及质构分析，复合凝固剂的最佳组合为2.5%硫酸钙与0.4%柠檬酸复配及1.5%的乳酸钙与2.0%的葡萄糖酸-δ-内酯。

12.3　水分保持剂

水分保持剂(moisture-retaining agents)是指有助于保持食品中水分而加入的物质。一般用于肉类和水产品加工，目的是增强水分稳定性，提高产品持水性，属于食品添加剂中品质改良剂的范畴。

我国《食品安全国家标准　食品添加剂使用标准》(GB 2670—2014)规定允许使用的水分保持剂有：甘油、乳酸钠、乳酸钾、磷酸、焦磷酸二氢二钠、焦磷酸钠、磷酸二氢钙、磷酸二氢钾、磷酸氢二铵、磷酸氢二钾、磷酸氢钙、磷酸三钙、磷酸三钾、磷酸三钠、六偏磷酸钠、三聚磷酸钠、磷酸二氢钠、磷酸氢二钠、焦磷酸四钾、焦磷酸一氢三钠、聚偏磷酸钾、酸式焦磷酸钙，共计22种。使用磷酸盐时，应注意钙、磷比例，1∶1.2较好。

12.3.1　水分保持剂的作用机理

1. 水分保持剂在肉制品中应用的作用机理

磷酸盐在肉类制品加工中普遍使用，不仅可以保持肉的持水性，增进结着力，保持肉的营养成分，而且可以增加产品的柔嫩性。其作为一种离子强度较高的弱酸盐类用于肉制品，提高肉的持水性的机制如下：①提高肉的pH和离子强度，使其高于肉蛋白质的等电点(pH 5.5)，有利于肌原纤维蛋白(主要有肌球蛋白和肌动蛋白等)，特别是肌球蛋白的溶出，从而使肉的保水性提高；②螯合肉中的金属离子(Ca^{2+})，使肉中肌纤维结构趋于松散，可溶入更多的水分，减少加工中的原汁流失，增加保水性；③使蛋白质聚合体消失而乳胶体分布更加均匀，络合肉中的铁离子继而抑制氧化作用而使肉的异味减少，肉的风味品质得到改进。

2. 水分保持剂在乳制品中应用的作用机理

在乳制品中的作用机理和在肉制品中的作用机理有相似之处，水分保持剂是一种离子强度较高的弱酸盐类，添加到乳类制品中起到缓冲和稳定pH的作用。提高乳制品的pH，使溶液的pH偏离蛋白质的等电点，增加了蛋白质与水分子的相互作用，而且使蛋白质链之间相互排斥，使更多的水溶入，增加保水性和乳化性，同时可以调节溶液的酸碱度，使溶液稳定。适当增加离子强度，可发生盐溶作用，从而增加蛋白质的溶解性，且其阴离子效应能使蛋白质的水溶胶质在脂肪球上形成一种胶膜，从而使脂肪更有效地分散在水中，有效防止酪蛋白与脂肪和水分的分离，稳定了乳化体，增强酪蛋白结合水的能力。

3. 水分保持剂在面包等淀粉类食品中应用的作用机理

在冷却和贮藏过程中，面包、馒头等淀粉类食品会有一部分水从食物中被排挤出来，出现老化离水现象，也称为脱水收缩现象，致使馒头等淀粉类食品出现变硬等不良现象，口感很快劣化。因此添加水分保持剂以提高淀粉类食品的持水性。其机理可能是：作为高离子强度的弱酸盐（磷酸盐）作用于面筋蛋白，增加了蛋白质的水合作用；非磷酸盐类的水分保持剂填充到膨胀的淀粉颗粒中，增大了其与水结合的能力。

12.3.2 水分保持剂的应用

水分保持剂可在面包、糕点、肉制品、果酱类和涂抹食品等中应用，根据《食品安全国家标准　食品添加剂使用标准》（GB 2760—2014），具体使用规定见表 12-3。

表 12-3　水分保持剂在食品中的应用（GB 2760—2014）

食品分类号	食品名称	最大使用量/(g/kg)	备注
01.0	乳及乳制品（01.01.01、01.01.02、13.0 涉及品种除外）	5.0	可单独或混合使用，最大使用量以磷酸根（PO_4^{3-}）计
01.03.01	乳粉和奶油粉	10.0	可单独或混合使用，最大使用量以磷酸根（PO_4^{3-}）计
01.05.01	稀奶油	5.0	可单独或混合使用，最大使用量以磷酸根（PO_4^{3-}）计
01.06.04	再制干酪	14.0	可单独或混合使用，最大使用量以磷酸根（PO_4^{3-}）计
02.02	水油状脂肪乳化制品	5.0	可单独或混合使用，最大使用量以磷酸根（PO_4^{3-}）计
02.03	02.02 类以外的脂肪乳化制品，包括混合的和（或）调味的脂肪乳化化制品	5.0	可单独或混合使用，最大使用量以磷酸根（PO_4^{3-}）计
02.05	其他油脂或油脂制品（仅限植脂末）	20.0	可单独或混合使用，最大使用量以磷酸根（PO_4^{3-}）计
03.0	冷冻饮品（03.04 食用冰除外）	5.0	可单独或混合使用，最大使用量以磷酸根（PO_4^{3-}）计
04.02.02.04	蔬菜罐头	5.0	可单独或混合使用，最大使用量以磷酸根（PO_4^{3-}）计

续表 12-3

食品分类号	食品名称	最大使用量/(g/kg)	备注
04.05.02.01	熟制坚果与籽类(仅限油炸坚果与籽类)	2.0	可单独或混合使用,最大使用量以磷酸根(PO_4^{3-})计
05.0	可可制品、巧克力和巧克力制品(包括代可可脂巧克力及制品)以及糖果	5.0	可单独或混合使用,最大使用量以磷酸根(PO_4^{3-})计
06.02.03	米粉(包括汤圆粉等)	1.0	可单独或混合使用,最大使用量以磷酸根(PO_4^{3-})计
06.03	小麦粉及其制品	5.0	可单独或混合使用,最大使用量以磷酸根(PO_4^{3-})计
06.03.01	小麦粉	5.0	可单独或混合使用,最大使用量以磷酸根(PO_4^{3-})计
06.03.02.01	生湿面制品(如面条、饺子皮、混沌皮、烧卖皮)	5.0	可单独或混合使用,最大使用量以磷酸根(PO_4^{3-})计
06.03.02.04	面糊(如用于鱼和禽肉的拖面糊)、裹粉、煎炸粉	5.0	可单独或混合使用,最大使用量以磷酸根(PO_4^{3-})计
06.04.01	杂粮粉	5.0	可单独或混合使用,最大使用量以磷酸根(PO_4^{3-})计
06.04.02.01	杂粮罐头	1.5	可单独或混合使用,最大使用量以磷酸根(PO_4^{3-})计
06.04.02.02	其他杂粮制品(仅限冷冻薯条、冷冻薯饼、冷冻土豆泥、冷冻红薯泥)	1.5	可单独或混合使用,最大使用量以磷酸根(PO_4^{3-})计
06.05.01	食用淀粉	5.0	可单独或混合使用,最大使用量以磷酸根(PO_4^{3-})计
06.06	即食谷物,包括碾轧燕麦(片)	5.0	可单独或混合使用,最大使用量以磷酸根(PO_4^{3-})计
06.07	方便米面制品	5.0	可单独或混合使用,最大使用量以磷酸根(PO_4^{3-})计
06.08	冷冻米面制品	5.0	可单独或混合使用,最大使用量以磷酸根(PO_4^{3-})计
06.09	谷类和淀粉类甜品(如米布丁、木薯布丁)(仅限谷类甜品罐头)	1.0	可单独或混合使用,最大使用量以磷酸根(PO_4^{3-})计
07.0	焙烤食品	15.0	可单独或混合使用,最大使用量以磷酸根(PO_4^{3-})计
08.02	预制肉制品	5.0	可单独或混合使用,最大使用量以磷酸根(PO_4^{3-})计

续表 12-3

食品分类号	食品名称	最大使用量/(g/kg)	备注
08.03	熟肉制品	5.0	可单独或混合使用，最大使用量以磷酸根(PO_4^{3-})计
09.02.01	冷冻水产品	5.0	可单独或混合使用，最大使用量以磷酸根(PO_4^{3-})计
09.02.03	冷冻鱼糜制品(包括鱼丸等)	5.0	可单独或混合使用，最大使用量以磷酸根(PO_4^{3-})计
09.03	预制水产品(半成品)	1.0	可单独或混合使用，最大使用量以磷酸根(PO_4^{3-})计
09.05	水产品罐头	1.0	可单独或混合使用，最大使用量以磷酸根(PO_4^{3-})计
10.03.02	热凝固蛋制品(如蛋黄酪、松花蛋肠)	5.0	可单独或混合使用，最大使用量以磷酸根(PO_4^{3-})计
11.05	调味糖浆	10.0	可单独或混合使用，最大使用量以磷酸根(PO_4^{3-})计
12.10	复合调味料	20.0	可单独或混合使用，最大使用量以磷酸根(PO_4^{3-})计
12.10.01.03	其他固体复合调味料(仅限方便湿面调味料包)	80.0	可单独或混合使用，最大使用量以磷酸根(PO_4^{3-})计
13.01	婴幼儿配方食品	1.0	可单独或混合使用，最大使用量以磷酸根(PO_4^{3-})计
13.02	婴幼儿辅助食品	1.0	可单独或混合使用，最大使用量以磷酸根(PO_4^{3-})计
14.0	饮料类(14.01 包装应用水除外)	5.0	可单独或混合使用，最大使用量以磷酸根(PO_4^{3-})计
16.01	果冻	5.0	可单独或混合使用，最大使用量以磷酸根(PO_4^{3-})计
16.06	膨化食品	2.0	可单独或混合使用，最大使用量以磷酸根(PO_4^{3-})计

12.3.3 代表性水分保持剂

12.3.3.1 磷酸盐类水分保持剂

1. 正磷酸盐

正磷酸盐由正磷酸(磷酸)与钠、钾、钙、镁等形成的盐，根据磷酸被取代的 H 数，可得磷酸三钠、磷酸二氢钠、磷酸氢二钠 3 种盐。

(1)磷酸三钠(trisodium orthophosphate,CNS 号 15.001,INS 号 339iii)又名磷酸钠、正磷酸钠,分子式为 $Na_3PO_4 \cdot 12H_2O$,相对分子质量为 380.16(测定方法 GB 25565—2010)。

性状与性能:磷酸三钠为无色至白色针状结晶或结晶性粉末,无水物或含 1～12 分子的结晶水,无臭。易溶于水,水溶液呈强碱性(1%的水溶液 pH 为 11.5～12.1),不溶于乙醇。检测方法 GB 25565—2010。

安全性:大鼠经口 7.4 g/kg。ADI 为 70 mg/kg(以各种来源的总磷计,FAO/WHO,1994)。

使用:磷酸三钠可作为肉制品的品质改良剂,也可作为膨松剂的酸性盐使用。根据我国《食品安全国家标准　食品添加剂使用标准》(GB 2760—2014)规定,磷酸三钠作为水分保持剂可用于罐头、果汁型饮料、乳制品等,最大使用量为 5 g/kg;用于焙烤制品,最大使用量为 15 g/kg。具体使用食品及其剂量详见表 12-3。由于磷酸盐在人体内与钙能形成难溶于水的正磷酸钙,从而降低人体对钙的吸收率,因此在使用时,要注意钙、磷比例。钙、磷比例在婴幼儿食品中不宜小于 1∶1.2。

(2)磷酸氢二钠(disodium hydrogen phosphate,CNS 号 15.006,INS 号 339ii),又称磷酸二钠,有无水物和十二水合物,分子式分别为 Na_2HPO_4 和 $Na_2HPO_4 \cdot 12H_2O$,相对分子质量分别为 141.96 和 358.17(测定方法 GB 25564—2010)。

性状与性能:在空气中易风化,常温时放置于空气中失去 5 个结晶水为 7 水合物($Na_2HPO_4 \cdot 7H_2O$),加热到 100℃时失去全部结晶水为无水物,250℃时分解变成焦磷酸钠。易溶于水,水溶液呈碱性(1%水溶液 pH 8.8～9.2),不溶于乙醇。

安全性:大鼠腹腔注射 LD_{50} 为 0.25 g/kg。ADI 为 70 mg/kg(以各种来源的总磷计,FAO/WHO,1985)。

使用:按照我国《食品安全国家标准　食品添加剂使用标准》(GB 2760—2014)规定,磷酸氢二钠在食品中的应用范围和剂量详见表 12-3。一般和磷酸二氢钠配合使用。

(3)磷酸二氢钠(sodium dihydrogen phosphate,CNS 号 15.005,INS 号 339i)又称酸性磷酸钠,分子式为 $NaH_2PO_4 \cdot 2H_2O$ 和 NaH_2PO_4,相对分子质量为 156.01 和 119.98。

性状与性能:分无水物与二水物,二水物为无色至白色结晶或结晶性粉末,无水物为白色粉末或颗粒。无臭,易溶于水,水溶液呈酸性(0.1 mol/L 水溶液在 25℃时 pH 为 4.5),几乎不溶于乙醇。100℃失去结晶水后继续加热,则生成酸性焦磷酸钠(测定方法 GB 25564—2010)。

安全性:大鼠经口 LD_{50} 为 8.29 g/kg,小鼠腹腔注射 LD_{50} 为 0.25 mg/kg。ADI 为 0～70 mg/kg(以磷计的总磷酸盐量,FAO/WHO,1994)。

使用:在日本,磷酸二氢钠在酿造、乳制品等食品加工中,用作酸度调节剂;在肉制品中用作结着剂和稳定剂,用量为 0.4%左右。按照《食品安全国家标准　食品添加剂使用标准》(GB 2760—2014)规定,磷酸二氢钠的应用范围和剂量详见表 12-3。

2. 聚磷酸盐

聚磷酸盐是由聚磷酸所形成的盐,最简单的聚磷酸即焦磷酸。焦磷酸是四元酸,能生成 3 种盐,具体如下:

(1)焦磷酸钠(tetrasodium pyrophosphate,CNS 号 15.004,INS 号 450iii)又称二磷酸四钠,分子式为 $Na_4P_2O_7$,相对分子质量为 264.07(测定方法 GB 25557—2010)。

性状与性能:无水物为白色粉末,十水物为无色或白色结晶或结晶性粉末,溶于水(20℃时,6.23 g/100 g),其水溶液呈碱性(1%的水溶液的 pH 为 10.0～10.2),不溶于乙醇和其他有机溶剂。与 Cu^{2+}、Fe^{2+}、Mn^{2+} 等金属离子络合能力强,水溶液<70℃尚稳定,煮沸则分解成磷酸氢二钠。

安全性:小鼠经口 LD_{50} 为 40 mg/kg,大鼠经口 LD_{50} >0.4 g/kg。ADI 值为 70 mg/kg(以各种来源的总磷计,FAO/WHO,1994)。

使用:焦磷酸钠具有普通聚磷酸盐的通性,即乳化性、分散性、防止脂肪氧化、提高蛋白质的结着性,还具有在高 pH 下抑制食品氧化和发酵的作用。按照我国《食品安全国家标准　食品添加剂使用标准》(GB 2760—2014)规定,焦磷酸钠的应用范围和剂量详见表 12-3。

(2)焦磷酸二氢二钠(disodium dihydrogen pyrophosphate,CNS 号 15.008,INS 号 450i),又名焦磷酸二钠、酸性焦磷酸钠,分子式 $Na_2H_2P_2O_7$,相对分子质量 221.94(测定方法 GB 25567—2010)。

性状与性能:白色结晶性粉末,加热到 220℃以上分解成偏磷酸钠。易溶于水,水溶液呈酸性(1%水溶液 pH 为 4.0～4.5),可与 Cu^{2+}、Fe^{2+} 形成螯合物,水溶液与稀无机酸加热水解成磷酸。

安全性:小鼠经口 LD_{50} 为 2.65 g/kg。ADI 为 70 mg/kg(以各种来源的总磷计,FAO/WHO,1994)。

使用:焦磷酸二氢二钠为酸性盐,一般不单独使用,常与其他磷酸盐复配使用,为肉类良好的保水剂。与碳酸氢钠反应缓慢生成二氧化碳,所以可以作为快速发酵粉的原料,适用于水分含量少的焙烤食品,具体应用范围和剂量详见表 12-3。

(3)酸式焦磷酸钙(calcium acid pyrophosphat,CNS 号 15.016,INS 号 450(vii)),2013 年 6 月根据《中华人民共和国食品安全法》和《食品添加剂新品种管理办法》的规定(2013 年第 5 号)公告,批准酸式焦磷酸钙为食品添加剂新品种,作为水分保持剂使用。

性状与性能:白色粉末,不溶于水,但溶于稀盐酸。以氧化钙、氢氧化钙及磷酸为原料反应制得。

使用:酸式焦磷酸钙可作为膨松剂,用于焙烤食品。按照《食品安全国家标准　食品添加剂使用标准》(GB 2760—2014)规定,酸式焦磷酸钙的应用范围和剂量详见表 12-3。

12.3.3.2　其他水分保持剂

1.聚葡萄糖

聚葡萄糖(polydextrose,CNS 号 20.022,INS 号 1200)又称聚右旋糖,是水溶性膳食纤维的别名。以 1,6-糖苷键结合为主的一种 *D* 葡萄糖多聚体,可结合山梨糖醇、柠檬酸、葡萄糖和聚葡萄糖。其极限分子量小于 22 000。也可含有少量游离的葡萄糖、山梨糖醇和柠檬酸等,白色或类白色固体颗粒,易溶于水(溶解度 70%,10%水溶液 pH 约 3.0),无特殊味,是一种具有保健功能的食品组分,可以补充人体所需的水溶性膳食纤维(测定方法 GB 25541—2010)。

发热量低，为蔗糖的1/4。有吸湿性，在75%相对湿度下，可逐步吸收25%，无龋齿性，耐热性强。

按照我国《食品安全国家标准　食品添加剂使用标准》(GB 2760—2014)规定，聚葡聚糖可用于调制乳、风味发酵乳、冷冻饮品(食用冰除外)、可可制品、巧克力和巧克力制品(包括代可可脂巧克力及制品)以及糖果、焙烤食品、肉灌肠类、蛋黄酱、沙拉酱、饮料水(包装饮用水除外)、果冻，按生产需要适量使用。

可作为增稠剂、填充剂、配方剂使用，主要用来制造低热量、低脂肪、低胆固醇、低钠健康食品。在食品中具有重要的功能：必要的体积；口感好；具有低冰点，适用于制冷餐、甜点心，且不会导致龋齿；可降低食品中糖、脂肪及淀粉的用量，具有低热量(4.18 kJ/g)。在低糖食品中，适用于糖尿病人。是各种保健饮料的重要原料。

2. 乳酸盐

用于食品添加剂的乳酸盐包括乳酸钠(sodium lactate，CNS号15.012，INS号325)和乳酸钾(potassium lactate，CNS号15.011，INS号326)，分子式分别为$C_3H_5NaO_3$和$C_3H_5\text{-}KO_3$，相对分子质量分别为112.06和128.04，无色或几乎无色的透明液体，能溶于水、乙醇、甘油，无气味或稍带特殊气味[《食品安全国家标准　食品添加剂乳酸钾》(GB 28305—2012)]。

按照我国《食品安全国家标准　食品添加剂使用标准》(GB 2760—2014)规定，乳酸钠应用于生湿面制品(如面条、饺子皮、馄饨皮、烧卖皮)，最大使用量2.4 g/kg。

乳酸盐应用于肉禽食品加工，能增强风味，抑制食品内致病细菌的生长，延长食品货架期。

12.3.4　水分保持剂研究实例

罗非鱼在贮藏和运输过程中，肌肉pH降低、蛋白质变性等导致鱼片内水分大量流失，进而影响鱼片的颜色、质构、硬度和口感等，降低了消费者的购买欲，此外，也会减少鱼片的出品率，进而使鱼类产业蒙受巨大经济损失。目前市场上一般采用钠系盐类化合物作为罗非鱼保水保鲜剂的主要成分，钠盐摄入过多会引起血容量增加、细胞水肿等，对人体带来一定的危害。欧盟通过90/496/EEC《食品营养标签指令》、2003/120/EC《食品营养标签修正案》、2006/1924/EC《食品营养与健康声明》3部法律法规对几乎所有食品做了强制性要求。在这些法规中，均包含了对钠的限量，要求每人每日摄入量不得超过2 400 mg。因此采用复配水分保持剂，降低钠含量，提高产品竞争力和降低生产成本。通过非钠盐类的食品添加剂来调节保水剂的钠含量，不仅达到降低鱼片钠含量的目的，同时满足鱼片保水增重、降低干耗、改善口感的需求。

12.3.5　磷酸盐的作用和安全性

添加磷酸盐后，肉的微观结构呈现明显的变化，蛋白质聚合体消失的同时乳胶体分布更加均匀。鲜肉和冻肉的乳化能力均随着磷酸盐添加量的增加而增大。原因可能是由于磷酸盐添加量的加大，肉蛋白质的可溶性增强，缓慢水解释放出磷酸根离子，使得肉的pH上升。除了持水性作用外，磷酸盐还是一类具有多种功能的食品添加剂，在食品加工中广泛应用于各种肉、禽、蛋、水产品、乳制品、谷物产品、饮料、果蔬、油脂以及改性淀粉，添加后具有明显的品质改善作用。具体作用包括：防止啤酒、饮料浑浊；防止肉中脂肪酸败产生不良气味；用于鸡蛋外壳的清洗，防止鸡蛋因清洗而变质；可以络合金属离子，包括 Cu^{2+}、Fe^{3+} 等，抑制由此引起的氧化、变色和维生素 C 的分解等多种问题，延长果蔬的储存期；具有乳化作用，防止蛋白质、脂肪与水分离，改善食品组织结构，使组织柔软多汁等。此外，还可用作酸度调节剂。

但磷酸盐使用后，肉制品中钙、铁、镁等离子之间难以保持平衡关系，长期食用添加水分保持剂的肉制品会增加人体骨骼出现疾病的概率，因此当前水分保持剂的研究集中于磷酸盐的代替品的研究。且在高温条件下使用最大量的磷酸盐，虽然肉类可以很好地保持水分及出品率，但也会增加食品防腐工作的难度。

12.4 抗结剂

抗结剂(anti-caking agent)又称抗结块剂，是用于防止颗粒或粉状食品聚集结块，保持其松散或自由流动的物质。具有如下特点：颗粒细小(2～9 μm)，比表面积大(310～675 m^2/g)，比容高(80～465 m^3/kg)，有的呈微小多孔性，以利用其高度的孔隙率吸附导致结块的水分。

12.4.1 抗结剂的作用机制

抗结剂颗粒通过黏附在主基料颗粒表面，从而影响其颗粒的物性。黏附的程度可以是覆盖全部颗粒的表面，也可以是星星点点覆盖部分颗粒表面。抗结剂和主基料颗粒之间存在亲和力，形成一种有序的混合物。通过以下途径达到改善主基料流动性和提高抗结性的目的。

(1)提供物理阻隔作用。抗结剂颗粒完全覆盖主基料颗粒表面后，这种情况下抗结剂作用力较小，形成的抗结剂层自然形成了一种阻隔主基料颗粒相互作用的物理屏障。物理屏障起到的作用：①抗结剂阻隔了主基料表面的亲水性物质因吸湿或因制备时还剩的游离水分所形成的颗粒间的液桥；②抗结剂吸附在主基料的表面后，使其更为光滑，从而降低了颗粒间的摩擦力，增加了颗粒的流动性，常称为润滑作用，各种抗结剂的特性不同，所以提供的润滑作用不同。

(2)通过与主基料颗粒竞争吸湿，改善主基料的吸湿结块倾向。一般来说，抗结剂自身具有很大的吸湿作用，与主基料竞争吸湿，从而减少主基料因吸湿性而导致的结块倾向。

(3)通过消除主基料表面的静电荷和分子作用力来提高其流动性。微胶囊化粉末颗粒带有的电荷一般相同，所以会相互排斥，防止结块。但这些产品上的静电荷常会与生产装置或包装材料产生摩擦静电相互作用而带来许多麻烦。当添加抗结剂后，其会中和主基料颗粒表面的电荷，从而改善主基料粉末的流动性。主要解释当抗结剂与主基料颗粒之间的亲和力不强，且抗结剂仅零星分布在主基料颗粒表面时却能很好地改善其流动性的原因。

(4)通过改变主基料结晶体的晶格，使其形成一种易碎的晶体结构。当主基料中能结晶的物质的水溶液中或已结晶的颗粒的表面上存在抗结剂时，不仅能抑制晶体的生长，还能改变其晶体结构，从而产生一种外力作用下十分易碎的晶体，使原本易形成坚硬团块的主基料的结团现象减少，改善其流动性。

12.4.2 代表性抗结剂

12.4.2.1 亚铁氰化钾

亚铁氰化钾(potassium ferrocyanide,CNS 号 02.001,INS 号 536),又称黄血盐或黄血盐钾,分子式为 $K_4Fe(CN)_6 \cdot 3H_2O$。

性状与性能:浅黄色单斜晶颗粒或结晶性粉末,无臭、味咸,在空气中稳定,加热到 70℃时失去结晶水并变成白色,100℃时生成白色粉状无水物,强烈灼烧时分解,放出氮并生成氰化钾和碳化铁。遇酸生成氢氰酸,遇碱生成氰化钠。可溶于水,水溶液遇光则分解为氢氧化铁。不溶于乙醇、乙醚。

安全性:大鼠经口 LD_{50} 为 1.6～3.2 g/kg。ADI 为 0～0.025 mg/kg(按亚铁氰化钠计,FAO/WHO,1994)。因其氰根与铁结合牢固,故属低毒性。

使用:按照我国《食品安全国家标准　食品添加剂使用标准》(GB 2760—2014)规定,亚铁氰化钾可用于盐及代盐制品,最大使用量 0.01 g/kg(以亚铁氰根计)。

12.4.2.2 二氧化硅

二氧化硅(silicon dioxide,CNS 号 02.004,INS 号 551),又称硅胶、无定形二氧化硅、合成无定形硅。分子式为 SiO_2,相对分子质量为 60.08。

性状与性能:吸湿或易从空气中吸收水分,无臭、无味,化学性质比较稳定,不溶于水、酸和有机溶剂。

安全性:大鼠经口 LD_{50}＞5 g/kg。ADI 不做特殊规定。

使用:按照我国《食品安全国家标准　食品添加剂使用标准》(GB 2760—2014)规定,二氧化硅用于乳粉(包括加糖乳粉)和奶油粉及其调制产品、其他乳制品(如乳清粉、酪蛋白粉)(仅限奶片)、其他油脂或油脂制品(仅限植脂末)、可可制品(包括以可可为主要原料的脂、粉、浆、酱、馅等)、脱水蛋制品(如蛋白粉、蛋黄粉、蛋白片)、其他甜味料(仅限糖粉),最大使用量 15.0 g/kg;用于盐及代盐制品、香辛料类、固体复合调味料、面糊(如用于鱼和禽肉的拖面糊)、裹粉、煎炸粉,最大使用量 20.0 g/kg;用于冷冻饮品(食用冰除外),最大使用量 0.5 g/kg;用于原粮,最大使用量 1.2 g/kg;用于其他(豆制品工艺),最大使用量 0.025 g/kg(复配消泡剂用,以每千克黄豆的使用量计)。

12.4.2.3 微晶纤维素

微晶纤维素(microcrystalline cellulose,CNS 号 02.005,INS 号 460i)又称纤维素胶、结晶纤维素,是以 β-1,4-葡萄糖苷键相结合而成的直链式多糖类,聚合度 3 000～10 000 个葡萄糖分子。

性状与性能:白色细小结晶性粉末,无臭、无味。不溶于水、稀酸、稀碱溶液和大多数有机溶剂,但可吸水胀润。

安全性:ADI 不做特殊规定。

使用:按照我国《食品安全国家标准　食品添加剂使用标准》(GB 2760—2014)规定,微晶纤维素可用于稀奶油,按生产需要适量使用。

思考题

1. 什么是食品膨松剂？食品膨松剂的分类有哪些？
2. 复合膨松剂的组分及各个组分的作用分别是什么？
3. 什么是凝固剂？豆制品生产中常用的凝固剂有哪些？（3种以上）
4. 什么是水分保持剂？
5. 磷酸盐在肉制品中有哪些作用？提高肉的持水性的机制有哪些？
6. 什么是食品抗结剂？简述抗结剂产生抗结作用的机理。

第12章思考题答案

参考文献

[1] 郝利平，聂乾忠，周爱梅，等. 食品添加剂[M]. 北京：中国农业大学出版社，2016.

[2] 寿庆丰. 膨松剂及其应用[J]. 食品科技，1999(1)：35-36.

[3] 段红玉，李文钊，肖海. 蛋糕粉中无铝复合膨松剂的优化配方[J]. 天津科技大学学报，2013(2)：11-14.

[4] 权伍荣. 膨松剂酒石酸氢钾对小鼠免疫系统的影响[J]. 延边大学农学学报，2017(4)：96-106.

[5] 李雨露，刘丽萍，毕海燕. 豆腐凝固剂的研究现状及发展前景[J]. 食品与发酵科技，2015，51(3)：6-9.

[6] 姚科，叶玉稳，胡国华. 沙琪玛专用膨松剂开发中复配酸剂的影响研究[J]. 开发应用中国食品添加剂，2018(7)：169-175.

[7] Nonaka M，Sakamoto H，Toiguchi S，et al. Retort-resistant tofu prepared by incubation with microbial transglutaminase[J]. Food Hydrocolloids，1996，10(1)：41-44.

[8] 刘香英，康立宁，田志刚，等. 不同凝固剂对豆腐风味的影响[J]. 大豆科学，2011(6)：993-996.

[9] 梁琪. 豆制品加工工艺与配方[M]. 北京：化学工业出版社，2007.

[10] 王荣荣，王家东，周丽萍，等. 豆腐凝固剂的研究进展[J]. 畜牧兽医科技信息，2006(1)：78-79.

[11] 彭增起. 肉制品配方原理与技术[M]. 北京：化学工业出版社，2007.

[12] 周才琼. 食品营养学[M]. 北京：中国质检出版社，2012.

[13] 刘战洪，赵亚萍，杨舒雅，等. 复合磷酸盐在乳制品加工中的应用[C]. 中国科协年会专题论坛暨第四届湖北科技论坛优秀论文集，2007.

[14] 张钊，陈正行. 低蛋白馒头水分保持研究[J]. 粮食与油脂，2005(11)：24-25.

[15] 王娟玲. 盐与高血压的相关分析[J]. 基层医学论坛，2013(2)：272-273.

[16] 常伟伟，卞春丽，张亚娟. 不同钠含量保水剂对冷冻罗非鱼片钠残留的影响[J]. 化工设计通讯，2017，43(12)：130-131.

第 13 章 食品酶制剂

【学习目的和要求】

熟悉酶、酶制剂、食品酶制剂的概念，熟悉食品工业用酶来源及主要用途，掌握酶制剂的分类及命名，掌握不同食品酶制剂的种类、酶学特征、常用商品酶制剂及在食品工业中的应用，了解酶制剂可能的安全性问题及食品酶制剂研究进展。

【学习重点】

不同食品酶制剂的种类、酶学特征及在食品工业中的应用。

【学习难点】

食品酶制剂的酶学特征和在食品工业中的应用基础。

13.1 食品酶制剂概述

酶是由活细胞产生的、催化特定生物化学反应的一种生物催化剂；酶制剂是酶经过提纯、加工后的具有催化功能的生物制品；食品酶制剂是由动物或植物的可食或非可食部分直接提取，或传统或转基因修饰的微生物（包括但不限于细菌、放线菌、真菌菌种）发酵、提取制得，用于食品加工，具有特殊催化功能的生物制品。食品酶制剂与一般的食品添加剂不同，作为一种加工助剂，仅在食品加工过程中起作用，加工过程中一旦完成其使命就功成身退，在终产品中消失或失去活力。由于食品酶制剂具有催化效率高、高度专一性、作用条件温和、降低能耗、减少化学污染等特点，随着食品工业的快速发展，食品酶制剂在食品工业中的应用越来越深入、广泛，在提升食品产业技术水平、促进新产品开发以及提高产品质量等方面发挥了重要作用。

我国《食品安全国家标准　食品添加剂使用标准》（GB 2760—2014）许可使用的食品酶制剂有 54 种，其种类、主要来源及部分用途如表 13-1 所示。

表 13-1　食品工业用酶来源及主要用途

酶	来源	用途
α-半乳糖苷（Alpha-galactosidase）	黑曲霉 *Aspergillus niger*	降低抗营养因子
α-淀粉酶（Alpha-amylase）	地衣芽孢杆菌 *Bacillus licheniformis* 黑曲霉 *Aspergillus niger* 等	制造糊精、葡萄糖、果葡糖浆等
α-乙酰乳酸脱羧酶（Alpha-acetolactate decarboxylase）	枯草芽孢杆菌 *Bacillus subtilis*	啤酒生产等
β-淀粉酶（Beta-amylase）	大麦、山芋、大豆、小麦和麦芽 barley，taro，soya，wheat and malted barley 枯草芽孢杆菌 *Bacillus subtilis*	制造麦芽糖浆、啤酒酿造等
β-葡聚糖酶（Beta-glucanase）	地衣芽孢杆菌 *Bacillus licheniformis* 孤独腐质霉 *Humicola insolens* 哈次木霉 *Trichoderma harzianum* 等	解决啤酒生产中麦汁过滤慢、制糖工业中降低葡聚糖含量等问题
阿拉伯呋喃糖苷酶（Arabino-furanosidease）	黑曲霉 *Aspergillus niger*	面包制作等
氨基肽酶（Aminopeptidase）	米曲霉 *Aspergillus oryzae*	蛋白质深度水解、蛋白肽制备等
半纤维素酶（Hemicellulase）	黑曲霉 *Aspergillus niger*	果蔬加工中果汁澄清等
菠萝蛋白酶（Bromelain）	菠萝 *Ananas* spp.	焙烤食品、肉的嫩化等

续表 13-1

酶	来源	用途
蛋白酶(包括乳凝块酶) Protease(including milk clotting enzymes)	地衣芽孢杆菌 *Bacillus licheniformis* 黑曲霉 *Aspergillus niger* 等	干酪生产、肉的嫩化、调味料等
单宁酶(Tannase)	米曲霉 *Aspergillus oryzae*	茶饮料生产等
多聚半乳糖醛酸酶 (Polygalacturonase)	黑曲霉 *Aspergillus niger* 米根霉 *Rhizopus oryzae*	果汁澄清等
甘油磷脂胆固醇酰基转移酶 GCAT(Glycerophospholipid Cholesterol Acyltransferase)	地衣芽孢杆菌 *Bacillus licheniformis*	作用于高密度脂蛋白(HDL)生产胆固醇酯等
谷氨酰胺酶(Glutaminase)	解淀粉芽孢杆菌 *Bacillus amyloliquefaciens*	制备调味料等
谷氨酰胺转氨酶(Glutamine Transaminase)	茂原链轮丝菌(又名茂源链霉菌) *Streptomyces mobaraensis*	肉制品、豆制品、面制品等
果胶裂解酶(Pectinlyase)	黑曲霉 *Aspergillus niger*	果汁生产等
果胶酶(Pectinase)	黑曲霉 *Aspergillus niger* 米根霉 *Rhizopus oryzae*	果汁、果酒的澄清等
果胶酯酶(果胶甲基酯酶) Pectinesterase (Pectin methylesterase)	黑曲霉 *Aspergillus niger* 米曲霉 *Aspergillus oryzae*	水果制品、果酱等提高硬度,改善口感等
过氧化氢酶(Catalase)	黑曲霉 *Aspergillus niger* 牛、猪或马的肝脏 bovine, pig or horse liver 溶壁微球菌 *Micrococcus lysodeicticus*	除去用于制造奶酪的牛奶中的过氧化氢、食品包装中防止食品氧化等
核酸酶(Nuclease)	橘青霉 *Penicillium citrinum*	食品调味品生产等
环糊精葡萄糖苷转移酶 (Cyclomaltodextin glucanotransferase)	地衣芽孢杆菌 *Bacillus licheniformis*	乳制品、肉制品、烘焙食品、面制品等
己糖氧化酶(Hexose oxidase)	(多形)汉逊酵母 *Hansenulapolymorpha*	奶酪、焙烤制品和乳制品等
菊糖酶(Inulinase)	黑曲霉 *Aspergillus niger*	高果糖浆、低聚果糖生产等
磷脂酶(Phospholipase)	胰腺 pancreas	乳制品、肉制品、烘焙、调味品、面制品等
磷脂酶 A2(Phospholipase A2)	猪胰腺组织 porcine pancreas 黑曲霉 *Aspergillus niger*	色拉油制造、蛋黄改性、制色拉酱等

续表 13-1

酶	来源	用途
磷脂酶 C(Phospholipase C)	巴斯德毕赤酵母 *Pichia pastoris*	油脂脱胶等
麦芽碳水化合物水解酶(Maltcarbohydrases)	麦芽和大麦 malted barley & barley	饴糖、酒精、啤酒、威士忌等生产及面粉改良等
麦芽糖淀粉酶(Maltogenic amylase)	枯草芽孢杆菌 *Bacillus subtilis*	改善面制品品质,延缓淀粉老化等
木瓜蛋白酶(Papain)	木瓜 *Carica papaya*	酒类澄清等
木聚糖酶(Xylanase)	黑曲霉 *Aspergillus niger* 米曲霉 *Aspergillus oryzae* 等	烘焙、酿酒、功能低聚糖制备等
凝乳酶 A(Chymosin A)	大肠杆菌 K-12 *Eschorichia Coli* K-12	干酪生产等
凝乳酶 B(Chymosin B)	黑曲霉泡盛变种 *Aspergillus niger* var. *awamori* 乳克鲁维酵母 *Kluyveromyces lactis*	干酪生产等
凝乳酶或粗制凝乳酶(Chymosin or Rennet)	小牛、山羊或羔羊的皱胃 calf kid or lamb abomasum	干酪、凝固布丁等生产
葡糖淀粉酶(Glucoamylase)	戴尔根霉 *Rhizopus delemar* 黑曲霉 *Aspergillus niger* 等	葡萄糖、酿酒及其他发酵工业生产等
葡糖氧化酶(Glucose oxidase)	黑曲霉 *Aspergillus niger* 米曲霉 *Aspergillus oryzae*	食品脱氧,防止面包、果汁褐变等
葡糖异构酶(Glucose isomerase)	橄榄产色链霉菌 *Streptomyces olivochromogenes* 橄榄色链霉菌 *Streptomyces olivaceus* 等	制造高果糖浆和果糖等
普鲁兰酶(Pullulanase)	产气克雷伯氏菌 *Klebsiella aerogenes* 枯草芽孢杆菌 *Bacillus subtilis* 等	生产高葡糖浆、高麦芽糖浆等
漆酶(Laccase)	米曲霉 *Aspergillus oryzae*	饮料澄清与色泽控制,增加肉品黏胶便于切片等
溶血磷脂酶(磷脂酶 B)Lysophospholipase (Lecithinase B)	黑曲霉 *Aspergillus niger*	油脂精炼、肉类加工等
乳糖酶(β-半乳糖苷酶)Lactase (beta-galactosidase)	脆壁克鲁维酵母 *Kluyveromyces fragilis* 黑曲霉 *Aspergillus niger* 等	乳品工业中冷冻乳品生产、风味冰激凌生产等

续表 13-1

酶	来源	用途
天门冬酰胺酶(Asparaginase)	黑曲霉 *Aspergillus niger* 米曲霉 *Aspergillus oryzae*	用于面包、面粉等
脱氨酶(Deaminase)	蜂蜜曲霉 *Aspergillus melleus*	酵母抽提物鲜味剂生产等
胃蛋白酶(Pepsin)	猪、小牛、小羊、禽类的胃组织 hog,calf,goat(kid) or poultry stomach	谷类前处理及婴儿食品等
无花果蛋白酶(Ficin)	无花果 *Ficus* spp.	啤酒抗寒、肉类软化等
纤维二糖酶(Cellobiase)	黑曲霉 *Aspergillus niger*	增加风味、脱苦
纤维素酶(Cellulase)	黑曲霉 *Aspergillus niger* 李氏木霉 *Trichoderma reesei* 绿色木霉 *Trichoderma viride*	果蔬加工避免香味和维生素损失、饮料及酿造工业等
右旋糖酐酶(Dextranase)	无定毛壳菌 *Chaetomium erraticum*	制糖工业等
胰蛋白酶(Typsin)	猪或牛的胰腺 porcine or bovine pancreas	生产水解蛋白质等
胰凝乳蛋白酶(糜蛋白酶)(Chymotrypsin)	猪或牛的胰腺 porcine or bovine pancreas	凝固型酸奶生产等
脂肪酶(Lipase)	黑曲霉 *Aspergillus niger* 米根霉 *Rhizopus oryzae* 米曲霉 *Aspergillus oryzea*	干酪生产中脱脂及增加风味、奶油生产中增加风味等
酯酶(Esterase)	黑曲霉 *Aspergillus niger* 李氏木霉 *Trichoderma reesei* 米黑根毛霉 *Rhizomucormiehei*	香精、功能食品生产等
植酸酶(phytase)	黑曲霉 *Aspergillus niger*	提高人体矿质元素、蛋白质吸收利用率等
转化酶(Invertase)	酿酒酵母 *Saccharomyces cerevisiae*	蔗糖转化糖浆生产、软糖生产等
转葡糖苷酶(Transglucosidase)	黑曲霉 *Aspergillus niger*	低聚异麦芽糖生产、啤酒生产等

酶制剂在食品工业中的应用主要体现在以下几个方面:①生产食品原料;②直接参与食品的生产过程;③改善食品质量;④制备生物活性成分;⑤提高食品安全性;⑥用于食品安全检测。

根据《生物催化剂酶制剂分类导则》(GB/T 20370—2006),酶制剂产品可以有如下分类:

(1)按照酶制剂的用途分为:①食品工业用酶制剂,符合 GB 2760—2014 要求,用于食品工业的酶制剂;②饲料工业用酶制剂,符合 NY/T 722 要求,用于饲料添加的酶制剂;③其他工业用酶制剂。

(2)按照酶催化的条件分为：①酸性酶类，最适作用 pH≤5 的酶；②中性酶类，最适作用 pH 6～8 的酶；③碱性酶类，最适作用 pH≥9 的酶；④低温酶类，最适宜的催化反应温度在 30℃以下的酶；⑤常温酶类，最适宜的催化反应温度在 30～50℃之间的酶；⑥中温酶类，最适宜的催化反应温度在 50～90℃之间的酶；⑦高温酶类，最适宜的催化反应温度高于 90℃的酶。

(3)按照含有单酶的数量可以分为：①单酶制剂，具有单一系统名称且具有专一催化作用的酶制剂；②复合酶制剂，含有两种或两种以上单酶的制剂，可由单一微生物发酵产生，也可以由不同的单酶制剂复配而成。

(4)按照酶反应的类型分为氧化还原酶类(Oxidoreductases)、转移酶类(Transferases)、水解酶类(Hydrolases)、裂合酶类(Lyases)、异构酶类(Isomerases)、合成酶类(Synthetases)六大类。国际酶学委员会将上述六大类酶用 EC(enzyme commission)加 1.2.3.4.5.6 编号表示，再按酶所催化的化学键和参加反应的基团，将酶大类再进一步分成亚类和亚亚类，最后为该酶在亚亚类中的排序。如 α 淀粉酶的国际系统分类编号为 EC3.2.1.1。

EC3——Hydrolases 水解酶类

EC3.2——Glycosylases 转葡糖基酶亚类

EC3.2.1——Glycosidases 糖苷酶亚亚类

EC3.2.1.1 Alpha-amylase α-淀粉酶

值得注意的是，即使是同一名称和 EC 编号，但来自不同的物种或不同的组织和细胞的同一种酶，如来自动物胰脏、麦芽等和枯草杆菌 BF7658 的 α-淀粉酶等，它们的一级结构或反应机制可能不同，它们虽然都能催化淀粉的水解反应，但有不同的活力和最适合反应条件。

(5)按照酶的来源可以分为动物酶制剂、植物酶制剂、微生物酶制剂和其他酶制剂。

(6)按照酶的作用底物分为蛋白酶类、糖酶类、酯酶类和其他酶类。

13.2 蛋白酶类

13.2.1 蛋白酶概述

蛋白酶为水解蛋白质或多肽键的一类酶的总称，在自然界中广泛分布于动物内脏，植物茎叶、果实和微生物中。蛋白酶可将蛋白质逐步水解成际、胨、多肽，直至最后完全水解成氨基酸。蛋白酶是食品工业中最重要的一类食品酶制剂，广泛应用于干酪生产、肉类嫩化、植物蛋白改性、酒类澄清等。

蛋白酶对所作用的反应底物有严格的选择性，一种蛋白酶仅能作用于蛋白质分子中一定的肽键。蛋白酶根据水解多肽的方式不同，可以将其分为内肽酶和端肽酶两类。内肽酶从肽链内部将肽链裂开；端肽酶从肽链的一个末端开始将氨基酸水解下来，可以分为氨肽酶和羧肽酶。按照来源，蛋白酶可以分为动物来源蛋白酶、植物来源蛋白酶和微生物来源蛋白酶。按照最适反应 pH，蛋白酶可以分为碱性蛋白酶、中性蛋白酶和酸性蛋白酶。不同蛋白酶有不同的活性中心，根据各种蛋白酶的活性部位的性质及最适反应的 pH，又可以将蛋白酶分为四大类。

(1)丝氨酸蛋白酶 活性中心含有丝氨酸残基,广泛存在于动物内脏、细菌和霉菌中。酶的最适 pH 为 9.5～10.5,是碱性蛋白酶,但也有个别丝氨酸蛋白酶是中性蛋白酶。这种酶可优先切开羧基侧的芳香族氨基酸如酪氨酸、苯丙氨酸或疏水性氨基酸如亮氨酸所构成的肽键。

(2)金属蛋白酶 这类蛋白酶主要是中性蛋白酶,最适 pH 为 7.0～8.0,活性中心大多数含有 Zn^{2+} 等二价金属离子,可受到金属螯合剂乙二胺四乙酸(EDTA)的抑制。此类蛋白酶较不稳定,用途有限,其重要性不及碱性和酸性蛋白酶。

(3)天门冬氨酸蛋白酶 是活性中心含有天门冬氨酸的一类酸性蛋白酶。这类酶最适 pH 为 2.0～5.0,在酸性条件下稳定,在 pH 高于 6.0 时迅速失活,重氮乙酰-*DL*-正亮氨酸甲酯(DAN)和 1,2-环氧-3-(对硝基苯氧)丙烷(EPNP) 是这类酶的专性抑制剂。微生物酸性蛋白酶可分为两类,即胃蛋白酶型和凝乳酶型。微生物酸性蛋白酶的专一性类似胃蛋白酶,但不像胃蛋白酶那样严格,它可以切开广泛氨基酸所构成的肽键,尤其是切开由芳香族氨基酸与其他氨基酸所构成的肽键。

(4)半胱氨酸蛋白酶 也叫巯基蛋白酶,已知这类酶约有 20 种,广泛存在于原核生物和真核生物中,其活性中心含有一对 Cys-His 氨基酸,不同种的酶中 Cys 和 His 的前后顺序不同。通常这类酶需有还原剂,如 HCN 或半胱氨酸,存在下才有活性。根据他们的侧链专一性,半胱氨酸蛋白酶还可以分为:木瓜蛋白酶型、胰蛋白酶型(可优先切开精氨酸残基)和对谷氨酸侧链的专一性型。许多植物蛋白酶,如木瓜蛋白酶、菠萝蛋白酶、无花果蛋白酶等均属于半胱氨酸蛋白酶。

13.2.2 凝乳酶

凝乳酶(milk-clotting enzymes,EC 3.4.23.4)是制作干酪时凝固牛乳用的一类蛋白酶制剂。凝乳酶的主要的生物学功能是专一地切割乳中 κ-酪蛋白的 Phe105-Met106 之间的肽键,破坏酪蛋白胶束使牛奶凝结,凝乳酶的凝乳能力及蛋白水解能力使其成为干酪生产中形成质构和特殊风味的关键性酶,被广泛地应用于奶酪和酸奶的制作。最早的凝乳酶(EC 3.4.23.4)是一种在未断奶的小牛皱胃中发现的天门冬氨酸蛋白酶。随着世界干酪产量的不断增加,传统奶酪生产中所用的小牛皱胃酶的供应已出现世界性短缺。为此,国内外学者进行了大量的研究以寻找小牛皱胃酶的替代物,利用微生物生产凝乳酶是目前最有效的发展途径,目前凝乳酶产值占全世界酶制剂的 15%左右。

目前,凝乳酶有液态、粉状及片状 3 种制剂,干酪生产中应用的凝乳酶主要有 3 个来源,包括:

(1)动物源凝乳酶 凝乳酶最早来源于小牛的第四胃(皱胃)黏膜,随后在其他动物(小绵羊、小山羊等)的胃中提取了凝乳酶。但是由于动物来源的凝乳酶来源不稳定,同时出于对种族、信仰等方面的考虑,研究者已将研究方向转为微生物和植物来源的凝乳酶。

(2)植物源凝乳酶 许多植物中含有能使乳凝固的蛋白酶,其来源非常广泛。目前研究较多的有如下几种,包括木瓜蛋白酶、无花果蛋白酶、菠萝蛋白酶 、生姜蛋白酶、合欢蛋白酶、朝鲜蓟蛋白酶等。但是,部分植物蛋白酶凝乳存在过度蛋白水解特性降低干酪得率和产生苦味问题，在干酪生产中具有一定的局限性。

(3)微生物源凝乳酶　微生物因其具有生长周期短，产量高，受时间、空间限制小，生产成本低，提取方便，经济效益高等优点，是当前凝乳酶来源最有前途的发展方向。目前微小毛霉产生的凝乳酶使用最普遍，也是所有凝乳酶中热稳定性最强的。另外，美国、日本等国家利用生物工程技术将控制犊牛凝乳酶合成的 DNA 基因分离出来并转入微生物细胞中使其表达，获得基因工程凝乳酶，基因工程产生的凝乳酶都有与天然牛凝乳酶相似的结构，并且对 κ-凝乳酶有较严格的特异性。1990 年美国食品药品监督管理局(FDA)已批准基因工程凝乳酶在乳酪生产中使用。

13.2.3　木瓜蛋白酶

木瓜蛋白酶(Papain，EC 3.4.22.2)，商品名称为木瓜酶，木瓜蛋白酶的活性中心含半胱氨酸，是一种巯基(—SH)蛋白水解酶。木瓜蛋白酶是番木瓜(Cariea papaya)中含有的一种低特异性蛋白水解酶，广泛存在于番木瓜的根、茎、叶和果实内，其中在未成熟果实的乳汁中含量最丰富。由木瓜制备的商品酶制剂主要含有 3 种酶，因此木瓜蛋白酶是一种混合酶，包括：①木瓜蛋白酶，相对分子质量为 21 000，约占可溶性蛋白质的 10%；②木瓜凝乳蛋白酶，相对分子质量为 26 000，约占可溶性蛋白质的 45%；③溶菌酶，相对分子质量 25 000，约占可溶性蛋白质的 20%；④纤维素酶等不同的酶。木瓜蛋白酶具有酶活高、热稳定性好、天然卫生安全等特点，因此在食品、医药、饲料、日化、皮革及纺织等行业得到广泛应用。

木瓜蛋白酶是一种在酸性、中性、碱性环境下均能分解蛋白质的蛋白酶。它的外观为白色至浅黄色的粉末，微有吸湿性；木瓜蛋白酶溶于水和甘油，水溶液为无色或淡黄色，有时呈乳白色；几乎不溶于乙醇、氯仿和乙醚等有机溶剂。木瓜蛋白酶是一种含巯基(—SH)肽链内切酶，具有蛋白酶和酯酶的活性，有较广泛的特异性，对动植物蛋白、多肽、酯、酰胺等有较强的水解能力，但几乎不能分解蛋白胨。木瓜蛋白酶的最适合 pH 为 6～7(一般 3～9.5 皆可)，在中性或偏酸性时亦有作用，等电点(pI)为 8.75；木瓜蛋白酶的最适合温度为 55～65℃(一般 10～85℃皆可)，耐热性强，在 90℃时也不会完全失活。

木瓜蛋白酶主要用于啤酒抗寒(水解啤酒中的蛋白质，避免冷藏后引起的浑浊)、肉类软化(水解肌肉蛋白和胶原蛋白，使肉类软化)、谷类预煮的准备、水解蛋白质和肉类香料的生产。在啤酒抗寒和肉类软化方面的应用远比其他蛋白酶类广泛。促使饼干中面筋的分解，使成品松软，用量一般为 1～4 mg/kg。

13.2.4　菠萝蛋白酶

菠萝蛋白酶又称菠萝酶，是由菠萝汁、皮等提取的巯基蛋白酶。浅黄色无定形粉末，微有特异臭。相对分子质量为 33 000。对酪蛋白、血红蛋白、N-苯甲酰-*L*-精氨酸乙酯(BAEE)的最适 pH 是 6～8，对明胶最适 pH 是 5.0。酶活性受重金属抑制。略溶于水，不溶于乙醇、丙酮、氯仿和乙醚。它优先水解碱性氨基酸(例如精氨酸)或芳香族氨基酸(例如苯丙氨酸、酪氨酸)的羧基侧的肽链，选择性水解纤维蛋白，可分解肌纤维，而对纤维蛋白原作用微弱。可用于啤酒澄清，药用助消化和抗炎消肿。

将菠萝蛋白酶加入生面团中，可使面筋降解，生面团被软化后易于加工，并能提高饼干与面包的口感与品质。菠萝蛋白酶将肉类蛋白质的大分子蛋白质水解为易吸收的小分子氨基酸和蛋白质，可广泛应用于肉制品的精加工。

13.3 糖酶类

糖酶类(Glycosylases)是一类能水解糖苷键的酶类。

13.3.1 淀粉酶类

淀粉酶是能催化水解淀粉转化成葡萄糖、麦芽糖及其他低聚糖的一类酶的总称。通过淀粉酶的组合，可将淀粉转化为葡萄糖、果葡糖浆、麦芽糖、异麦芽糖以及环糊精等不同类型的淀粉糖产品。淀粉糖工业是食品酶制剂应用的最主要领域之一，我国淀粉糖产量很大，目前淀粉糖生产过程所用食品酶占食品酶制剂市场的75%左右。按照水解淀粉方式的不同，可以将淀粉酶分成4类：α-淀粉酶、β-淀粉酶、葡萄糖淀粉酶(糖化酶)和脱支酶等。

13.3.1.1 α-淀粉酶

α-淀粉酶(a-Amylase，EC3.2.1.1)，系统名称为1,4-α-*D*-葡聚糖葡萄糖水解酶，又称液化型淀粉酶、液化酶、α-1,4-糊精酶，是从底物分子内部将糖苷键裂开，催化淀粉水解生成糊精的酶，以Ca^{2+}为必需因子并作为稳定因子，既可作用于直链淀粉，亦可作用于支链淀粉，随机地从分子内部切开α-1,4-葡萄糖苷键，从而使淀粉水解成糊精和一些还原糖。在分解直链淀粉时最终产物以麦芽糖为主，在分解支链淀粉时，除麦芽糖、葡萄糖外，还生成部分具有α-1,6-糖苷键的α-极限糊精。

α-淀粉酶既有固体制剂，也有液体制剂，一般为黄褐色固体粉末或黄褐色至深褐色液体，含水量5%～8%。溶于水，不溶于乙醇或乙醚。酶的最适pH为5～6，pH 4以下容易失活。普通α-淀粉酶的最适温度为70℃，但不同来源的酶，其最适温度和最适pH差别很大。如枯草杆菌α-淀粉酶的最适pH范围较宽，在5.0～7.0之间；嗜热脂肪芽孢杆菌α-淀粉酶的最适pH则在3.0左右；高粱芽α-淀粉酶的最适pH范围为4.8～5.4；小麦α-淀粉酶的最适pH在4.5左右，当pH低于4时，活性显著下降，而超过5时，活性缓慢下降。在高浓度淀粉保护下α-淀粉酶的耐热性很强，在适量的钙盐和食盐存在下，pH为5.3～7.0时，温度提高到93～95℃仍能保持足够高的活性。为便于保存，常加入适量的碳酸钙等作为抗结剂防止结块。FAO/WHO规定，其毒性ADI无特殊限制。

α-淀粉酶在食品工业中主要用于糖浆、低聚糖、发酵工业、烘焙食品、面制品、果汁、变性淀粉、啤酒等的生产，是酶制剂中用途最广、耗用最多的一种酶制剂。

13.3.1.2 β-淀粉酶

β-淀粉酶(β-Amylase，EC3.2.1.2)，系统名称为1,4-α-*D*-葡聚糖麦芽糖水解酶，是一种催化淀粉水解生成麦芽糖的淀粉酶，属于外切型淀粉酶。与α-淀粉酶的不同点在于该酶是从淀粉的非还原性末端逐次以麦芽糖为单位切断α-1,4-糖苷键，同时发生沃尔登转位反应。

作用的底物若全是直链淀粉，能完全分解得到麦芽糖和少量的葡萄糖；若是作用于支链淀粉或葡聚糖时，切断至 α-1,6-糖苷键的前面反应就停止了，因此，生成相对分子质量比较大的极限糊精。

来源不同，β-淀粉酶的最适催化反应条件差别较大。植物来源的 β-淀粉酶的最适 pH 为 5.0～6.0，而微生物来源的 β-淀粉酶最适 pH 为 6.5～7.5。

β-淀粉酶广泛应用于啤酒、饴糖、高麦芽糖浆、结晶麦芽糖醇等以麦芽糖为产物的制糖。

13.3.1.3 糖化酶

糖化酶（Glucoamylase，EC3.2.1.3）又称葡萄糖淀粉酶，糖化酶是一种习惯上的名称，学名为 α-1,4-葡萄糖水解酶（α-1,4-Glucan glucohydrolace）。能从底物的非还原性末端将葡萄糖单位水解下来，主要催化水解 α-1,4-糖苷键，还具有一定的催化水解 α-1,6-糖苷键和 α-1,3-糖苷键的能力，水解产物全部为葡萄糖。

由于微生物的菌株不同，其酶对淀粉的分解程度也不同，有些只能分解 90%左右。大部分重金属，如铜、银等对糖化酶产生抑制作用。商品糖化酶制剂按照形态可分为固体酶和液体酶两种，其商品酶的活化力有所不同，液体糖化酶的糖化力在 20 000～100 000 U/L 之间，固体糖化酶在 30 000～200 000 U/g 之间，最适作用 pH 在 3.0～5.0 之间，最适温度 60℃。

糖化酶可用于淀粉工业、葡萄糖工业、酿酒工业和氨基酸工业中，主要用于葡萄糖、高果糖浆、果葡糖浆等的生产。在普通白酒酿造上以玉米淀粉为原料，每班投料 1 000 kg，加酶活力 50 000 U/g 的糖化酶 3 kg，发酵 5～7 d。用糖化酶代替麸曲生产普通白酒每吨可降低成本 50 元且出酒率稳定，全国普通白酒的酒基很多都采用糖化酶作为糖化剂。

13.3.1.4 脱支酶

脱支酶是指能高效专一地切开支链淀粉支点 α-1,6-糖苷键，从而剪下整个侧支，形成直链淀粉的酶。脱支酶主要有两种类型，一种是普鲁兰酶（Pullulanse，EC3.2.1.41），另一种是异淀粉酶（Isoamylase，EC3.2.1.68），两种酶之间存在底物特异性差异。普鲁兰酶可作用于普鲁兰糖（麦芽三糖以 α-1,6-糖苷键连接起来的聚合物），当分支点处葡萄糖残基数大于 2 时，可切断 α-1,6-糖苷键，其作用底物的最小单位是麦芽糖基麦芽糖。异淀粉酶不能作用于普鲁兰糖，当分支点的葡萄糖残基少于 3 时就不起作用，其作用的底物的最小单位为麦芽三糖及麦芽四糖。所以，普鲁兰酶能较异淀粉酶更大限度地利用淀粉原料。

抗性淀粉是一种功能性淀粉，具有调节血糖水平、减少血胆固醇和甘油三酯等功效，普鲁兰酶适当水解淀粉能提高抗性淀粉的产率。脱支酶与其他淀粉酶联合使用，可用液化淀粉浆来生产高葡糖浆、高果糖浆和高麦芽糖浆，其分解支链的特性决定了它在食品工业中的广泛应用，具有广阔的开发应用前景。

13.3.2 葡萄糖氧化类

葡萄糖氧化酶（Glucose Oxidase，EC1.1.3.4）是需氧脱氢酶，系统命名为 β-D-葡萄糖氧化还原酶。高纯度的葡萄糖氧化酶为淡黄色晶体，易溶于水，不溶于乙醚、氯仿、甘油等。

一般制品中含有过氧化氢酶。葡萄糖氧化酶在 pH 3.5～6.5 范围内稳定，最适 pH 为 5.0，作用温度一般为 30～60℃。固体制剂在 0℃保存至少稳定 2 年，在－15℃可以稳定 8 年。

葡萄糖氧化酶通常与过氧化氢酶组成一个氧化还原酶系统。葡萄糖氧化酶在分子氧存在条件下能氧化葡萄糖生成 *D*-葡萄糖酸内酯，同时消耗氧生成过氧化氢，过氧化氢酶能将过氧化氢分解生成水和氧气，而后水又与葡萄糖酸内酯结合生成葡萄糖酸。

葡萄糖氧化酶在食品工业中的主要作用是去除食品中剩余的葡萄糖和氧气。在脱水制品，如蛋粉、蛋白片、脱水蔬菜、土豆制品中加入一定量的葡萄糖氧化酶后可以把残留的葡萄糖氧化，避免褐变的发生。在含有还原性的物质，如黄酮、亚油酸、亚麻酸等的食品中，加入适量的葡萄糖氧化酶或葡萄糖氧化酶与过氧化氢酶的复合酶，可以有效地去除食品中的氧气，保护食品中的还原性物质。

13.3.3 葡萄糖异构酶

葡萄糖异构酶(*D*-Glucose Isomerase，EC5.3.1.5，GI)，又称木糖异构酶或 *D*-木糖酮基异构酶，能将 *D*-葡萄糖、*D*-木糖和 *D*-核糖等醛糖转化为相应的酮糖，另外，还能以 *L*-阿拉伯糖、*L*-鼠李糖、*D*-阿洛糖和脱氧葡萄糖为催化底物。

不同种属微生物来源的葡萄糖异构酶在亚基组成、底物特异性、最适 pH、最适温度以及对金属离子的要求等方面均存在一定的差异性。该酶能催化 *D*-葡萄糖为 *D*-果糖的异构化反应，是工业上大规模以淀粉制备高果糖浆的关键酶，故习惯上称为葡萄糖异构酶。高果糖浆又称果葡糖浆，是新的食糖资源，其果糖的甜度是蔗糖的 1.5～1.7 倍，具有溶解度大、保湿性好和渗透压高等优点，是饮料、糕点等食品工业的理想用糖。

13.3.4 纤维素酶类

纤维素酶由 3 类不同催化反应功能的酶组成，分别是：①内切葡萄糖苷酶(endo-1，4-β-*D*-Glucanase，EC3.2.1.4，来自真菌的简称 EG，来自细菌的简称 Cen)，该类酶能随机地在纤维素分子内部降解 β-1，4 糖苷键；②外切葡萄糖苷酶(exo-1，4-β-*D*-Glucanase，EC3.2.1.91，来自真菌的简称 CBH，来自细菌的简称 Cex)，它能从纤维素分子的还原或非还原端切割糖苷键，生成纤维二糖；③纤维二糖酶(3-*D*- Glucosidase，EC3.2.1.21，简称 BG)，它能把纤维二糖降解成单个葡萄糖分子。只有在这 3 类酶的共同作用下，最终才能把纤维素降解为葡萄糖。真菌、细菌等均能产生这类酶的复合物，从而把纤维素分子降解为葡萄糖分子为自己所用。

大多数纤维素酶作用于底物的最适 pH 为 4.0～6.0，最适温度通常为 40～60℃，各组分酶的热稳定性有差异，并且受 pH 的影响。

纤维素酶在食品工业中广泛应用。在果汁、饮料生产中，纤维素酶可以提高汁液的提取率，促进汁液澄清，提高可溶性固形物含量。在发酵食品工业中，谷类、豆类等食品原料经过纤维素酶处理后，能改善其吸水性，容易脱皮、容易蒸煮，从而增加酒类、酱油等的产率。梨酒生产中应用纤维素酶可使梨的出汁率较旧法增加 9%，无糖浸出物增加 2 倍。

13.3.5 果胶酶类

果胶酶（Pectinolytic Enzyme/Pectinase，EC3.2.1.15）是指分解植物中胶层主要成分——果胶质的酶，所谓果胶质是指植物中胶态的聚合态碳水化合物，它的主要成分由一大类异质的多糖构成，含有半乳糖、阿拉伯糖、鼠李糖和半乳糖醛酸，其化学结构和组成在不同植物和不同组织中有所不同。果胶酶广泛分布于高等植物和微生物中，根据其作用底物的不同，又可分为3类。其中两类（果胶酯酶和聚半乳糖醛酸酶）存在于高等植物和微生物中，还有一类（果胶裂解酶）存在于微生物，特别是某些感染植物的致病微生物中。因此，商品果胶酶制剂中含有3类酶：一是催化果胶的甲氧酯水解产生果胶酸和甲醇反应的果胶酯酶（Pectin Esterase，PE）；二是分解果胶聚半乳糖醛酸之间的1,4糖苷键并加一分子的水，生成半乳糖醛酸和寡聚半乳糖醛酸的聚半乳糖醛酸酶（polygalacturonase，PG）；三是裂开糖苷键的同时，使半乳糖醛酸基的C4和C5之间发生氢的消去反应，不和水加成而形成双键，生成不饱和（寡聚）半乳糖醛酸的果胶裂解酶（pectin lyase，PL），又称转移酶。

商品果胶酶是多种果胶酶的复合体，以黑曲霉来源的果胶酶为例，其作用的最适pH为3.8，最适温度为50℃；在pH 3.4～4.2区域中稳定，在pH＞4.5与pH＜3.0下很快失活；在50℃内具有较好的热稳定性。Zn^{2+}对果胶酶有明显的抑制作用，Cu^{2+}和Fe^{3+}对果胶酶活力影响较大，Mg^{2+}、Mn^{2+}等对果胶酶活力影响不大。

果胶酶在食品工业中应用广泛。在果蔬汁加工过程中，应用果胶酶处理破碎果实，可降低黏度，加速果汁过滤，促进澄清，提高出汁率等。其他的酶与果胶酶共同使用，其效果更加明显，如采用果胶酶和纤维素酶的复合酶系制取南瓜汁，大大提高了南瓜的出汁率和南瓜汁的稳定性。另外，在草莓加工去除果蒂、柑橘加工脱囊衣、莲子脱内衣、大蒜脱内膜等方面均有广泛应用。果胶酶在果酒、果汁、糖水橘子罐头等的使用量不受限制，以生产用量为准，其毒性ADI不做特殊规定。

13.3.6 乳糖酶

乳糖酶（Lactase，EC3.2.1.23），别名β-半乳糖苷酶，主要作用是水解乳糖中的β-半乳糖苷键，将乳糖水解成葡萄糖和半乳糖。

不同微生物来源的乳糖酶的酶学性质差别很大。来源于嗜热乳酸杆菌的乳糖酶最适pH为6.2～7.5，最适温度55～57℃；来源于保加利亚乳酸杆菌的乳糖酶最适pH为7.0，最适温度为42～45℃；来源于乳酸酵母的乳糖酶最适pH为6.9～7.3，最适温度35℃；来源于黑曲霉的乳糖酶最适pH为3.0～4.0，最适温度为55～60℃。霉菌所产的乳糖酶的最适pH偏酸性，酵母菌和细菌所产的乳糖酶最适pH近中性。因此霉菌所产乳糖酶适用于酸性乳清和干酪的水解，酵母菌和细菌所产的乳糖酶适于牛乳（pH 6.6）和鲜乳清（pH 6.1）的水解。

市场上的乳糖酶制剂主要有3种类型，包括口服酶片、酶制剂和固定化酶3种。其中口服酶片包括中性乳糖酶片和酸性乳糖酶片，可直接服用。酶制剂和固定化酶均为粉末状或颗粒状。乳糖酶在食品工业中主要应用于乳制品工业，可以使甜度和溶解度都相对较低的乳糖转变为较甜的、溶解度较大的单糖，从而使糖液甜度提高。由于乳糖的溶解度较低，在冷冻乳制品中，乳糖的部分分解可以防止因乳糖析出而使得产品带颗粒状结构，使用乳糖酶可以使冰激凌、浓缩乳、淡炼乳中乳糖析出的可能性降低，同时增加甜度。

13.4 酯酶类

酯酶类属于水解酶类(Hydrolases，EC3)，所作用的酯键包括羧酸酯键、磷酸酯键和硫酸酯键等。

13.4.1 脂肪酶

脂肪酶(Triacylglycerol Lipase，EC3.1.1.3)是一种特殊的酯键水解酶。在油水界面上，脂肪酶催化三酰甘油的酯键水解，释放含更少酯键的甘油酯或甘油及脂肪酸。脂肪酶反应条件温和，具有优良的立体选择性，并且不会对环境造成污染。

脂肪酶的最适温度为30～60℃，但在较高和较低温度下酶仍然具有较高的活性。脂肪酶的最适pH受来源、底物种类和浓度、缓冲溶液种类和浓度等因素的影响。重金属盐(Fe^{2+}、Zn^{2+}、Hg^{2+}、Fe^{3+})能通过改变酶的构象，强烈抑制脂肪酶的活性。

脂肪酶在乳品生产中会产生双重影响，一方面，由于脂肪酶对乳脂肪的分解，会造成乳粉保存过程中品质劣化，使干酪制品产生不愉快的风味；另一方面，通过应用脂肪酶在乳品中进行乳酯水解，可进一步增强干酪、奶粉、奶油的风味，促进干酪的成熟，改善乳制品的品质。在面类食品加工中，适当加入脂肪酶，可以有效地改善面类产品的质量及弹性。

13.4.2 磷脂酶

磷脂酶是一类能水解磷脂酯键的水解酶，其来源不同，与磷脂的作用方式和位点也不同，依据其作用位点的不同，可以分为磷脂酶A1、A2、B、C、D，它们特异地作用于磷脂分子内部的各个酯键，形成不同的产物，这一过程也是甘油磷脂的改造加工过程。

PLA1(Phosphatidylocholine 1-Acyl-hydrolase，EC3.1.1.32)是一类能够在磷脂甘油部分的磷脂sn-1位点选择性断裂酯键的酶，生成1-β溶血磷脂和脂肪酸。目前市场上购买的PLA1主要通过细菌发酵法产生获得。PLA2(Phosphatidylocholine 2-Acyl-hydrolase，EC3.1.1.4)是一类能够在磷脂甘油部分的磷脂sn-2位点选择性断裂酯键的酶，生成1-α溶血磷脂和脂肪酸。PLB(Phosphatidylcholine B)具有水解酶和转酰基酶的活性，水解酶的活性可清除磷脂和溶血磷脂中的脂肪酸，转酰基酶活性则将游离脂肪酸转移到溶血磷脂而生成磷脂。PLC(Phosphatidylcholine C，EC3.1.4.10)是一类能够在磷脂甘油部分的磷脂sn-3位点选择性断裂酯键的酶。PLD(Phosphatidylcholine D，EC3.1.4.4)是一类催化磷脂分子中磷酸二酯键水解以及碱基交换反应的一类酶的总称。

磷脂酶在油脂精炼、肉制品加工、蛋制品加工中应用广泛。在蛋制品加工中，磷脂酶A能够使得蛋黄具有更强的乳化性能，同时其热稳定性大大提高，从而使得改性后的蛋黄制品在高强度的巴氏杀菌条件下还能保持较好的感官指标。

13.4.3 羧酸酯酶

羧酸酯酶(Carboxylesterases, EC3.1.1.1)又称B-酯酶,是一类能催化水解含羧酸酯基的脂肪族和芳香族有机化合物的酶。它和脂肪酶同属于酯酶,二者在生化方面并没有本质的区别,只是在底物特异性方面不同。其中的阿魏酸酯酶是一种新型的酶制剂,是羧酸水解酶的一个亚类,也是一种胞外酶,其主要生物功能是水解植物细胞壁中的多糖与阿魏酸连接的酯键,释放游离的阿魏酸单体或阿魏酸二聚体。真菌、细菌和酵母等都能分泌阿魏酸酯酶。

阿魏酸酯酶在工农业副产品综合开发利用、功能性食品、香精合成中应用广泛。在功能性食品生产中,阿魏酸酯酶的水解产物阿魏酸具有抗肿瘤、消炎、促进伤口愈合等作用。

13.5 其他酶类

13.5.1 谷氨酰胺转氨酶

谷氨酰胺转氨酶(Transglutaminase,EC2.3.13,简称TGase)又称转谷氨酰胺酶,系统名称为蛋白质-谷氨酸-γ-谷氨酰胺基转移酶,是一种催化酰基转移反应的酶,其可催化蛋白质分子内的交联、分子间的交联、蛋白质和氨基酸之间的连接以及蛋白质分子内谷氨酰胺基的水解,从而可以进一步改善蛋白质的功能特性,提高蛋白质的营养价值。

TGase酶的催化机制如下:①它可催化在蛋白质以及肽键中的谷氨酰胺残基的γ-羧酰胺基和伯胺之间的肽氨基转移反应,利用该反应可以将赖氨酸引入蛋白质来改善面粉的营养特性。②当蛋白质中的赖氨酸残基的γ-氨基作为酰基受体时,蛋白质在分子内或分子间形成ε-(γ-glutamyl) lys共价键,通过该反应蛋白质分子发生交联,使得食品以及其他制品产生质构变化,从而赋予产品特有的质构和黏合性能。③当不存在伯胺时,水会成为酰基的受体,谷氨酰胺残基脱去氨基,该反应可以用于改变蛋白质的等电点及溶解度。

根据来源不同,TGase酶可以分为组织谷氨酰胺转氨酶(TTGase)和微生物谷氨酰胺转氨酶(MTGase),不同来源的TGase酶的作用特点及作用机制不同。研究发现微生物发酵产生的谷氨酰胺转氨酶具有pH适应范围广、不依赖Ca^{2+}、热稳定性强、催化交联程度高等优点。另外,微生物谷氨酰胺转氨酶属于胞外酶,提取时不需要破壁,易于分离纯化。与TTGase相比,MTGase的底物特异性较低,因此更适合工业上广泛应用,具有更强的稳定性,经过离心和过滤后的滤液在−20℃时可贮存几个月,而酶活平均损失才10%,重复溶解和冷却,并不明显增加酶活的损失。

目前,TGase已经在肉制品、乳制品、水产制品、面制品和焙烤制品等领域得到应用。随着研究不断深入,TGase作为一种新型食品添加剂,对蛋白质的修饰作用已显示出强大的生命力,它不仅可以大大改善蛋白质的乳化性、热稳定性、凝胶性和起泡性,而且还可以开发新的食品资源。TGase能大大增强凝胶效果,火腿生产中在低盐条件下,能弥补低盐造成的凝胶减弱,使产品具有与高盐同样的质构特性;TGase应用于小麦面粉中,促使面筋中ε-Lys

与 γ-谷酰基间的交联，从而加强面筋网络结构，起到氧化剂的作用，改善面团的流变学性质，延长粉质稳定时间，改善面团的延伸性及持水率，增大面筋网络的持气性。

13.5.2 木聚糖酶

木聚糖酶（Xylanase，EC3.2.1.8），别名1,4-β-木聚糖酶，多为诱导酶，其作用的底物多为自然界的半纤维素，其功能是以内切的方式降解木聚糖分子中的β-1,4-木糖苷键，水解产物主要为寡聚木糖和木二糖及少量的木糖和阿拉伯糖。

木聚糖酶大多来源于真菌和细菌，其来源不同，最适温度和最适 pH 不同。来源于细菌的木聚糖酶最适 pH 在 4.0～6.0 之间，而来源于细菌或放线菌的木聚糖最适 pH 在 6.0～8.0 之间。大多数的木聚糖酶的等电点 pI 在 4～10 之间，最适温度为 40～70℃。不同的金属离子对木聚糖酶活性影响不同，Ga^{2+} 可以使其激活，Mn^{2+} 和 Co^{2+} 对不同来源的木聚糖酶促进或抑制效果不同，Fe^{3+}、Fe^{2+}、Cu^{2+}、Ag^{+} 等离子对木聚糖酶活性存在抑制作用。

木聚糖酶在食品工业中有广泛的应用。在果汁生产中，木聚糖酶和果胶酶可以组成复合酶制剂用来降低果胶含量、澄清果汁、改善果酱结构、降低黏度、加速压榨分离等；在保健食品生产中，木聚糖酶主要是应用酶法生产功能性木糖；在谷类产品加工中应用于面包生产，可以通过催化水可溶性及水不溶性戊聚糖反应，提高面团弹性，改善面包瓤组织结构；在酿酒工业中，木聚糖酶可以通过催化降解原料淀粉外围的半纤维素、木聚糖等，促进淀粉酶与淀粉接触，从而提高淀粉的利用率，增加酒精产量。

13.5.3 植酸酶

植酸即肌醇六磷酸，作为磷酸的储存库，广泛存在于植物中。由于矿物质结合在蛋白-植酸-矿物元素复合物中，因此就降低了某些植物性食物和一些植物蛋白分离物中矿物质的营养效价。植酸酶（Phytase）是催化植酸及植酸盐水解成肌醇与磷酸的一类酶的总称，又称肌醇六磷酸水解酶，可以专一性地水解植酸中的磷脂键使磷酸游离出来。植酸酶将植酸分子上的磷酸基团逐个切下，形成的中间产物包括肌醇五磷酸、肌醇四磷酸、肌醇三磷酸、肌醇二磷酸、肌醇一磷酸，终产物为肌醇和磷酸。一般植酸酶可以分为两类，一类是主要存在于动物和微生物中的3-植酸酶（EC3.1.3.8），能够水解植酸分子上第3位的磷酸基团；另一类是主要存在于植物组织中的6-植酸酶，能够水解植酸分子第6位上的磷酸。

植酸酶是一类新型的食品添加剂，其活性及最适催化条件受来源不同影响很大。大多数植酸酶的最适温度在 45～60℃之间，超过 65℃很快即失去活性。微生物植酸酶的最适 pH 一般在 2.5～6.0 之间，其中来源于霉菌的植酸酶最适 pH 在 4.2～5.5 之间，来源于植物的植酸酶的最适 pH 在 4.8～6.0 之间。影响植酸酶活性的因素比较多，某些金属离子，如 Zn^{2+}、Cu^{2+}、Fe^{3+} 等对大豆植酸酶的活性有抑制作用，Ca^{2+} 可以提高枯草杆菌植酸酶的活性，Ca^{2+}、Mg^{2+} 可以激活酵母菌植酸酶的活性。植酸酶的活性还受到水分含量的影响，水分含量在 30%时植酸酶的活性最高。

植酸酶在食品工业中的应用主要是改善人体对矿物质的吸收和提高食品加工技术。食品级的纯化植酸酶可用于婴儿食品，特别是豆奶制品中，以解除抗营养因子；可用于处理粮食,以分解粮食中的植酸(盐),减少植酸对微量元素的螯合,提高粮食的营养价值;面包焙烤过程中植酸酶的应用效果证实,植酸酶是一种很好的面包改良剂,它在不改变面团 pH 的条件下大大缩短了面包的醒发时间,并且改善了面包的质地。

13.5.4 过氧化氢酶

过氧化氢酶(Hydrogen peroxidase)又称触酶(Catalase,CAT),是一类广泛存在于动物、植物和微生物体内的末端氧化酶,是以过氧化氢为底物,通过催化一对电子的转移而最终将其分解为水和氧气。因为所有的好氧生物在进行氧代谢时均会产生有害的自由基,这其中就包括 H_2O_2,因此,过氧化氢酶是生物抗氧化体系中的重要成员。按照催化活性中心结构不同,过氧化氢酶可以分为含铁卟啉结构的过氧化氢酶和含锰离子代替卟啉结构的过氧化氢酶。

目前,国内可用于食品工业的过氧化氢酶多以猪、牛、马的肝脏为原料提取,或以黑曲霉或溶壁微球菌进行发酵制得。由肝脏制得的过氧化氢酶最适 pH 为 7.0 左右,在 5.3~8.0 之间活性都较高,5.0 以下则很快失活。由黑曲霉发酵制得的过氧化氢酶 pH 在 2.0~7.0 之间活性均较高。由溶壁微球菌制得的过氧化氢酶最适 pH 在 7.0~9.0 之间。

在奶制品及蛋制品加工过程中,利用过氧化氢酶可以清除牛奶或液体鸡蛋制品消毒用 H_2O_2 残留且这一过程可以在低温下下进行,从而避免高温处理造成蛋白质变性和某些营养物质损失。在焙烤食品加工过程中,由于过氧化氢酶分解 H_2O_2 产生 O_2,所以,过氧化氢酶和 H_2O_2 一起使用可作为疏松剂。

13.5.5 漆酶

漆酶是一种含铜的多酚氧化酶(Polyphenol Oxidase,EC1.10.3.2),已发现其存在于昆虫、植物、真菌和细菌中,以真菌尤其是白腐菌中分布最为广泛。食品工业中所用的漆酶应来源于米曲霉。

真菌漆酶是一种糖蛋白,多数真菌漆酶的最适反应温度较低,一般在 25~50℃之间,其最适 pH 为 4.0~6.0,同一种漆酶,作用底物不同,其最适 pH 也有差异。多数金属离子,如 Ag^+、K^+、Cu^{2+}、Ca^{2+}、Zn^{2+}、Fe^{2+}、Fe^{3+}、Mg^{2+} 等均可影响漆酶的活性,同一种离子对不同来源的漆酶活性影响也不尽相同。

在饮料工业中,漆酶主要应用于饮料的澄清与色泽的控制;在肉制品工艺中,应用漆酶可以形成黏胶,将肉片黏在一起,使得产品更容易切成薄片。

13.6 酶制剂的保存、安全性问题及研究进展

13.6.1 酶制剂的剂型及保存

为了适应不同的需求,并考虑到应用效果和经济等因素,酶的剂型根据其纯度可分为:纯酶制剂、粗酶制剂和复合酶制剂。根据形态不同可以分为:液体酶制剂、固体酶制剂和固定化酶制剂。纯酶制剂指除标示酶外不含有任何其他酶的一类酶制剂,纯度和比活都非常

高，但一般都价格昂贵，主要用于分析和基础研究领域，不在食品工业生产中使用；粗酶制剂指除了标示酶外，可能还含有少量其他的酶，纯度和比活都不是很高，价格依纯度和比活差别很大，但价格相对便宜，食品工业用酶多属于此类；复合酶制剂是指为了适应特殊的应用目的，有意把几种作用效果上有协同作用的酶以一定的比例复合在一起生产和使用的酶制剂。液体酶制剂和固体酶制剂均可以是纯酶制剂、粗酶制剂或复合酶制剂，为了使用的方便以液体的形式或固体的形式包装，一般酶在液体中比固体中更容易失活而使得液体酶制剂中要加稳定剂并低温贮存，食品工业生产上常使用的是各种固体粗酶制剂和固体复合酶制剂。

酶离开生物体的天然环境保护后非常容易失活，为了保持酶的活性，在保存酶制剂时需要注意以下两点：①酶制剂应放置在低温、干燥、避光的环境下，并尽量以固体的形式保存，紫外线、热、表面活性剂、重金属盐及酸碱变性等使得蛋白质变性的因素均会影响酶制剂的活性。酶的化学本质是蛋白质，蛋白质的分子都由氨基酸组成，酶蛋白与许多普通蛋白质不同之处在于酶都具有活性中心，即酶蛋白上都具有与催化相关的特定区域。酶蛋白的活性中心具有催化能力，且活性中心的结构由整个蛋白质的结构决定，因此，破坏了酶蛋白的整体结构，必然破坏酶的活性中心，从而影响酶的活性，甚至使酶失活。②酶制剂呈溶液状态时，缓冲溶液的浓度、pH、温度、辅助因子、活性稳定剂等种种因素都会影响酶的活力。例如，乙醇脱氢酶必须有两个锌离子位于活性中心部位，因此酶溶液中必须保持微量的锌离子才不至于失活。对于α-淀粉酶而言，虽然钙离子并不是该酶的辅助离子，但在钙离子存在环境下，该酶稳定性，特别是耐热性会提高很多。酶溶液的浓度越低越容易变性，切记不能保存酶的稀溶液。

因此，酶制剂保存时应注意不能长期无限制保存，其活力会随着保存期的延长逐渐降低。在使用长期保存的商品酶制剂时要注意保质期及保藏条件。

13.6.2 酶制剂的安全性问题

随着生物技术，尤其是微生物发酵技术（包括菌种选育、条件优化和发酵设备等）的快速发展，酶制剂产品的生产成本迅速降低，随着广大用户对酶制剂产品使用效果的认同，使得酶制剂在食品工业中应用越来越广泛，几乎可以在一切食品工业中加以应用。

目前，大规模工业化生产的酶制剂绝大多数是通过微生物发酵产生的，酶本身虽是生物产品，相对化学制品安全，但是目前食品酶制剂还没有相关完善的法制法规，部分安全问题仍需引起注意：①酶制剂并非单纯制品，常含有培养基残留物、无机盐、防腐剂、稀释剂等。②在微生物发酵生产酶制剂过程中还可能受到沙门氏菌、金黄色葡萄球菌、大肠杆菌等的污染。③黄曲霉毒素也可能由于原料（霉变的粮食原料）或菌种本身产生而造成食品酶制剂的生物毒素污染。④培养基中无机盐的使用也可能引入重金属铜、铅、砷等污染。⑤大部分酶制剂经过食品加工过程变性失活，但也有例外情况，其活性可能部分残存下来，尤其是酶作用的底物本身无毒，但是经过酶催化降解后可能变成有害物质。为保证食品酶制剂产品的安全性，对原料、菌种、后处理等工序都需要严格把关，严格按照国家食品添加剂生产管理办法执行，且产品必须符合食品酶制剂的相关通用质量标准。食品酶制剂的通用质量标准见表 13-2。

表 13-2　食品酶制剂的通用质量标准

项目	指标
酶活力(为所标值的百分数)/%	85.0～115.0
砷(以 As 计)/%	≤0.000 3
铅/%	≤0.001
重金属(以 Pb 计)/%	≤0.004
大肠杆菌群/(个/g)	≤30
沙门氏菌/(个/25 g)	阴性
总杂菌数/(个/g)	≤50 000
黄曲霉毒素 A(真菌霉菌剂)	不得检出
杂色曲霉素(真菌霉菌剂)	不得检出
T-2 毒素(真菌霉菌剂)	不得检出
玉米烯酮(真菌霉菌剂)	不得检出

13.6.3　食品酶制剂安全性控制措施

针对食品酶制剂产品的安全性问题,联合国粮农组织(FAO)和世界卫生组织(WHO)食品添加剂专家委员会(JECFA)早在 1978 年世界卫生组织(WHO)第 2 届大会就提出了对酶制剂来源安全性评价的评估标准:

(1)来自动植物可食部位及传统上作为食品成分,或传统上用于食品的菌种所产生的酶,如符合适当的化学与微生物学要求,即可视为食品而不必进行毒性试验;

(2)由非致病的一般食品污染微生物所产生的酶要求做短期毒性试验;

(3)由非常见微生物所产生的酶要求做广泛的毒性试验,包括实验动物的长期喂养试验。

这一标准为各国酶的生产提供了安全性评估依据,即生产酶制剂的菌种必须是非致病性的,不产生毒素、抗生素和激素等生理活性物质的,需经过各种安全性试验证明无害才准许使用于生产。在我国,酶制剂作为食品添加剂使用时,目前应符合国家标准《食品安全国家标准　食品添加剂使用标准》(GB 2760—2014)的规定。

13.6.4　食品酶制剂的研究及发展趋势

食品酶制剂的研制与生产至今已经有 100 多年的历史,随着食品工业和酶制剂工业的快速发展,食品酶制剂应用技术不断提高,应用范围越来越广,几乎涵盖了食品工业中的各个领域。我国食品行业允许应用的酶制剂种类和数量不断增加,2015 年正式实施的国标 GB 2760—2014 中批准使用的酶制剂已有 54 种。

近年来,酶制剂在食品工业的许多领域应用逐渐拓宽,如香精香料的生产、甜味剂的合成以及生物活性物质的制备等。天然状态下的异黄酮带有葡萄糖残基,生理活性低于其对应的异黄酮配基(脱去葡萄糖),采用 β-葡萄糖苷酶将糖苷型异黄酮水解成游离型异黄酮就能明显提高其生理活性;采用特异性的高温淀粉酶能够以 L-天冬氨酸与 L-苯丙氨酸为原料催化合成得到阿斯巴甜。目前食品酶及应用的发展趋势主要有以下几个方面:

(1)围绕食品领域的新需求,不断开发新型专用或特种酶制剂;

(2)围绕食品工业不同行业应用的实际需求,对现有酶制剂进行有针对性的改造以提高其应用适应性;

(3)重视应用基础研究;

(4)开辟食品酶制剂应用的新领域,不断拓宽酶制剂的应用范围;

(5)新型酶、高活性、高纯度、高质量的复合酶是今后酶制剂研究发展的重要方向。

思考题

1. 简述食品酶制剂的概念。
2. 食品酶制剂应如何保存?
3. 简述食品酶制剂可能存在的安全性问题。
4. 简述食品酶制剂的分类及其依据。
5. α-淀粉酶、β-淀粉酶和糖化酶在性能上有何区别? 在食品工业中如何正确使用?
6. 根据各种蛋白酶活性部位的性质及最适反应的 pH,常用蛋白酶类酶制剂可以分为哪 4 类?

第 13 章思考题答案

参考文献

[1] 孙宝国. 食品添加剂[M]. 2 版. 北京:化学工业出版社,2013.
[2] 郝利平,聂乾忠,周爱梅,等. 食品添加剂[M]. 北京:中国农业大学出版社,2016.
[3] 刘钟栋,刘学军. 食品添加剂[M]. 郑州:郑州大学出版社,2015.
[4] 食品安全国家标准 食品添加剂使用标准:GB 2760—2014[S]. 北京:中国标准出版社,2014.
[5] 何国庆,丁立孝. 食品酶学[M]. 北京:化学工业出版社,2016.
[6] 陈坚,刘龙,堵国城. 中国酶制剂产业的现状与未来展望[J]. 食品与生物技术学报,2012, 31(1): 1-7.
[7] 江正强,杨绍青. 食品酶技术应用及展望[J]. 生物产业技术, 2015(04): 17-21.
[8] 杭锋, 洪青, 王钦博, 等. 凝乳酶的研究进展[J]. 食品科学, 2016,37(3):273-279.
[9] Zhang H, Jin Z. Preparation of resistant starch by hydrolysis of maize starch with pullulanase[J]. Carbohydrate Polymers, 2011, 83:865-867.
[10] Furukawa S, Hasegawa K, Fuke I, et al. Enzymatic synthesis of Z-aspartame in liquefied amino acid substrates[J]. Biochemical Engineering Journal, 2013, 70:84-87.

HAPTER 14

第14章 食品加工助剂及其他

【学习目的和要求】

了解食品助滤剂的种类，掌握活性炭等在食品加工中的应用；了解食品消泡剂的概念，掌握乳化硅油等在食品加工中的应用；了解酸碱调节剂的种类，掌握无水碳酸钠在食品加工中的应用；了解被膜剂的概念，掌握几种被膜剂在食品加工中的应用；了解胶姆糖基础剂的概念，掌握其在食品加工中的应用；了解其他食品添加剂的种类及在食品加工中的应用。

【学习重点】

食品加工助剂作用机理及使用注意事项。

【学习难点】

食品加工助剂作用机理。

食品工业用加工助剂简称食品加工助剂或加工助剂，是有助于食品加工能顺利进行的各种物质，与食品本身无关。如助滤、澄清、吸附、脱模、脱色、脱皮、提取溶剂等。食品加工助剂应在食品生产加工过程中使用，使用时应具有工艺必要性，在达到预期目的前提下应尽可能降低使用量；这些物质一般应在制成最终成品之前除去，无法完全除去的，应尽可能降低其残留量，其残留量不应对健康产生危害，不应在最终食品中发挥功能作用；它们应该符合相应的质量规格要求。

食品加工助剂种类很多，在各类食品加工中起着不可或缺的重要作用，主要包括螯合剂、澄清剂、吸附剂、絮凝剂、助滤剂、脱色剂、食用油脱色剂、精炼脱胶、脱皮剂、脱毛剂、脱模剂、提取溶剂、萃取溶剂、浸油溶剂、发酵用营养物质、防黏剂、分散剂、结晶剂、冷却剂、润滑剂、催化剂等功能类别。这些物质中有相当一部分还可作为其他类别的食品添加剂使用，如乳化剂中的司盘系列和吐温系列、水分保持剂中的磷酸盐类、大部分消泡剂等。

14.1　食品助滤剂

14.1.1　活性炭

活性炭(active carbon)是由少量氢、氧、氮、硫等与碳原子化合而成的络合物，是以竹、木、果壳等原料，经碳化、活化、精制等工序制备而成。化学式为 C，相对分子质量：12.01。

性状与性能：活性炭为黑色微细粉末，无臭、无味，有多孔结构，对气体、蒸汽或胶态固体有强大的吸附能力，每克总表面积可达 500～1 000 m^2，沸点 4 200℃，不溶于水和有机溶剂。最适 pH 为 4.0～4.8，最适温度为 70～80℃。

活性炭具有大的比表面积、微孔结构、强的吸附能力和很高的表面活性，使其具有独特的多功能吸附作用，可用于蔗糖、葡萄糖、饴糖、油脂的脱色、精制和去杂质、纯化、过滤。

安全性：ADI 不需要规定。以含有 10%活性炭的饲料饲喂小鼠 12～18 个月，与对照组无差异。

使用：我国《食品安全国家标准　食品添加剂使用标准》(GB 2760—2014)规定，活性炭可用作助滤剂，主要用于油脂加工工艺，残留量不需限定。FDA 规定其参考用量：葡萄酒 0.9%，雪梨酒 0.25%，葡萄汁 0.4%。

使用实例：活性炭对淀粉糖浆进行脱色和提纯。具体方法是：先将糖液中的胶黏物滤去，然后将其蒸发至浓度为 48%～52%，再加入一定量的活性炭进行脱色，并进行压滤，以便将残存糖液中的一些微量色素脱除干净，得到无色澄清的糖液，同时活性炭又可起到助滤的作用。

活性炭脱色是由于其有较强的吸附作用，影响该产品吸附作用的因素较多，使用时应注意以下 5 点：①温度高，糖液黏度小，使杂质容易渗入活性炭的组织内部，杂质被吸附的速度和数量相应提高。但温度过高会使糖液碳化、分解，所以温度也不宜过高，一般以 70～80℃为宜。②为了使糖液充分与活性炭接触，以利于活性炭的脱色作用，必须有一定的搅拌速度，通常为 100～120 r/min。③脱色效率一般在酸性条件下较好，适宜范围为 pH 4.0～

4.8，不宜太高。④要使活性炭发挥其吸附作用，必须经一定的时间才能使杂质充分渗入碳粒内部，一般为 30 min。⑤糖液浓度一般掌握在 48%～52%，浓度太低，效果不好，浓度过高，则难以脱色。

14.1.2　硅藻土

硅藻土(diatomaceous earth)是一种硅质岩石，主要分布在中国、美国、丹麦、法国、罗马尼亚等国，是一种生物成因的硅质沉积岩，它主要由古代硅藻的遗骸所组成。硅藻土是用硅藻土原料干燥、粉碎，再经酸洗等工序精制而成。其化学成分以 SiO_2 为主，可用 $SiO_2 \cdot nH_2O$ 表示。

性状与性能：硅藻土为白色至浅灰色或米色粉末，质轻松散、细腻、多孔，吸水性强，能吸收自身质量 1.5～4.0 倍的水，不溶于水、酸类(氢氟酸除外)和稀碱，溶于强碱溶液。硅藻土中 SiO_2 占 80%以上，此外还含有 Al_2O_3(3%～4%)，Fe_2O_3(1%～1.5%)，以及少量的钙、镁、钠、钾的化合物。纯度高的呈白色，含铁盐多的呈褐色。硅藻土化学性质稳定，具有很大的比表面积和很强的吸附能力，并形成空隙率很高的滤饼，有良好的过滤性。

安全性：ADI 未作规定。硅藻土不被消化吸收，其精制品毒性很低。

使用：我国《食品安全国家标准　食品添加剂使用标准》(GB 2760—2014)规定食品加工过程中使用硅藻土作助滤剂，残留量不需限定。硅藻土常作为砂糖精制，葡萄酒、啤酒饮料等加工的助滤剂，若与活性炭合用可提高脱色效果和吸附胶质作用。

使用方法：在使用硅藻土时，先将硅藻土放入水中搅匀，然后流经过滤机网片，使其在网片上形成硅藻土薄层，当硅藻土薄层厚度达 1 cm 左右时，即可过滤得到澄清的制品。可视产品的澄清情况，适当更换硅藻土。

使用实例：硅藻土在清糖液配制中的应用。具体方法是：先将蔗糖溶解成 50%～55%浓度，加入活性炭和硅藻土，搅拌 10～15 min 后进行精细的过滤，以达到完全清亮的要求，然后再将清糖液用于配制汽水和其他饮料。

14.1.3　高岭土

高岭土(kaolin)，又名白陶土、瓷土、观音土、白鳝泥、陶土白泥，主要成分为含水硅酸铝，其化学式为 $Al_2O_3 \cdot 2SiO_2 \cdot 2H_2O$。高岭土主要是由我国江西景德镇附近的高岭地方发现而得名的高岭石，经粉碎而成的微细晶体矿物，是各种结晶岩(花岗岩、片麻岩)风化后的产物。

性状与性能：纯净的高岭土为白色粉末，颗粒细腻，一般含有杂质，呈灰色或淡黄色，质软，易分散于水或其他液体中，有滑腻感，并有土味。相对密度 2.54～2.60，熔点约为 1 785℃，不溶于水、乙醇、稀酸和稀碱。高岭土具有从周围介质中吸附各种离子及杂质的性能，并且在溶液中具有较弱的离子交换性质，因此可作为澄清剂和助滤剂使用。

安全性：ADI 无须规定。

使用：我国《食品安全国家标准　食品添加剂使用标准》(GB 2760—2014)规定，高岭土可用作澄清剂和助滤剂，主要用于葡萄酒、果酒、黄酒、配制酒加工工艺和发酵工艺。

使用实例：高岭土在葡萄酒加工过程中的应用。具体方法是：将 500 g 高岭土加入

100 mL 水中，打成极均匀的泥浆，将其加入 100 L 葡萄酒中，充分搅拌均匀，使其自然澄清。使用高岭土作澄清剂，其缺点是速度较慢，一般需要 3～4 周，且当高岭土中含有微量的铁时，容易使酒变黑。

14.1.4 膨润土

膨润土是以蒙脱石$(Al, Mg)_2[Si_4O_{10}](OH)_2 \cdot nH_2O$)为主要成分的特殊胶性黏土矿，其他成分包括长石、硫酸钙、碳酸钙、石英、云母、碳酸镁等，占 10%左右。

性状与性能：根据所取土层深度不同，一般为白色、淡黄色，因含铁量变化又呈浅灰、浅绿、粉红、褐红、砖红、灰黑色等，蒙脱石含量高的具蜡状、土状或油脂光泽。膨润土具有膨润性、黏结性、吸附性、催化活性、触变性、悬浮性以及阳离子交换性等性质，应用广泛。

安全性：ADI 未作规定。一般公认安全物质。

使用：本品可作为吸附剂、助滤剂、澄清剂、脱色剂，用于葡萄酒、果酒、黄酒和配制酒、油脂、调味品和果蔬汁的加工工艺、发酵工艺等。

14.2 食品酸碱调节剂

14.2.1 氢氧化钙

氢氧化钙(calcium hydroxide)又名消石灰或熟石灰。由氧化钙加水消化制得。其澄清水溶液称为石灰水。分子式为 $Ca(OH)_2$，相对分子量为 74.09。

性状与性能：氢氧化钙为白色粉末状固体，无臭。在 580℃时失去水，易潮解，难溶于水，露置空气中能渐渐吸收二氧化碳而转变成碳酸钙。氢氧化钙是一种强碱，具有碱的通性，可作碱性剂使用。

安全性：ADI 不需要特殊规定。大鼠经口 LD_{50} 为 7.34 g/kg，小鼠经口 LD_{50} 为 7.3 g/kg，氢氧化钙属于强碱性物质，有刺激和腐蚀作用。吸入其粉尘，可强烈刺激呼吸道，还有可能引起肺炎。眼接触氢氧钙亦有强烈刺激性，可致灼伤。

使用：我国《食品安全国家标准　食品添加剂使用标准》(GB 2760—2014)规定，氢氧化钙可用作酸度调节剂，用于调制乳、乳粉(包括加糖乳粉)和奶油粉及其调制产品、婴幼儿配方食品，按生产需要适量使用。在果蔬加工中，常以石灰水浸泡果蔬，以达到保持脆性的目的。这是因为石灰水中的钙离子和果蔬中的果胶形成果胶酸钙，这种凝胶凝聚在果蔬细胞的间隙中，可使细胞互相黏结，防止细胞解体，从而达到保脆的目的。氢氧化钙还有护绿的作用。

使用实例：氢氧化钙在冬瓜果脯制作中的应用。具体方法是：将切好的冬瓜条浸入 1.2%～2.0%的石灰水中，浸泡 14～15 h 后，用清水漂洗 4～8 h，除去石灰味，再进行烫漂、糖渍和糖煮。

14.2.2 氢氧化钠

氢氧化钠(sodium hydroxide)，又名苛性碱、烧碱。以碳酸钠、石灰乳为原料，通过化学方法合成制得。分子式为 NaOH，相对分子质量为 39.997。

性状与性能：氢氧化钠纯品是无色透明的晶体，无臭。相对密度 2.130，熔点 318.4℃，一个标准大气压下沸点为 1 390℃。工业品含有少量的氯化钠和碳酸钠，为白色不透明的固体，有块状、片状、粒状和棒状等。易吸湿潮解，暴露于空气中吸收二氧化碳和水，渐转变成碳酸钠。易溶于水，溶解时放出大量热，水溶液呈强碱性，可溶于乙醇和甘油。氢氧化钠是一种高腐蚀性强碱，对有机物有腐蚀作用，能中和酸，能使大多数金属盐形成氢氧化物或氧化物沉淀。

安全性：小鼠腹腔注射 LD_{50} 为 40 mg/kg。FAO/WHO 对 ADI 不做限制性规定(1994)。FDA 将其列为一般公认安全物质。氢氧化钠毒性强，1.95 g 可致死。

使用：我国《食品安全国家标准　食品添加剂使用标准》(GB 2760—2014)规定，氢氧化钠可用作食品工业用加工助剂，残留量无须限定。氢氧化钠可用作酸的中和剂，也可用作水果的碱液去皮。去皮所用氢氧化钠溶液浓度因水果品种不同而有一定的差异，如生产糖水桃时，碱液浓度 13%～16%；生产去囊衣糖水橘子罐头时碱液浓度为 0.8%。

使用实例：氢氧化钠在生产全去囊衣糖水橘子罐头过程中的应用。具体方法是：将去皮去络后的橘囊先投入浓度为 0.8%左右的稀盐酸(30～35℃)中，浸泡 40 min，以水解果胶等物质。取出后用流水漂洗，再用 0.8%的氢氧化钠(35～40℃)溶液漂约 20 min，除去囊衣。最后用流水漂洗，以除尽碱液和果胶等物质。

此外，氢氧化钠还可用作洗涤剂、消毒药品等。由于氢氧化钠有很强的腐蚀性，使用过程中必须注意，不要触及皮肤和衣服，尤其是不要溅到眼内，否则有失明的危险。

14.2.3　无水碳酸钠

碳酸钠 (sodium carbonate)，俗名纯碱，又称苏打、碱粉。分子式为 Na_2CO_3，相对分子质量为 105.99。通氨气入饱和食盐水中，再通入二氧化碳气体，生成碳酸钠沉淀，将沉淀过滤、洗涤并煅烧，即制得纯碱。

性状与性能：碳酸钠为白色粉末或细粒，无臭，易溶于水。在潮湿的空气里会潮解，慢慢吸收二氧化碳和水，部分变为碳酸氢钠，因此需密封保存，否则会吸潮结块。用化学方法制出的 Na_2CO_3，比天然碱纯净，人们因此称它为“纯碱”。碳酸钠水溶液呈强碱性，能中和酸，可作碱性剂使用。

安全性：小鼠经口 LD_{50} 约 6 g/kg。犬连续 3～4 周投药总量 150 g，出现腹泻、呕吐致死。ADI 不需要特殊规定。FDA 将其列为一般公认安全物质。

使用：我国《食品安全国家标准　食品添加剂使用标准》(GB 2760—2014)规定，碳酸钠可用作酸度调节剂，用于大米制品(仅限于发酵大米制品)、生湿面制品(如面条、饺子皮、馄饨皮、烧卖皮)、生干面制品中，按生产需要适量使用。FAO/WHO 规定，碳酸钠作为碱性剂，用于乳制品，用量为 2～5 g/kg；用于巧克力，用量为 50 g/kg(由原料带入)；用于可可制品，用量为 5 g/kg。我国广泛用于发酵面团中，以中和其酸性；也用于面条中，可抑制面条发酸，并使面条的弹性和延展性增加，吃时爽口滑润。

使用实例：碳酸钠在方便面中的应用。具体方法是：先将小麦粉、玉米粉过筛，然后将食碱(包括无水碳酸钠 59%、无水碳酸钾 30%、无水磷酸钠 7%和无水焦磷酸钠 4%)、食盐、海藻酸钠、硬脂酸甘油酯和维生素 E 加入适量水中，搅拌均匀，使之充分溶解，冷却后使用。搅拌机中加入所需所有原料，充分搅拌均匀，最后进行挤压熟化、切割成型、干燥。

14.2.4 盐酸

盐酸(hydrochloric acid)，又名氢氯酸，分子式 HCl，相对分子质量为 36.46。在电解食盐水生产烧碱的同时，可得到氯气和氢气，经过水分离后通入合成炉进行燃烧，生成氯化氢气体，经冷却后用水吸收可制得盐酸成品。

性状与性能：盐酸为无色或微黄色发烟的澄明液体(浓度在 19.6%以上的盐酸在潮湿空气中会发烟，造成氯化氢损失)，有强烈的刺激臭，用大量水稀释后仍显酸性反应。易溶于水、乙醇、乙醚、甘油等。浓盐酸为含 38%氯化氢的水溶液，相对密度 1.19，沸点 83.7℃。食品级盐酸为含氯化氢 31%以上的水溶液。盐酸能调节 pH 和改善淀粉的性能，能中和碱，生成盐，可以在食品加工过程用作碱的中和剂。

安全性：兔经口 LD_{50} 为 0.9 g/kg。FAO/WHO 对 ADI 不做限制性规定(1994)。FDA 将其列为一般公认安全物质。盐酸为机体正常成分，其浓度接近消化液中的盐酸浓度时是无毒的。但服用浓盐酸会出现胃痛、口渴、灼热等症状，过多摄入会导致死亡。

使用：我国《食品安全国家标准　食品添加剂使用标准》(GB 2760—2014)规定，盐酸可用作酸度调节剂，用于蛋黄酱、沙拉酱中，按生产需要适量使用。

使用实例：盐酸在水解淀粉中的应用。具体方法是：淀粉精制后(用软水洗过)，加水使其成为 20～21 波美度的淀粉乳，然后加入盐酸，使其成为 pH 为 1.9～2.0 的酸性淀粉乳，再加入稀酸，加热煮沸使淀粉水解。待水解液用 20%碘液检验呈酱油色时，即为糖化终点，水解结束。这时在糖液中加入 5%碳酸钠中和，再经过滤、脱色、浓缩即得淀粉糖浆。盐酸还可在制作橘子罐头时用来除去橘子囊衣和囊络。由于盐酸是一种强酸，有腐蚀性，触及皮肤会造成严重灼伤，使用时应多加注意。

14.3 食用消泡剂

14.3.1 乳化硅油

聚二甲基硅氧烷(silicone oil)，又名二甲基硅油，是一种不同聚合度链状结构的聚有机硅氧烷。由高纯度的二甲基二氯硅氧烷和少量三甲基氯硅烷的混合物水解后缩聚而成。相对分子质量为 6 832.356～30 548.196。分子式为 $C_3H_9Si(C_2H_6OSi)_nSiOC_3H_9$ (n= 90～410)，结构式为：

$$(H_3C)_3Si-\left[O-Si(CH_3)_2\right]_n-O-Si(CH_3)_3$$

性状与性能：无色透明黏稠液体，无臭，无味，不溶于水和乙醇，溶于四氯化碳、苯、氯仿、乙醚、甲苯及其他有机溶剂。挥发性低并具有化学惰性，比较稳定且毒性小。在实际应用中常配成含4%～5%硅胶的水溶液，或配成含有硅胶、乳化剂和防腐剂的乳化液。聚二甲基硅氧烷表面张力小，起泡性低，抗泡性强，可作消泡剂等使用。

安全性：ADI为0～1.5 mg/kg(FAD/WHO，1983)。

使用：我国《食品安全国家标准　食品添加剂使用标准》(GB 2760—2014)规定，聚二甲基硅氧烷可用作消泡剂、被膜剂。用于经表面处理的鲜水果、经表面处理的新鲜蔬菜，最大使用量为0.000 9 g/kg；豆制品工艺，最大使用量为0.3 g/kg(以每千克黄豆的使用量计)；肉制品、啤酒加工工艺，最大使用量为0.2 g/kg；焙烤食品工艺，在模具中最大使用量为30 mg/dm^2；油脂加工工艺，最大使用量为0.01 g/kg；果冻、果汁、浓缩果汁粉、饮料、速溶食品、冰激凌、果酱、调味品和蔬菜加工工艺，最大使用量为0.05 g/kg；发酵工艺，最大使用量为0.1 g/kg。

使用方法：将聚二甲基硅氧烷用水或起泡液稀释为均匀的溶液后再加入起泡液中，也可直接加入。

14.3.2　高碳醇脂肪酸酯复合物

高碳醇脂肪酸酯复合物(higher alcohol fatty acid ester complex)别名DSA-5，是由十八碳醇硬脂肪酸酯、液体石蜡、硬脂酸三乙醇胺和硬脂酸铝组成的混合物。

性状与性能：白色至淡黄色黏稠液体，几乎无臭。化学性能稳定，不挥发、不易燃、无腐蚀性。相对密度0.78～0.88。室温下及加热时易流动。−30～25℃时黏度增大，流动性差。高碳醇脂肪酸酯复合物属于破泡型消泡剂，能显著降低泡沫液膜的局部表面张力，加速排液过程，促进泡沫破裂。其消泡效果好，消泡率可达96%～98%。

安全性：大鼠经口LD_{50}>15 g/kg。用含8%的高碳醇脂肪酸酯复合物的饲料饲喂大鼠3个月，没有发现异常。Ames试验、大鼠骨髓细胞染色体畸变试验和显性致突变试验均为阴性。

使用：我国《食品安全国家标准　食品添加剂使用标准》(GB 2760—2014)规定，高碳醇脂肪酸酯复合物可用作消泡剂，用于发酵工艺和大豆蛋白加工工艺。一般工业使用添加量0.5‰～2.5‰。

14.3.3　聚氧丙烯甘油醚

聚氧丙烯甘油醚(polyoxypropylene glycerol ether)又称为甘油聚醚、GP型消泡剂、消泡剂XBE-2020等。聚氧丙烯甘油醚是在KOH作催化剂的条件下，甘油与精制环氧丙烷进行加成反应，然后磷酸中和、脱色、过滤制成。其结构式为：

$$\begin{array}{l} \qquad\qquad\qquad\qquad\qquad\qquad\quad CH_2-\left[O-(C_3H_6)\right]_{n2}-OH \\ \qquad\qquad\qquad\qquad\qquad\qquad\quad | \\ HO-\left[(C_3H_6)-O\right]_{n1}-CH_2-CH-\left[O-(C_3H_6)\right]_{n3}-OH \end{array}$$

$n1,n2,n3$：环氧丙烷聚合度；$n1+n2+n3>16$。

性状与性能：无色或淡黄色黏稠状液体，味苦，无挥发性。溶于苯及其他芳烃溶剂，亦溶于乙醚、乙醇、丙酮、四氯化碳等有机溶剂，难溶于水，热稳定性好。聚氧丙烯甘油醚不溶或难溶于发泡介质中，但有一定的亲水性，投入发泡液中，能迅速进入形成泡沫的物质当中，在泡沫表面伸展扩散。用于酵母、味精等生产过程，消泡效率是食用油的数倍至数十倍。

安全性：小鼠经口 $LD_{50}>10$ g/kg。Ames 试验、小鼠骨髓细胞微核试验和小鼠精子畸变试验，均无致突变作用。

使用：我国《食品安全国家标准　食品添加剂使用标准》(GB 2760—2014)规定，聚氧丙烯甘油醚可用作消泡剂，用于发酵工艺。

使用实例：在味精生产时，采用在基础料中一次加入，加入量为 0.02%～0.03%；对制糖业浓缩工序，在泵口处，预先加入，加入量为 0.03%～0.05%。加入勿过量，以免影响氧气的传递。

14.3.4 聚氧乙烯聚氧丙烯胺醚

聚氧乙烯聚氧丙烯胺醚(polyoxyethylene polyoxypropylene amine ether)又称为三异丙醇胺聚氧丙烯聚氧乙烯醚、消泡剂 BAPE。聚氧乙烯聚氧丙烯胺醚是以三异丙醇胺为原料，在碱性条件下与环氧丙烷开环聚合，再与环氧乙烷加聚，后经脱色、中和、压滤而成。平均相对分子质量为 3 000～4 200，分子式为 $N[(CHCH_3CH_2O)_m(C_2H_4O)_nH]_3$。

性状与性能：无色或微黄色的非挥发性油状液体，溶于乙醚、乙醇、丙酮、四氯化碳、苯及其他芳香族溶剂。在冷水中溶解度比在热水中溶解度大。高于浊点时呈扩散状。聚氧乙烯聚氧丙烯胺醚具有良好的消泡、抑泡作用，属于非离子型消泡剂。

安全性：大鼠经口 LD_{50} 为 10.5～27.8 g/kg(雌性)和 16.7～44.1 g/kg(雄性)。小鼠经口 LD_{50} 为 8.62～25.0 g/kg(雌性)和 7.76～20.5 g/kg(雄性)。Ames 试验、小鼠骨髓微核试验、小鼠睾丸染色体畸变试验，无致突变作用。

使用：我国《食品安全国家标准　食品添加剂使用标准》(GB 2760—2014)规定，聚氧乙烯聚氧丙烯胺醚可用作消泡剂，用于发酵工艺，由于聚氧乙烯聚氧丙烯胺醚消泡力强，因此用量很少。

使用实例：在味精生产中通常使用量为 0.03%～0.06%，具有产酸高、生物素减少、转化率提高等优点；发酵种子罐中用量为 0.012%。在国外，还采用一些天然的脂肪酸作消泡剂，如癸酸、月桂酸(十二烷酸)、肉豆蔻酸(十四烷酸)、辛酸、油酸、棕榈酸产品，它们有的还具有增香的功能，由于这些产品是天然物质，无毒，可安全地用于产品。

目前，复配型消泡剂也逐渐应用到生产中，这类产品较单一的消泡剂具有更好的消泡能力。

14.4 食品被膜剂

14.4.1 紫胶

紫胶(shellac)，又名虫胶、赤胶、紫草茸等，主要成分为虫胶酸、油桐酸和虫胶蜡酸

(40∶40∶20)，此外还含有少量的棕榈酸和肉豆蔻酸等。紫胶是将原料紫梗破碎、筛分、洗涤后，再经热滤、洗胶、脱水和压片制得。也可采取溶解法制备，即将紫梗破碎、筛分、洗涤后，干燥成颗粒状，用酒精溶解过滤，真空浓缩后压制成片状。油桐酸化学式为 $HOCH_2(CH_2)_5CH(OH)(CH)OH(CH_2)_7COOH$，虫胶酸分子式为 $C_{15}H_{30}O_6$。

性状与性能：紫胶为淡黄色至褐色的片状物或粉末，脆而坚，有光泽，稍有特殊气味。熔点 115～120℃，软化点 70～75℃，相对密度 1.02～1.12。可溶于碱、乙醇、乙醚，不溶于酸和水，有一定的防腐能力。紫胶在 125℃加热 3 h，变成不溶于乙醇的物质，有一定的防潮能力。作为被膜剂涂于果蔬表面，可以抑制水分蒸发、调节呼吸作用，防止细菌入侵，达到保鲜的目的；涂于糖果等需要防潮食品表面，不仅形成光亮薄膜，使产品更加美观，而且起到阻隔水分、保持食品质量稳定的作用。

安全性：紫胶的原料紫梗是我国的传统中药，具有清热解毒功效，在长期使用过程中未发现有害作用，只要未被污染，其使用是比较安全的。普通紫胶、漂白紫胶大鼠经口 $LD_{50}>$ 15 g/kg。一般公认安全物质。ADI 不做特殊规定。

使用：我国《食品安全国家标准　食品添加剂使用标准》(GB 2760—2014)规定，紫胶可用作被膜剂和胶姆糖基础剂，经表面处理的鲜水果(仅限柑橘类)，最大使用量为 0.5 g/kg；经表面处理的鲜水果(仅限苹果)，最大使用量为 0.4 g/kg；可可制品、巧克力和巧克力制品(包括代可可脂巧克力及制品)，最大使用量为 0.2 g/kg；胶基糖果及其他糖果，最大使用量为3.0 g/kg；威化饼干，最大使用量为 0.2 g/kg。

使用实例：紫胶在抛光巧克力中的应用。具体使用方法如下：①起光。将紫胶加一定量的水熬成浓度为 20%～25%的稀浆，过滤后作为起光剂。当硬化后的抛光巧克力在有冷风配合的荸荠式糖衣机内滚动时，可将树胶溶液分数次加入，每次加入量一般为 10～20 mL，待在巧克力表面均匀涂布稍干燥后，重复上述操作 2～3 次。对半制品进行涂布并干燥后，就在表面形成了膜层，产品在冷风吹拂下，不断滚动和摩擦，半制品表面便逐渐产生光亮。②上光。把 18 g 紫胶片溶解在 500 mL 酒精中，制成上光剂。将上光剂均匀地涂布在起光后半制品的表面，经干燥后，形成一层均匀的薄膜，从而保护抛光巧克力表面的光亮不受外界气候条件的影响，并在短期内不会褪光。此外，经过不断地滚动和摩擦，已经形成的紫胶保护层本身也会呈现出良好的光泽，从而增强了整个抛光巧克力产品的表面光亮度。

14.4.2　石蜡

石蜡(liquid paraffin)，又名白油、石蜡油，由饱和烷烃组成，一般以 C_nH_{2n+2} 表示，碳链长 12～24。液体石蜡是由石油润滑油馏分经脱蜡精制，或加氢精制而得。

性状与性能：无色半透明油状液体，无臭、无味，但加热时稍有石油气味，不溶于水和乙醇，易溶于挥发性的油并可与大多数非挥发油混溶。长时间光照或加热，能缓慢氧化生成过氧化物。液体石蜡化学性质稳定，具有良好的脱模、消泡抑菌和隔离性能，不被细菌污染，易乳化，有渗透性、可塑性和软化性，在肠内不易被吸收。可作被膜剂、消泡剂和脱模剂。

安全性：经有关实验表明，液体石蜡无急性毒性。亚急性毒性试验发现，高剂量食用液体石蜡的大鼠体重增长缓慢，食物利用率降低，但高剂量组的大鼠各种生化指标及血系均无特殊变化。ADI 不需特殊规定(FAO/WHO,1997)。FAD 将其列入一般公认安全物质(1985)。

使用:我国《食品安全国家标准　食品添加剂使用标准》(GB 2760—2014)规定,液体石蜡可用作消泡剂、被膜剂和脱模剂,可用于薯片加工工艺、油脂加工工艺、糖果加工工艺、胶原蛋白肠衣加工工艺、膨化食品加工工艺、粮食加工工艺(用于防尘)。鲜蛋和除胶基糖果以外的其他糖果,最大使用量为 5.0 g/kg。FAO/WHO(1994)规定用于无核葡萄干,最大使用量为 5 g/kg。用于粮食加工中降尘、喷雾,用量为 200 mg/kg(0.2 g/kg)。

使用实例:液体石蜡在鲜蛋保鲜中的应用。具体使用方法是将鲜蛋放入液体石蜡中浸泡 1～2 min 取出,经 24 h 晾干后,置于坛内保存,100 d 后检查,保鲜率仍可达 100%。

14.4.3　吗啉脂肪酸盐

吗啉脂肪酸盐(果蜡,morpholine fatty acid salt),主要成分是 10%～12%的天然棕榈蜡、2.5%～3%的吗啉脂肪酸盐、85%～87%的水。吗啉脂肪酸盐是由二乙醇胺加盐酸并加热脱水,冷却后加入过量氧化钙进行干馏,馏出液脱水后蒸馏得到吗啉,然后加入等摩尔的脂肪酸,静置后馏去水分制得。吗啉脂肪酸盐加入果蜡并乳化制得吗啉脂肪酸盐果蜡。

性状与性能:淡黄色至黄褐色油状或蜡状物,微有氨臭,可混溶于丙酮、乙醇和苯,溶于水,在水中溶解量多时呈凝胶状,pH 为 7～8,黏度 5～10 Pa·s。在−5～42℃下稳定。吗啉脂肪酸盐具有优良的成膜性,涂于果蔬表面,可形成半透膜,抑制果蔬的呼吸作用,阻止内部水分散失,抑制微生物的入侵,并改善食品外观,提高商品价值,延长货架期。

安全性:大鼠经口 LD_{50} 为 1.6 g/kg(吗啉)。FDA 将其列为一般公认安全物质(GRAS,FDA-21CFR172.235,吗啉)。无蓄积、致畸、致突变作用。进入人体后分解成吗啉和相应的脂肪酸。

使用:我国《食品安全国家标准　食品添加剂使用标准》(GB 2760—2014)规定,吗啡脂肪酸盐(果蜡)可用作被膜剂,用于经表面处理的鲜水果,按生产需要适量使用。

使用实例:吗琳脂肪酸盐在柑橘保鲜中的应用。具体使用方法是先将吗琳脂肪酸盐配成一定浓度的水溶液,然后均匀喷雾或涂刷在新鲜柑橘表面,晾干后在果实表面形成一层薄膜。在实际使用过程中,常常配合添加适量的防霉剂,可获得更好的储藏效果。常用剂量为 1 kg/t。

14.5　胶基糖果中基础剂物质

14.5.1　聚乙酸乙烯酯

聚乙酸乙烯酯(polyvinyl acetate),简称 PVAC。是由醋酸乙烯单体聚合而成的固态树脂,其分子式为$(C_4H_6O_2)_n$ (n=200～800)。相对分子质量≥2 000,结构式如右:

性状与性能:透明、水白色到浅黄色,粒状、片状等。无臭无味,有韧性和塑性,不因日光和热而着色和老化,30C 左右时软化。易溶于丙酮，不溶于水，熔点 100～250℃，相对密度 1.19(20℃)，吸水性 2%～3%(22℃，24 h)。聚乙酸乙烯酯具有适当的热可塑性和良好的咀嚼性，是胶姆糖基的良好原料，属于不溶于水和油的高分子物质，即使误入腹内也不被人体吸收。

安全性：小鼠口服 LD_{50} 为 10 g/kg。ADI 为 0～20 mg/kg。

使用：我国《食品安全国家标准　食品添加剂使用标准》(GB 2760—2014)规定，聚乙酸乙烯酯可用作胶姆糖基础剂，按生产需要适量使用。

14.5.2　丁苯橡胶

丁苯橡胶(butadiene-styrene rubber)，即丁二烯苯乙烯橡胶，按所含丁二烯和苯乙烯比例不同，分为 50/50 与 75/25 两种。由丁二烯和苯乙烯单体聚合而成。丁苯橡胶结构式为：

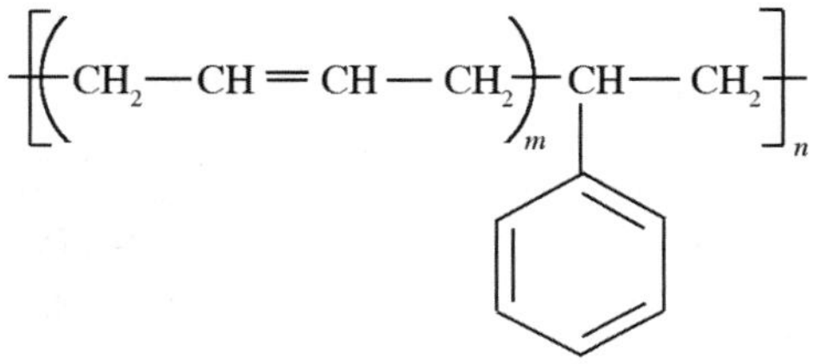

$$\left[\left(CH_2-CH=CH-CH_2\right)_m-\underset{C_6H_5}{CH}-CH_2\right]_n$$

性状与性能：通常为浅黄色有韧性片状或块状物，也可为乳胶态物质，具有轻微橡胶味。50/50 胶乳的 pH 为 10.0～11.0，固性物含量 41%～63%。75/25 胶乳的 pH 为 9.5～11.0，固性物含量 26%～42%。有苯乙烯气味，不完全溶于汽油、苯和氯仿。极性小，黏着性小，耐酸碱。相对密度(0.9～0.95)和玻璃化温度(－75～－60℃)随苯乙烯含量增加而增加。丁苯橡胶耐磨性和耐老化性较优，可作胶姆糖基础物质。

安全性：一般公认安全物质(GRAS，FDA-21CFR172.615)。

使用：我国《食品安全国家标准　食品添加剂使用标准》(GB 2760—2014)规定，丁苯橡胶可用作胶姆糖基础剂，按生产需要适量使用。

14.5.3　松香甘油酯

松香甘油酯(glycerol ester of rosin)，主要成分为枞酸三甘油酯，还有少量的枞酸二甘油酯和单甘油酯。松香甘油酯是以脂松香、氢化松香为原料，与甘油酯化反应制得。没有明确的化学结构式。

性状与性能：淡黄至淡褐色易碎透明玻璃块状物。无臭，或微有特殊气味。味较苦，不溶于水，溶于甲醇、苯、石油、松节油、亚麻仁油等，略溶于乙醇。相对密度为 1.060～1.090。空气中易氧化。

安全性：一般公认安全物质。大鼠经口 LD_{50} 为 21.5 g/kg。ADI 暂定为 0～12.5 mg/kg (JECFA，2011)。

使用：我国《食品安全国家标准　食品添加剂使用标准》(GB 2760—2014)规定，松香甘油酯可用作胶姆糖基础剂，按生产需要适量使用。松香甘油酯可用作脱毛剂，用于畜禽脱毛处理工艺。

14.6 其他食品添加剂

14.6.1 咖啡因

咖啡因是一种生物碱，又称茶碱，分子式为 $C_8H_{10}N_4O_2$，常含 1 分子的结晶水。本品为白色粉末或无色至白色针状结晶，无臭，味苦。溶于水，水溶液 pH 近中性，溶解度随温度升高而明显增加(冷水中 2%，100℃水可达 60%)，可溶于乙醇。水合物在空气中易风化，80℃时失去结晶水。咖啡因有兴奋中枢神经的作用，并具有成瘾性。本品可从茶叶中提取，也可通过化学法合成制得。

咖啡因作为苦味剂，用于可乐型碳酸饮料，最大使用量 0.15 g/kg。

14.6.2 食用单宁

食用单宁是以五倍子为原料提取的。提取出粗单宁后，可采用物理方法，先把大部分杂质分离出去，然后通过分离塔，再用淋洗方法将非单宁酸除去，最终得到高纯度的食用单宁。

食用单宁可作为助滤剂、澄清剂、脱色剂，用于黄酒、啤酒、葡萄酒和配制酒的加工工艺、油脂脱色工艺等。用于啤酒生产时，可在糖化过程使用，煮沸时添加，形成单宁-蛋白质絮凝物，在回旋沉淀和冷凝过程中除去，降低麦汁中的可凝固性氮含量，使麦汁澄清，最终使酒体澄清，提高啤酒可过滤性和胶体稳定性，延长啤酒保质期。

14.6.3 氯化钾

本品为无色细长菱形或立方晶体，或白色结晶小颗粒粉末，外观如同食盐，无臭，味咸。易溶于水、甘油，微溶于乙醇。对光、热和空气都稳定，具吸湿性，易结块。

氯化钾用作调味剂、代盐剂、营养增补剂、胶凝剂等，可在各类食品中按生产需要适量使用。用于盐及代盐制品最大使用量 350 g/kg。也常用于配制运动员饮料。

14.6.4 高锰酸钾

高锰酸钾又称过锰酸钾，属强氧化剂，分子式为 $KMnO_4$，本品为深紫色颗粒物或针状结晶，有金属光泽，味甜而涩，具收敛性。溶于水，其水溶液显紫红色，浓溶液对皮肤、黏膜有腐蚀性，稀溶液可作为消毒、防腐药使用。

本品作为氧化剂具有脱色、除臭的功能，用于食用淀粉、酒类等，最大使用量 0.5 g/kg (酒中残留量以锰计，≤2 mg/kg)。

14.6.5 异构化乳糖液

异构化乳糖是一种还原性二糖，又称乳果糖、乳酮糖、半乳糖基果糖苷。工业上可以用干酪生产的副产物乳清中的乳糖在氢氧化钠作催化剂条件下进行加热使异构化制得，主要成分为乳果糖，还含有乳糖、半乳糖和果糖等。本品为淡黄色透明液体，贮藏或加热后色泽变深。甜度为蔗糖的 60%～70%。本品作为功能性低聚糖有促进双歧杆菌增值的功能。

异构化乳糖液作为双歧杆菌增殖因子可用于婴幼儿配方食品、乳粉和奶油粉及其调制产品等最大使用量 15.0 g/kg，用于饼干最大使用量 2.0 g/kg，用于饮料类（包装饮用水类除外）最大使用量 1.5 g/kg，固体饮料按冲调倍数增加使用量。

14.6.6　辣椒油树脂

辣椒油树脂又称辣椒提取物、辣椒油、辣椒精。是含有许多种物质的混合物，主要含有辣椒色素类物质和辣味类物质。本品为暗红色至橙红色黏稠油状液体，略黏。有强烈辛辣味，并有炙热感。

辣椒油树脂作为增味剂、着色剂可用于复合调味料最大使用量 10.0 g/kg，用于膨化食品最大使用量 1.0 g/kg。

14.6.7　乙酸钠

乙酸钠也叫醋酸钠，由乙酸与碳酸钠反应制得。有乙酸钠（三水合物）和无水乙酸钠之分。乙酸钠为无色透明结晶或结晶性粉末，无臭或稍具醋味，123℃失去结晶水，在温暖、干燥的空气中易风化。无水乙酸钠为白色颗粒状粉末，无臭，易溶于水，易吸湿。

本品用作酸度调节剂、防腐剂，用于复合调味料最大使用量 10.0 g/kg，用于膨化食品最大使用量 1.0 g/kg。

除以上 7 个品种之外，该类别的食品添加剂还包括以下几种物质：

（1）冰结构蛋白，用于冷冻食品，可阻止形成冰结晶，并可把冰结晶的成长控制在最低限度内，常用于冰激凌生产。

（2）半乳甘露聚糖，又名水解瓜尔豆胶，作为水溶性膳食纤维，具有多种生理功能，可在各类食品中按生产需要适量使用。

（3）羟基硬脂精，又名氧化硬脂精，可作为油脂结晶抑制剂，用于基本不含水的脂肪和油。

（4）硫酸镁和硫酸锌，可作为矿物质补充剂，用于饮用水。

思考题

1. 简述消泡剂的消泡原理，其在食品工业中主要应用在哪些领域？
2. 谈谈食品被膜剂主要用在哪些方面。
3. 影响活性炭吸附作用的因素有哪些？

第 14 章思考题答案

参考文献

[1] 郝利平,白卫东,等. 食品添加剂[M]. 北京:中国农业大学出版社, 2016.
[2] 孙宝国. 食品添加剂[M]. 北京:化学工业出版社, 2013.
[3] 李凤林,黄聪亮,余蕾. 食品添加剂[M]. 北京:化学工业出版社, 2008.
[4] 曹劲松,王晓琴. 食品营养强化剂[M]. 北京:中国轻工业出版社,2002.
[5] 汤高奇. 食品添加剂[M]. 北京:中国农业大学出版社,2010.
[6] 高彦祥. 食品添加剂基础[M]. 北京:中国轻工业出版社,2012.
[7] 秦卫东. 食品添加剂学[M]. 北京:中国纺织出版社,2014.
[8] 迟玉杰. 食品添加剂[M]. 北京:中国轻工业出版社,2013.
[9] 凌关庭. 食品添加剂手册[M]. 北京:化学工业出版社,2013.
[10] 程明辉. 基于低聚糖在功能性食品中的研究进展[J]. 农产品加工,2018(13):47-48+51.
[11] 毕云枫,徐琳琳,姜珊,等. 低聚糖在功能性食品中的应用及研究进展[J]. 粮食与油脂,2017,30(01):5-8.
[12] 陈曼,何明,郭妍婷,等. 营养强化剂的研究进展[J]. 广州化工,2016,44(15):19-21.
[13] 孟祥平,张普查. 营养强化剂在食品工业中的应用前景[J]. 食品研究与开发,2013,34(20):122-124.

第15章 食品营养强化剂

【学习目的和要求】

了解营养强化剂的种类及特性，掌握食品营养强化剂的作用和使用方法，熟悉食品营养强化剂的安全使用与研究进展。

【学习重点】

常用营养强化剂的种类、特性、作用及使用方法。

【学习难点】

营养强化剂的安全使用。

《食品安全国家标准 食品营养强化剂使用标准》(GB 14880—2012)对食品营养强化剂、营养素、其他营养成分和特殊膳食用食品等术语进行了定义。

食品营养强化剂指为了增加食品的营养成分(价值)而加入食品中的天然或人工合成的营养素和其他营养成分。

营养素是食物中具有特定生理作用,能维持机体生长、发育、活动、繁殖以及正常代谢所需的物质,包括蛋白质、脂肪、碳水化合物、矿物质、维生素等。

其他营养成分是指除营养素以外的具有营养和(或)生理功能的其他食物成分。

特殊膳食用食品是指为满足特殊的身体或生理状况和(或)满足疾病、紊乱等状态下的特殊膳食需求,专门加工或配方的食品。

人类为了维持生命和健康,必须摄入食品或食物作为营养来源。食品中含有多种营养素如蛋白质、脂肪、维生素和矿物质等。但是,由于种类、加工工艺、原料产地等不同,营养素的分布和含量也不相同。如水果、蔬菜中维生素、矿物质含量较高,但氨基酸、蛋白质和脂肪含量较少;肉中脂肪和蛋白质含量较高,但碳水化合物含量较少;小麦中淀粉和蛋白质含量较高,但缺乏赖氨酸。因此,天然食物几乎没有一种含有满足人体所需的全部营养素。另外,在食品烹制、贮存、运输等环节无法避免食物营养成分流失。如水果罐头在高温杀菌过程中会导致维生素的降解;精制的小麦粉中维生素 B_1、维生素 B_2 几乎全部损失;蔬菜经烹饪后其维生素 C 几乎全部损失。因此,为了保证食品的营养供给,在食品中添加营养强化剂具有重要的意义。

15.1 食品营养强化剂的作用与使用方法

15.1.1 食品营养强化剂的作用

《食品安全国家标准 食品营养强化剂使用标准》(GB 14880—2012)规定,以下几个方面为营养强化的主要目的(或食品营养强化剂的作用)。

(1)弥补食品在正常加工、储存时造成的营养素损失。

(2)在一定的地域范围内,有相当规模的人群出现某些营养素摄入水平低或缺乏,通过强化可以改善其摄入水平低或缺乏导致的健康影响。

(3)某些人群由于饮食习惯和(或)其他原因可能出现某些营养素摄入量水平低或缺乏,通过强化可以改善其摄入水平低或缺乏导致的健康影响。

(4)补充和调整特殊膳食用食品中营养素和(或)其他营养成分的含量。

15.1.2 食品营养强化剂的使用方法与注意事项

食品营养强化剂的种类繁多,使用时要遵守《食品安全国家标准 食品营养强化剂使用标准》(GB 14880—2012)。已批准的营养强化剂有 37 类 130 种相关来源化合物。经强化后的食品,必须经过省(自治区、直辖市)食品卫生监督检验机构检验合格后才能在市场上进行销售，并在该食品标签上标明强化剂的名称和含量，在保质期内不得低于标志含量。食品原成分中含有的营养物质，若其含量达到营养强化剂最低标准的 1/2 者，则不得进行强化。

另外，《食品安全国家标准　食品营养强化剂使用标准》(GB 14880—2012)也规定了营养强化剂的使用要求：

(1)营养强化剂的使用不应导致人群食用后营养素及其他营养成分摄入过量或不均衡，不应导致任何营养素及其他营养成分的代谢异常。

(2)营养强化剂的使用不应鼓励和引导与国家营养政策相悖的食品消费模式。

(3)添加到食品中的营养强化剂应能在特定的储存、运输和食用条件下保持质量的稳定。

(4)添加到食品中的营养强化剂不应导致食品一般特性如色泽、滋味、气味、烹调特性等发生明显不良改变。

(5)不应通过使用营养强化剂夸大食品中某一营养成分的含量或作用误导和欺骗消费者。

15.2　食品营养强化剂

15.2.1　维生素类

维生素是生物体为维持正常的生命活动所必需的一类不同于脂肪、碳水化合物和蛋白质的微量有机化合物的总称。它们不提供能量，但却在人体生长发育、正常生理功能的维持等方面发挥着重要作用。维生素通常存在于各种食品中，人们通过摄取各种食物可获得一定量的维生素。但是，如果食品加工不合理、膳食搭配不合理或身体有消化吸收障碍等，那么人们会出现微生物摄入不足的现象。当身体长期缺乏某种维生素时，人体就会出现各种疾病，如佝偻病、维生素 C 缺乏病和脚气病等。因此，维生素强化剂在强化食品方面有着重要的作用。

维生素种类很多，按溶解性可分为脂溶性和水溶性两大类。脂溶性维生素有维生素 A、维生素 D、维生素 E、维生素 K 等；水溶性维生素有维生素 C 及 B 族维生素，B 族维生素有维生素 B_1、维生素 B_2、维生素 B_6、维生素 PP、泛酸、叶酸等。

维生素是迄今为止使用最早且应用最广泛的营养强化剂。我国目前允许使用的有维生素 C、维生素 B_1、维生素 B_2、维生素 PP、维生素 A 和维生素 D 等。

15.2.1.1　维生素 C

维生素 C(Ascorbicacid)又名抗坏血酸。维生素 C 有 4 种异构体：*D*-抗坏血酸、*D*-异抗坏血酸、*L*-抗坏血酸和 *L*-异抗坏血酸，其中强化用的维生素 C 主要为 *L*-抗坏血酸及其盐类。维生素 C 主要存在于水果、蔬菜等食品中，尤其是猕猴桃、苹果、柑橘等水果中含量较高。维生素 C 的分子式为 $C_6H_8O_6$，相对分子质量为 176.1，结构式如右：

HO　H　O　HO　O　HO　OH

性质与性能：维生素 C 为无色、无臭的白色晶体或粉末，易溶于水，不溶于有机溶剂。熔点 190～192℃。在酸性环境中稳定，在碱性环境中非常不稳定。受氧、热、光、金属离子、盐和糖的影响，维生素很容易降解。维生素 C 具有防治维生素 C 缺乏病、抗氧化、抗癌等作用。

安全性：正常剂量的维生素 C 对人无毒性作用。ADI 为 0～15 mg/kg。

使用：目前普遍使用的是 *L*-抗坏血酸、*L*-抗坏血酸钙、维生素 C 磷酸酯镁、*L*-抗坏血酸钠、*L*-抗坏血酸钾、*L*-抗坏血酸-6-棕榈酸盐等。

按照我国《食品安全国家标准　食品营养强化剂使用标准》(GB 14880—2012)规定，维生素 C 的允许使用品种、使用范围和使用量见表 15-1。

表 15-1　维生素 C 的允许使用品种、使用范围和使用量

食品分类号	食品类别	使用量/(mg/kg)
01.02.02	风味发酵乳	120～240
01.03.02	调制乳粉(儿童和孕产妇用乳粉除外)	300～1 000
	调制乳粉(仅限儿童用乳粉)	140～800
	调制乳粉(仅限孕产妇用乳粉)	1 000～1 600
04.01.02.01	水果罐头	200～400
04.01.02.02	果泥	50～100
04.04.01.07	豆粉、豆浆粉	400～700
05.02.01	胶基糖果	630～13 000
05.02.02	除胶基糖果以外的其他糖果	1 000～6 000
06.06	即食谷物，包括辗轧燕麦(片)	300～750
14.02.03	果蔬汁(肉)饮料(包括发酵型产品等)	250～500
14.03.01	含乳饮料	120～240
14.04	水基调味饮料类	250～500
14.06	固体饮料类	1 000～2 250
16.01	果冻	120～240

15.2.1.2　维生素 B_1

维生素 B_1(Vitamin B_1)又称硫胺素。常用的有盐酸硫胺素、硝酸硫胺素、丙硫硫胺素。用于食品营养强化的主要是盐酸硫胺素及其衍生物。维生素 B_1 主要存在于动物内脏、瘦肉、全谷和坚果等食品中，水果、蔬菜、蛋等也含有维生素 B_1，但含量较低。盐酸硫胺素分子式为 $C_{12}H_{17}ClN_4OS \cdot HCl$，相对分子质量为 337.27，结构式为：

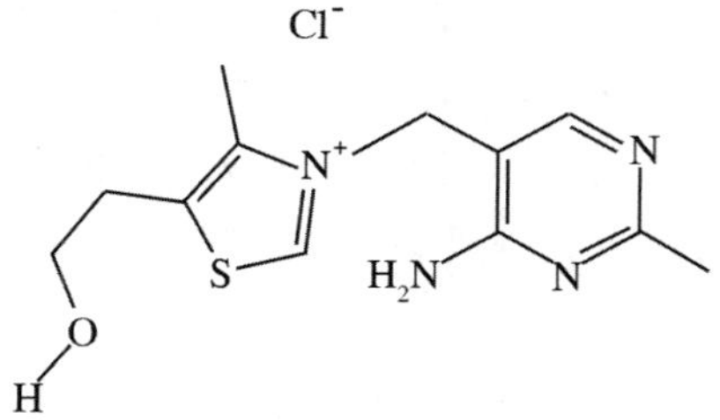

性状与性能：维生素 B_1 为白色针状结晶或结晶性粉末。有微弱的似米糠特异臭，味苦，248～250℃熔化分解。极易溶于水，略溶于乙醇，不溶于苯和乙醚。酸性条件下对热稳定，中性、碱性条件不稳定，如在 pH>7 的条件下煮沸可使其大部分或全部被破坏；对光较稳定。干燥状态下在空气中稳定，但如果吸湿，其会缓慢分解着色。需要储存于遮光密闭的容器内。

维生素 B_1 除了作为辅酶发挥重要生理功能外，还在维持神经、肌肉特别是心肌的正常功能以及维持正常食欲、胃肠道蠕动和消化液分泌等方面发挥重要作用。缺乏维生素 B_1 易患脚气病或多发性神经炎，故维生素 B_1 又称为抗脚气病维生素。

安全性：小鼠经口 LD_{50} 为 9 000 mg/kg。美国食品药品监督管理局将维生素 B_1 列为一般公认安全的物质。一般摄取量没有什么毒性，但多量静脉注射会引起神经冲动。

使用：按照我国《食品安全国家标准　食品营养强化剂使用标准》（GB 14880—2012）规定，维生素 B_1 的允许使用品种、使用范围及使用量如表 15-2 所示。维生素 B_1 的使用量均以盐酸硫胺素计。

表 15-2　维生素 B_1 的允许使用品种、使用范围和使用量

食品分类号	食品类别	使用量/(mg/kg)
01.03.02	调制乳粉（仅限儿童用乳粉） 调制乳粉（仅限孕产妇用乳粉）	1.5～14 3～17
04.04.01.07	豆粉、豆浆粉	6～15
04.04.01.08	豆浆	1～3
05.02.01	胶基糖果	16～33
06.02	大米及其制品	3～5
06.03	小麦粉及其制品	3～5
06.04	杂粮粉及其制品	3～5
06.06	即食谷物，包括辗轧燕麦（片）	7.5～17.5
07.01	面包	3～5
07.02.02	西式糕点	3～6
07.03	饼干	3～6
14.03.01	含乳饮料	1～2
14.04.02.02	风味饮料	2～3
14.06	固体饮料类	9～22
16.01	果冻	1～7

15.2.1.3　维生素 B_2

维生素 B_2（Vitamin B_2）又称核黄素。分子式为 $C_{17}H_{20}N_4O_6$，相对分子质量为 376.37，结构式为：

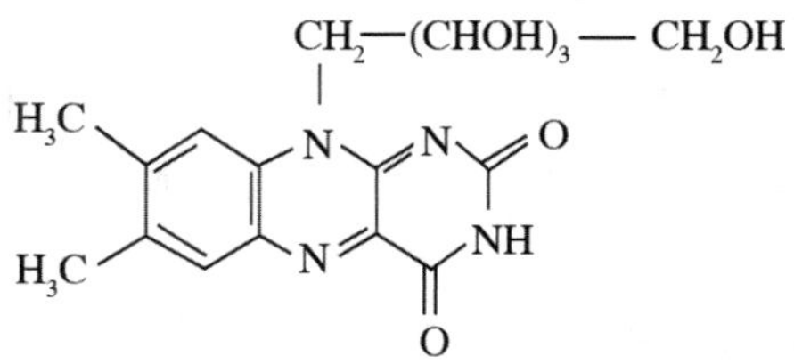

维生素 B_2 主要存在于肝脏、乳类、蛋类、豆类等食品中。

性状与性能：维生素 B_2 为黄色至橙黄色结晶性粉末，稍有臭味，味苦。熔点为 275～282℃。在 240℃时色变暗，并且发生分解。它易溶于稀碱溶液，微溶于水和乙醇，不溶于乙醚和氯仿。饱和水溶液呈中性。对酸、热较稳定。在中性或碱性水溶液中最不稳定。在 pH 为 3.5～7.5 时，发出强荧光。遇还原剂失去荧光和黄色。在光照和紫外线照射下发生不可逆分解。维生素 B_2 的主要功能是促进机体生长发育。缺乏维生素 B_2 会导致新陈代谢受阻，出现口角炎、舌炎、唇炎、脂溢性皮炎、结膜炎、角膜炎等症状。

安全性：大鼠腹腔注射 LD_{50} 为 0.56 g/kg。FAO/WHO(1994)规定 ADI 为 0～0.5 mg/kg，小鼠给予需要量的 1 000 倍(0.34 g/kg)未发现毒性。

使用：按照我国《食品安全国家标准　食品营养强化剂使用标准》(GB 14880—2012)规定，维生素 B_2 的允许使用品种、使用范围及使用量如表 15-3 所示。维生素 B_2 的使用量均以核黄素计。

表 15-3　维生素 B_2 的允许使用品种、使用范围和使用量

食品分类号	食品类别	使用量/(mg/kg)
01.03.02	调制乳粉(仅限儿童用乳粉)	8～14
	调制乳粉(仅限孕产妇用乳粉)	4～22
04.04.01.07	豆粉、豆浆粉	6～15
04.04.01.08	豆浆	1～3
05.02.01	胶基糖果	16～33
06.02	大米及其制品	3～5
06.03	小麦粉及其制品	3～5
06.04	杂粮粉及其制品	3～5
06.06	即食谷物，包括辗轧燕麦(片)	7.5～17.5
07.01	面包	3～5
07.02.02	西式糕点	3.3～7
07.03	饼干	3.3～7
14.03.01	含乳饮料	1～2
14.06	固体饮料类	9～22
16.01	果冻	1～7

15.2.1.4 维生素PP

维生素PP又称烟酸，包括烟酸和烟酰胺两种物质。烟酸又称尼克酸，分子式为C_6H_5-NO_2，相对分子质量为123.11；烟酰胺又称尼克酰胺，分子式为$C_6H_6N_2O$，相对分子质量为122.13。它们的结构式为：

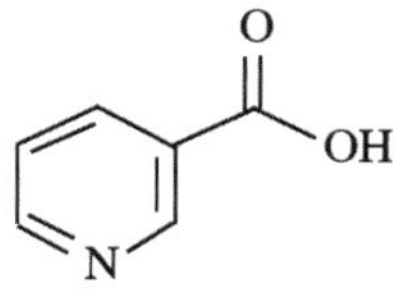

烟酸 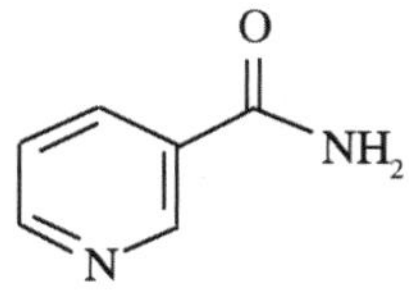　　烟酰胺

性状与性能：烟酸为白色结晶或结晶粉末，无臭、味微酸。熔点234～237℃。能溶于水和乙醇，1 g烟酸能溶于60 mL水和80 mL乙醇(25℃)，易溶于热水、热乙醇和含碱水中，但几乎不溶于乙醚，1%的水溶液pH为3.0～4.0。烟酸无吸湿性，在干燥状态下对光、空气和热相当稳定。在稀酸、碱溶液中几乎不分解。

烟酰胺为白色结晶粉末，无臭、味苦。熔点128～131℃。易溶于水、乙醇和甘油，不溶于苯和乙醚。10%的水溶液pH为6.5～7.5。烟酰胺在干燥状态下对光、空气和热极稳定。在无机酸和碱性溶液中加热转变为烟酸。

烟酸和烟酰胺生理作用相同。它们在体内与磷酸核糖焦磷酸结合成NAD(辅酶Ⅰ)，再被ATP磷酸化成为NADP(辅酶Ⅱ)。NAD和NADP都是脱氢酶的辅酶，是组织中的重要递氢体。几乎参加所有细胞内的呼吸机制，参与葡萄糖的酵解、脂类代谢、丙酮酸代谢、戊糖合成及高能磷酸键的形成等。在肌体代谢中起着十分重要的作用。烟酸和烟酰胺具有维持皮肤和神经健康，促进消化道功能的作用，缺乏时则会发生口炎、舌炎、皮炎、癞皮病及记忆力衰退、精神抑郁、肠炎、腹泻等症状。

烟酸广泛存在于各种动植物食品中，蘑菇、酵母中含量最高，其次为动物内脏、瘦肉、谷类等。绿色蔬菜中含量也较高，而蛋类和乳类则含有丰富的色氨酸。在许多以玉米为主食的地区，由于玉米蛋白中色氨酸含量较低，而色氨酸在体内可以转化为烟酸，因此，该地区癞皮病是一个较严重的问题，这也是由于玉米、高粱等所含烟酸大部分为结合性烟酸，不能被人体吸收所致。

安全性：烟酸，小鼠或大鼠经口LD_{50}为7.0 g/kg。烟酰胺，大鼠经口LD_{50}为2.5～3.5 g/kg，大鼠皮下注射LD_{50}为1.7 g/kg。美国食品药品监督管理局(1985)将烟酸和烟酰胺列为一般公认安全物质。

使用：按照我国《食品安全国家标准　食品营养强化剂使用标准》(GB 14880—2012)规定，烟酸的允许使用品种、使用范围及使用量如表15-4所示。

表 15-4　维生素 PP 的允许使用品种、使用范围和使用量

食品分类号	食品类别	使用量/(mg/kg)
01.03.02	调制乳粉(仅限儿童用乳粉)	23～47
	调制乳粉(仅限孕产妇用乳粉)	42～100
04.04.01.07	豆粉、豆浆粉	60～120
04.04.01.08	豆浆	10～30
06.02	大米及其制品	40～50
06.03	小麦粉及其制品	40～50
06.04	杂粮粉及其制品	40～50
06.06	即食谷物,包括辗轧燕麦(片)	75～218
07.01	面包	40～50
07.03	饼干	30～60
14.0	饮料类(14.01、14.06 涉及品种除外)	3～18
14.06	固体饮料类	110～330

15.2.1.5　维生素 A

维生素 A(Vitamin A)又称视黄醇。维生素 A 包括维生素 A_1 和维生素 A_2,维生素 A_1 是指游离态的不饱和一元多烯醇(视黄醇),维生素 A_2 为 3-脱氢视黄醇。维生素 A_2 的活性是维生素 A_1 的一半。维生素 A_1 主要存在于哺乳类动物的肝脏及海水鱼的肝脏中,维生素 A_2 则多存在于淡水鱼肝脏中。通常使用的是维生素 A_1 制剂。

维生素 A_1 的分子式为 $C_{20}H_{30}O$,相对分子质量为 286,结构式为:

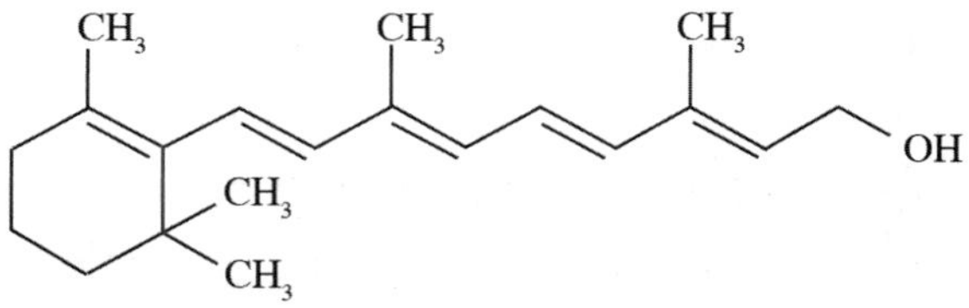

人体从食物中获得的维生素 A 主要有两类:一类是来自动物性食物的维生素 A,在肝脏中含量最高;另一类是维生素 A 原,即各种胡萝卜素,主要存在于深绿色或红黄色蔬菜或水果等植物性食品中,菠菜、胡萝卜、青椒和南瓜等食品中含量较高。

性状与性能:维生素 A 为淡黄色片状结晶或晶体粉末。熔点 62～64℃,沸点 120～125℃。不溶于水,易溶于油脂和有机溶剂。对热、碱较稳定,对酸不稳定。在空气中易氧化而失去生理活性,受紫外线照射易失去活性,用铁器加热易遭破坏。

维生素 A 具有促进生长发育与繁殖,延长寿命,维持人的视力正常,维护上皮组织结构完整和健全等生理功能。长期缺乏维生素 A 会出现夜盲症、干眼症等疾病。

安全性:维生素 A 属于“一般公认安全(GRAS)”添加剂(1985)。维生素 A 毒性甚低,但是一次大量或长期大量摄取也会导致中毒。中毒症状为晕眩、头疼、呕吐、易激怒等。大量服用还有致畸作用,影响胎儿骨骼发育。动物若摄入大量维生素 A 还可能引起死亡。维生

素A中毒因人而异,大致每天摄取2.5万~5万IU(1 IU相当于0.3 μg视黄醇),1个月以上即能引起中毒症状。

使用:目前普遍使用的是维生素A乙酸酯和维生素A棕榈酸酯。维生素A脂肪酸酯使用时常用干酪素等乳化后制成维生素A粉,表面用明胶等作为被膜剂,使之避免与氧气接触而提高其稳定性。一般1 g粉状含纯维生素A 60~150 mg。

按照我国《食品安全国家标准食　食品营养强化剂使用标准》(GB 14880—2012)规定,维生素A的允许使用品种、使用范围及使用量如表15-5所示。

表15-5　维生素A的允许使用品种、使用范围和使用量

食品分类号	食品类别	使用量/(μg/kg)
01.01.03	调制乳	600~1 000
	调制乳粉(儿童用乳粉和孕产妇用乳粉除外)	3 000~9 000
01.03.02	调制乳粉(仅限儿童用乳粉)	2 000~10 000
	调制乳粉(仅限孕产妇用乳粉)	4 000~8 000
02.01.01.01	植物油	4 000~8 000
02.02.01.02	人造黄油及其类似制品	4 000~8 000
03.01	冰激凌类、雪糕类	600~1 200
04.04.01.07	豆粉、豆浆粉	3 000~7 000
04.04.01.08	豆浆	600~1 400
06.02.01	大米	600~1 200
06.03.01	小麦粉	600~1 200
06.06	即食谷物,包括辗轧燕麦(片)	2 000~6 000
07.02.02	西式糕点	2 330~4 000
07.03	饼干	2 330~4 000
14.03.01	含乳饮料	300~1 000
14.06	固体饮料类	4 000~17 000
16.01	果冻	600~1 000
16.06	膨化食品	600~1 500
14.06	固体饮料类	3 000~6 000

15.2.1.6　维生素D

维生素D(Vitamin D)是类固醇的衍生物,具有维生素D活性的物质有10余种,具有防治佝偻病的作用。其中最主要的是维生素D_2(麦角钙化醇)和维生素D_3(胆钙化醇),用于强化的也是这两种。

维生素D_2(麦角钙化醇),分子式为$C_{28}H_{44}O$,相对分子质量为396.66;维生素D_3(胆钙化醇),分子式为$C_{27}H_{44}O$,相对分子质量为384.65。它们的结构式为:

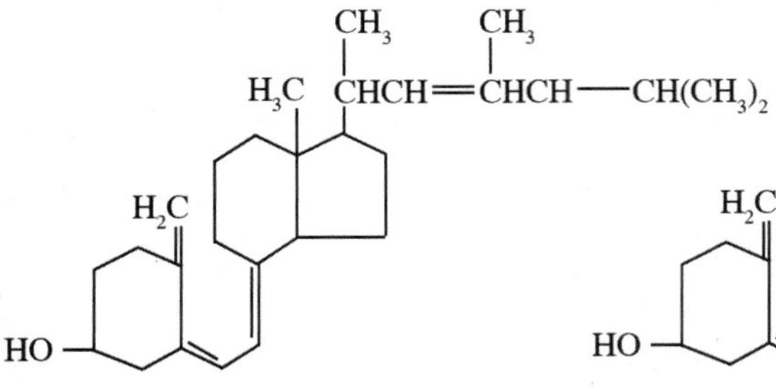

维生素D_2 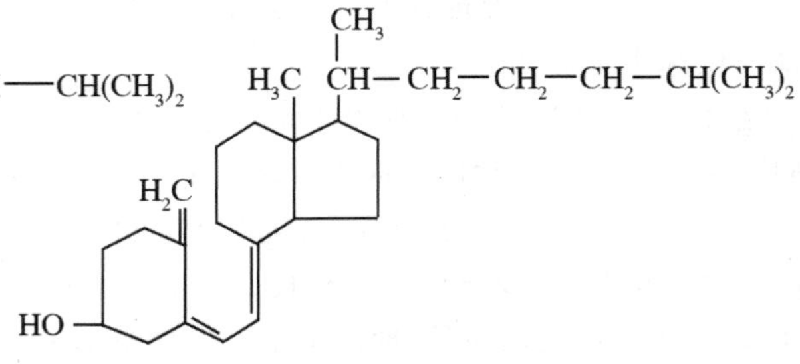　　　　维生素D_3

维生素 D 广泛存在于动物性食品中，含脂肪高的海鱼、鱼卵、动物肝脏、蛋黄、奶油等含量较多，尤其是鱼肝油中含量最高。

性状与性能：维生素 D_2 为无色针状结晶或白色结晶性粉末，无臭、无味。熔点 115～118℃。能溶于乙醇、丙酮、氯仿和油脂，不溶于水。对热相当稳定。溶于油脂中亦相当稳定，但有矿物质存在时则迅速分解。在空气中易氧化，对光不稳定。

维生素 D_3 为无色针状结晶或白色结晶性粉末，无臭、无味。熔点 84～85℃。极易溶于乙醇、丙酮、氯仿，略溶于植物油，不溶于水。耐氧性、耐光性较好，亦耐热。

维生素 D 能够保持钙和磷的正常代谢。缺乏维生素 D 则易发生佝偻病、骨质软化病。

安全性：维生素 D_2 的毒性，成人经口急性中毒剂量为 100 mg/d；豚鼠经口 LD_{50} 为 40 mg/(kg·20 d)；小鼠经口 LD_{50} 为 1 mg/(kg·20 d)，致死剂量 20 mg/(kg·6 d)；大鼠经口、犬经口、猫经口，LD_{50} 为 5 mg/(kg·20 d)。维生素 D_3 的毒性，大鼠经口 LD_{50} 为 42 mg/kg。

维生素 D 中毒表现为食欲不振、呕吐、腹泻、皮肤痒、甚至肾衰竭，继而造成心血管异常，死亡是由于肾钙化、心脏及大动脉钙化所引起。

使用：按照我国《食品安全国家标准　食品营养强化剂使用标准》(GB 14880—2012)规定，维生素 D 的允许使用品种、使用范围及使用量如表 15-6 所示。

表 15-6　维生素 D 的允许使用品种、使用范围和使用量

食品分类号	食品类别	使用量/(μg/kg)
01.01.03	调制乳	10～40
01.03.02	调制乳粉(儿童用乳粉和孕产妇用乳粉除外)	63～125
	调制乳粉(仅限儿童用乳粉)	20～112
	调制乳粉(仅限孕产妇用乳粉)	23～112
02.02.01.02	人造黄油及其类似制品	125～156
03.01	冰激凌类、雪糕类	10～20
04.04.01.07	豆粉、豆浆粉	15～60
04.04.01.08	豆浆	3～15
06.05.02.03	藕粉	50～100
06.06	即食谷物，包括辗轧燕麦(片)	12.5～37.5
07.03	饼干	16.7～33.3

续表 15-6

食品分类号	食品类别	使用量/(μg/kg)
07.05	其他焙烤食品	10～70
14.02.03	果蔬汁(肉)饮料(包括发酵型产品等)	2～10
14.03.01	含乳饮料	10～40
14.04.02.02	风味饮料	2～10
14.06	固体饮料类	10～20
16.01	果冻	10～40
16.06	膨化食品	10～60

15.2.2　氨基酸及含氮化合物类

氨基酸是构成生物体蛋白质的基本单位。组成蛋白质的氨基酸有 20 多种。其中,大部分氨基酸在体内可以合成,这些氨基酸称为非必需氨基酸;有些氨基酸在体内不能合成或合成速度慢,不能满足机体需要,这些氨基酸称为必需氨基酸。必需氨基酸必须从食物中获得。已知的人体必需氨基酸有 9 种,分别为赖氨酸、色氨酸、苯丙氨酸、蛋氨酸、苏氨酸、异亮氨酸、亮氨酸、缬氨酸、组氨酸。

许多食品中缺乏一种或多种必需氨基酸,如谷物食品缺乏赖氨酸,玉米中缺乏色氨酸,豆类中缺乏蛋氨酸。因此,食品强化某些必需氨基酸,对于充分利用蛋白质,提高食品的营养价值具有重要作用。常见的氨基酸及含氮化合物类营养强化剂主要以必需氨基酸和牛磺酸为主。

15.2.2.1　牛磺酸

牛磺酸(Taurine)又称 α-氨基乙黄酸,牛磺酸分子式为 $C_2H_7NSO_3$,相对分子质量为 125.15,结构式为:

$$H_2N-CH_2-CH_2-\overset{\overset{\displaystyle O}{\|}}{\underset{\underset{\displaystyle O}{\|}}{S}}-OH$$

性状与性能:牛磺酸为白色结晶或结晶性粉末,无臭,味微酸,可溶于水,不溶于乙醇、乙醚或丙酮。

牛磺酸并非组成蛋白质的氨基酸,在人体内以游离状态存在。它对促进儿童,尤其是婴幼儿大脑、身高、视力等的生长、发育起着重要作用。牛磺酸在人体内可由蛋氨酸或半胱氨酸代谢的中间产物磺基丙氨酸脱羧形成,但婴幼儿体内此种脱羧酶活性很低,合成受限,应给予补充。特别是用牛乳喂养的婴幼儿,因为牛乳中几乎不含牛磺酸,故必须进行适当营养强化。

安全性:小鼠经口 LD_{50}>10 g/kg。无毒。

使用:按照我国《食品安全国家标准　食品营养强化剂使用标准》(GB 14880—2012)规定,牛磺酸的允许使用品种、使用范围及使用量如表 15-7 所示。

表 15-7　牛磺酸的允许使用品种、使用范围和使用量

食品分类号	食品类别	使用量/(g/kg)
01.03.02	调制乳粉	0.3～0.5
04.04.01.07	豆粉、豆浆粉	0.3～0.5
04.04.01.08	豆浆	0.06～0.1
14.03.01	含乳饮料	0.1～0.5
14.04.02.01	特殊用途饮料	0.1～0.5
14.04.02.02	风味饮料	0.4～0.6
14.06	固体饮料类	1.1～1.6
16.01	果冻	0.3～0.5

15.2.2.2　*L*-赖氨酸

L-赖氨酸(*L*-2,6-二氨基己酸)(*L*-lysine),分子式为 $C_6H_{14}N_2O_2$,相对分子质量为 146.19,结构式如下:

性状与性能:*L*-赖氨酸为白色或近白色自由流动的结晶性粉末。几乎无臭。263～264℃熔化并分解。通常较稳定,高湿度下易结块,稍着色。相对湿度 60%以下时稳定,60%以上则生成二水合物。碱性条件及还原糖存在下加热则分解。易溶于水(40 g/100 mL,35℃),水溶液呈中性至微酸性,与磷酸、盐酸、氢氧化钠、离子交换树脂等一起加热,起外消旋作用。

L-赖氨酸具有增强胃液分泌和造血机能,使白细胞、血红蛋白和丙种球蛋白增加的功能,添加 *L*-赖氨酸-盐酸盐具有提高蛋白质利用率,保持蛋白质代谢平衡,增强机体抗病能力等作用。机体缺少赖氨酸时易发生蛋白代谢障碍或机能障碍。

安全性:*L*-赖氨酸的毒性,大鼠经口 LD_{50} 为 10.75 g/kg。美国食品药品监督管理局(1985)将 *L*-赖氨酸-盐酸盐列为一般公认安全物质。

使用:按照我国《食品安全国家标准　食品营养强化剂使用标准》(GB 14880—2012)规定,*L*-赖氨酸的允许使用品种、使用范围及使用量如表 15-8 所示。

表 15-8　*L*-赖氨酸的允许使用品种、使用范围和使用量

食品分类号	食品类别	使用量(g/kg)
06.02	大米及其制品	1～2
06.03	小麦粉及其制品	1～2
06.04	杂粮粉及其制品	1～2
07.01	面包	1～2

另外,游离的 L-赖氨酸很容易潮解,易发黄变质,并且具有刺激性腥臭味,难以长期保存。如小麦粉中的赖氨酸在制作面包时约损失 15%,若再次焙烤则又损失 5%~10%。而 L-赖氨酸-盐酸盐则比较稳定,不易潮解,便于保存,所以一般商品都以赖氨酸-盐酸盐的形式销售。

15.2.3 矿物质类

矿物质是构成人体组织和维持人体正常生理活动的重要物质。矿物质对于机体而言不仅不能被合成,而且还会随着人体的代谢排出体外,所以矿物质和维生素一样都必须从食物中获取。按照人体对矿物质的需求量,矿物质分为常量元素及微量元素。常量元素有 7 种,分别是钙、磷、镁、钾、钠、氯、硫;微量元素主要有 14 种,分别是铁、锌、铜、锰、碘、钼、钴、硒、铬、镍、锡、硅、氟、钒等。

矿物质在体内的作用主要有以下几个方面:

(1)构成机体的重要组成成分。如钙、磷、镁是骨骼和牙齿的重要成分,维持着骨骼和牙齿的刚性,硫、磷是蛋白质的组成成分,细胞中普遍含有钾,体液中含有钠。

(2)维持细胞的渗透压与机体的酸碱平衡。矿物质和其他有机物一起维持着细胞内外液具有一定的渗透压,对体液的潴留与移动起着重要作用,矿物质和蛋白质还组成一定的缓冲体系,维持着机体的酸碱平衡。

(3)保持神经、肌肉的兴奋。在组织液中的矿物质,尤其是钾、钠、钙、镁等离子保持一定比例,这对维持神经和肌肉的兴奋、细胞膜的通透性以及细胞的正常功能都起着重要作用。

(4)特殊生理功能。如血红蛋白和细胞色素酶系中的铁、甲状腺中的碘对呼吸、生物氧化和甲状腺素的功能起着重要作用。

(5)改善食品的感官性状。如多种磷酸盐能增加肉制品的持水性,从而改善其感官性状,提高出品率。

(6)提高食品的营养价值。矿物质类营养强化剂主要有钙、铁、锌、碘和硒等。

15.2.3.1 钙

钙(Calcium)在人体中占 1.5%,钙是组成骨骼和牙齿的重要成分,人体中 99%的钙都集中在骨骼和牙齿中。另外,钙在血液中以有机酸盐的形式维持着细胞的活力,对神经刺激表现出一定的感应性,对肌肉收缩、血液凝固起着重要作用,而且它可以调节其他矿物质的平衡,可以激活机体内的许多酶系,如三磷酸腺苷酶、琥珀酸脱氢酶、脂肪酸酶及一些蛋白质分解酶等。因此,钙是人体生命活动必不可少的营养成分,尤其是儿童对钙的需要特别重要,也特别敏感。食物中钙不足,会导致软骨病、骨骼畸形、牙齿不整齐等。

按照我国《食品安全国家标准 食品营养强化剂使用标准》(GB 14880—2012)规定,钙的允许使用品种、使用范围及使用量如表 15-9 所示。

表 15-9 钙的允许使用品种、使用范围和使用量

食品分类号	食品类别	使用量/(mg/kg)
01.01.03	调制乳	250～1 000
01.03.02	调制乳粉(儿童用乳粉除外) 调制乳粉(仅限儿童用乳粉)	3 000～7 200 3 000～6 000
01.06	干酪和再制干酪	2 500～10 000
03.01	冰激凌类、雪糕类	2 400～3 000
04.04.01.07	豆粉、豆浆粉	1 600～8 000
06.02	大米及其制品	1 600～3 200
06.03	小麦粉及其制品	1 600～3 200
06.04	杂粮粉及其制品	1 600～3 200
06.05.02.03	藕粉	2 400～3 200
06.06	即食谷物,包括辗轧燕麦(片)	2 000～7 000
07.01	面包	1 600～3 200
07.02.02	西式糕点	2 670～5 330
07.05	饼干	2 670～5 330
07.05	其他焙烤食品	3 000～15 000
08.03.05	肉灌肠类	850～1 700
08.03.07.01	肉松类	2 500～5 000
08.03.07.02	肉干类	1 700～2 550
10.03.01	脱水蛋制品	190～650
12.03	醋	6 000～8 000
14.0	饮料类(14.01、14.02 及 14.06 涉及品种除外)	160～1 350
14.02.03	果蔬汁(肉)饮料(包括发酵型产品等)	1 000～1 800
14.06	固体饮料类	2 500～10 000
16.01	果冻	390～800

强化用的钙主要有碳酸钙、葡萄糖酸钙、柠檬酸钙、乳酸钙、*L*-乳酸钙、磷酸氢钙、*L*-苏糖酸钙、甘氨酸钙、天门冬氨酸钙、柠檬酸苹果酸钙、醋酸钙(乙酸钙)、氯化钙、磷酸三钙(磷酸钙)、维生素 E 琥珀酸钙、甘油磷酸钙、氧化钙、硫酸钙、骨粉(超细鲜骨粉)。

1. 碳酸钙

碳酸钙(Calcium carbonate)为无机钙,分子式为 $CaCO_3$,相对分子质量为 100.09。碳酸钙有重质碳酸钙(粒径 30～50 μm)、轻质碳酸钙(粒径 5 μm)和胶体碳酸钙(粒径 0.03～0.05 μm)。我国目前常用的是轻质碳酸钙。

性状与性能:碳酸钙白色结晶粉末,无臭、无味。可溶于稀乙酸、稀盐酸、稀硝酸产生二氧化碳,难溶于稀硫酸,几乎不溶于水和乙醇。在空气中稳定,但易吸收臭味。

安全性:ADI 不做限制性规定。

2. 葡萄糖酸钙

葡萄糖酸钙，分子式为 $CaC_{12}H_{22}O_{14}$，相对分子质量为 430.38（无水物），结构式如右：

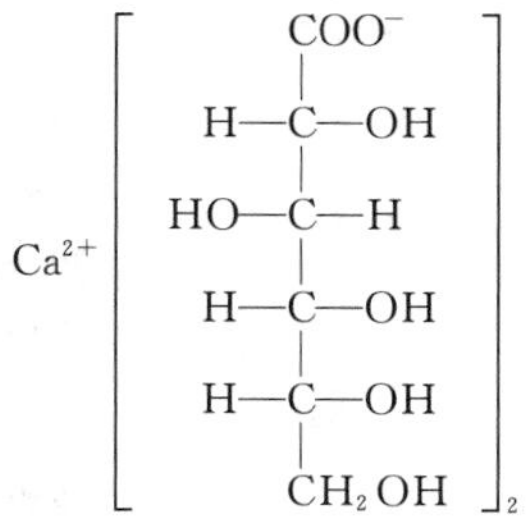

$$Ca^{2+}\left[\begin{array}{c} COO^- \\ | \\ H—C—OH \\ | \\ HO—C—H \\ | \\ H—C—OH \\ | \\ H—C—OH \\ | \\ CH_2OH \end{array}\right]_2$$

性状与性能：葡萄糖酸钙为白色结晶颗粒或粉末，无臭、无味，在空气中稳定，在水中缓慢溶解。不溶于乙醇和其他有机溶剂。

安全性：大鼠静脉注射 LD_{50} 为 0.95 g/kg，小鼠腹腔注射 LD_{50} 为 2.2 g/kg。FAO/WHO（1994）规定，ADI 为 0～50 mg/kg。

3. 柠檬酸钙

柠檬酸钙，分子式为 $Ca_3(C_6H_5O_7)_2\cdot4H_2O$，相对分子质量为 570.50，结构式为：

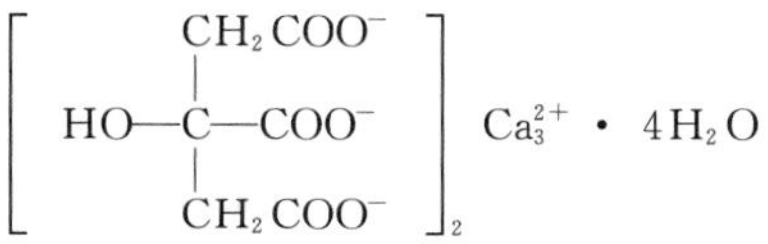

$$\left[\begin{array}{c} CH_2COO^- \\ | \\ HO—C—COO^- \\ | \\ CH_2COO^- \end{array}\right]_2 Ca_3^{2+}\cdot 4H_2O$$

性状与性能：柠檬酸钙为白色粉末，无臭、稍吸湿。极难溶于水，几乎不溶于乙醇。加热至 100℃逐渐失去结晶水，至 120℃完全失去结晶水。

安全性：ADI 不做限制性规定。

4. 乳酸钙

乳酸钙(Calcium lactate)，分子式为 $C_6H_{10}O_6Ca\cdot5H_2O$，相对分子质量为 308.3，结构式为：

$$\left[\begin{array}{c} CH_3—CH—COO^- \\ | \\ OH \end{array}\right]_2 Ca^{2+}\cdot 5H_2O$$

性状与性能：乳酸钙为白色结晶性颗粒或粉末，几乎无臭、无味。加热到 120℃失去结晶水，变成无水物。溶于水，缓慢溶于冷水成为澄清或微浊溶液，易溶于热水。水溶液的 pH 为 6.0～7.0。几乎不溶于乙醇、乙醚、氯仿。

安全性：ADI 无须规定（FAO/WHO，1994）。

15.2.3.2 铁

铁(Ferri)是人体最丰富的微量元素。72%以血红蛋白、3%以肌红蛋白存在，其余的铁是体内细胞色素、酶等物质的组成成分和一些储备铁。铁在机体内参与氧的运转、交换和组织呼吸过程。如果铁的数量不足或铁的携氧能力受阻，则产生缺铁性或营养性贫血。

按照我国《食品安全国家标准　食品营养强化剂使用标准》（GB 14880—2012）规定，铁的允许使用品种、使用范围及使用量如表 15-10 所示。

表 15-10 铁的允许使用品种、使用范围和使用量

食品分类号	食品类别	使用量/(mg/kg)
01.01.03	调制乳	10～20
01.03.02	调制乳粉(儿童用乳粉孕产妇用乳粉除外) 调制乳粉(仅限儿童用乳粉) 调制乳粉(仅限孕产妇用乳粉)	60～200 25～135 50～280
04.04.01.07	豆粉、豆浆粉	46～80
05.02.02	除胶基糖果以外的其他糖果	600～1 200
06.02	大米及其制品	14～26
06.03	小麦粉及其制品	14～26
06.04	杂粮粉及其制品	14～26
06.06	即食谷物,包括辗轧燕麦(片)	35～80
07.01	面包	14～26
07.02.02	西式糕点	40～60
07.03	饼干	40～80
07.05	其他焙烤食品	50～200
12.04	酱油	180～260
14.0	饮料类(14.01、14.02 及 14.06 涉及品种除外)	10～20
14.06	固体饮料类	95～220
16.01	果冻	10～20

强化用的铁主要有硫酸亚铁、葡萄糖酸亚铁、柠檬酸铁铵、富马酸亚铁、柠檬酸铁、乳酸亚铁、氯化高铁血红素、焦磷酸铁、铁卟啉、甘氨酸亚铁、还原铁、乙二胺四乙酸铁钠、羰基铁粉、碳酸亚铁、柠檬酸亚铁、延胡索酸亚铁、琥珀酸亚铁、血红素铁、电解铁。

1. 葡萄糖酸亚铁

葡萄糖酸亚铁(Ferrous gluconate),分子式为 $C_{12}H_{22}O_{14}Fe \cdot 2H_2O$,相对分子质量为 482.17。

性状与性能:葡萄糖酸亚铁为黄灰色或浅黄绿色晶体颗粒或粉末,稍有焦糖气味。溶于水,几乎不溶于乙醇。理论含铁量 12%。葡萄糖酸亚铁易吸收,对消化系统无刺激、无副作用。

安全性:大鼠经口 LD_{50}>3.7 g/kg。本品的 ADI 不做限制性规定。美国食品药品监督管理局将其列为一般公认安全物质。

2. 乳酸亚铁

乳酸亚铁(Ferrous lactate),分子式为 $C_6H_{10}O_6Fe \cdot 3H_2O$,相对分子质量为 288.04,结构式为:

$$\left[\begin{array}{c} H_3C—CH—COO^- \\ | \\ OH \end{array}\right]_2 Fe^{2+} \cdot 3H_2O$$

性状与性能：乳酸亚铁为浅绿色或微黄色结晶或晶体粉末，稍有特异臭和微甜铁味。溶于水，水溶液为带绿色的透明溶液，呈弱酸性。易溶于柠檬酸溶液呈绿色。几乎不溶于乙醇。易吸潮，在空气中被氧化后颜色变深，并且阳光会促进其氧化。乳酸亚铁易吸收，对消化系统无刺激、无副作用。

安全性：小鼠经口 LD_{50} 为 4.875 g/kg；大鼠经口 LD_{50} 为 3.73 g/kg；兔皮下注射 LD_{50} 为 0.577 9 g/kg，静脉注射 LD_{50} 为 0.286 8 g/kg。FAO/WHO(1994)，ADI 为 0～0.8 mg/kg（为铁的暂定日最大耐受摄入量）。美国食品药品监督管理局将其列为一般公认安全物质。

3. 柠檬酸铁

柠檬酸铁(Ferric citrate)，分子式为 $FeC_6H_5O_7 \cdot 2.5H_2O$，相对分子质量为 244.95。

性状与性能：柠檬酸铁根据组成成分为红褐色透明薄片或褐色粉末。含铁量 16.5%～18.5%，在冷水中溶解缓慢，极易溶于热水，不溶于乙醇，水溶液呈酸性，可被光或热还原逐渐变成柠檬酸亚铁。

安全性：ADI 无须规定(FAO/WHO，1994)。

4. 硫酸亚铁

硫酸亚铁(Ferrous sulfate)，分子式为 $FeSO_4 \cdot 7H_2O$，相对分子质量为 151.91(无水物)。

性状与性能：硫酸亚铁为蓝绿色结晶或颗粒，无臭，有带咸味的收敛性味。相对密度 1.899，熔点 64℃，90℃时失去 6 分子结晶水，300℃时失去全部结晶水。在干燥空气中易风化，在潮湿空气中易氧化，形成黄褐色碱性硫酸铁。无水物为白色粉末，相对密度 3.4，与水作用变成蓝绿色，pH 3.7。七水合物理论含铁量 20.45%。

安全性：大鼠经口 LD_{50} 为 279～558 mg/kg(以 Fe 计)。

硫酸亚铁与一般重金属相同，可凝固蛋白质，具有收敛作用及防腐作用。大量吸收，则发生中毒、呕吐、腹泻、中枢神经麻痹及肾炎。

15.2.3.3 锌

锌(Zinc)是人体必需的微量元素，广泛分布于人体的所有组织和器官中，成人体内锌含量为 2～2.5 g。锌可促进人体的生长发育，提高机体的免疫力。缺乏锌的主要症状是生长迟缓或停滞形成侏儒。另外缺锌还表现为伤口愈合慢、味觉异常、食欲不振，出现异食癖。

按照我国《食品安全国家标准　食品营养强化剂使用标准》(GB 14880—2012)规定，锌的允许使用品种、使用范围及使用量如表 15-11 所示。

表 15-11　锌的允许使用品种、使用范围和使用量

食品分类号	食品类别	使用量/(mg/kg)
01.01.03	调制乳	5～10
01.03.02	调制乳粉(儿童用乳粉和孕产妇用乳粉除外)	30～60
	调制乳粉(仅限儿童用乳粉)	50～175
	调制乳粉(仅限孕产妇用乳粉)	30～140
04.04.01.07	豆粉、豆浆粉	29～55.5
06.02	大米及其制品	10～40

续表 15-11

食品分类号	食品类别	使用量/(mg/kg)
06.03	小麦粉及其制品	10～40
06.04	杂粮粉及其制品	10～40
06.06	即食谷物,包括辗轧燕麦(片)	37.5～112.5
07.01	面包	10～40
07.02.02	西式糕点	45～80
07.03	饼干	45～80
14.0	饮料类(14.01、14.02 及 14.06 涉及品种除外)	3～20
14.06	固体饮料类	60～180
16.01	果冻	10～20

强化用的锌主要有硫酸锌、葡萄糖酸锌、甘氨酸锌、氧化锌、乳酸锌、柠檬酸锌、氯化锌、乙酸锌、碳酸锌。

1. 葡萄糖酸锌

葡萄糖酸锌(Zinc gluconate),分子式为 $C_{12}H_{22}O_{14}Zn$,相对分子质量为 455.69(无水物),结构式为:

$$\left[HCH_2O-\underset{H}{\overset{OH}{C}}-\underset{H}{\overset{OH}{C}}-\underset{OH}{\overset{H}{C}}-\underset{H}{\overset{OH}{C}}-COO^- \right]_2 Zn^{2+}$$

性状与性能:葡萄糖酸锌无水物或含有 3 分子水的化合物为白色或几乎白色的颗粒或结晶性粉末,无臭、无味,易溶于水,极难溶于乙醇。

安全性:小鼠(雌性)经口 LD_{50} 为(1.93 ± 0.09) g/kg,小鼠(雄性)经口 LD_{50} 为(2.99±0.1) g/kg。致突变试验、骨髓微核试验及小鼠睾丸染色体畸变试验均无致突变性。美国食品药品监督管理局将其列为一般公认安全物质。

2. 硫酸锌

硫酸锌(Zinc sulfate),分子式为 $ZnSO_4 \cdot nH_2O$,相对分子质量为 161.44(以 $ZnSO_4$ 计)。硫酸锌含 1 分子或 7 分子水。

性状与性能:硫酸锌为无色透明的棱柱状或细针状结晶或结晶性粉末,无臭。其 7 分子水合物在室温、干燥空气中易失水及风化,1 分子水合物加热至 283℃时失水。溶于水与甘油,水溶液呈酸性,不溶于乙醇。

安全性:大鼠经口 LD_{50} 为 2.949 g/kg。美国食品药品监督管理局将其列为一般公认安全物质。硫酸锌对皮肤、黏膜有刺激作用,大量内服可引起呕吐、恶心、腹痛和消化障碍。

3. 乳酸锌

乳酸锌(Zinc lactate),分子式为 $Zn(C_3H_5O_3)_2 \cdot 3H_2O$,相对分子质量为 297.58,结构式为:

$$\left[\begin{array}{c}CH_3—CH—COO^-\\ |\\ OH\end{array}\right]_2 Zn^{2+}\cdot 3H_2O$$

性状与性能：乳酸锌为白色结晶性粉末，无臭。溶于水，可溶于60倍冷水或6倍热水中。含锌量22.2%。

安全性：小鼠经口 LD_{50} 为0.977～1.778 g/kg。

15.2.3.4　碘

碘是人体必需的微量元素，正常成人体内含碘20～50 mg，其中70%～80%存在于甲状腺组织内，是甲状腺激素合成必不可少的成分。碘缺乏的典型症状为甲状腺肿大。

强化用的碘主要有碘酸钾、碘化钾、碘化钠。

1. 碘化钾

碘化钾，分子式为KI，相对分子质量为166.00。

性状及性能：碘化钾为无色透明或白色立方晶体或颗粒性粉末，相对密度3.13，熔点723℃，沸点1 420℃。在干燥空气中稳定，在潮湿空气中略有吸湿。1 g碘化钾约可溶于25℃ 0.7 mL水、0.5 mL沸水、2 mL甘油以及22 mL乙醇。5%溶液的pH为6～10。水溶液遇光变黄，并析出游离碘。

安全性：美国食品药品监督管理局将其列为一般公认安全物质。

2. 碘酸钾

碘酸钾，分子式为KIO，相对分子质量为214.00。

性状及性能：碘酸钾为白色结晶性粉末，无臭，熔点560℃，部分分解。相对密度3.89。1 g碘酸钾溶于约15 mL水中，不溶于乙醇，水溶液的pH为5～8。

安全性：小鼠经口 LD_{50} 为531 mg/kg，小鼠腹腔注射 LD_{50} 为136 mg/kg。美国食品药品监督管理局将其列为一般公认安全物质。FAO/WHO(1994)规定，ADI不做限制性规定。

15.2.3.5　硒

硒(Selenium)是人体必需的微量元素，是人体内含硒酶——谷胱甘肽过氧化物酶的重要成分，谷胱甘肽过氧化物酶能催化还原型谷胱甘肽接受过氧化物中的氧成为氧化型谷胱甘肽，从而使有毒的过氧化物还原为无害的羟基化合物。过氧化氢会在谷胱甘肽过氧化物酶的催化作用下被分解，从而保护细胞及组织免受过氧化物的损害，特别是保护细胞膜和细胞器膜，如线粒体、微粒体和溶酶体的膜。在食品加工时，硒会因精制和烧煮过程而有所损失，所以越是精制的和长时间烧煮加工的食品，其含硒量越少。人体缺硒可导致克山病、大骨节病、高血压、肝硬化、胰腺炎、纤维瘤、癌症等。

按照我国《食品安全国家标准　食品营养强化剂使用标准》(GB 14880—2012)规定，硒的允许使用品种、使用范围及使用量如表15-12所示。

表 15-12　硒的允许使用品种、使用范围和使用量

食品分类号	食品类别	使用量/(μg/kg)
01.03.02	调制乳粉(儿童用乳粉除外) 调制乳粉(仅限儿童用乳粉)	140～280 60～130
06.02	大米及其制品	140～280
06.03	小麦粉及其制品	140～280
06.04	杂粮粉及其制品	140～280
07.01	面包	140～280
07.03	饼干	30～110
14.03.01	含乳饮料	50～200

强化用的硒主要有硒酸钠、亚硒酸钠、硒蛋白、富硒食用菌粉、*L*-硒-甲基硒代半胱氨酸、硒化卡拉胶、富硒酵母。

1. 亚硒酸钠

亚硒酸钠，又名亚硒酸二钠，分子式为 Na_2SeO_3，相对分子质量为 172.95(无水物)。

性状及性能：亚硒酸钠为白色结晶，在空气中稳定，易溶于水，不溶于乙醇。五水合物易在空气中风化失去水分，加热至红热时分解。理论含硒量 45.7%。

安全性：大白鼠经口 LD_{50} 为 7 mg/kg。

2. 硒化卡拉胶

硒化卡拉胶(Kappa-selenocarrageenan)是取硒粉用浓硝酸溶解后与卡拉胶溶液反应、精制而成。

性状与性能：硒化卡拉胶为微黄色至土黄色粉末，有微臭。溶于水并形成均匀的水溶胶，水溶胶呈酸性。在乙醇中几乎不溶。

安全性：雌性小鼠经口 LD_{50} 为 0.818 g/kg，雄性小鼠经口 LD_{50} 为 0.934 g/kg；雌性大鼠经口 LD_{50} 为 0.575 g/kg，雄性大鼠经口 LD_{50} 为 0.703 g/kg。ADI 为 0.125 mg/kg(相当于硒 1.5 μg/kg)。

使用：按照我国《食品安全国家标准　食品营养强化剂使用标准》(GB 14880—2012)规定，硒化卡拉胶仅限用于 14.03.01 含乳饮料。

3. 富硒酵母

富硒酵母(Selenoyeast)是在酵母培养基中添加硒化物后培养而成的。硒取代了酵母中硫氨酸的硫，形成硒代氨基酸，进一步组成蛋白质。

性状与性能：富硒酵母为浅黄色至浅黄棕色颗粒或粉末，具有酵母的特殊气味。

安全性：小鼠经口 $LD_{50}>10$ g/kg。

使用：按照我国《食品安全国家标准　食品营养强化剂使用标准》(GB 14880—2012)规定，富硒酵母也仅限用于 14.03.01 含乳饮料。

15.2.4 脂肪酸类

1. 二十二碳六烯酸

二十二碳六烯酸(Docosahexaenoic acid,DHA),属于 ω-3 系列多不饱和脂肪酸的一种。分子式为 $C_{22}H_{32}O_2$,相对分子质量为 328.5,结构式如右:

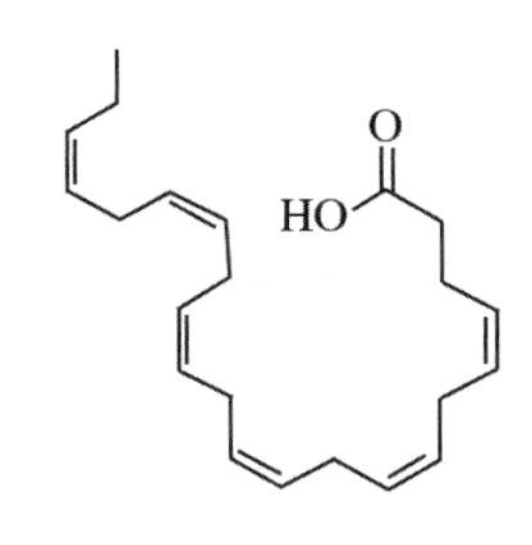

性状与性能:DHA 为无色透明液体。熔点为-44℃,沸点为 447℃。DHA 具有促进脑功能和生长发育、抗衰老、改善血液循环、降血脂等作用。由于 DHA 是大脑细胞膜的重要构成成分,参与脑细胞的形成和发育,对神经细胞轴突的延伸和新突起的形成有重要作用,尤其是对促进出生后婴儿大脑发育具有重大意义。

使用:按照我国《食品安全国家标准 食品营养强化剂使用标准》(GB 14880—2012)规定,DHA 的允许使用品种、使用范围及使用量如表 15-13 所示。

表 15-13 DHA 的允许使用品种、使用范围和使用量

食品分类号	食品类别	使用量
01.03.02	调制乳粉(仅限儿童用乳粉) 调制乳粉(仅限孕产妇用乳粉)	≤0.5%(占总脂肪酸的百分比) 300~1 000 mg/kg

强化用的 DHA 主要是二十二碳六烯酸油脂,其来源于裂壶藻(*Schizochytrium* sp.)、吾肯氏壶藻(*Ulkeniaa moeboida*)、寇氏隐甲藻(*Crypthecodinium cohnii*)或金枪鱼油(Tuna oil)。

2. γ-亚麻酸

γ-亚麻酸(γ-linolenic acid),分子式为 $C_{18}H_{30}O_2$,相对分子质量为 278.438,结构式为:

$$CH_3—(CH_2)_4—CH═CH—CH_2—CH═CH—CH_2—CH═CH—(CH_2)_4—COOH$$

性状与性能:亚麻酸为黄色油状液体。γ-亚麻酸是食品中亚油酸转化为前列腺素的中间产物,为人体的一种必需脂肪酸,存在于母乳中,一旦缺少将导致组织机能严重紊乱,引起各种疾病,如高血脂、糖尿病、病毒感染、皮肤老化等。

安全性:大鼠、小鼠经口 LD_{50}>12.0 g/kg(北京医科大学报告)。

使用:按照我国《食品安全国家标准 食品营养强化剂使用标准》(GB 14880—2012)规定,γ-亚麻酸的允许使用品种、使用范围及使用量如表 15-14 所示。

表 15-14　γ-亚麻酸的允许使用品种、使用范围和使用量

食品分类号	食品类别	使用量/(μg/kg)
01.03.02	调制乳粉	20～50
02.01.01.01	植物油	20～50
14.0	饮料类(14.01,14.06 涉及品种除外)	20～50

3. 花生四烯酸

花生四烯酸(Arachidonic acid,AA 或 ARA),是一种 ω-6 多不饱和脂肪酸,为花生油中饱和花生酸的相对物。分子式为 $C_{20}H_{32}O_2$,相对分子质量为 304.46,结构式为:

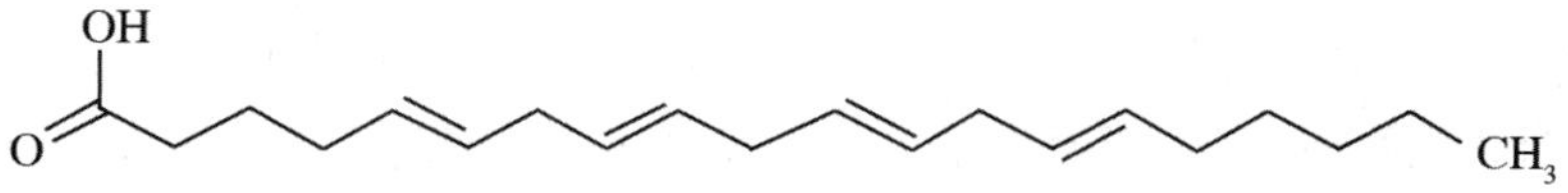

性状与性能:花生四烯酸在室温下呈液体,熔点为 −49.5℃,沸点为 245℃,溶解于醇、醚和水中,碘值为 333.50 gI/100 g,紫外吸收峰为 257 nm、268 nm 和 315 nm。

AA 是由乙酰 CoA 通过脂肪酸的生物合成途径,先合成硬脂酸,在脱氢酶的作用下经过两步脱氢合成亚油酸,经链延长生成 γ-亚麻酸,再在 Δ^5- 脱饱和酶的作用下生成花生四烯酸。AA 具有益智健脑、提高视敏度、酯化胆固醇、抑制血小板凝集、增加血管弹性、降低血液黏度、调节血细胞功能、调节血脂和血糖、保护皮肤、抗炎症等功能。

使用:按照我国《食品安全国家标准　食品营养强化剂使用标准》(GB 14880—2012)规定,AA 的允许使用品种、使用范围及使用量如表 15-15 所示。

表 15-15　AA 的允许使用品种、使用范围和使用量

食品分类号	食品类别	使用量
01.03.02	调制乳粉(仅限儿童用乳粉)	≤1%(占总脂肪酸的百分比)

15.2.5　低聚糖类

低聚糖俗称寡糖,主要是由 2～10 个同种或不同种单糖分子通过糖苷键之间的相互作用结合而成的直链或支链的低度聚合糖。主要分为具有功能性的特殊低聚糖和不具有功能性的普通低聚糖。功能性低聚糖主要包括低聚果糖、低聚半乳糖、低聚异麦芽糖、低聚木糖、低聚龙胆糖等。功能性低聚糖具有热量低、降胆固醇、提高机体免疫力、预防肿瘤等功效。

按照我国《食品安全国家标准　食品营养强化剂使用标准》(GB 14880—2012)规定,低聚糖的允许使用品种、使用范围及使用量如表 15-16 和表 15-17 所示。

表 15-16　低聚果糖的允许使用品种、使用范围和使用量

营养强化剂	食品分类号	食品类别	使用量
低聚果糖	01.03.02	调制乳粉(仅限儿童用乳粉和孕产妇用乳粉)	≤64.5 g/kg

表 15-17　仅允许用于部分特殊膳食用食品的其他营养成分及使用量

营养强化剂	食品分类号	食品类别	使用量
低聚半乳糖(乳糖来源)	13.01	婴幼儿配方食品	单独或混合使用,该类物质总量不超过 64.5 g/kg
低聚果糖(菊苣来源)	13.02.01	婴幼儿谷类辅助食品	

15.3　食品营养强化剂的使用安全与研究进展

15.3.1　食品营养强化剂的使用原则

(1)应选择目标人群普遍消费且容易获得的食品进行强化。

(2)作为强化载体的食品消费量应相对比较稳定。

(3)我国居民膳食指南中提倡减少食用的食品不宜作为强化的载体。

(4)强化的营养素应是人们膳食中或大众食品中含量低于需要量的营养素。

(5)添加到食品中的营养强化剂不应导致食品一般特性如色泽、滋味、气味、烹调特性等发生明显不良改变。

(6)营养强化剂的使用不应导致人群食用后营养素及其他营养成分摄入过量或不均衡,不应导致任何营养素及其他营养成分的代谢异常。

(7)尽量选择具有生物活性和稳定性高的营养强化剂,在食品加工、储存过程中不易分解破坏。

(8)尽量选择易被机体吸收利用的营养强化剂,尽量避免使用难溶的、难以吸收或易被食物影响吸收率的强化剂。

(9)营养强化剂在食品中的使用范围、使用量应符合《食品安全国家标准　食品营养强化剂使用标准》(GB 14880—2012)的要求。

(10)特殊膳食用食品中营养素及其他营养成分的含量按相应的食品安全国家标准执行,允许使用的营养强化剂及化合物来源应符合《食品安全国家标准　食品营养强化剂使用标准》(GB 14880—2012)的要求。

(11)卫生安全,质量合格,经济合理。

15.3.2　营养强化剂的发展趋势

随着经济的发展及科技的进步,以及全球经济的一体化,人们对于食品强化剂的关注主要集中在以下几个方面。

1. 营养强化食品内涵向“功能性”和“保健性”拓展

公众对健康问题的关注焦点已经由解决营养素缺乏转向饮食与最佳健康状态之间的关系，拓展到相关营养因子和非营养因子对特定疾病高危人群的实际效果。营养素强化不再仅仅是以维持身体健康或不生病为目的，消费者更加迫切地希望借助营养素的强化来预防甚至治疗某些特殊疾病，以维持最佳的健康状况。这与功能性食品所倡导的食品“第三功能”，即调节人体机能的功能相符合。

2. 研发低热量、低脂肪的食品营养强化剂

现在的饮食多以高热量、高脂肪的物质为主，因此，肥胖症患者越来越多，肥胖不仅影响体型，更重要的是其潜伏着很多致命的病症。肥胖者中，冠心病发病率较正常人高2～5倍；高血压发病率可达22.3%～50%。所以国内外一直致力于研发低热量、低脂肪的食品营养强化剂。

3. 注重天然提取物食品营养强化剂的开发

目前，国内外关注的焦点是从药食两用植物中开发新型的食品添加剂。旨在从天然药食两用的植物中提取功能性有效成分，用于食品营养强化剂。

思考题

1. 食品营养强化剂的定义及营养强化的原则是什么？
2. 使用营养强化剂都有哪些要求？
3. 常用的氨基酸类强化剂有哪些？
4. 常用的矿物质类强化剂有哪些？
5. 常用的脂肪酸类强化剂有哪些？

第15章思考题答案

参考文献

[1] 郝利平，聂乾忠，周爱梅，等. 食品添加剂[M]. 北京：中国农业大学出版社，2016.
[2] 孙宝国. 食品添加剂[M]. 北京：化学工业出版社，2013.
[3] 李凤林，黄聪亮，余蕾. 食品添加剂[M]. 北京：化学工业出版社，2008.
[4] 曹劲松，王晓琴. 食品营养强化剂[M]. 北京：中国轻工业出版社，2002.
[5] 汤高奇. 食品添加剂[M]. 北京：中国农业大学出版社，2010.
[6] 高彦祥. 食品添加剂基础[M]. 北京：中国轻工业出版社，2012.

[7] 秦卫东. 食品添加剂学[M]. 北京：中国纺织出版社，2014.
[8] 迟玉杰. 食品添加剂[M]. 北京：中国轻工业出版社，2013.
[9] 凌关庭. 食品添加剂手册[M]. 北京：化学工业出版社，2013.
[10] 程明辉. 基于低聚糖在功能性食品中的研究进展[J]. 农产品加工，2018(13)：47-48+51.
[11] 毕云枫，徐琳琳，姜珊，等. 低聚糖在功能性食品中的应用及研究进展[J]. 粮食与油脂，2017，30(01)：5-8.
[12] 陈曼，何明，郭妍婷，等. 营养强化剂的研究进展[J]. 广州化工，2016，44(15)：19-21.
[13] 孟祥平，张普查. 营养强化剂在食品工业中的应用前景[J]. 食品研究与开发，2013，34(20)：122-124.

第16章 实验

实验一　食品防腐剂的性质及其应用

一、目的要求

掌握不同食品防腐剂的溶解性及其应用方法。

二、实验材料

奶粉、苯甲酸、苯甲酸钠、山梨酸、山梨酸钾、对羟基苯甲酸酯类、量筒、烧杯等。

三、实验步骤

1. 分别用冷水、热水(100℃)、乙醇(95%)溶解苯甲酸、苯甲酸钠、山梨酸、山梨酸钾、对羟基苯甲酸酯类，比较其不同的溶解特性。

2. 配置奶粉溶液(10%)50 mL，分别加入各种防腐剂(2%)，同时做空白对照实验。

3. 常温 25℃贮藏，观察记录样品腐败变质的具体时间。

四、实验结果

1. 比较各种食品防腐剂在不同溶剂中的溶解性(易溶、溶解、微溶、不溶，见表 16-1-1)。

表 16-1-1　各种防腐剂在不同溶剂中的溶解性

	苯甲酸	苯甲酸钠	山梨酸	山梨酸钾	对羟基苯甲酸酯类
冷水					
热水					
乙醇					

2. 比较各种食品防腐剂对奶粉的防腐效果(表 16-1-2)。

表 16-1-2　各种防腐剂对奶粉的防腐效果

	苯甲酸	苯甲酸钠	山梨酸	山梨酸钾	对羟基苯甲酸酯类
变质时间					

五、思考题

试比较山梨酸及其盐类、苯甲酸及其盐类、对羟基苯甲酸酯类、丙酸钠(钙)、脱氢乙酸、双乙酸钠等化学防腐剂的共同点和不同点。

实验一思考题答案

实验二 食品抗氧化剂的性质及其应用

一、目的要求

掌握食品抗氧化剂的性质及合理使用抗氧化剂的方法。

二、实验原理

水溶性抗氧化剂维生素C具有消耗氧气及抑制多酚氧化酶活性的特点，可有效地抑制果蔬制品的氧化变色。

三、实验材料

苹果、抗坏血酸、榨汁机、去皮刀、量筒、烧杯、分析天平等。

四、实验步骤

1. 称量抗坏血酸 0.01 g 于烧杯中。
2. 取苹果 5 kg，清洗、去皮、去核，切成四块、榨汁。
3. 量取 100 mL 苹果汁放置 10 min 后，加入 0.01 g 抗坏血酸，摇匀。
4. 量取 100 mL 苹果汁于盛有 0.01 g 抗坏血酸的烧杯中，摇匀。
5. 量取 100 mL 苹果汁于烧杯中。
6. 以上处理均放置 15 min，观察现象。

五、思考题

1. 抗坏血酸抗氧化作用的原理是什么？
2. 如何选择加入抗氧化剂的时机？

实验二思考题答案

实验三　食品护色剂的性质及其应用

一、目的要求

掌握食品护色剂的性质及主要作用。

二、实验原理

亚硝酸盐在酸性条件下能产生 NO，NO 与肉类中的肌红蛋白结合，生成具有鲜红色的亚硝基肌红蛋白，此化合物在加热后释放出巯基而生成粉红色的亚硝基血色原（含 Fe^{2+}），此化合物性质稳定，从而使肉制品呈现持久的鲜红色。

三、实验材料

牛肉 5 kg、花椒 5 g、大茴香 5 g、桂皮 1.25 g、良姜 5 g、丁香 1.25 g、陈皮 1.25 g、白芷 2.5 g、砂仁 2.5 g、草果 3.75 g、辣椒 5 g、盐 1.8%、糖 1.5%、亚硝酸钠 0.015%、复合磷酸盐 0.4%、维生素 C 0.025%、电子天平、菜刀、菜板、电磁炉等。

四、实验步骤

1. 牛肉 500 g，切成 2 cm×2 cm 方块。称取适量亚硝酸钠，用适量水溶解，加入肉中，混合均匀。称取适量食盐、糖、复合磷酸盐、维生素 C 混匀，加入肉中，混合均匀。称取其他调料加入肉中，混合均匀。

2. 牛肉 500 g，切成 2 cm×2 cm 方块。称取适量食盐、糖、复合磷酸盐、维生素 C 混匀，加入肉中，混合均匀，称取其他调料加入肉中，混合均匀。

3. 以上两组处理腌制一天后观察颜色变化，加入适量水煮 30 min，观察颜色变化。

五、思考题

亚硝酸钠护色作用的机理是什么？

实验三思考题答案

实验四 色素的调配和彩虹蛋糕的制作

一、目的要求

通过彩虹蛋糕的制作，学习食用色素在裱花蛋糕中的应用，掌握食用色素的调配、使用方法和最大使用剂量。

二、实验原理

彩虹蛋糕因其绚烂的颜色、诱人的口感，吸引着广大的消费者。食品添加剂——色素在其制作过程中起到关键作用。根据《食品安全国家标准 食品添加剂使用标准》(GB 2760—2014)规定，能用于糕点上彩装的色素有很多，赤藓红及其铝色淀(最大使用量 0.05 g/kg)、靛蓝及其铝色淀(最大使用量 0.1 g/kg)、黑豆红(最大使用量 0.8 g/kg)、黑加仑红(按生产需要适量使用)，在使用的时候要注意最大使用剂量、添加的方式方法等。

三、实验材料与设备

白砂糖 90 g(60 g 加入蛋白中，30 g 加入蛋黄中)、牛奶 40 g、奶油、色拉油(无味蔬菜油)40 g、食用色素、低筋面粉 85 g、鸡蛋 5 个(约 50 g/个)、牛奶、打蛋器、蛋糕模具等。(注：盛蛋白的盆无水无油。)

四、实验方法

1. 食用色素的调配：按照色素调配基本原则(图 16-4-1)，调配色素的颜色，能根据基本色调配需要的目的颜色。

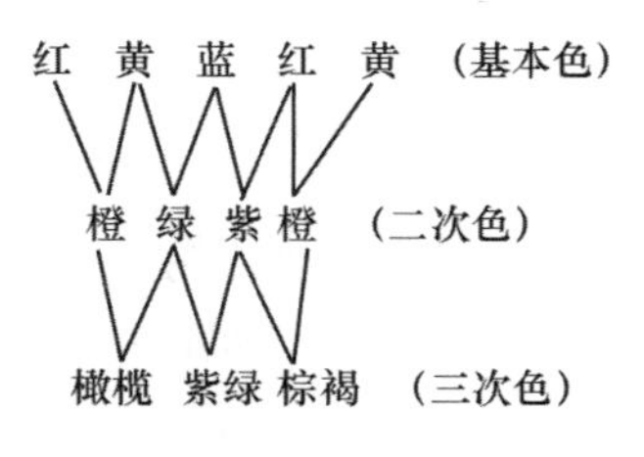

图 16-4-1 配色图

每位同学一个一次性餐盘，用食用色素进行配色实验，每组调出 3 种二次色或三次色。

2. 彩虹裱花蛋糕的制作：遵守 GB/T 31059—2014，蛋糕坯子用戚风蛋糕坯(chiffon cake)(图 16-4-2)。

图 16-4-2 彩虹蛋糕制备参考图

(1)蛋白低速打发至鱼眼泡状,加入 1/3 糖,中速搅打到蛋白开始变浓稠,具比较稠密的泡沫时,再加 1/3 糖,再继续搅打到蛋白比较浓稠,表面出现纹路时,再加 1/3 糖,高速打至鸡尾状,提起打蛋器,蛋白能拉出弯曲的尖角的时候,表示已经到了湿性发泡的程度。再打发到干性发泡的时候(提起打蛋器,蛋白能拉出一个短小直立的尖角),停止搅打。把制备好的蛋白暂时放到冰箱,接下来制备蛋黄。

(2)蛋黄、细砂糖用打蛋器轻轻打散,加入色拉油和牛奶,搅拌均匀,在蛋黄混合物中加入过筛的面粉,用橡皮刮刀轻轻搅拌均匀。(注:不要过度搅拌,以免面粉起筋。)

(3)把(1)和(2)混合均匀,每次取 1/3 蛋白到蛋黄糊中。(注:从底部往上翻搅,不要画圈搅拌,以免蛋白消泡。)

(4)把蛋糕糊分装入不同的容器中,加入食用色素,翻拌均匀。放入烤盘入烤箱,烤箱 175℃预热 10 min(注:不同烤箱温度不同)。入烤箱中层烤 20 min 左右,后期注意观察,用牙签插入再拔出发现没有粘到面糊就算烤熟了。

(5)奶油加入细砂糖,高速打发奶油呈明显纹路,调入适量色素备用。

(6)蛋糕胚晾凉后抹上调好色素的奶油,对蛋糕进行裱花,蛋糕完成后,上面可撒下彩色糖粒进行装饰。

五、实验注意事项

1. 烤蛋糕片需要烤多次,没有烤的蛋糕糊放冰箱。
2. 调色的时候翻搅好要立即倒入模具中,以防消泡。
3. 抹奶油一定要等蛋糕片凉透。

六、实验结果

1. 记录调配色素的过程和结果。
2. 粗略计算色素是否超标。详细观察在蛋糕制备过程中,温度和烤制时间对不同色素的影响。

七、思考题

食品着色剂注意事项和使用方法有哪些?

实验四思考题答案

实验五 几种酸味剂的性能比较

一、目的要求

了解并掌握几种常用的酸味剂性能。

二、实验材料

蒸馏水、柠檬酸(食用)、苹果酸(食用)、酒石酸(食用)、乳酸(食用)、醋酸(食用)、蔗糖、烧杯、锥形瓶、玻璃棒、量筒、移液器、电子天平等。

三、实验步骤

1. 用电子天平分别称取 0.2 g 柠檬酸、苹果酸、酒石酸于 250 mL 烧杯中,分别量取 200 mL 蒸馏水倒入,均匀搅拌溶解;用移液器分别量取 0.2 mL 乳酸、醋酸(0.1%)于 250 mL 烧杯中,然后分别加蒸馏水至 200 mL。

2. 取少量品尝,每次品尝完一种酸味剂溶液后要漱口,再继续品尝下一种酸味剂,以柠檬酸的酸度为 100 分,比较苹果酸、酒石酸、乳酸、醋酸的酸度,并综合口感评价。

3. 取各种酸味剂溶液 100 mL,准确加入 8 g 蔗糖溶解后,再比较各种酸味剂溶液的酸度和口感变化。

4. 分两次各加入 2 g 蔗糖溶解后,比较各种酸味剂溶液的酸度和口感变化。

四、结果及分析

填写表 16-5-1 和表 16-5-2。

表 16-5-1 几种常见酸味剂的比较

	柠檬酸	苹果酸	酒石酸
固体颜色和形状			
水中的溶解度			

表 16-5-2 几种常见酸味剂溶液的酸度比较

	0.1%柠檬酸溶液	0.1%苹果酸溶液	0.1%酒石酸溶液	0.1%乳酸溶液	0.1%醋酸溶液
与柠檬酸相比的酸度和口感					
加入8%蔗糖后的酸度和口感					
加入10%蔗糖后的酸度和口感					
加入12%蔗糖后的酸度和口感					

五、思考题

影响酸味剂酸度的因素有哪些?

实验五思考题答案

实验六 几种甜味剂的性能比较

一、目的要求

了解并掌握几种常用的甜味剂性能。

二、实验材料

蒸馏水、蔗糖、山梨糖醇、木糖醇、环己基氨基磺酸钠(甜蜜素)、乙酰磺氨酸钾(安赛蜜)、天门冬酰苯丙氨酸甲酯(阿斯巴甜)、糖精钠、食盐、烧杯、锥形瓶、玻璃棒、量筒、移液器、电子天平等。

三、实验步骤

1. 用电子天平分别称取 5 g 蔗糖、山梨糖醇、木糖醇于 250 mL 烧杯中，分别量取 100 mL 蒸馏水倒入烧杯中，均匀搅拌溶解。以蔗糖甜度为 100 分，比较上述溶液的甜度。

2. 用电子天平分别称取 0.2 g 甜蜜素、安赛蜜、阿斯巴甜、糖精钠于 250 mL 烧杯中，分别量取 100 mL 蒸馏水倒入烧杯中，均匀搅拌溶解。以蔗糖甜度为 100 分，比较上述溶液的甜度。

3. 在上述溶液中分别加入 0.8 g 食盐溶解后，比较各溶液甜度和口感变化。

四、结果及分析

填写表 16-6-1 至表 16-6-3。

表 16-6-1　几种常见糖醇类甜味剂的比较

	蔗糖 5 g/100 mL	山梨糖醇 5 g/100 mL	木糖醇 5 g/100 mL
固体色泽和形状			
水中的溶解度			
与蔗糖相比的甜度			
综合口感			

表 16-6-2　几种常见固体甜味剂的比较

	蔗糖	甜蜜素	安赛蜜	阿斯巴甜	糖精钠
固体色泽和形状					
水中的溶解度					

表 16-6-3　几种常见甜味剂溶液的比较

	5%蔗糖溶液	0.2%甜蜜素溶液	0.2%安赛蜜溶液	0.2%阿斯巴甜溶液	0.2%糖精钠溶液
与蔗糖相比的甜度					
综合口感					
加入食盐后的甜度					

五、思考题

影响甜味剂甜度的因素有哪些？

实验六思考题答案

实验七　葡萄糖酸-δ-内酯在豆腐制备过程中的应用

一、实验原理

葡萄糖酸-δ-内酯(CNS 号 18.007)是一种新型无毒食品添加剂，在食品工业上被用作酸味剂、保鲜剂、防腐剂、蛋白质凝固剂等。是一种易溶于水，在 25℃下分解缓慢的白色结晶。我国《食品安全国家标准　食品添加剂使用标准》(GB 2760—2014)规定，用于豆制品(豆腐、豆花)，最大使用量 3.0 g/kg。用它代替卤水、石膏做出的豆腐具有质地细腻肥嫩、味道纯正、鲜美可口、无蛋白质流失、营养丰富、出品率高的特点。用它做出的豆腐还比一般豆腐耐贮存、防腐。

二、目的要求

通过实验，了解凝固剂葡萄糖酸-δ-内酯的性状、性能，掌握其作用原理和使用方法，制备出品质优良的内酯豆腐。

三、实验材料及用具

黄豆、消泡剂、葡萄糖酸-δ-内酯、大豆磨浆机、水浴锅、豆腐模具、锅、电磁炉、纱布、水盆、烧杯、秤、天平等。

四、实验步骤

内酯豆腐制作工艺流程：

消泡剂（加入煮浆）；葡萄糖酸-δ-内酯（加入加内酯）

选豆→清洗→浸泡→磨浆→过滤→煮浆→过滤→降温→加内酯→加热定型→冷却

1. 选豆：选粒大、饱满、无病虫害的金黄色大豆，用水清洗，以除去泥土等杂质。

2. 浸泡：加水量为豆重的 3 倍，浸泡时间的长短决定于气温的高低，一般冬天 12 h 以上，夏天 5～6 h，春秋 8～10 h。浸泡好的标志为：将大豆掰开很容易，豆瓣内表面略有凹陷，用手指掐豆瓣易断，断面浸透无硬心。

3. 磨浆：将浸泡好的大豆进行磨制，边磨边加水，加水量为大豆干重的 6 倍左右，在磨制过程中，加水、下料要一致，使磨下的豆糊粗细适当，稀稠合适，前后均匀。

4. 过滤：将磨好的豆糊用 4 层纱布进行过滤，尽可能将豆渣中的豆汁滤净，使豆渣不粘手即可（注：尽量挤得干一点），过滤后得豆浆 5～6 kg/kg 大豆。

5. 煮浆：煮浆温度约为 70℃时加入消泡剂，添加量为干豆重的 3‰，沸腾 3～5 min，防止溢锅，同时为防粘锅，要勤搅动，煮熟的豆浆用纱布过滤，以消除浆内的微量杂质。（注：小火慢慢熬煮，边煮边用大勺划圈搅拌，以免糊锅。）

6. 加内酯：添加豆浆重量 3.5‰的内酯于沸腾的豆浆中，添加时可先加少量豆浆（温水<40℃）溶解内酯，再将内酯倒入豆浆中，迅速搅拌，混合均匀，动作一定要迅速。

7. 冷却：常温冷却，约 20 min，即为细嫩、洁白的内酯豆腐。如放置一段时间后，比方说 12 h，食用效果更佳。因内酯本身具有防腐功能，常温下放置 2 d 仍可食用。内酯豆腐的出品率为 5～6 kg/kg 大豆。

五、实验结果

记录制作的豆制品的口感、风味、表面特性、质地等特性，并对实验产品质量提出改进意见。

六、思考题

豆制品凝固剂的使用要点有哪些？

实验七思考题答案

实验八 消泡剂在豆制品加工中的应用实验

一、实验原理

消泡剂，也称消沫剂，是在食品加工过程中降低表面张力，抑制泡沫产生或消除已产生泡沫的食品添加剂。在豆制品的生产中，在磨浆、煮浆、分离等加工过程中不时会出现大量的泡沫，经常可以看到泡沫过多携带着豆浆液溢流出容器，不仅造成生产加工中出品率低的现象，同时给工厂的环境和排污过程造成很大的危害。各种消泡剂的消泡原理就是将高级醇或植物油洒在豆浆泡沫上，就会溶入泡沫液中，同时降低豆浆液的表面张力。因为这些物质一般对水的溶解度较小，表面张力的降低仅限于泡沫的局部，而泡沫周围的表面张力几乎没有变化。表面张力降低的部分被强烈地向四周牵引、延伸，最后破裂。

我国许可使用的消泡剂有乳化硅油、高碳醇脂肪酸酯复合物、聚氧乙烯聚氧丙烯季戊四醇醚、聚氧乙烯聚氧丙醇胺醚、聚氧丙烯甘油醚、聚氧丙烯聚氧乙烯甘油醚和聚二甲基硅氧烷等 7 种。消泡剂的使用剂量和使用方法应符合我国《食品安全国家标准　食品添加剂使用标准》(GB 2760—2014)规定。

二、实验目的

了解豆制品消泡剂的配方，消泡剂在豆浆制作过程中消泡的原理；掌握豆制品消泡剂的使用剂量、方法和注意事项。

三、实验试剂与设备

市售普通大豆、豆制品消泡剂、磨浆机、电子万用炉、电磁炉、分析天平、烧杯等。

四、实验步骤

1. 将选好的大豆称重后放入室温清水中浸泡 12 h，按豆(干豆)水比例分别为 1∶6 和 1∶10。

2. 将混合好的大豆与水放入磨浆机中磨出生豆浆。

3. 事先准备好消泡剂 5 份，分别为 0.1 g、0.2 g、0.4 g、0.8 g、1.6 g。

4. 向 250 mL 烧杯中盛入 100 mL 磨好的生豆浆，在电子万用炉上迅速加热，当温度达到 60℃时，开始起泡，90℃时，开始大量起泡。当泡沫达到 150 mL 处(即泡沫为 50 mL 时)及 200 mL(即泡沫为 100 mL 时)，迅速加入准备好的消泡剂，同时计时，并用玻璃棒搅拌，当泡沫完全被消净时，停止计时，记录时间。

五、实验结果

1. 按表 16-8-1 记录不同剂量消泡剂的效果。

表 16-8-1　不同消泡剂使用后的结果

消泡剂剂量/g	泡沫体积/mL	消泡时间/min	泡沫体积/mL	消泡时间/min
0.1	50		100	
0.2	50		100	
0.4	50		100	
0.8	50		100	
1.6	50		100	

2.记录复合消泡剂的配方,讨论配方中的试剂在消泡剂及消泡过程中起的作用。

六、思考题

我国许可使用的消泡剂有哪些?

实验八思考题答案

其他资源

中华人民共和国食品安全法（全文）

食品安全国家标准　食品添加剂使用标准

食品安全国家标准　食品营养强化剂使用标准

联系我们

如遇网站不支持手机系统的问题，建议选择其他设备或系统查看资源。如有资源内容相关问题，请手机扫描以下二维码关注“中国农业大学出版社微信号”进行留言咨询。更多资源请关注封四底部信息。